黑河流域生态-水文过程集成研究

社会水文学理论、方法与应用

尉永平　张志强　等　编著

科学出版社
北　京

内 容 简 介

社会水文学是近年来才被提出和不断发展的、理解长期人水关系、促进水资源可持续利用的新兴交叉性学科。它力图克服只关注水文系统自身演化规律研究的传统水文学、只关注水资源经济产出与经济效益研究的水文经济学的局限性，主要关注和研究人类系统与水资源系统之间的互馈机制，旨在解决人水矛盾、促进水资源可持续管理。本书以理论篇、方法篇、实践篇等结构，系统阐述了社会水文学的狭义、广义理论，介绍了社会水文学的相关研究方法，以中国西北地区的黑河流域、澳大利亚东南部的墨累-达令流域为案例，详细开展了社会水文学相关的比较研究。

本书适合于从事自然地理学、人文地理学、水文与水资源学、环境社会学、地球与环境科学领域的研究人员、管理人员和高等院校师生阅读使用。

图书在版编目（CIP）数据

社会水文学理论、方法与应用/尉永平等编著. —北京：科学出版社，2017.9
　ISBN 978-7-03-054240-3

Ⅰ.①社⋯　Ⅱ.①尉⋯　Ⅲ.①水文学–研究　Ⅳ.①P33

中国版本图书馆 CIP 数据核字(2017)第 210305 号

责任编辑：彭胜潮　丁传标／责任校对：王　瑞
责任印制：肖　兴／封面设计：图阅社

科学出版社 出版
北京东黄城根北街 16 号
邮政编码：100717
http://www.sciencep.com

北京通州皇家印刷厂 印刷
科学出版社发行　各地新华书店经销
*
2017 年 9 月第 一 版　　开本：787×1092 1/16
2017 年 9 月第一次印刷　　印张：24 1/4
字数：545 000
定价：**149.00** 元
（如有印装质量问题，我社负责调换）

Theory and Practice of Socio-hydrology

Wei Yongping   Zhang Zhiqiang et al.

Science Press
Beijing, China

序

日月星辰，万类同辉。人类社会与自然世界分别处在光谱的两端，而其间的重叠和互动呈现出绚烂多姿的色彩。自远古的朴素哲学，到欧洲中世纪的科学哲学以及现代科学，自然系统与社会系统分别属于两个截然不同的科学研究范畴——自然科学和社会科学。这两个科学体系具有完全不同的研究对象、方法和范式。前者用主要反映客观对象的定量方法，后者以偏于主观的定性研究方法为特征；前者用预测模型模拟未来可重现的关系，而后者反映过去事件统计意义上的因果关系。因此，一直以来，自然科学与社会科学之间存在不可逾越的鸿沟。

直到最近，人类开始注意到，其活动对地球表面改造的速度之快与规模之大，致使一个新的地质年代——人类世产生。沙漠化、河流干涸、湿地消失、气候变化、地下水位下降、生物多样性减少，人和自然的重叠和互动不再总是绚丽多姿。人类逐渐认识到人类社会与自然世界是一个耦合共进化的系统。在此背景下，自然科学与社会科学不能集成的偏见正在消失。但如何架设这两个学科间的双向"桥梁"，让尽量多的来自两个方向的"车辆"自由通行？

《社会水文学理论方法与应用》一书以流域为研究对象，致力于探究人水耦合系统及其协同进化的动态机制。它以传统水文学、生态水文学为基础解释流域水文生态系统的自然循环，以环境社会学为理论基础，借鉴自然科学量化研究方法，量化人类系统的社会要素，并借鉴结构力学内部弹性与外部弹性的概念，发展了狭义社会水文学与广义社会水文学理论。狭义社会水文学以内部弹性表征水资源在社会系统和生态系统之间的分配，外部弹性表征水资源分配导致的社会系统和生态系统生产力的变化，用这两个弹性变化揭示流域社会-生态系统耦合协同演化的过程。广义社会水文学研究文化、技术与管理等社会系统要素变化对水资源在社会系统与生态系统之间分配与再分配的影响（建立驱动弹性），并研究水资源在社会系统与生态系统之间的分配与再分配对流域社会生态系统的影响（建立影响弹性），通过观察这两个弹性演变，建立人水系统的长期互反馈机制。狭义社会水文学与广义社会水文学从不同侧面架设了理解流域系统的社会科学与自然科学的桥梁。

本书提供了大量的实证研究，以中国西北地区黑河流域与澳大利亚东南部墨累-达令流域为实例，翔实地介绍了流域人类系统相关社会要素的量化方法，并应用狭义社会水文学与广义社会水文学理论，揭示了黑河流域过去 2000 年、墨累-达令流域过去 100

年尺度上的社会-水文-生态协同演化的规律，为世界类似流域的可持续管理提供有益的借鉴与启示。

　　尽管本书有大量不完善之处，但希望它为致力于开展自然科学与社会科学跨学科研究的同行在思路与方法上提供有益的启迪。

2017 年 2 月

前　　言

  人类作为地球上的主宰生物在其存在的短短几千年中创造了一个新的地质年代——人类世，人类对地球生态系统产生了随处可见，甚至是不可逆转的巨大影响。人类对河流的开发利用从远古时期的依水而生、傍水而居，发展至今全球几乎所有流域的生态系统都遭到不同程度的破坏或者彻底改变。人类通过改变土地利用、修建堤坝等方式大大改变了流域的植被状况，对流域自然水循环系统产生了显著影响。归其原因，人类对人水系统的长期互反馈机制缺乏认识。

  传统水文学以稳定假设为前提研究地球表面水的发生、分布以及循环，人类活动被排除在自然水循环之外。水文经济学集成水文过程与经济系统供需规律以满足人类日益发展的供水需要，它是一门关于水与经济的科学，强调了水的短期经济产出和经济效益，忽视了与水关联的经济活动对流域植被生态系统的长期影响。19 世纪以来，世界范围的水资源开发利用活动就主要以这两门学科为理论基础。最近几十年出现的生态水文学，探寻生态模式与过程背后的水文机制，强调地球上水与生态系统之间的相互作用关系，但人类主导的水资源管理活动并不被考虑其内。社会科学领域开展了大量人与环境关系的研究，如环境社会学、环境人类学等。这些学科以描述为手段寻求导致环境问题的社会成因，因缺乏预测能力，其研究成果很少被水资源管理实践所关注和采纳。因此，急需一门解释人水系统长期互反馈机制的量化学科，以指导流域可持续管理实践。

  社会水文学应运而生。它是一门旨在理解长期人水关系、促进水资源可持续利用的交叉性新兴学科。自 2012 年"社会水文学"概念提出以来，在水文学权威期刊如 *Hydrology and Earth System Sciences*、*Water Resources Research* 和 *Journal of Hydrology* 等上就其展开了激烈的争论，出现了一些典型探索性研究。这些研究大都基于以下 3 个不同的理论背景：①传统水文学背景，通过水量平衡模拟刻画水文过程，仅仅根据需要引入几个社会变量，如人口、人类用水量和 GDP 等，来描述水文和社会的变化，缺乏水文和社会因子间因果关系的表达，缺乏环境社会学的理论基础；②共进化背景，研究人水系统的耦合及其协同进化是这类研究的核心，但其只是开展了定性研究，未进行定量表达，没有对未来进行预测的能力；③水资源利用和管理背景，这类研究针对水资源利用管理的具体需求，如城市用水、防洪、环境流的分配等，因而缺乏社会水文学共性机制问题的探讨。总体而言，当前社会水文学的理论和方法还远不够成熟和完善。

  本书从跨学科的视角出发，理论创新与案例研究并重，着眼于流域空间尺度，从几十年、百年、千年几个不同的时间尺度，研究人水系统的互反馈机制。系统地发展了社会水文学中社会系统不同人文要素的量化研究方法，力图弥补社会水文学中社会系统研究的不足，提出了狭义社会水文学与广义社会水文学理论，最后以中国西北干旱区内陆河流域的黑河流域与澳大利亚东南部的墨累-达令河流域为实例，揭示流域历史的社会-水文-生态协同演化规律，为解决人水矛盾问题提供新的途径。

本书共分为四篇 24 章。理论篇包括 4 章，首先定义了社会水文学的内涵与外延。跟踪了社会水文学的发展历程与态势。它是一门继传统水文学的几次发展、生态水文学的提出与发展，弥补水文经济学的不足，与环境社会学等人文学科交叉的，致力于探究人水耦合系统协同进化动态机制的定量多学科交叉科学。

狭义社会水文学以内部弹性表征水资源在社会系统和生态系统之间的分配，外部弹性表征水资源分配与再分配导致的社会系统和生态系统生产力的变化，用这两个弹性变化揭示流域社会-生态耦合系统协同演化的过程。广义社会水文学研究文化、技术与管理等社会系统的要素变化对水资源在社会系统与生态系统之间分配与再分配的影响（建立驱动弹性），并研究水资源在社会系统与生态系统之间分配与再分配对流域社会生态系统的影响（建立影响弹性），通过联合这两个弹性，建立人水系统的互反馈机制。狭义社会水文学理论与广义社会水文学理论既相互联系又有所区别。既可以单独应用，又可以联合使用。该篇是本书的核心理论基础。

方法篇共包括 3 章，介绍社会水文学对社会系统数据定量化的挖掘方法——内容分析法与计算机文本挖掘技术，以及历史气象水文数据的重建方法。内容分析法包括媒体选择、确定时长范围、抽样、数据收集、内容编码以及模式趋势分析等步骤。计算机文本挖掘技术包括数据收集、确定分析的知识单元、数据预处理、基于词频的共现分析、数据规化处理、绘制可视化图谱、图谱结果解读和结果验证相互关联的 8 个步骤。历史气象水文数据重建涵盖了用不同代用资料（树木年轮、湖泊沉积、冰芯、孢粉和历史文献等）重建径流量、气温、降水、极端气候、净初级生产力以及古植被的原理、方法和过程等。这 3 章为发展社会水文学奠定方法论的基础，是本书将已相对成熟的方法应用到社会水文学这一特定领域的结果，相关内容并没有发表过。

实践篇包含丰富的内容。涵括水文化、水政策与水管理、水文-生态-社会协同演化 3 个子篇，共 16 章。以自然系统类似、社会系统却千差万别的中国西北地区黑河流域与澳大利亚东南部墨累-达令流域为研究案例，基于理论篇提出的社会水文学理论、应用方法篇发展的社会水文学历史数据和社会数据的挖掘方法，以不同的时间尺度（当前、过去 10 年、过去 15 年、过去 50 年、过去 100 年以及过去 2000 年等时间尺度），从水文化、水管理制度与机构、水政策、水相关技术、水资源压力、水经济系统与生态系统权衡、人水关系变迁以及社会-水文-生态政策协同演化的角度，研究了流域社会、生态不同子系统的演变及其协同进化，丰富了比较社会水文学和历史社会水文学的内涵。

这 3 个子篇共 16 章中，一些章节的内容是根据已发表或投稿的论文经过不同程度的改编而成的。凡是改编于已在期刊发表的相关论文的章节，每章的首页都标注了原文的出处。这些文章发表在 *Global Environmental Change*，*AMBIO*，*Hydrology and Earth*

System Sciences，*Agricultural Water Management*，*Environmental Values*，*Land Degradation & Development*，*Environmental Science and Policy* 以及中文期刊《水科学进展》《地球科学进展》《水土保持通报》《干旱区地理》《水土保持研究》《干旱区资源与环境》等。其中，第13章《黑河流域灌溉农业技术演化研究》、第16章《澳大利亚水资源管理制度变迁研究》、第17章《墨累-达令流域水资源管理制度评价》等章节均是原创章节。

最后在结语篇，运用牛顿定律、达尔文进化论以及历史唯物主义与辩证唯物主义等哲学思想对社会水文学发展前景进行了展望。

本书由尉永平、张志强等编著完成。尉永平参与了全书24章中的23章（除第2章外）的编写。张志强参与了其中11章的编写（第2章、第5章、第8章、第9章、第11章、第12章、第14章、第15章、第16章、第18章、第20章）。其他贡献的作者以及他们分别承担写作的章节是：陆志祥（第1章、第7章、第19章、第21章）；王雪梅（第2章）；周沙（第3章、第22章）；熊永兰（第5章、第8章、第14章）；魏靖（第6章、第10章、第23章）；赵海莉（第9章、第11章、第15章）；张宸嘉（第16章、第17章）；唐霞（第12章、第18章、第20章）；吴双蕾（第13章）；叶风雅（第17章）。

本书由多个著者合作完成，并且有些章节改编自己发表于学术期刊上的论文，因此本书尽量保留了各章不同作者的写作风格，没有强求格式的一致性，为了便于中外读者阅读，在各章前均给出了中英文摘要。在各章作者分工写作的稿件基础上，全书书稿最后由尉永平、张志强统一审阅、定稿。唐霞负责了对全书书稿的统一规范和编排。

本书是国家自然科学基金委员会重大研究计划"黑河流域生态-水文过程集成研究"重点项目"流域文化变迁与生态演化相互作用对流域水生态政策影响的机理研究——黑河与墨累-达令河对比研究"（编号：91125007）的集成研究成果，研究工作还得到了澳大利亚研究理事会ARC Future Fellowship（FT-130100274）的资助。本书的研究与写作也得到了国家自然科学基金委员会重大研究计划"黑河流域生态-水文过程集成研究"专家委员会程国栋院士、傅伯杰院士、宋长青副主任、李秀彬研究员、肖洪浪研究员等的指导和大力支持，在此一并致以衷心感谢！

由于编著者水平有限，加之相关研究领域涉及面广、发展快，书中错谬之处在所难免，敬请读者不吝指正。

2017年2月

Preface

The impacts of human activities on the earth surface have been made at such an unprecedented scale and speed that a new geological epoch, anthropocene, has occurred. With increasing desertification, river drying-up, groundwater depletion, wetland degradation, climate change and biodiversity loss, it is recognized that catchment systems are coupled human–nature systems, which are influenced by both the human and natural drivers. Socio-hydrology, a new science emerging in 2012, aims to explain the dynamics and co-evolution of the coupled human-water systems. Studies on socio-hydrology have been reported from the hydrological perspective, co-evolutionary perspective and integrated catchment management perspective, but an important limitation in current literature is lack of approaches to quantify the factors of societal system and to integrate the theories from natural science and social science.

Theory and Practice of Socio-hydrology investigates the mechanism of co-evolution of the human-water relationship from the inter-disciplinary perspective. It systemically develops the methods of quantifying the factors in societal systems to address the limitation of current development of socio-hydrology. This book for the first time innovatively proposes the special and generalized theoretical frameworks of socio-hydrology. It focuses at catchment scale but at several temporal scales of decades, centuries and thousands of years. This book puts same emphasis on both theoretical innovation and practical cases. It takes the Hei River Basin in North-western China and the Murray-Darling Basin in South-eastern Australia as case studies to unravel the co-evolved mechanism of societal system-hydrological system-ecological system at catchment scale. This book provides a new pathway for solving the human-water contradiction.

This book includes four sections of twenty-four chapters.

Section one is the research progress and theoretical development of socio-hydrology, consisting of four chapters. Chapter One introduces the development of socio-hydrology, Chapter Two analyzes the development of socio-hydrology based on the papers on socio-hydrology in the Web of Science with the biblio-metrical approach. Chapter Three proposes a special socio-hydrological theoretical framework, Chapter Four proposes a generalized socio-hydrological theoretical framework.

Section Two is the methods for development of socio-hydrology, including three chapters, Chapter Five to Chapter Seven. Chapter Five develops a method of quantifying societal values on water with the mapping knowledge domains approach. Chapter Six introduces the content analysis approach for quantifying the social factors from historical documents, and develops news media sampling techniques for subjects that require long timeframes and emphasis on content analysis. Chapter Seven systematically reviews the characteristics of hydrological proxy data, and the principle and methods of hydrologic reconstruction with these proxy data.

Section Three is the practices of socio-hydrology. It comprises of three sub-sections.

The first sub-section is about societal values on water. Chapter Eight develops an understanding of the evolution of newspaper coverage of water issues in China by analyzing water-related articles in a major national newspaper, *the People's Daily*, over the period 1946~2014 using a content analysis approach. Chapter Nine investigates farmers' value on water for social security, economic development and ecological sustainability in Zhangye City of the Heihe River Basin with a questionnaire based interview approach. Chapter Ten examines newspaper articles in Australia's *The Sydney Morning Herald* from 1843 to 2011 to observe the evolution of media coverage on water issues related to sustainable water resources management.

The second sub-section is water policy and management covering seven chapters. Chapter Eleven documents the evolution of institutions and systems of water management in the Heihe River Basin in the historical period and summarizes the existing problems of water resource management systems in this river basin. Chapter Twelve divides the water resources utilization of the Heihe River Basin in the history into four stages. Chapter Thirteen investigates the evolutionary history of agricultural and water technology in the Heihe River Basin with WanFang Data and CNKI databases. Chapter Fourteen unfolds the trajectory of China's water policy over time between 1949 and 2014 by analyzing the water related laws, administrative regulations and regulatory documents issued by the State Council and its ministries. Chapter Fifteen develops an index evaluation system on water-saving society construction with the analytic hierarchy process approach and applies it in Zhangye City. Chapter Sixteen introduces the development, policy and institutional history of water resources in Australia and highlights the experiences from which China can learn. Chapter Seventeen provides a historical assessment of water governance institutions in the Murray-Darling Basin from the published work with a quantitative indicator assessment system.

The third sub-section is the co-coupling between hydrological system, ecological system and societal system at catchments, including six chapters. Chapter Eighteen develops a water resources pressure indicator system including water resources quantity pressure, water resources economic pressure and water environmental pressure to assess water resources pressure index in the Heihe River from 2000 to 2010.Chapter Nineteen simulates the hydrological response to land use change in the Heihe River Basin, and identifies the trade-off between agricultural development in Zhangye catchment and environmental sustainability in Ejina oases. Chapter Twenty investigates the historical process of oasis evolution in the Heihe River Basin. Chapter Twenty-one reconstructs the change processes of water generation in upstream, water use for crop production in the middle reach and water supply to lakes in lower reach in the past 2000 years using historical analysis and hydrological reconstruction methods. Chapter Twenty-two proposes a socio-hydrological water balance framework by partitioning total evapotranspiration (ET) at catchment into ET for socital system and ET for natural ecological systems, and establishing the linkage between the changes of water balance and its social drivers and resulting environmental consequences in the Murray-Darling Basin (MDB) over the period 1900~2010. Chapter Twenty-three quantifies the evolution of societal value of water resources for supporting economic development versus those supporting environmental sustainability in Australia over a period of 169 years and discussed the co-evolution of societal value on water with hydrological system and ecological system.

Section Four is the conclusion of this book. Chapter Twenty-four, the final chapter, briefly summarizes the contents of this book. The theory, methods and practices provided in *Theory and Practice of Socio-hydrology* provide a roadmap for further development of socio-hydrology. In addition, authors argue that an integrated methodology based on the Netwonism, Darwinism, and Historical and Dialectic Materialism is needed for the development of socio-hydrology in future.

We would like to acknowledge that the research work included in this book are financially supported by the Natural Science Foundation of China through the project 91125007 and the Australian Research Council through ARC Future Fellowship -130100274. We would like to give our special thanks to Professor Cheng Guodong, Professor Fu Bojie, Professor Song Changqing, Professor Li Xiubin and Professor Xiao IIonglang for their valuable advice on the research implementation included in this book.

Wei Yongping and Zhang Zhiqiang
Feb, 2017

目　　录

第二部分　方　法　篇

第三部分　实　践　篇

第四部分　结　　语

第一部分　理　论　篇

第1章 社会水文学概论[*]

本章概要：在人类和自然的共同影响下，水系统呈现出反馈环的复杂系统动力学特征，具有不可预测性和不确定性，成为人类可持续发展面临的最严峻挑战。社会水文学将人类和人类活动视为水循环动力学的内在部分，预测人水耦合系统及其协同进化的动力学过程，推动流域水资源管理创新，探寻实现水资源可持续利用的新途径。本章首先回顾了水文学的发展历程、社会水文学产生的背景，阐述社会水文学的概念及其内涵；辨析其与传统水文学、生态水文学和水文经济学等学科在研究内容、方法和理论等方面的异同点；最后概括了社会水文学的研究进展。大多数研究基于传统水文学背景、共进化背景或者水资源管理背景，社会水文学的理论和方法还不够成熟。

Abstract： Water systems are coupled human–nature systems, which are influenced by both the human and natural drivers. They exhibit complex systems dynamics of feedback loops, unpredictability, and uncertainties. Socio-hydrology, in which humans and their actions are considered as a part of water cycle dynamics, aims to predict the dynamics of the coupled human-water cycles. This chapter firstly introduces the establishment of socio-hydrology from the development of hydrology, then explains the concept and connotation of socio-hydrology, following that, analyses the differences and similarities in contents, methods and theories between socio-hydrology and hydrology, eco-hydrology and hydro-economics, finally, summaries the research progress of social-hydrology. Most of studies on socio-hydrology were based on either hydrology, co-evolution or water resources management, the theory and methods of socio-hydrology has not been fully developed.

1.1 引　　言

　　水是人类生产生活最基本的资源。自古以来，人类一方面为了利用水依水而居，许多文明沿河产生和发展（Liu et al.，2014；Lu et al.，2015）；另一方面为了避免洪水的袭击并降低袭击程度，尽量远离河流或者对其治理（Gober and Wheater，2014，2015；Di Baldassarre et al.，2015）。自人类社会产生以来，人类与干旱和洪涝灾害的抗争就从未停息过（徐宗学和李景玉，2010；Kahil et al.，2015）。探究诸如干旱洪涝的原因和提出防洪抗旱的措施等社会需求促使水文科学的诞生，也是水文科学不断发展的动力和源

---

* 本章改编自陆志翔等发表的《社会水文学研究进展》（水科学进展，2016，27（5）：772-783）。

泉（徐宗学和李景玉，2010；Rui et al.，2013；Wagener et al.，2010）。

随着地球进入人类世的新纪元，人类对水资源的利用和对地表的改造程度急剧增加，水系统已从一个自然系统演变为一个人类与自然的耦合系统，人类对水循环过程的影响已从外部动力演变为系统内力（Sivapalan et al.，2012；丁婧祎等，2015），呈现出反馈环的复杂系统动力学特征，并具有不可预测性和不确定性。在国内的黑河流域（Lu et al.，2015；陆志翔等，2015）、石羊河流域（Xie et al.，2009）、塔里木河流域（Liu et al.，2014，2015）、黄河流域（于瑞宏等，2011）等，以及国外的咸海流域、巴尔喀什湖流域（郭利丹等，2011；龙爱华等，2011）和墨累-达令流域（Qureshi et al.，2013；Zhou et al.，2015）等，其水问题极为相似，先后经历了水资源无序开发、水资源紧缺、水环境恶化和生态系统退化等，然而问题的持续时间和治理对策不尽相同，除了流域自然环境的差异外，主要是社会因素的影响，包括经济、政策和文化等的区别。揭示水文系统与人类系统之间长时间尺度的互反馈机制是应对人类发展挑战、人水和谐、水资源永续利用的首要前提（Hale et al.，2015；Sivapalan et al.，2014；Koutsoyiannis，2011）。

传统的水文学以及现有交叉学科往往基于稳定的假设，将人类诱导的水资源管理活动视作水循环动力系统的外部因子（Peel and Gunter，2011；Milly et al.，2008），从方法上不能揭示水文系统与人类系统之间长时间尺度的相互作用反馈机制。其中，传统水文学关注水体的理化性质及其循环过程和对环境的作用；生态水文学聚焦于水环境下的生态进化及其自组织过程；水文社会学研究人水相互作用但并不考虑其变化动态；而综合水资源管理旨在社会经济生态效益最大化而不关注其背后的机制。因此，亟须发展一门综合自然、社会以及人文等多方面的新学科以便更好地阐释人水耦合系统及其协同进化的动态和机制，应对水资源利用过程中人类所面临的挑战，社会水文学（socio-hydrology）应运而生（Sivapalan et al.，2012）。

本章首先通过介绍水文科学的发展历程、社会水文学的产生背景，进而阐述社会水文学的概念及其内涵、与相关学科和理论的异同点，最后概括其研究进展及存在的不足，以推动社会水文学的发展及其在流域水资源管理中的应用，实现水资源可持续利用。

1.2 社会水文学的产生历程

1.2.1 水文科学的发展回顾

水文科学是一门既古老而又年轻的学科，Koutsoyiannis（2011）认为："实际的水文知识在哲学和科学产生之前就已存在，这些知识源自于人类的需求，包括水的储存、运输和管理等"。早在公元前3000多年前，古埃及已开始在尼罗河估测水位，人们在长期的社会实践中逐渐认识到水文循环的基本规律（Koutsoyiannis，2011）。整体来说，水文科学的发展可以分为3个阶段。第一个阶段是19世纪中叶前期，这个时期主要集中于对地球上河流水位和流速、洪水、降水等基本水文现象的原始观测以及猜测思辨，因此这一时期可以说是水文科学的萌芽和古典时期（王浩和王建华，2007；叶守泽和夏军，2002；汪静萍和潘理中，1999）。

第二个阶段是从 19 世纪中期到 20 世纪中期，是水文学作为一门相对独立的科学的奠基和发展阶段（王浩和王建华，2007）。以 1851 年 Mulvaney 提出汇流时间为标志，随后逐渐形成了一套方法论，包括一些经典的研究河道和坡面汇流、土壤水与地下水运动的定律和方程。从 20 世纪后半叶到当前，随着计算机的发明和应用引发的信息技术革命，水文科学得到了前所未有的迅猛发展，可看作是现代水文学的发展时期，也是水文科学的第三个阶段。这一时期水文学的发展有 3 个重要特征：一是水文计算机模拟模型得到快速发展，如分布式水文模型；二是水文信息获取和处理技术得到长足进步，如水热通量测试技术、遥感技术以及温度、水化学与同位素示踪技术等；三是水文学与其他学科的交叉和融合趋势逐渐显现并逐步增强，如环境水文学和生态水文学等（徐宗学和李景玉，2010；王浩和王建华，2007；傅国斌和刘昌明，2001）。

1.2.2　水文科学的发展动态

国际水文科学协会（International Association of Hydrological Sciences，IAHS）是国际上比较有影响的水文科学学术组织，其使命之一就是促进水文科学的发展以便更好地服务于社会（夏军和左其亭，2006）。IAHS 对水文科学最重要的贡献就是提出了"国际水文十年计划"（International Hydrological Decade，IHD），其宗旨是从人类合理利用水资源的角度出发，加速对水文及水资源的研究，促进这些领域内的国际合作。第一个"国际水文十年"始于 1965 年，21 世纪以来，围绕水文学未来的发展方向，IAHS 先后提出了以 PUB（Prediction of Ungauged Basin）即"无观测资料流域水文预报"和"'Panta Rhei-Everything Flows（万物皆流）'：水文和社会的变化"为主题的两个科学十年（Scientific Decade，SD）（Alberto et al.，2013）。已结束的 PUB 科学十年计划（2003～2012 年），证明 IAHS 在水文科学的发展过程中起到了领导作用（Blöschl et al.，2013；Hrachowitz et al.，2013；Pomeroy et al.，2013）。而当前进行中的"万物皆流"的科学十年计划（2013～2022 年），则侧重于水文和社会的变化行为，旨在通过强调水循环与急剧变化的人类系统的变化动态，更好地解释控制水循环的过程，提高预测水资源动态的能力，以支持变化环境的社会可持续发展（Alberto et al.，2013）。

"国际水文计划"（International Hydrological Programme，IHP）开始于"国际水文十年"，联合国教育、科学及文化组织（UNESCO，简称联合国教科文组织）第 17 次大会（1972 年）决定在"国际水文十年"结束时开展"国际水文计划"，并于 1975 年由联合国教科文组织和世界气象组织（WMO）通过了"国际水文计划"第一阶段计划纲要。"国际水文计划"是一个以水文科学研究和教育为重点的计划，每阶段都设置不同的研究主题（表 1-1），充分反映国际水文研究的趋势，最终是为了帮助解决重大的水资源问题以及与水有关的社会经济发展问题（徐宗学和李景玉，2010；夏军和左其亭，2006；尉颖琪，2011）。目前这一计划已进入第八阶段，主题为"水安全：应对地方、区域和全球挑战"，需要应对的挑战包括发挥人的行为、文化信仰和态度的作用，以及开展社会与经济学研究以便开发工具，适应水资源变化对人类的影响，最终完善水资源的综合管理（Integrated Water Resources Management，IWRM）。

表 1-1　国际水文计划的发展

Table 1-1　The development of the International Hydrological Programme

阶段	研究主题或侧重点	意义
第一阶段 1975～1980 年	人类活动影响、水资源与自然环境之间关系	水文学向综合利用水资源方向演化，并与社会、经济及环境保护等领域有了交集
第二阶段 1981～1983 年	水资源方面的研究，并将研究领域扩大到各个特定的地理、气候区域	为下一阶段的研究提供水文学数据及资料
第三阶段 1984～1989 年	为经济社会发展合理管理水资源	首次提出了全球变化对水资源的影响，促进水文科学向更高领域发展
第四阶段 1990～1995 年	可承受开发的水资源管理以及使水文科学适应气候和环境变迁	提出水资源的可持续发展和生态水文学
第五阶段 1996～2001 年	脆弱环境中的水文水资源开发	生态水文学是此阶段的核心内容
第六阶段 2002～2007 年	面对风险和社会挑战下的水系统相互作用	着重突出水与社会方面的研究
第七阶段 2008～2013 年	水资源短缺社会对水系统的响应和依赖性	提出了生态水文学促进可持续发展
第八阶段 2014～2021 年	水安全：应对地方、区域和全球挑战	旨在完善综合水资源管理

IAHS 关注水文科学的未来发展，所提的科学十年代表着水文学未来的发展方向；而 IHP 着重水文科学的研究和教育，其研究主题充分反映了国际水文研究的趋势。从 IAHS 科学十年和 IHP 的最新主题均能够发现，人水系统之间的相互反馈机制及其变化已成为水文学发展的一个重要趋势。

1.2.3　社会水文学的产生

早在 1977 年，Falkenmark 就强调"水与人类是一个相互作用的复杂系统"（Falkenmark，1997b）；针对人类诱导产生的水文变化所带来的水文挑战，Wagener 等（2010）呼吁重新定义水文科学。在 IAHS 的科学十年计划和国际水文计划最新阶段的研究中，人类系统已被视作水循环过程的内在因子，加强水和人类系统之间的相互作用和互馈机制的表达成为水文科学发展的迫切需求（Alberto et al.，2013；IHP-VIII：2014～2021）。2012年 Sivapalan 等首次提出了社会水文学，其中人类和人类活动被认为是水循环动力学中的一部分，其目标是预测人水耦合系统的动力学。

1.3　社会水文学的内涵与外延

1.3.1　社会水文学的定义与内涵

社会水文学是在传统水文学及其交叉学科如生态水文学和水文经济学，以及社会水循环的基础上产生的，是旨在促进水资源可持续利用的一门人水关系的学科。它是一门新兴交叉学科，目前关于其概念的介绍较少。根据 Sivapalan 等的观点，社会水文学是基于发现，采用跨学科的研究方式，应用历史分析、比较分析和过程剖析并耦合定量化的方法，理解和预测人水耦合系统及其协同进化动力学的新学科（Sivapalan et al.，2012，2014）。

社会水文学具有深刻内涵。首先，社会水文学是一个以发现为基础的定量科学，它观察、理解和预测人类活动区域的社会水文现象；其次社会水文学是将人类活动视作水循环过程内在部分的交叉学科，涉及水文学及其他自然、社会、人文学科；最后，其目的是探究人水耦合系统的相互作用及其协同进化的过程，以支持水资源可持续管理。

1.3.2　社会水文学与相关学科和理论的异同

社会水文学是传统水文学与相关自然、社会、人文学科的交叉学科。它与传统水文学、生态水文学、水文经济学、环境社会学等学科既相互关联又有所不同。

1. 社会水文学和传统水文学

传统水文学是一门研究地球上各种水体的发生、循环、分布，水的化学和物理性质，水与生态、环境和经济社会之间相互作用的科学，为洪涝干旱灾害的防治、水资源的开发利用和水生态与环境保护提供科学依据（徐宗学和李景玉，2010；叶守泽和夏军，2002）。社会水文学继承了传统水文学基本的概念和方法，但又有特别之处：①在传统水文学中，人类活动为水循环的外在动力，而在社会水文学中人类活动是内在因素。将人类活动作为水循环的内在因素是人水耦合系统的重要特征（Sivapalan et al.，2012；丁婧祎等，2015）。②研究的情景从传统水文学中理想状态转变为不断变化的状态，这是社会水文学的进步。它针对不同气候、土地利用等条件下人水耦合系统的变化特征，从而更好地解决当前人类在水资源管理中遇到的实际问题，并且也能对未来水文过程进行更好的预测。

2. 社会水文学和生态水文学

生态水文学主要是揭示景观中植被在可利用水资源条件下的协同进化和自组织过程（Berry et al.，2005；Eagleson，2002；Eagleson and Tellers，1982；Rodriguez，2000；夏军等，2003；赵文智和程国栋，2001）。而社会水义学探索的是景观中人类在可利用水资源条件下的协同进化和自组织行为与过程（Sivapalan et al.，2012）。古代居民大多数沿河居住，河流作为供水的来源和运输的手段，因此水网的规模和水资源的获取距离决定了人类的定居模式。随着技术能力的不断提升，人类不仅在沿河两岸而且在整个流域尺度上改变流域的社会生态格局。然而不可否认的是社会水文学从生态水文学中吸取了很多成功的地方，如引入协同进化的概念，从而赋予了水文学新的生命。另外一方面，二者均为交叉学科，这一点是类似的。前者构建了水文学与土壤学、植物生理学和地理学等的联系，借此扩展水文学的视域；而后者同样将水文学拓展至社会科学。

3. 社会水文学和水文社会学

早在 1979 年，Falkenmark 就提出了水文社会学（hydrosociology），一门研究人水相互作用的科学，包括人类对水的需求、可利用水资源以及人类活动引起的水问题等，后来又开展一系列有关人水作用及其概念框架的研究（Falkenmark，1979，1997a，1997b，1999，2002）。在 2012 年社会水文学被提出来之际，Sivakumar（2012）指出社会水文学只是水文社会学的进一步发展，不能真正称之为一门新科学。但是，社会水文学除了研究人水耦合系统的互馈作用外，更重要的是揭示其协同进化的过程，对未来人水关系的发展轨迹具有预测能力，有助于水资源的可持续管理。

4. 社会水文学和水文经济学

水文经济学是一门通过连接稀缺水资源服务影响下的供给和需求的经济规律与相关的水文过程，处理水与经济之间相互作用的学科，主要是研究短期（如季节、月份和天）的人水关系，忽略了水文与植被长时间尺度的动态过程。社会水文学研究的人水耦合系统涉及社会、水文和生态环境等系统，并侧重长时间尺度的演化进而预测其未来的演变轨迹（Brouwer and Hofkes，2008）。在一定程度上，社会水文学涵盖了水文经济学。

5. 社会水文学和环境社会学

环境社会学研究社会-环境间的相互作用，特别关注引起环境问题的社会因子，并试图解决问题。环境社会学侧重于描述，阐释的能力较弱，因而很难进行预测（黄齐东和 Yongping W，2015）。社会水文学研究人水系统间的互馈机制及其进化，具有严格的数学表达，因此具有预测能力。

6. 社会水文学和"自然-社会"二元水循环

为更好地描述水在人类社会经济系统的运动过程，1997 年 Stephen 提出"hydrosocial cycle"即社会水循环的概念，提出了社会水循环之"供—用—排"过程的基本概念雏形（Stephen，1997）；同年 Falkemark 研究了社会侧支与自然水循环之间的相互作用（Falkenmark，1997a，1997b）。2011 年，龙爱华等将社会水循环定义为"受人类影响的水在社会经济系统及其相关区域的生命和新陈代谢的过程"（龙爱华等，2011a，2011b）。王浩等指出水循环的"自然-人工"二元特性，社会水循环被认为是水循环的一部分，随后总结"自然-社会"二元水循环理论，描述了水循环在驱动力、结构和参数方面的二元性；二元水循环理论拓展了自然一元水循环模式，能更客观和科学地表达人类活动影响下水循环的演变特征（王浩等，2004，2006，2011）。但是二元水循环缺乏人水系统间互馈机制的刻画，往往难以应对不同地区的复杂水循环问题（秦大勇等，2014；丁婧祎等，2015）。社会水文学同样涵盖了自然水循环和社会水循环，并且着重于人水耦合系统的互馈方式和协同进化的动态过程，由此可见二元水循环是社会水文学的重要基础。

7. 社会水文学和综合水资源管理

综合水资源管理最早在 1992 年的都柏林国际水与环境会议上被提出，标志着人类对水资源的利用已从单纯的开采转向在满足人类需求、维持生态系统可持续性间寻求一种平衡，这与国际水文计划第四阶段提出的水资源可持续发展是对应一致的（Sivapalan et al.，2012；尉颖琪，2011）。综合水资源管理关注的问题是：管理决策如何影响径流，反之,径流如何限制管理?其同样是关于人类与水的相互作用,但通常采用"基于情景"的方法揭示这些相互作用(Sivapalan et al.,2012;Savenije and Vander Zaag,2008)。由于这种方式没有考虑人水作用的动力学,结果与实际情况截然不同,因而无法进行长时间的预测。相比综合水资源管理聚焦于控制或者管理水系统以实现社会和环境的预期效果,社会水文学的焦点是观测、理解和预测人水耦合系统协同进化的轨迹。在这个层面上,可以说社会水文学是支持综合水资源管理实施的基础科学(Sivapalan et al.,2012)。

综上可知,社会水文学和相关交叉学科各有侧重,但之间又相互渗透,同时相互借鉴,共同促进水资源综合管理和社会可持续发展(图1-1)。

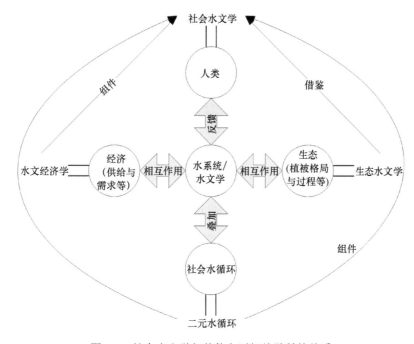

图 1-1　社会水文学与其他主要相关学科的关系

Fig. 1-1　The relationships between socio-hydrology and other related disciplines

1.3.3　社会水文学的发展方向

社会水文学是一门以发现为基础的科学,通过观察,理解和预测人们现实生活中的社会水文学现象来指导实践。社会水文学具有长时间尺度的特征,关注较长时间尺度的动力学过程。社会水文学是一门定量学科,定量的描述对于检验假设、模拟系统以及预测系统未来的变化轨迹是必要的。因此,社会水文学有以下 3 个发展方向(Sivapalan et al.,2012)。

1. 历史社会水文学

首先,可以通过重建研究过去了解历史情况,包括较近的和久远的过去。水在许多古文明的产生、演化和最终的消亡中发挥了关键作用。例如,黑河下游黑城子的消失是由于战争中上游河道被截断,失去水源而被废弃(沈卫荣等,2007)。除了文明的消亡,水管理和技术的模式在历史过程中不断演变。例如，吐鲁番"坎儿井"的产生和演化，即凭借地势，将山前的水通过人工挖掘的隧道引到平原区，不需要抽水，同时减少了无效蒸发，这种引水工程经过了数千年的考验。

2. 比较社会水文学

Sivapalan（2009）建议："与其想重建各个流域的响应过程，不如加强比较水文学研究，目的是识别和了解不同区域的流域之间的异同点，并且利用基本的气候-景观-人类活动的术语来解释它们。"在社会水文学中，这种涵盖社会经济梯度，以及气候和其他梯度的人水相互作用的比较分析，可以将空间或者区域上的任何差异与过程及其时间动态进行比较（Blöschl et al.，2007；Peel and Blöschl，2011；Sivapalan et al.，2012）。

3. 过程社会水文学

为了完善时间和空间分析，有必要更细致地研究典型人水系统，包括常规监测，以便更详细地理解因果关系。这就需要收集详细的社会和水文数据，包括实时的学习，以理解目前人水系统的功能，有助于预测未来的潜在轨迹。为了在新学科上取得进展，需要掌握各种尺度上的新科学规律，尤其是在处理人水相互作用方面。通量-梯度关系就是一个例子，它以多种形式体现在经典水文学中。由于社会水文学是关于不同尺度的协同进化和反馈过程，那么最优化也是社会水文学的重要原则，正如它们在生态水文学中的作用（Schymanski et al.，2009；Schaefli et al.，2011）。

1.4   社会水文学的研究进展

实际上，在社会水文学出现之前，就有一些研究试图探索人水系统相互作用及其协同进化过程。Wittfoge 很早就提出"水利帝国"（hydraulic despotism）的概念，将水和社会控制视作连锁过程，并提出了一个对其动力学进行诠释的极为敏感的理论框架（Wittfogel，1967）；Geels（2002）研究了现代荷兰水技术和社会协同进化的轨迹；Kallis（2010）研究了古雅典水资源开发的系统进化；Wagener 等（2010）强调人类活动的影响使得人水系统呈现本质上的耦合，并提出水文学的未来就是针对变化世界的革新科学；Pataki 等（2011）提供了城市水管理中社会与生态过程相互作用的轮廓；Schaefli 等（2011）提出了一种基于通用原理和非时变组织原则的水文模拟新方法，其关键就是行为模拟。

社会水文学提出之后，科学家们在水文学的权威杂志如 *Hydrology and Earth System Sciences*，*Water Resources Research* 和 *Journal of Hydrology* 等上对其展开了激烈的讨论，并基于典型研究做了一些探索工作（Liu et al.，2014；Reddy and Syme，2014；Montanari，2015）。例如，针对社会水文学理论和概念框架研究，并综合考虑经济、社会和文化等在水循环中的作用，开发了多个社会水文模型，用于模拟冲积平原区洪水危害与人类的关系、传统灌溉流域和城市地区人水相互作用的变化。

Booker 等（2012）针对水文经济模型未来的发展问题，指出应扩展模型以理解跨领域水资源经济、水文、环境和制度政策及其相关性。鉴于环境流科学、水治理和管理方面的研究进展，当前急需一种更加系统的方法以确定环境流需求，尤其是社会-政策和环境系统交互作用下的环境流需求（Pahl et al.，2013）。Linton 和 Budds（2014）应用相关辩证方法，将水文社会循环概化为一个社会-自然过程，水和社会相互作用；并且提出了水文社会循环概念，用其推理分析水-社会关系，传统水循环将水的社会背景剥离，而水文社会循环刻意处理水的社会和政策属性。Viglione 等（2014）聚焦 3 个方面：①集体记忆，如保持高风险意识的能力；②冒险态度，如愿意共同遭受风险的程度；③集体对风险降低举措的信任，利用概念方法分析集体应对风险文化，洪水危害和经济发展的相互作用，并用动态模型阐释水文和社会系统组件的互馈作用。以上研究不仅局限在水系统中，还综合了经济、环境、制度、政策和意识等多种社会因子，社会-水文已成为耦合系统。

从研究区域来讲，国外以墨累-达令流域的研究最为集中。Mooney 和 Tan（2012）针对南澳大利亚墨累河第二次水分配计划的政策演变问题，提出 3 种方法分别用来评价经济、社会和文化对新计划的价值。Di Baldassarre 等（2013，2015）开发了一个简单的动态模型，用来表达冲积平原区水文与社会过程之间的相互作用和互馈机制，认为简单的概念模型就能再现洪水和人类之间的相互影响，以及从耦合系统动力学角度生成新兴模式。Elshafei 等（2014）基于环境和社会经济系统间互馈机制的核心——社区敏感性，为社会水文学模型提出了一个原型框架。Emmerik 等（2014）模拟了人水系统的协同进化过程，提出了"环境意识"的概念，用来解释澳大利亚马兰比季河流域出现的钟摆现象；同样，Kandasamy 等（2014）对澳大利亚马兰比季河流域农业发展与环境健康之间的钟摆效应进行驱动力分析，流域在过去 100 年中经历了 4 个阶段，对应着不同的发展价值观念和规范，可以用基础建设系统、政策框架、经济工具和技术措施等描述；并指出，为了避免代价高昂的钟摆效应的发生，需要基于长时间尺度的社会水文耦合模型的管理，模型明确包括人水系统的双向耦合，涵盖有关水和环境的人类价值观念和规范的缓慢变迁过程。

另外，还有相关研究针对国际上的其他区域，Boelens（2014）揭示了安第斯山地区水、政权和文化政策的相互作用，将社会水文循化视为社会自然环境在特定时间和空间上的政策生态产物。Srinivasan（2015）以印度金奈的城市供水为例，在社会水文模拟中采用反事实轨迹的方法重建过去未采取相应措施情景下的储水、供水和水价的状况，并与现状进行了比较。Baker 等（2015）倡导在埃塞俄比亚等非洲国家应当将性别因子加入生态物理模型中，应用社会水文学方法刻画性别差异对水资源利用和管理的影响。在秘鲁的一个冰川流域，Carey 等（2014）选择了 5 个深刻影响水利用的因子：政治议题和经济发展、治理（法律和制度）、技术和工程、土地和资源、社会响应，并采用水文-社会框架模拟其径流变化。

就国内而言，关于社会水文学的研究主要集中于西北地区的内陆河流域。Wu 等（2015）利用包括城市扩张、水分配和水文过程的集成模型，模拟和预测黑河流域 2010～2050 年，由于城镇化引起的土地利用/覆被与经济活动变化以及气候对水资源的综合影响。Liu 等（2015）以塔里木河流域为例，基于水量平衡方程和逻辑生长曲线，构建了一个简单的社会水文概念模型，其由 4 个反馈环组成，整个社会水文系统包括水文、社会、经济和生态 4 个子系统，结果表明，塔里木河过去 60 年同样经历了澳大利亚马兰比季河流域的农业-生态的钟摆过程，其变化受到水分配政策的影响（Liu et al.，2015）。这也表明在不同区域的人水系统协同进化过程中，可以经历相似的动态变化特征（Troy et al.，2015）。Liu 等（2014）结合中国古老的文化，采用太极模型刻画塔里木河流域过去 2000 年受人水交互作用影响的社会水文系统的进化过程。

1.5 结　　语

从 2012 年社会水文学提出至今，科学家们已经开展了大量的研究工作，但是，目前社会水文学的研究还不够系统和深刻，大多研究都基于以下 3 个不同的理论背景：①传统水文学背景，通过水量平衡模拟刻画水文过程，仅仅根据需要引入几个社会变量，如人口、人类用水量和 GDP 等，来描述水文和社会的变化（Liu et al.，2014；Zhou et al.，2015），缺乏水文和社会因子间因果关系的表达，因此缺乏环境社会学理论的基础；②共进化背景，研究人水关系的耦合及其协同进化是这类研究的核心，但只是定性的研究，未进行定量表达，没有预测能力（Lu et al.，2015）；③水资源利用和管理背景，这类研究针对水资源利用管理的具体需求，如城市用水、防洪、环境流的分配等（Pahl et al.，2013；Di Baldassarre et al.，2013；Kandasamy et al.，2014），因而缺乏社会水文学共性机制问题探讨。总体而言，当前社会水文学的理论和方法还不够完善成熟，因此，本书后面各章从跨学科的角度，理论创新与案例研究并重，力图弥补社会水文学理论与方法的不足，使其成为解决人水矛盾问题的新途径。

参 考 文 献

丁婧祎, 赵文武, 房学宁. 2015. 社会水文学研究进展. 应用生态学报, 26(4): 1055～1063.

傅国斌, 刘昌明. 2001. 遥感技术在水文学中的应用与研究进展. 水科学进展, 12(4): 547～559.

郭利丹, 夏自强, 王志坚. 2011. 咸海和巴尔喀什湖水文变化与环境效应对比. 水科学进展, 22(6): 764～770.

黄齐东, Yongping W. 2015. 中国环境社会学: 借鉴西方与挑战未来. 学术界, (208): 58～70.

龙爱华, 邓铭江, 谢蕾, 等. 2011a. 巴尔喀什湖水量平衡研究. 冰川冻土, 33(6): 1341～1352.

龙爱华, 王浩, 于福亮, 等. 2011b. 社会水循环理论基础探析 II: 科学问题与学科前沿. 水利学报, 42(5): 505～513.

陆志翔, 肖洪浪, 邹松兵, 等. 2015. 黑河流域近两千年人-水-生态演变研究进展. 地球科学进展, 30(3): 396～406.

秦大庸, 陆垂裕, 刘家宏, 等. 2014. 流域 "自然-社会" 二元水循环理论框架. 科学通报, 59(4-5): 419～427.

沈卫荣, 中尾正义, 史金波. 2007. 黑水城人文与环境研究(黑水城人文与环境国际学术讨论会文集). 北京: 中国人民大学出版社.

汪静萍, 潘理中. 1999. 水科学研究进展: 1995—1998. 水科学进展, 10(1): 96～100.

王浩, 龙爱华, 于福亮, 等. 2011. 社会水循环理论基础探析 I: 定义内涵与动力机制. 水利学报, 42(4): 379～387.

王浩, 王建华. 2007. 现代水文学发展趋势及其基本方法的思考. 中国科技论文在线, 2(9): 617~620.

王浩, 王建华, 秦大庸. 2004. 流域水资源合理配置的研究进展与发展方向. 水科学进展, 15(1): 123~128.

王浩, 王建华, 秦大庸, 等. 2006. 基于二元水循环模式的水资源评价理论方法. 水利学报, 37(12): 1496~1502.

尉颖琪. 2011. 从国际水文计划看水文变化趋势. 科技资讯, (28): 143.

夏军, 丰华丽, 谈戈, 等. 2003. 生态水文学概念、框架和体系. 灌溉排水学报, 22(1): 4~10.

夏军, 左其亭. 2006. 国际水文科学研究的新进展. 地球科学进展, 21(3): 256~261.

徐宗学, 李景玉. 2010. 水文科学研究进展的回顾与展望. 水科学进展, 21(4): 450~459.

叶守泽, 夏军. 2002. 水文科学研究的世纪回眸与展望. 水科学进展, 13(1): 93~104.

于瑞宏, 刘延玺, 刘国纬. 2011. 黄河人水关系演变与调控. 北京: 中国水利水电出版社.

赵文智, 程国栋. 2001. 生态水文学——揭示生态格局和生态过程水文学机制的科学. 冰川冻土, 23(4): 450~457.

Alberto M, Young G, Savenije H H G, et al. 2013. "Panta Rhei-everything flows": Change in hydrology and society–the IAHS scientific decade 2013~2022. Hydrological Sciences Journal, 58(6): 1256~1275.

Baker T J, Cullen B, Debevec L, et al. 2015. A socio-hydrological approach for incorporating gender into biophysical models and implications for water resources research. Applied Geography, (62): 325~338.

Baldassarre G D, Kooy M, Kemerink J, et al. 2013. Towards understanding the dynamic behaviour of floodplains as human-water systems. Hydrology and Earth System Sciences, 17(8): 3235~3244.

Berry S L, Farquhar G D, Roderick M L. 2005. Chapter 12 In Encyclopedia of Hydrological Sciences. In: Anderson M G. Co-Evolution of Climate, Soil and Vegetation. London: John Wiley.

Blöschl G, Ardoin-Bardin, Bonell M, et al. 2007. At what scales do climate variability and land cover change impact on flooding and low flows. Hydrological Processes, 21(9): 1241~1247.

Blöschl G, Sivapalan M, Wagener T. 2013. Runoff Prediction in Ungauged Basins: Synthesis Across Processes, Places and Scales. Cambridge: Cambridge University Press.

Boelens R. 2014. Cultural politics and the hydrosocial cycle: Water, power and identity in the Andean highlands. Geoforum, (57): 234~247.

Booker J F, Howitt R E, Michelsen A M, et al. 2012. Economics and the modeling of water resources and policies. Natural Resource Modeling, 25(1): 168~218.

Brouwer R, Hofkes M. 2008. Integrated hydro-economic modelling: Approaches, key issues and future research directions. Ecological Economics, 66: 16~22.

Carey M, Baraer M, Mark B G, et al. 2014. Toward hydro-social modeling: Merging human variables and the social sciences with climate-glacier runoff models (Santa River, Peru). Journal of Hydrology, (518): 60~70.

Di Baldassarre G, Kooy M, Kemerink J, et al. 2013. Towards understanding the dynamic behavior of floodplains as human-water system. Hydrology and Earth System Sciences, 17(8): 3235~3244.

Di Baldassarre G, Viglione A, Carr G, et al. 2015. Debates-Perspectives on sociohydrology: Capturing feedbacks between physical and social processes. Water Resources Research, (51): 1~12.

Eagleson P S, Tellers T E. 1982. Ecological optimality in water-limited natural soil-vegetation systems: 2. Tests and applications. Water Resources Research, 18(2): 341~354.

Eagleson P S. 2002. Ecohydrology: Darwinian Expression of Vegetation Form and Function. Cambridge: Cambridge University Press.

Elshafei Y, Sivapalan M, Tonts M, et al. 2014. A prototype framework for models of socio-hydrology: Identification of key feedback loops and parameterisation approach. Hydrology and Earth System Sciences, 18(6): 2141~2166.

Emmerik Van T H M, Li Z, Sivapalan M, et al. 2014. Socio-hydrologic modelings to understand and mediate the competition for water between agriculture development and environmental health: Murrumbidgee

River Basin Australia. Hydrology and Earth System Science, 18(10): 4239~4259.

Falkenmark M. 1979. Main problems of water use and transfer of technology. GeoJournal, 3(5): 435~443.

Falkenmark M. 1997a. Society's interaction with the water cycle: A conceptual framework for a more holistic approach. Hydrological Sciences Journal, 42(4): 451~466.

Falkenmark M. 1997b. Water and mankind: A complex system of mutual interaction. Ambio, 6: 3~9.

Falkenmark M. 1999. Forward to the future: A conceptual framework for water dependence. Ambio, 28(4): 356~361.

Falkenmark M. 2002. Human interaction with land and water: A hydrologist's conception . UNESCO, Paris.

Geels F W. 2002. Technological transitions as evolutionary reconfiguration processes: A multi-level perspective and a case study. Research Policy, 31(8): 1257~1274.

Gober P, Wheater H S. 2015. Debates perspectives on sociohydrology: Modeling flood risk as a public policy problem. Water Resources Research, doi: 10.1002/2015WR016945.

Gober P, Wheater H. 2014. Socio-hydrology and the science–policy interface: A case study of the Saskatchewan River basin. Hydrology and Earth System Sciences, 18(4): 1413~1422.

Hale R L, Armstrong A, Baker M A, et al. 2015. iSAW: Integrating Structure, Actors, and Water to study socio-hydro-ecological systems. Earth's Future, 3(3): 110~132.

Hrachowitz M, Savenije H, Bl Schl G, et al. 2013. A decade of predictions in Ungauged Basins (PUB)-A review. Hydrological sciences Journal, 58(6): 1198~1255.

IHP-VIII. 2014. Water Security: Responses to Local regional and Global Challenges (2014~2021). http: // unesdocunescoorg/Ulis/cgi ～ bin/ulispl?catno=225103&set=52E1B5E4_0_438&gp=0&lin=1&11=1. 2014-12-1.

Kahil M T, Dinar A, Albiac J. 2015. Modeling water scarcity and droughts for policy adaptation to climate change in arid and semiarid regions. Journal of Hydrology, 522: 95~109.

Kallis G. 2010. Coevolution in water resource development: The vicious cycle of water supply and demand in Athens, Greece. Ecological Economics, 69(4): 796~809.

Kandasamy J, Sounthararajah D, Sivabalan P, et al. 2014. Socio-hydrologic drivers of the pendulum swing between agricultural development and environmental health: A case study from Murrumbidgee River basin, Australia. Hydrology and Earth System Sciences, 18(3): 1027~1041.

Koutsoyiannis D. 2011. Scale of water resources development and sustainability: Small is beautiful, large is great. Hydrological Sciences Journal, 56(4): 553~575.

Linton J, Budds J. 2014. The hydrosocial cycle: Defining and mobilizing a relational dialectical approach to water. Geoforum, (57): 170~180.

Liu D, Tian F, Lin M, et al. 2015. A conceptual socio-hydrological model of the co-evolution of humans and water: Case study of the Tarim River basin, western China. Hydrology and Earth System Sciences, 19(2): 1035~1054.

Liu Y, Tian F, Hu H, et al. 2014. Socio-hydrologic perspectives of the co-evolution of humans and water in the Tarim River Basin, Western China: The Taiji-Tire Model. Hydrology and Earth System Sciences, (18): 1289~1303.

Lu Z, Wei Y, Xiao H, et al. 2015. Evolution of the human–water relationships in Heihe River basin in the past 2000 years. Hydrology and Earth System Sciences, (19): 2261~2273.

Milly P C D, Julio B, Malin F. 2008. Climate change: Stationarity is dead: whither water management? Science, 319(5863): 573~574.

Montanari A. 2015. Debates-Perspectives on sociohydrology: Introduction. Water Resources Research, doi: 10.1002/2015WR017430.

Mooney C, Tan P L. 2012. South Australia's River Murray: Social and cultural values in water planning. Journal of Hydrology, (474): 29~37.

Pahl-Wostl C, Arthington A, Bogardi J, et al. 2013. Environmental flows and water governance: Managing sustainable water uses. Current Opinion in Environmental Sustainability, 5(3): 341～351.

Pataki D E, Carreiro M M, Cherrier J, et al. 2011. Coupling biogeochemical cycles in urban environments: Ecosystem services, green solutions, and misconceptions. Frontiers in Ecology and the Environment, 9(1): 27～36.

Peel M C, Blochl G. 2011. Hydrologic modelling in a changing world. Progress in Physical Geography, 35(2): 249～261.

Pomeroy J, Spence C, Whitfield P, et al. 2013. Putting Prediction in Ungauged Basins into Practice. Ottawa: Canadian Water Resources Association.

Qureshi M E, Whitten S M, Mainuddin M, et al. 2013. A biophysical and economic model of agriculture and water in the Murray-Darling Basin, Australia. Environmental Modelling & Software, (41): 98～106.

Reddy V R, Syme G J. 2014. Social sciences and hydrology: An introduction. Journal of Hydrology, (518): 1～4.

Rodriguez-Iturbe I. 2000. Ecohydrology: A hydrologic perspective of climate-soil-vegetation dynamics. Water Resources Research, 36(1): 3～9.

Rui X F, Liu N N, Li Q L, et al. 2013. Present and future of hydrology. Water Science and Engineering, 6(3): 241～249.

Savenije H, Van Der Zaag P. 2008. Integrated water resources management: Concepts and issues. Physics and Chemistry of the Earth, 33(5): 290～297.

Savenije H. 2000. Water scarcity indicators. The deception of the numbers. Physics and Chemistry of the Earth, Part B: Hydrology, Oceans and Atmosphere, 25(3): 199～204.

Schaefli B, Harman C, Sivapalan M, et al. 2011. HESS opinions: Hydrologic predictions in a changing environment: Behavioral modeling. Hydrology and Earth System Sciences, 15(EPFL-ARTICLE-165030): 635～646.

Schymanski S J, Sivapalan M, Roderick M L, et al. 2009. An optimality-based model of the dynamic feedbacks between natural vegetation and the water balance. Water Resources Research, 45(1): W01412.

Sivakumar B. 2012. Socio-hydrology: Not a new science, but a recycled and re-worded hydrosociology. Hydrological Processes, (26): 3788～3790.

Sivapalan M, Konar M, Srinivasan V, et al. 2014. Socio-hydrology: Use-inspired water sustainability science for the Anthropocene. Earth's Future, 2(4): 225～230.

Sivapalan M, Savenije H H, Bl Schl G. 2012. Socio-hydrology: A new science of people and water. Hydrological Processes, 26(8): 1270～1276.

Sivapalan M. 2009. The secret to 'doing better hydrological science': Change the question. Hydrological Processes, 23(9): 1391～1396.

Srinivasan V. 2015. Reimagining the past–use of counterfactual trajectories in socio-hydrological modelling: The case of Chennai, India. Hydrology and Earth System Sciences, 19(2): 785～801.

Stephen M. 1997. Introduction to the Economics of Water Resources. London: University College London Press.

Thompson E, Sivapalan M, Harman C J, ct al. 2013. Developing predictive insight into changing water systems: Use-inspired hydrologic science for the Anthropocene. Hydrology and Earth System Sciences, 17(12): 5013～5039.

Troy T J, Pavao-Zuckerman M, Evans T P. 2015. Debates-Perspectives on sociohydrology: Sociohydrologic modeling-Tradeoffs, hypothesis testing, and validation. Water Resources Research, doi: 10.1002/2015WR017046.

Van Emmerik T, Li Z, Sivapalan M, et al. 2014. Socio-hydrologic modeling to understand and mediate the competition for water between agriculture development and environmental health: Murrumbidgee River Basin, Australia. Hydrology and Earth System Sciences, 18(10): 4239～4259.

Viglione A, Di Baldassarre G, Brandimarte L, et al. 2014. Insights from socio-hydrology modelling on dealing with flood risk–roles of collective memory, risk-taking attitude and trust. Journal of Hydrology, (518):

71～82.

Wagener T, Sivapalan M, Troch P A, et al. 2010. The future of hydrology: An evolving science for a changing world. Water Resources Research, 46(5): 1～10, doi: 10.1029/2009WR008906.

Wittfogel K A. 1967. Oriental Despotism: A Comparative Study of Total Power (New Haven, 1957). Wittfogel Oriental Despotism: A Comparative Study of Total Power1957.

Wu F, Zhan J G, Neralp İ. 2014. Present and future of urban water balance in the rapidly urbanizing Heihe River Basin, Northwest China. Ecological Modelling, http: //dx.doi.org/10.1016/j.ecolmodel.2014.11.032.

Xie Y W, Chen F, Qi J G. 2009. Past desertification processes of Minqin Oasis in arid China. Int J Sust Dev World, (16): 260～269.

Zhou S, Huang Y, Wei Y, et al. 2015. Socio-hydrological water balance for water allocation between human and environmental purposes in catchments. Hydrology and Earth System Sciences, (19): 3715～3726.

第2章 社会水文学发展态势计量评价*

本章概要：社会水文学是一门新兴的研究人水耦合系统协同演化动力的水文学交叉学科。通过对 Web of Science 数据库检索的社会水文学论文进行文献计量分析，系统综述社会水文学的国际研究发展态势和趋势。文献计量分析结果显示，社会水文学发文较多的国家依次是美国、中国、英国、澳大利亚、德国、荷兰、加拿大、西班牙、法国、印度等。其中美国、中国、加拿大、英国、澳大利亚、德国等国家之间的交叉合作比较频繁。社会水文学的论文主要发表在荷兰、美国、英国等出版的《水资源管理》《水科学与技术》《农业水管理》《水文学杂志》《国际水杂志》《美国水资源学会杂志》《水资源研究》《国际水资源开发杂志》等水资源科学领域的专业期刊上。广义的社会水文学研究涉及水资源、环境科学、土木工程、地球科学、环境工程、农学、环境研究、生态学、气象与大气科学、地理学等。国际上长期关注水资源管理、水质、农业灌溉和水政策等问题，不同时期研究的问题热点根据时代发展的水资源管理需求有所变化，不同国家的关注点也有所不同。狭义社会水文学有 66 篇文章发表于最近几年，其关注点主要涉及城市化和农村发展的水需求和水安全问题，主要研究内容包括用系统、模型等研究其变化，水的案例分析，科学方法研究不确定性和气候等相关问题，理解基础上的交互管理等。综上所述，社会水文学是一门近年来快速兴起的研究人水耦合系统动态变化规律、服务水资源管理的交叉学科，该学科的发展将会促进人类对水资源的可持续管理和利用，更好地解决人类社会面临的水问题。

Abstract：Socio-hydrology is a new inter-disciplinary science of people and water. In this chapter, the biblio-metrical analysis was made on the socio-hydrology papers included in the Web of Science (WoS) to obtain the study progress of socio-hydrology. The results indicate that the USA, China, UK, Australia, Germany, Netherlands, Canada, Spain, France, and India are top 10 countries on the numbers of published socio-hydrology papers. There are the most frequent co-auhtorship among the USA, China, Canada, Australia and Germany. The socio-hydrology papers were mainly published in the *Water Resources Management*, *Water Science and Technology*, *Agricultural Water Management*, *Journal of Hydrology*, *Water International*, *Journal of the American Water Resources Association*, *Water Resources Research*, and *International Journal of Water Resources Development*. The research areas of

* 本章改编自王雪梅、张志强发表的《基于文献计量的社会水文学发展态势分析》(地球科学进展，2016，31 (11)：1205-1212)。

socio-hydrology mainly cover water resources, environmental sciences, civil engineering, geosciences, environmental engineering, agronomy, environmental studies, ecology, meteorology & atmospheric sciences, and geography. The key topics in general socio-hydrology were water resources, agricultural irrigation, and water policy. Furthermore, the research spots varied with the needs of the societal development in the different decades. They also varied among countries. Only 66 papers were found on the special socio-hydrology which all appeared in the recent years. The special socio-hydrology research mainly focused on water need and security in both urban and rural development. In summary, socio-hydrology, a new discipline to study the co-evolutionary dynamics of coupled human-water system, has been growing up very rapidly in recent years. Its development will promote the sustainable management and utilization of water resources and help better solve water problems facing the humans.

2.1　引　　言

　　社会水文学是一门新兴的研究人水耦合系统协同演化动力学的水文学交叉学科，它是在综合水资源管理、生态水文学以及社会水循环研究的基础上发展起来的（Sivapalan et al.，2012；丁婧祎等，2015；陆志翔等，2016）。广义的社会水文学涉及的研究主题领域包括水文社会学、水政策、水安全、水管理、水治理、水交易、水市场、水权、水价、虚拟水、人水和谐、人水耦合系统、水资源可持续利用、人水关系、人水历史、人水系统、人水开发、水文化等。狭义的社会水文学研究主题包括水文社会学、人水和谐、人水耦合系统、人水关系、人水历史、人水系统、人水开发等。

　　文献计量学是用数学和统计学的方法，定量地分析知识载体的交叉科学（Pritchard，1969）。它集数学、统计学、文献学为一体，借助发文和引用及与其相关的特征数和量化指标来描述、评价和预测科学技术的现状和发展趋势（庞景安，2002）。Web of Science（WoS）核心合集数据库收录了 12000 多种高影响力的学术期刊，内容涵盖自然科学、工程技术、生物医学、社会科学等领域，一般被认为收录了世界各学科领域内的绝大多数优秀科技期刊，其收录期刊的论文能在很大程度上及时反映科学前沿的发展动态。

　　本章通过对 WoS 数据库检索的相关论文进行文献计量分析，综述广义社会水文学与狭义社会水文学的国际研究发展态势。

2.2　数据与方法

　　分析数据来自 WoS 的自然科学引文索引（science citation index expanded，SCI-E）和社会科学引文索引（social sciences citation index，SSCI）数据库。检索从该数据库建库 1900～2015 年发表的论文，并排除 Reprint、Correction 和 Correction Addition 的文献类型。以"social hydrology" or "socio-hydrology" or "hydro-sociology" or "coupled human water system" or "human water system" or "human water relationship" or "human water harmony" or "human water history" or "human water development" or "human water regulation" or "sustainable utilization of water resource*" or "water management" or "water governance" or "water policy" or "water security" or "water trade" or "water market" or "water right" or "water price" or "virtual water" or "coupled human water resource system" or "human water resource system" or "human water resource relationship" or "human water resource harmony" or "human water resource history" or "human water resource development" or "human water resource regulation" or "water resource management" or "water resource governance" or "water resource policy" or "water resource security" or "water resource trade" or "water resource market" or "water resource right" or "water resource price" or "water culture" or "water law"为主题词进行检索，兼顾检索的查全率和查准率，在标题、关键词和摘要任一处出现以上某个词组则被初步归为广义社会水文学论文，筛选剔除非该研究领域的文献后共得到 18768 篇论文。缩小检索范围，仅用社会水文学"socio-hydrolog*" or "social hydrolog*"进行主题词检索，得到 66 篇关于狭义社会水文学的论文（检索日期为 2016 年 5 月）。

分析工具采用汤森路透公司（Thomson Reuters Corporation）的 Thomson Data Analyzer（TDA）文本挖掘软件、微软公司的 Excel 软件，以及美国德雷塞尔大学信息科学与技术学院陈超美研发的 CiteSpace 软件和荷兰莱顿大学科学技术研究中心研发的 VOSviewer 软件，定量分析主要发文国家和研究机构的论文产出数量、论文影响力，以及研究热点领域等。

2.3　结果与分析

2.3.1　广义社会水文学研究进展

社会水文学研究论文来自 171 个国家或地区，其中 96.4%是英文文章，此外还有少数是德文、法文、葡萄牙文、西班牙文、波兰文、日文、捷克文、匈牙利文、克罗地亚文、斯洛文尼亚文、中文等。这些论文的年度分布情况见图 2-1，图中可见 20 世纪

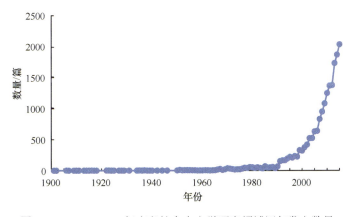

图 2-1　1900～2015 年广义社会水文学研究领域逐年发文数量

Fig. 2-1　Yearly numbers of papers on the general socio-hydrology from 1900 to 2015

90 年代特别是进入 21 世纪以来，社会水文学研究相关论文数量增长迅速。其中，1900～1989 年发表的论文数量仅占总数的 5.3%，1990～1999 年占 10.3%，2000 年以来的论文量占了 84.4%，仅 2015 年的发文量就是 20 世纪前 80 年论文总数的 2 倍多。

1. 主要资助来源

依据论文标注的资助项目，国外社会水文学研究主要得到以下机构的经费资助：美国国家科学基金会（National Science Foundation，NSF）、欧盟（European Union，EU）及欧盟委员会（European Commission，EC）、澳大利亚研究理事会（Australian Research Council，ARC）、加拿大自然科学与工程研究理事会（Natural Sciences and Engineering Research Council of Canada，NSERC）、美国航空航天局（National Aeronautics and Space Administration，NASA）、欧洲共同体（European Community）、德国联邦教育与研究部（German Federal Ministry of Education and Research，BMBF）、美国国家海洋和大气管理局（National Oceanic and Atmospheric Administration，NOAA）、澳大利亚联邦科学与工业研究组织（Commonwealth Scientific and Industrial Research Organization，CSIRO）、西班牙科学与创新部（Spanish Ministry of Science and Innovation）、瑞士国家科学基金会（Swiss National Science Foundation，SNS）、俄罗斯基础研究基金会（Russian Foundation for Basic Research）、美国地质调查局（United States Geological Survey，USGS）、巴西国家科学技术发展委员会（OConselho Nacional de Desenvolvimento Científico e Tecnológico，CNPq）等。

我国社会水文学研究的项目经费主要来自：国家自然科学基金（National Natural Science Foundation of China，NNSFC/NSFC）、中国国家重点基础研究发展计划（National Basic Research Program of China，973 program）、中国科学院（Chinese Academy of Sciences）、中央高校基本科研业务费专项资金（Fundamental Research Funds for the Central Universities）、教育部新世纪优秀人才支持计划（Program for New Century Excellent Talents in University）、中国高等学校学科创新引智计划（111 Project）、中国博士后科学基金（China Postdoctoral Science Foundation）等。

2. 主要研究力量分布

世界各国都很关注水资源研究，发表社会水文学相关研究论文较多的国家依次是美国、中国、英国、澳大利亚、德国、荷兰、加拿大、西班牙、法国、印度等国，这些国家 2000～2015 年发文数量的年度分布见图 2-2。美国和中国是当前发文量最多的国家，21 世纪以来美国论文量的年均增长率为 9.9%，中国以年均 16.6% 的全球最高增长率的速度，从 2009 年开始论文数量超过 100 篇，成为该学科领域发文量仅次于美国排名世界第 2 位的国家。

根据论文著者地址中位于第一位的作者，统计第一作者数量较多的国家，可在一定程度上反映出不同国家拥有该领域优秀科研人员队伍的情况。美国拥有该领域优秀人才队伍的规模最大，其次是中国、英国、德国、澳大利亚、荷兰、加拿大等，中国虽然进入第 2 位，但队伍规模不及美国的 1/3。

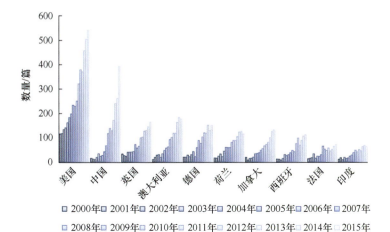

图 2-2　2000~2015 年主要发文国家广义社会水文学研究逐年发文数量

Fig. 2-2　Yearly numbers of papers on the general socio-hydrology from the main countries from 2000 to 2015

　　对发文较多的前 10 个国家 2000~2015 年以第一著者发表的论文数量及其被引用情况进行统计。由表 2-1 可见，美国的论文量和总被引频次都最高；其次，中国、德国和加拿大的论文总被引频次也比较高；加拿大、美国和德国的论文篇均被引频次比较高，中国论文篇均被引频次相对较低，这与中国论文大量发表于近几年有一定关系；美国和中国由于论文总量多，所以高被引（被引频次≥20 次和 50 次）的论文数量也多，但加拿大的高被引论文比例最高，中国的被引论文比例与发达国家相比仍偏低。我国论文数量达到一定程度后也开始越来越关注论文的质量，随着时间的推移，预计论文被引率也将不断提升。

表 2-1　发文量前 10 位的国家 2000~2015 年的发文量及其被引用情况

Table 2-1　Numbers and citation of papers from the main countries from 2000 to 2015

序号	国家	发文量/篇	被引论文所占比例/%	总被引次数/次	篇均被引频次/（次/篇）	被引频次≥20 次的论文/篇	被引频次≥20 次的论文所占比例/%	被引频次≥50 次的论文/篇	被引频次≥50 次的论文所占比例/%
1	美国	3562	85.8	62606	17.6	813	22.8	276	7.7
2	中国	1493	80.7	14386	9.6	215	14.4	53	3.5
3	英国	784	86.5	12119	15.5	146	18.6	52	6.6
4	澳大利亚	927	86.2	12292	13.3	183	19.7	45	4.9
5	德国	886	81.7	13832	15.6	146	16.5	53	6.0
6	荷兰	713	89.1	10916	15.3	150	21.0	40	5.6
7	加拿大	664	87.5	13715	20.7	179	27.0	66	9.9
8	西班牙	618	83.8	7387	12.0	124	20.1	25	4.0
9	法国	456	81.8	6443	14.1	101	22.1	25	5.5
10	印度	459	77.1	4695	10.2	62	13.5	17	3.7

　　社会水文学研究论文中有 66.5%是由单个国家完成，其余论文大多是由两三个国家合作完成，主要国家的合作网络见图 2-3。美国、中国、加拿大、英国、澳大利亚、德国等国家之间的交叉合作比较频繁。

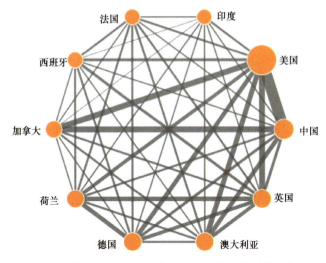

图 2-3　社会水文学主要发文国家间的研究合作网络

Fig. 2-3　Cooperation network of co-publication of the general socio-hydrology among the main countries

　　根据全部著者和第一著者统计发文较多的机构，排第一位的都是中国科学院，美国进入前 10 位的高校和研究机构最多，占了半数以上，此外，荷兰代尔夫特理工大学、瓦赫宁根大学和我国北京师范大学也进入发文量前 10 位的行列（表 2-2）。

表 2-2　发表社会水文学论文较多的前 10 个机构

Table 2-2　Top 10 institutes in terms of the number of papers on socio-hydrology

序号	全部著者机构	论文篇数	第一著者机构	论文篇数
1	中国科学院	533	中国科学院	332
2	美国加州大学戴维斯分校	211	美国佛罗里达大学	115
3	荷兰代尔夫特理工大学	196	美国加州大学戴维斯分校	111
4	美国地质调查局	185	美国亚利桑那大学	106
5	美国亚利桑那大学	178	北京师范大学	103
6	北京师范大学	173	美国地质调查局	100
7	美国得州农工大学	167	美国农业部农业研究院	88
8	美国佛罗里达大学	160	美国得州农工大学	78
9	荷兰瓦赫宁根大学	158	荷兰瓦赫宁根大学	78
10	美国农业部农业研究院	156	美国科罗拉多州立大学	77

3. 研究前沿和热点方向

　　国际上发表社会水文学研究论文较多的期刊及其所属国家、期刊影响因子见表 2-3。这些文章主要发表在荷兰、美国、英国等出版的水资源管理、水科学技术、水文学、水资源开发利用、水政策等专业期刊上。根据 2015 年《期刊引用报告》（*Journal Citation Reports*，JCR），发文最多的 10 种期刊中有一半属于 JCR 学科领域 1 区期刊（位于学科领域期刊影响因子排名前 25%之列）。

表 2-3　发表社会水文学论文的国际主要刊物及其影响力
Table 2-3　Major journals on social hydrology and their impacts

出版物	论文篇数	出版国家	2015 年期刊影响因子	JCR 分区
Water Resources Management	561	荷兰	2.437	1 区
Water Science and Technology	560	英国	1.064	3 区
Agricultural Water Management	547	荷兰	2.603	1 区
Journal of Hydrology	494	荷兰	3.043	1 区
Water International	363	美国	1.040	2 区
Journal of the American Water Resources Association	328	美国	1.659	2 区
Water Resources Research	315	美国	3.792	1 区
International Journal of Water Resources Development	274	英国	1.463	2 区
Water Policy	258	美国	0.952	3 区
Hydrological Processes	219	英国	2.768	1 区

从研究方向看，广义社会水文学研究涉及水资源、环境科学、土木工程、地球科学、环境工程、农学、环境研究、生态学、气象学与大气科学、地理学等学科。社会水文学研究论文中出现频次 100 次及以上的关键词有 56 个（表 2-4），包括：water management（水管理）、climate change（气候变化）、water resources management（水资源管理）、irrigation（灌溉）、water resources（水资源）、water policy（水政策）、water quality（水质）、modeling（模拟）、groundwater（地下水）、sustainability（可持续发展）、uncertainty（不确定性）、integrated water resources management（水资源综合管理）、drought（干旱）、evapotranspiration（蒸散发）、remote sensing（遥感）、hydrology（水文）、water governance（水治理）、hydrologic models（水文模型）、optimization（优化）、water supply（供水）、water scarcity（水资源短缺）、China（中国）、virtual water（虚拟水）、agriculture（农业）、water security（水安全）、water framework directive（水框架指导）、adaptation（适应）、sustainable development（可持续发展）、water balance（水平衡）、decision making（决策）、flooding（洪水）、GIS（地理信息系统）、decision support system（决策支持系统）、water use efficiency（水利用效率）、water footprint（水足迹）、wetlands（湿地）等。图 2-4 关键词云图直观地展示了这些高频词汇，即位于图中间位置字体较大的那些词更频繁地出现在社会水文学的论文中。

用 CiteSpace 软件对社会水文学研究论文的关键词进行分析，节点类型选择作者关键词，阈值选择前 100 个高频出现的节点，采用最小生成树算法，可视图显示为静态聚类视图和合并网络视图。由表 2-5 可见，广义社会水文学研究中，管理、资源、气候变化、灌溉、优化、系统、不确定性、模型、政策、变化性等关键词的中介中心性较高，是社会水文学研究论文共现网络中起着主要关联作用的比较重要的词；水资源管理、灌溉、水质、水政策、排水、建模、湿地、土壤、框架、可持续发展等关键词的突现性较高，是社会水文学研究论文在短期内出现频次增加明显、受到较高关注的前沿领域方向。图 2-5 绘制的社会水文学论文关键词图谱，图中每个圆形节点代表一个关键词，节点越大表明关键词的出现频次越高，带紫色光圈的节点具有较高的中心性，表示与其他节点之间的联系紧密。

表 2-4　国际社会水文学论文的高频关键词（≥100 次）

Table 2-4　High frequency keywords in the papers on general socio-hydrology（≥100 times）

排序	关键词	频次	排序	关键词	频次
1	water management	1792	29	sustainable development	149
2	climate change	790	30	water balance	148
3	water resources management	745	31	decision making	140
4	Irrigation	622	32	Flooding	139
5	water resources	449	33	GIS	138
6	water policy	441	34	decision support system	136
7	water quality	434	34	water use efficiency	136
8	Modeling	320	36	water footprint	135
9	Groundwater	291	36	Wetlands	135
10	Sustainability	282	38	Rice	130
10	Uncertainty	282	38	Salinity	130
12	Water	268	40	Governance	128
13	integrated water resources management	251	40	Runoff	128
14	Drought	241	42	Management	125
15	Evapotranspiration	221	43	Simulation	119
16	remote sensing	204	43	storm water management	119
17	Hydrology	202	45	water markets	118
17	water governance	202	46	Drainage	113
19	hydrologic models	194	47	water allocation	112
20	Optimization	192	48	Environment	111
21	water supply	189	49	water demand	107
22	water scarcity	179	50	water law	106
23	China	174	50	water productivity	106
24	virtual water	167	52	Eutrophication	104
25	Agriculture	157	52	watershed management	104
26	water framework directive	151	54	environmental flows	101
26	water security	151	54	integrated water management	101
28	Adaptation	150	56	water pricing	100

图 2-4　广义社会水文学论文高频关键词云图

Fig. 2-4　Cloud map on high frequency keywords in general socio-hydrology papers

表 2-5　广义社会水文学论文关键词的中心性和突变性分析
Table 2-5　Centrality and burst analysis on keywords in general socio-hydrology papers

排序	关键词	中心性	关键词	突现性
1	management	0.92	water management	55.99
2	resource	0.56	irrigation	32.96
3	climate change	0.54	water quality	26.63
4	irrigation	0.53	water policy	24.24
5	optimization	0.51	drainage	22.24
6	system	0.49	modeling	20.38
7	uncertainty	0.41	Wetland	17.19
8	model	0.31	soil	15.21
9	policy	0.24	framework	13.56
10	variability	0.21	sustainable development	9.91

注：CiteSpace 采用 1979 年 Freeman 提出的中心性测度指标计算节点在网络中地位的重要性；采用 2002 年 Kleinberg 提出的突变侦测算法检测频次变化率高和增长速度快的突现词。

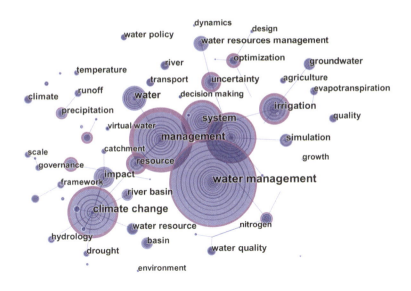

图 2-5　广义社会水文学论文高中心性关键词图谱
Fig. 2-5　Map of high centrality keywords in general socio-hydrology papers

广义社会水文学长期关注水资源管理、水质、农业灌溉和水政策等研究。此外，不同时期国际研究的热点根据时代发展有所变化（表 2-6）。20 世纪 90 年代，普遍重视水质、水体富营养化、水资源规划和建模等问题；21 世纪前 10 年，强调对气候变化、地下水、可持续发展、不确定性等方面的研究；2010 年以来的最近几年，论文中大量出现了水治理等研究。

根据第一著者国家发文，统计主要国家的高频关键词（表 2-7），可以看出，发文量最多的前 10 个国家都很关注水管理、气候变化、水资源管理和灌溉方面的研究；此外，美国、澳大利亚、西班牙、英国、加拿大等还重视水政策研究；美国、英国、加拿大、

表 2-6　1990 年以来不同年代社会水文学论文中的高频关键词

Table 2-6　High frequency keywords in general socio-hydrology papers in different decades from 1990

年份	广义社会水文学论文 Top10 关键词/次
1990～1999 年	water management（229）、water quality（57）、irrigation（55）、water policy（47）、water resources management（40）、water resources planning（30）、water resources（26）、modeling（26）、water policy / regulation / decision making（24）、eutrophication（24）等
2000～2009 年	water management（676）、water resources management（294）、irrigation（270）、water policy（182）、water resources（171）、water quality（166）、climate change（127）、groundwater（97）、sustainability（94）、uncertainty（77）等
2010～2015 年	water management（884）、climate change（626）、water resources management（411）、irrigation（287）、water resources（220）、water quality（209）、water policy（198）、uncertainty（186）、water（181）、water governance（180）等

表 2-7　发文量前 10 位的国家社会水文学论文中的高频关键词

Table 2-7　High frequency keywords in general socio-hydrology papers of top 10 countries

序号	国家	Top10 关键词/次
1	美国	water management（487）、climate change（193）、water policy（175）、irrigation（144）、water resources management（138）、water quality（127）、water resources（91）、hydrology（82）、modeling（80）、drought（79）等
2	中国	water management（109）、uncertainty（87）、water resources management（77）、climate change（70）、water resources（65）、evapotranspiration（38）、optimization（28）、water footprint（26）、remote sensing（25）、water use efficiency（25）等
3	英国	water management（82）、climate change（48）、water resources（38）、irrigation（33）、water framework directive（30）、water resources management（24）、sustainability（23）、water quality（22）、water policy（21）、groundwater（21）等
4	澳大利亚	water management（84）、climate change（53）、irrigation（46）、water resources management（41）、water policy（36）、Murray-darling basin（32）、sustainability（31）、environmental flows（26）、water markets（23）、water（21）、water quality（21）等
5	德国	water management（115）、climate change（55）、water resources management（46）、integrated water resources management（30）、water framework directive（28）、irrigation（24）、social learning（20）、river basin management（20）、water scarcity（20）、water governance（19）、groundwater（19）等
6	荷兰	water management（138）、climate change（41）、water governance（33）、irrigation（21）、water footprint（19）、virtual water（17）、water resources management（16）、uncertainty（16）、integrated water management（15）、adaptation（15）等
7	加拿大	water management（89）、uncertainty（45）、water resources management（36）、climate change（34）、decision making（34）、water resources（24）、water quality（21）、water governance（14）、irrigation（14）、water policy（14）等
8	西班牙	water management（86）、irrigation（37）、water policy（26）、climate change（23）、water resources management（22）、water quality（20）、water framework directive（19）、sustainability（15）、water resources（15）、water scarcity（15）等
9	法国	water management（81）、irrigation（23）、groundwater（14）、climate change（12）、hydrology（12）、water policy（8）、water resources management（8）、modelling（8）、wastewater reuse（8）、water demand（7）等
10	印度	water management（45）、water resources management（21）、irrigation（20）、climate change（17）、water balance（15）、groundwater（13）、waterlogging（12）、water productivity（12）、remote sensing（8）、optimization（8）、evapotranspiration（8）、water quality（8）、linear programming（8）、GIS（8）、groundwater quality（8）等

澳大利亚、西班牙等重视水质研究；美国、法国等重视应用建模的方法研究水文；中国、加拿大、荷兰等关注不确定性研究；中国、印度等关注蒸发、优化等问题，重视遥感技术的应用；英国、德国、西班牙等重视水框架指导和可持续发展；英国、德国、法国等关注地下水问题；澳大利亚在墨累-达令流域、环境流量、水市场方面比较有研究优势；

德国在水资源综合管理和社会学习方面比较有优势；荷兰关注水足迹和虚拟水研究；加拿大关注决策研究；法国关注废水再利用；印度关注水平衡研究等。

2.3.2 狭义社会水文学的研究进展

狭义的社会水文学是在综合水资源管理、生态水文学和社会水循环发展的基础上应运而生的（Sivapalan et al.，2012；丁婧祎等，2015）。只用社会水文学（"socio-hydrolog*" or "social hydrolog*"）进行主题词检索，在 SCI 和 SSCI 数据库得到 66 篇文章（表 2-8，检索日期 2016 年 5 月），都发表于最近几年，其年度分布为，2012 年 3 篇，2013 年 6 篇，2014 年 21 篇，2015 年 28 篇，2016 年 8 篇。根据第一著者统计，发表文章最多的是美国（19 篇），其次是荷兰（8 篇），德国和意大利（各 6 篇），澳大利亚和中国（各 4 篇），英国和加拿大（各 3 篇）等。

表 2-8 狭义社会水文学国际论文

Table 2-8 Papers of specific Socio-hydrology

标题	第一作者 （地址：国家）	出版 年份	期刊
Socio-hydrology：Not a new science，but a recycled and re-worded hydrosociology	Sivakumar B（澳大利亚）	2012	*Hydrological Processes*
Socio-hydrology：A new science of people and water	Sivapalan M（美国）	2012	*Hydrological Processes*
Irrigation and development in the Upper Indus Basin characteristics and recent changes of a socio-hydrological system in Central Ladakh，India	Nusser M（德国）	2012	*Mountain Research and Development*
Panta Rhei-everything flows：Change in hydrology and society—The IAHS scientific decade 2013～2022	Montanari A（意大利）	2013	*Hydrological Sciences Journal-Journal Des Sciences Hydrologiques*
Reconstructing the duty of water：A study of emergent norms in socio-hydrology	Wescoat J L（美国）	2013	*Hydrology and Earth System Sciences*
The June 2013 flood in the Upper Danube Basin，and comparisons with the 2002，1954 and 1899 floods	Bloschl G（奥地利）	2013	*Hydrology and Earth System Sciences*
Historic maps as a data source for socio-hydrology：A case study of the Lake Balaton wetland system，Hungary	Zlinszky A（匈牙利）	2013	*Hydrology and Earth System Sciences*
Socio-hydrology：Conceptualising human-flood interactions	Di Baldassarre G（荷兰）	2013	*Hydrology and Earth System Sciences*
Water security in the Canadian Prairies：Science and management challenges	Wheater H（加拿大）	2013	*Philosophical Transactions of the Royal Society A-mathematical Physical and Engineering Sciences*
Socio-hydrology：Use-inspired water sustainability science for the Anthropocene	Sivapalan M（美国）	2014	*Earths Future*
A virtual water network of the Roman world	Dermody B J（荷兰）	2014	*Hydrology and Earth System Sciences*
Socio-hydrologic modeling to understand and mediate the competition for water between agriculture development and environmental health：Murrumbidgee River basin，Australia	van Emmerik T H M（荷兰）	2014	*Hydrology and Earth System Sciences*
Infrastructure sufficiency in meeting water demand under climate-induced socio-hydrological transition in the urbanizing Capibaribe River basin – Brazil	Neto A R（巴西）	2014	*Hydrology and Earth System Sciences*
Endogenous technological and population change under increasing water scarcity	Pande S（荷兰）	2014	*Hydrology and Earth System Sciences*

续表

标题	第一作者 （地址：国家）	出版 年份	期刊
A prototype framework for models of socio-hydrology：Identification of key feedback loops and parameterisation approach	Elshafei Y（澳大利亚）	2014	*Hydrology and Earth System Sciences*
Socio-hydrologic perspectives of the co-evolution of humans and water in the Tarim River basin，Western China：The Taiji-Tire model	Liu Y（中国）	2014	*Hydrology and Earth System Sciences*
A journey of a thousand miles begins with one small step—human agency，hydrological processes and time in socio-hydrology	Ertsen M W（荷兰）	2014	*Hydrology and Earth System Sciences*
Socio-hydrology and the science-policy interface：A case study of the Saskatchewan River basin	Gober P（加拿大）	2014	*Hydrology and Earth System Sciences*
Acting，predicting and intervening in a socio-hydrological world	Lane S N（瑞士）	2014	*Hydrology and Earth System Sciences*
Socio-hydrologic drivers of the pendulum swing between agricultural development and environmental health：A case study from Murrumbidgee River basin，Australia	Kandasamy J（澳大利亚）	2014	*Hydrology and Earth System Sciences*
Towards modelling flood protection investment as a coupled human and natural system	O'Connell P E（英国）	2014	*Hydrology and Earth System Sciences*
Evolving water science in the Anthropocene	Savenije H H G（荷兰）	2014	*Hydrology and Earth System Sciences*
Reconciling hydrology with engineering	Koutsoyiannis D（希腊）	2014	*Hydrology Research*
Bringing politics back into water planning scenarios in Europe	Fernandez S（法国）	2014	*Journal of Hydrology*
Insights from socio-hydrology modelling on dealing with flood risk—Roles of collective memory，risk-taking attitude and trust	Viglione A（奥地利）	2014	*Journal of Hydrology*
Public awareness，behaviours and attitudes towards domestic wastewater treatment systems in the Republic of Ireland	Naughton O（爱尔兰）	2014	*Journal of Hydrology*
Investigation on the use of geomorphic approaches for the delineation of flood prone areas	Manfreda S（意大利）	2014	*Journal of Hydrology*
Floods and climate：Emerging perspectives for flood risk assessment and management	Merz B（德国）	2014	*Natural Hazards and Earth System Sciences*
Patterns of irrigated agricultural land conversion in a western U.S. Watershed：Implications for landscape-level water management and land-use planning	Baker J M（美国）	2014	*Society & Natural Resources*
Modeling and mitigating natural hazards：Stationarity is immortal	Montanari A（意大利）	2014	*Water Resources Research*
The hydromorphology of an urbanizing watershed using multivariate elasticity	Allaire M C（美国）	2015	*Advances in Water Resources*
A socio-hydrological approach for incorporating gender into biophysical models and implications for water resources research	Baker T J（埃塞俄比亚）	2015	*Applied Geography*
Indigenous knowledge of hydrologic change in the Yukon River Basin：A case study of Ruby，Alaska	Wilson N J（美国）	2015	*Arctic*
Assessing impacts of payments for watershed services on sustainability in coupled human and natural systems	Asbjornsen H（美国）	2015	*Bioscience*
Global sensitivity analysis for large-scale socio-hydrological models using Hadoop	Hu Y（美国）	2015	*Environmental Modelling & Software*
Irrigation in upper hunza：Evolution of socio-hydrological interactions in the Karakoram，Northern Pakistan	Parveen S（德国）	2015	*Erdkunde*

标题	第一作者 （地址：国家）	出版 年份	期刊
Incorporating the social dimension into hydrogeochemical investigations for rural development：The Bir Al-Nas approach for socio-hydrogeology	Re V（意大利）	2015	*Hydrogeology Journal*
A risk based integration and analytical concept acknowledging uncertainties in water related decision-making	Hollermann B（德国）	2015	*Hydrologie und Wasserbewirtschaftung*
Socio-hydrological water balance for water allocation between human and environmental purposes in catchments	Zhou S（中国）	2015	*Hydrology and Earth System Sciences*
Evolution of the human-water relationships in the Heihe River basin in the past 2000 years	Lu Z（中国）	2015	*Hydrology and Earth System Sciences*
Why is the Arkavathy River drying? A multiple-hypothesis approach in a data-scarce region	Srinivasan V（印度）	2015	*Hydrology and Earth System Sciences*
Reimagining the past - use of counterfactual trajectories in socio-hydrological modelling：The case of Chennai，India	Srinivasan V（印度）	2015	*Hydrology and Earth System Sciences*
A conceptual socio-hydrological model of the co-evolution of humans and water：Case study of the Tarim River basin，western China	Liu D（中国）	2015	*Hydrology and Earth System Sciences*
Grand challenges for hydrology education in the 21st century	Ruddell B L（美国）	2015	*Journal of Hydrologic Engineering*
The hydro-economic interdependency of cities：Virtual water connections of the Phoenix，Arizona Metropolitan Area	Rushforth R R（美国）	2015	*Sustainability*
Modeling residential water consumption in Amman：The role of intermittency，storage，and pricing for piped and tanker water	Klassert C（德国）	2015	*Water*
Human-impacted waters：New perspectives from global high-resolution monitoring	Ceola S（意大利）	2015	*Water Resources Research*
Charting unknown waters—On the role of surprise in flood risk assessment and management	Merz B（德国）	2015	*Water Resources Research*
A model of the socio-hydrologic dynamics in a semiarid catchment：Isolating feedbacks in the coupled human-hydrology system	Elshafei Y（澳大利亚）	2015	*Water Resources Research*
Global hydrology 2015：State，trends，and directions	Bierkens M F P（荷兰）	2015	*Water Resources Research*
Water security and the science agenda	Wheater H S（加拿大）	2015	*Water Resources Research*
Hydrology：The interdisciplinary science of water	Vogel R M（美国）	2015	*Water Resources Research*
Debates Perspectives on socio-hydrology：Introduction	Montanari A（意大利）	2015	*Water Resources Research*
Debates Perspectives on socio-hydrology：Capturing feedbacks between physical and social processes	Di Baldassarre G（瑞典）	2015	*Water Resources Research*
Debates Perspectives on socio-hydrology：Modeling flood risk as a public policy problem	Gober P（美国）	2015	*Water Resources Research*
Debates Perspectives on socio-hydrology：Simulating hydrologic-human interactions	Loucks D P（美国）	2015	*Water Resources Research*
Debates Perspectives on socio-hydrology：Changing water systems and the "tyranny of small problems" socio-hydrology	Sivapalan M（美国）	2015	*Water Resources Research*
Debates Perspectives on socio-hydrology：Socio-hydrologic modeling：Tradeoffs，hypothesis testing，and validation	Troy T J（美国）	2015	*Water Resources Research*
A system dynamics based socio-hydrological model for agricultural wastewater reuse at the watershed scale	Jeong H（韩国）	2016	*Agricultural Water Management*

续表

标题	第一作者 （地址：国家）	出版 年份	期刊
Tracking cultural ecosystem services：Water chasing the Colorado River restoration pulse flow	Bark R H（英国）	2016	*Ecological Economics*
Wicked but worth it：Student perspectives on socio-hydrology	Levy M C（美国）	2016	*Hydrological Processes*
A question driven socio-hydrological modeling process	Garcia M（美国）	2016	*Hydrology and Earth System Sciences*
Socio-hydrological modelling：a review asking "why, what and how?"	Blair P（英国）	2016	*Hydrology and Earth System Sciences*
Extending HydroShare to enable hydrologic time series data as social media	Sadler J M（美国）	2016	*Journal of Hydroinformatics*
A socio-hydrological model for smallholder farmers in Maharashtra，India	Pande S（荷兰）	2016	*Water Resources Research*
From channelization to restoration：Socio-hydrologic modeling with changing community preferences in the Kissimmee River Basin，Florida	Chen X（美国）	2016	*Water Resources Research*

　　根据关键词词频分析，狭义社会水文学研究主要涉及城市化和农村发展的水需求和水安全问题。用 VOSviewer 软件对这 66 篇文章的标题和摘要中的高频词作相似度聚类密度图，图中红色区域表示权重值高的主题。由图 2-6 可见狭义社会水文学的主要研究内容包括用系统、模型等研究其变化；社会水文学的发展及动态；水的案例分析；科学方法研究不确定性和气候等相关问题；理解基础上的交互管理等。

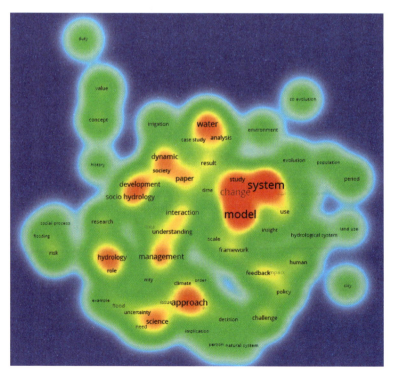

图 2-6　狭义社会水文学论文标题和摘要高频词聚类图

Fig. 2-6　Clustering diagram on high frequency words in titles and abstracts of special socio-hydrology papers

2.4　结论与启示

广义的社会水文学是一门起源较早的研究水文学和自然、社会、人文的综合学科。狭义的社会水文学是近年来快速兴起的研究人水耦合系统动力学的交叉学科，是指导和支撑可持续水资源管理的新的知识体系。水资源管理需求旺盛的发达国家和发展中国家都在积极开展相关研究，该学科的发展将会促进人类对水资源的科学管理和可持续利用，是更好地解决人水矛盾的新途径。

通过对国际上社会水文学发展态势的文献计量分析，得到以下主要结论：

（1）主要国家分布。发文较多的国家依次是美国、中国、英国、澳大利亚、德国、荷兰、加拿大、西班牙、法国、印度等。开展合作研究比较频繁的有美国、中国、加拿大、英国、澳大利亚、德国等国家。21 世纪以来中国的论文量迅速增加，从 2009 年起成为发文量仅次于美国排名世界第 2 位的国家。但美国仍拥有该领域规模最大的优秀人才队伍，中国的人才数量尚不及美国的 1/3。

（2）论文的影响力。美国的论文量和总被引频次都居世界首位，中国、德国和加拿大的论文总被引频次比较高；美国、加拿大和德国等科技发达国家的论文篇均被引频次比较高，中国论文的篇均被引频次相对较低。

（3）主要研究机构。中国科学院在该领域的发文量居世界前列，但美国进入前 10 位的高校和研究机构最多。荷兰代尔夫特理工大学、瓦赫宁根大学和我国北京师范大学也进入了发文量前 10 位的行列。

（4）重要发文期刊。这些文章主要发表在荷兰、美国、英国等出版的《水资源管理》《水科学与技术》《农业水管理》《水文学杂志》《国际水杂志》《美国水资源学会杂志》《水资源研究》《国际水资源开发杂志》等高水平专业期刊上。

（5）学科交叉研究。社会水文学研究涉及水资源、环境科学、土木工程、地球科学、环境工程、农学、环境研究、生态学、气象与大气科学、地理学等诸多学科。

（6）国际研究热点。广义社会水文学研究长期关注水资源管理、水质、农业灌溉和水政策等问题，20 世纪 90 年代普遍重视水质、水体富营养化、水资源规划和建模等，21 世纪前 10 年强调气候变化、地下水、可持续发展和不确定性等，2010 年以来出现水治理等研究热点。狭义社会水文学研究主要涉及城市化和农村发展的水需求和水安全问题，主要研究内容包括用系统、模型等研究其变化，案例分析、不确定性、气候变化、交互管理等。

水是一切生物生存的物质基础，全球各地区水资源时空分布极不均匀。随着工业和城市化的发展和人口的增长，以及气候变化带来的洪水、暴风和干旱等极端天气，水问题变得更加敏感和脆弱。大力发展社会水文学，将为解决人类面临的日益严重的水问题的解决提供新的知识支撑。

参 考 文 献

丁婧祎, 赵文武, 房学宁. 2015. 社会水文学研究进展. 应用生态学报, 26(4): 1055~1063.

陆志翔, Wei Y P, 冯起, 肖洪浪, 程国栋. 2016. 社会水文学研究进展. 水科学进展, 05: 1-8+14.

庞景安. 2002. 科学计量研究方法论. 北京: 科学技术文献出版社: 123~125.

Centre for Science and Technology Studies. 2016. Leiden University. VOSviewer version 1.6.4. http: //www.vosviewer.com/. 2016-6-12.

Chen C M. 2006. CiteSpace II: Detecting and visualizing emerging trends and transient patterns in scientific literature. Journal of the American Society for Information Science and Technology, 57(3): 359~377.

Chen C M. 2016. CiteSpace III. http: //cluster.ischool.drexel.edu/~cchen/citespace/download/.

Pritchard A. 1969. Statistical bibliography or bibliometrics. Journal of Documentation, 25(4): 348~349.

Sivapalan M, Savenije H H G, Blöschl G. 2012. Socio-hydrology: A new science of people and water. Hydrological Processes, 26(8): 1270~1276.

Thomson Reuters. 2016. Web of Science. http: //wokinfo.com/citationconnection/. 2016-5-18.

第 3 章　社会水文学基础理论（狭义）

本章概要：水资源是制约社会经济发展和生态环境保护的关键资源。随着水资源的稀缺性不断增加，流域生态系统在长期进化过程中形成的动态平衡状态被打破。社会水文学作为一门新兴学科，致力于探究人水耦合系统及其协同进化的动态机制，以实现流域水资源的可持续利用。本章提出狭义社会水文学研究基础理论，以内部弹性表征水资源在社会和生态系统之间的分配，外部弹性表征水资源分配所导致的社会和生态系统生产力的变化，用这两个弹性系数揭示流域社会-生态耦合系统协同演化的过程。

Abstract：Water resources have been widely recognized as key resources for socio-economic development and environmental conservation. The coupled human-water systems have evolved into a non-steady state due to the lack of enough water resources. Socio-hydrology, a new science of people and water, aims to understand the dynamics and co-evolution of the coupled human-water systems, which underpins sustainable water management. This chapter proposed a new socio-hydrological theoretical framework, in which the internal elasticity was used to define water allocation between the societal system and the ecological system, the external elasticity was used to define the impact of the water allocation on the societal system and ecological system under the driving forces, and the two types of elasticity coefficients were used to indicate the co-evolutionary processes of the societal-ecological system.

3.1　研　究　背　景

3.1.1　人水关系的变化

水资源是与人类生活、工农业生产和生态环境保护息息相关的重要自然资源。远古时期，人类依水而居，利用水资源进行生产生活。当时人类社会生产力水平比较低，改造自然的能力有限，人类社会的发展虽然受制于自然环境，但人水关系呈现和谐状态（肖冬华，2012）。随着水资源开发利用水平的提高，农业逐渐兴起并蓬勃发展。水资源成为经济发展的重要生产资料，区域用水矛盾逐渐显现并不断加剧，人水关系日益紧张（宋先松等，2005；王芳等，2007）。

为了满足日益增长的工农业发展需求，高坝大库、跨流域调水等大型工程大量修建，极大地改变了流域水循环过程（宋晓猛等，2013）。人类过度使用水资源，引发了一系列生态环境问题，如河湖萎缩，水土流失，土地荒漠化，水污染加剧，等等。在全球环境变化日趋严峻的背景下，人水关系变得更加复杂而紧密，人水矛盾的困境日益加剧（左其亭和刘静，2015）。如何合理利用水资源，实现流域社会经济和生态环境可持续发展，以及人与水和谐共处，成为流域水资源管理者面临的巨大挑战（毛翠翠和左其亭，2011）。

3.1.2　流域水资源管理的挑战和探索

为了充分利用水资源以满足流域社会经济发展，流域水资源管理措施及政策不断推行。早期流域水资源管理致力于寻求水资源的优化配置，以解决水资源供求矛盾，促进水资源可持续利用（唐德善等，2005；李小琴，2005；马国军等，2008；何英，2010；马莉，2011；李新攀，2012）。然而，在变化环境条件下，流域"水文一致性"假设不再成立，动摇了传统水资源分析的理论基础（Milly et al.，2008）。基于历史长系列数据的水资源优化配置技术面临严峻的挑战，流域水资源高效开发利用与合理配置亟待新的管理和决策工具。

随着水资源短缺问题愈发严重和生态环境日益恶化，人类不得不从新的视角重新审视水资源在人类社会发展中的位置，以实现水资源的可持续利用目标。1992 年，"国际水与环境会议——21 世纪的发展与展望"提出"水资源综合管理"（IWRM）的概念。此后，水资源综合管理的概念和内涵不断发展（Rahaman and Varis，2005）。2002 年，"世界可持续发展峰会"指出，水资源综合管理是要以公平的、不损害重要生态系统的可持续性方式促进水、土及相关资源的协调开发和管理，从而使经济和社会财富最大化。水资源综合管理仍然从效益最大化的角度充分挖掘水资源的社会经济效益，虽然公平性和生态系统的可持续性被提及，但由于缺乏理论的支持，其对指导流域管理实践仍然存在巨大挑战（Biswas，2008；Gain et al.，2013）。

3.1.3　社会水文学的兴起

应流域水资源综合管理实践的需求，社会水文学作为一门新兴学科于 2012 年正式提出（Sivapalan et al.，2012）。社会水文学是一门探究人水耦合系统的双向互馈方式及其协同进化动态机制的定量学科，它以实现流域水资源的可持续利用为最终目的。社会水文学的研究在澳大利亚、中国和美国的多个流域逐渐开展起来，主要通过历史研究、对比研究和模型研究等方式来追溯历史和预测未来人水耦合系统演化的轨迹（Liu et al.，2014；Sivapalan et al.，2014；Van Emmerik et al.，2014；Viglione et al.，2014）。

社会水文学的研究仍处于起步阶段，很多方面还很不完善。目前的研究，一方面偏重于定性描述，缺少定量化的研究方法；另一方面过分侧重于分析和模拟人水耦合系统动态，而忽视了社会因素对于解决人水关系矛盾的重要作用。因此，需要建立系统性的学科框架，并探讨相应的研究方法（丁婧祎等，2015）。本章将给出社会水文学的定义及其基本理论框架。

3.2　社会水文学定义

在气候变化和人类活动的影响下，水资源稀缺性不断增加，流域生态系统在长期进化过程中形成的动态平衡状态被打破。因此，社会水文学的研究目的在于建立起社会系统和生态系统之间的再平衡，实现流域可持续发展和社会生态系统的代际公平。

社会水文学是一门关于流域尺度水平衡的社会系统与生态系统长期共进化的学科。流域尺度是最能体现生态系统与社会系统交互作用的空间尺度，是研究社会生态系统的基本单元。长期共进化表征系统慢变量的变化。几十年、百年甚至千年尺度是社会水文学研究的时间尺度。水平衡是社会系统和生态系统发展的主要矛盾，也是耦合社会系统和生态系统的关键纽带。社会系统和生态系统之间的平衡是一定时间、空间范围内的动态平衡，两者之间的相互耦合反馈及协同进化是社会水文学研究的基本出发点（Sivapalan et al.，2012）。其中，干旱半干旱地区流域，水资源利用矛盾最为突出，是社会水文学研究的重点区域。

3.3　基　本　理　论

在降水、气温、人口、技术等内外部因素的驱动下，流域土地资源和水资源在社会和生态系统之间的分配不断变化，直接影响流域社会和生态系统生产力。随着流域社会和生态系统之间水土资源分配与生产力发展的矛盾不断激化，流域社会-生态系统之间的动态平衡被打破。为了满足流域社会和生态系统生产力持续发展的需求，社会水文学研究以"社会水文学水平衡-系统生产力"为主线，研究在内外部驱动力作用下，流域社会水文学水平衡的动态变化，及流域社会-生态系统生产力对水土资源分配的响应机制（图 3-1）。研究的主要内容包括：①流域社会-生态系统平衡态；②流域水平衡及其动态变化；③流域社会-生态系统共进化机制。

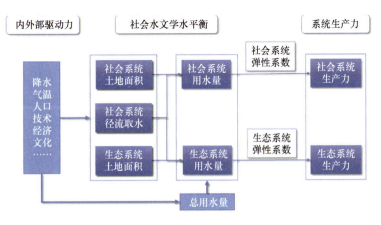

图 3-1　社会水文学基本理论框架

Fig. 3-1　Theoretical framework of socio-hydrology

3.3.1　流域社会-生态系统平衡态

研究假定，在一定的气候、水文、下垫面以及人类社会技术进步条件下，流域社会-生态系统总是趋向于平衡的，并且在平衡态周围摆动，形成社会-生态系统演化的动态平衡。在一定范围内，这种摆动弹性可恢复，但一旦超出某一阈值，系统将趋于新的动态平衡状态。

以流域社会系统与生态系统之间的水平衡为出发点，定义流域水资源分配系数（ω）为流域生态系统用水（W_{Ecology}）与社会系统用水（W_{Society}）之比，即

$$\omega = \frac{W_{\text{Ecology}}}{W_{\text{Society}}} \tag{3-1}$$

对于给定流域，流域可利用水资源量在一定范围内波动，如果其在流域生态系统和社会系统之间的分配（ω）也在一定范围内波动，则可认为流域社会-生态系统是在一个平衡态内保持动态平衡。反之，如果水资源在流域生态系统和社会系统之间的分配系数在完全不同的两个范围内波动，则认为这两个阶段属于流域的两个不同的平衡态。

3.3.2　流域水平衡及其动态变化

基于质量守恒原理，流域水量平衡的基本方程为

$$P + R_{\text{in}} = E_{\text{Basin}} + R_{\text{out}} + \Delta G + \Delta S \tag{3-2}$$

式中，R_{in} 为融雪量、外引水量等；R_{out} 为入海量、外调水量等；ΔG 和 ΔS 分别为地下水及土壤水的变化量；E_{Basin} 为流域总蒸发水量，等于生态系统蒸发量（E_{Ecology}）和社会系统蒸发量（E_{Society}）的总和，即

$$E_{\text{Basin}} = E_{\text{Ecology}} + E_{\text{Society}} \tag{3-3}$$

式中，E_{Ecology} 为一定的气候和下垫面条件下的自然蒸发量；E_{Society} 为流域农牧业区灌溉水量以及工业和居民生活等耗水量。在流域水量平衡公式的各要素中，只有流域蒸散发量才是闭合区域内水资源的净消耗量（汤万龙，2007）。因此，可以分别用 E_{Ecology} 和 E_{Society} 来表示生态系统和社会系统的用水量，以分析流域社会-生态系统的动态平衡特征及平衡态的变化。

在一定的平衡状态下，流域地下水、土壤水、内外调水量相对稳定，E_{Basin} 的变化主要由降水波动引起，E_{Ecology} 和 E_{Society} 的分配比例保持相对稳定。当气候变化显著、人类活动日益加剧的情况下，流域降水量或两系统用水量可能发生显著变化，使得 E_{Ecology} 和 E_{Society} 的分配比例超出一定范围，流域可能会趋向于另一个平衡态。其中，气候变化对社会和生态系统用水量的影响主要通过降水，而人类活动对社会和生态系统用水量的影响，主要通过改变流域社会和生态系统土地利用面积，以及社会系统径流取水量实现。

因此，E_{Ecology} 和 E_{Society} 可以表示为流域降水量、系统土地利用面积及社会系统径流取水量的函数。

$$E_{\text{Ecology}} = f_e(P, A_e, D) \tag{3-4}$$

$$E_{\text{Society}} = f_s(P, A_s, D) \tag{3-5}$$

式中，A_e 和 A_s 分别为生态和社会系统土地利用面积；D 为社会系统径流取水量。因此，流域社会水平衡的动态变化可以通过综合管理流域土地资源（社会和生态系统土地利用面积）与水资源（社会系统径流取用量）实现。

3.3.3　流域社会-生态系统共进化机制

水资源在流域社会系统和生态系统之间的分配，直接影响到流域社会-生态系统生产力的变化。而社会和生态系统生产力的发展需求，决定了水资源在两者之间的分配特征。国内生产总值（Gross Domestic Product，GDP）是反映一个国家或地区总体经济状况的重要指标，可以用来衡量社会系统生产力。生态系统生产力用总初级生产力（Gross Primary Productivity，GPP）衡量，表示植物光合作用生产有机物的总量。此外，也可用国民生产总值、国民收入等指标表征社会系统生产力，用净初级生产力、生态系统生物量表征生态系统生产力。流域社会系统和生态系统生产力的变化，同时受到降水、气温等外部驱动力的影响。社会系统生产力还受到人口、土地资源、技术发展等内部驱动力的影响，而生态系统生产力也受到不同类型植被覆盖度等的影响。这些因素是影响流域生产力的驱动力，也在一定程度上决定了水资源在社会和生态系统之间的分配。

流域外部驱动力，以降水（P）为例，对流域生产力的影响，可以采用外部弹性系数（ε）来表示，即一定时期内，降水量变化 1% 引起的流域生产力变化比例。

$$\varepsilon = \frac{k_s \dfrac{\Delta \text{GDP}}{\text{GDP}} + k_e \dfrac{\Delta \text{GPP}}{\text{GPP}}}{\dfrac{\Delta P}{P}} \tag{3-6}$$

式中，k_s 和 k_e 分别为社会系统和生态系统的权重系数，可根据流域管理的具体情况确定；在一个平衡态内，$\overline{\text{GDP}}$ 和 $\overline{\text{GPP}}$ 分别为流域社会系统和生态系统多年平均生产力水平；$\dfrac{\Delta \text{GDP}}{\text{GDP}}$ 和 $\dfrac{\Delta \text{GPP}}{\text{GPP}}$ 为某年生产力相对多年平均生产力的变化比例。其中，外部弹性系数 ε 越小，表示降水变化对流域生产力变化的影响越小，即流域水资源及生产力管理的能力越强。

流域生产力的变化，一方面受到可利用水资源在社会系统和生态系统之间分配的影响；另一方面系统内部驱动力会通过影响流域社会系统和生态系统水资源-生产力的关系，从而影响系统生产力。在系统外部和内部驱动力的作用下，流域社会系统和生态系统水资源-生产力关系也可以采用内部弹性系数来表示，即系统水资源量变化 1% 引起的生产力变化比例。

$$\varepsilon_s = \frac{\dfrac{\Delta \mathrm{GDP}}{\overline{\mathrm{GDP}}}}{\dfrac{\Delta E_{\mathrm{Society}}}{\overline{E_{\mathrm{Society}}}}} \tag{3-7}$$

$$\varepsilon_e = \frac{\dfrac{\Delta \mathrm{GPP}}{\overline{\mathrm{GPP}}}}{\dfrac{\Delta E_{\mathrm{Ecology}}}{\overline{E_{\mathrm{Ecology}}}}} \tag{3-8}$$

式中，ε_s 和 ε_e 分别为社会系统和生态系统水需求的内部弹性系数，反映了社会和生态系统生产力对水资源分配的敏感性，即水资源的边际利用效率。

流域社会-生态耦合系统协同演化的历史，是水资源在社会系统和生态系统之间分配不断调整变化的过程，同时也是社会系统和生态系统生产力博弈的过程。人类发展的历史就是这个演化过程不断变化的结果。在社会发展初期，人类为了满足社会生产力的需求，不断增加社会系统水资源分配比例。随着社会技术发展的进步，人类利用水资源的效率不断提高，社会系统弹性系数也不断增加，流域总弹性系数增加。当生态系统水资源被严重挤占，以至于不足以维持其自身生产力要求时，生态系统弹性系数逐渐减小，导致流域总弹性系数降低。为了维持流域社会-生态系统的可持续发展，一方面，需要控制社会-生态系统之间的水资源分配比例，使其维持在一个较为稳定的水平；另一方面，需要采取有效的技术和管理手段，提高社会系统和生态系统的弹性系数，在有限的水资源条件下满足更高的生产力要求。

3.4　结　语

不同于以供需平衡为核心的流域水资源分析方法，本章提出的社会水文学理论框架针对社会系统与生态系统之间水资源分配与生产力发展的矛盾，通过研究两大系统水资源及生产力的协同演化历史，确定流域水资源与生产力可持续发展的目标，进而直接指导流域水土资源及生产力的综合管理。在该理论框架下，通过进一步对比同一时期不同流域（比较社会水文学），以及同一流域不同时期（历史社会水文学）土地及水资源在社会和生态系统之间的分配，并分析两大系统生产力的不同以及水需求弹性系数的不同，可以有效揭示不同流域同一时期及同一流域不同时期管理状态的相似性和差异点。通过比较社会水文学及历史社会水文学的研究，可以建立更全面的流域管理状态框架，从而更好地进行流域水土资源综合管理，以达到流域社会-生态系统生产力可持续发展的要求。

<h2 style="text-align:center">参 考 文 献</h2>

丁婧祎, 赵文武, 房学宁. 2015. 社会水文学研究进展. 应用生态学报, 04: 1055~1063.
何英. 2010. 干旱区典型流域水资源优化配置研究. 乌鲁木齐: 新疆农业大学博士学位论文.
李小琴. 2005. 黑河流域水资源优化配置研究. 西安: 西安理工大学硕士学位论文.

李新攀. 2012. 石羊河流域水资源优化配置研究. 兰州: 兰州理工大学硕士学位论文.

马国军, 林栋, 刘君娣, 等. 2008. 基于多目标分析的石羊河流域水资源优化配置研究. 中国沙漠, 01: 191～194.

马莉. 2011. 疏勒河流域水资源优化配置研究. 兰州: 兰州大学硕士学位论文.

毛翠翠, 左其亭. 2011. 人水关系研究进展与关键问题讨论. 南水北调与水利科技, 05: 74-79+84.

宋先松, 石培基, 金蓉. 2005. 中国水资源空间分布不均引发的供需矛盾分析. 干旱区研究, 02: 162～166.

宋晓猛, 张建云, 占车生, 等. 2013. 气候变化和人类活动对水文循环影响研究进展. 水利学报, 07: 779～790.

汤万龙. 2007. 基于 ET 的水资源管理模式研究. 北京: 北京工业大学硕士学位论文.

唐德善, 王霞, 赵洪武, 等. 2005. 流域水资源优化配置研究. 水电能源科学, 03: 38-40+91.

王芳, 吴普特, 范兴科. 2007. 西北地区水资源状况与合理配置问题的研究. 农机化研究, 05: 205～209.

王世金, 何元庆, 赵成章. 2008. 西北内陆河流域水资源优化配置与可持续利用——以石羊河流域民勤县为例. 水土保持研究, 05: 23-25+29.

肖冬华. 2012. 论中国古代人水和谐思想及其当代价值. 求索, 12: 90～92.

左其亭, 刘静. 2015. 环境变化影响下人水关系研究的关键问题及研究框架. 水利水电技术, 06: 48～53.

Biswas A K. 2008. Integrated water resources management: Is it working? Water Resources Development, 24(1): 5-22.

Gain A K, Rouillard J J, Benson D. 2013. Can integrated water resources management increase adaptive capacity to climate change adaptation? A critical review. Journal of Water Resource and Protection, 5(04): 11.

Liu Y, Tian F, Hu H, et al. 2014. Socio-hydrologic perspectives of the co-evolution of humans and water in the Tarim River basin, Western China: The Taiji-Tire model. Hydrology and Earth System Sciences, 18(4): 1289～1303.

Milly P C D, Betancourt J, Falkemark J, et al. 2008. Climate change - Stationarity is dead: Whither water management. Science, 319(5863): 573～574.

Rahaman M M, Varis O. 2005. Integrated water resources management: Evolution, prospects and future challenges. Sustainability: Science, Practice, & Policy, 1(1): 15～21.

Sivapalan M, Savenije H H G, Blöschl G. 2012. Socio-hydrology: A new science of people and water. Hydrological Processes, 26(8): 1270～1276.

Sivapalan M, Konar M, Srinivasan V, et al. 2014. Socio-hydrology: Use-inspired water sustainability science for the Anthropocene. Earth's Future, 2(4): 225～230.

Van Emmerik T H M, Van Emmerk T H M, Li Z, Sivapalan M, et al. 2014. Socio hydrologic modeling to understand and mediate the competition for water between agriculture development and environmental health: Murrumbidgee River basin, Australia. Hydrology and Earth System Sciences, 18(10): 4239～4259.

Viglione A, Baldassarre G D, Brandimarte L, et al. 2014. Insights from socio-hydrology modelling on dealing with flood risk-Roles of collective memory, risk-taking attitude and trust. Journal of Hydrology, 518: 71～82.

第4章 社会水文学理论（广义）

本章概要：本章提出的广义社会水文学理论框架（DHWR）由4部分组成：驱动力子系统，由气候变化和人口增长组成；水资源管理决策子系统，由观念变迁、技术进步和管理变革组成；水资源在社会系统和生态系统之间的分配，它是社会系统用水和生态系统用水以及它们各自的用水效率；以及流域协同进化的社会生态系统。借用工程结构力学应力-应变分析的概念，定义了人类水资源管理决策系统对外在自然社会压力的驱动弹性，人类决策系统对流域社会生态系统影响弹性，流域社会生态系统在没有人类决策影响下对自然社会外力响应的基础弹性，以及人类水资源管理决策与水资源在社会系统和生态系统之间的分配的内部弹性，来分析流域社会生态系统各子系统之间的相互作用。联合应用这4个弹性，可以描述流域社会生态系统的内部结构，各种应力-应变关系及其随时间演变的动力学特征。对流域未来的演变作出可能路径分析，指导中长期流域水资源规划与管理。

Abstract：The (generalized) socio-hydrological theoretical framework was proposed in this chapter. It consists of four components. The first component is external drivers including social driver (population growth) and natural driver (climate change). The second component is water resources management decision system including three interactive elements: societal value change, technology progress and management institution reform. The third component is water (re) allocation between social systems and ecological system at catchment, including the water amount allocated to these two systems and their respective water use efficiency. The fourth component is the co-evolved socio-ecological catchment system. Borrowing the concept of the stress-strain analysis in the engineering structure, four types of elasticity were defined to understand the interactions between external drivers and water resources management decision system, between water resources management decision system and water (re) allocation between the social system and ecological system, between water resources management decision system and co-evolved socio-ecological catchment system, and between external drivers and co-evolved socio-ecological catchment system. This theoretical framework can be applied to analyze the future pathways of the evolution of socio-ecological catchment systems and guide the middle and long-term water resources planning and management.

4.1 引 言

社会水文学是继传统水文学的几次发展、生态水文学的出现与发展，用以弥补水文经济学的不足（Brouwer and Hofkes，2008），与环境社会学等人文学科交叉而发展的，一门致力于探究人水耦合系统协同进化机制的定量科学。因此，社会水文学的发展理应借鉴其他学科的优秀成果（Sivapalan et al.，2012）。

借用其他学科的成果是新学科发展的通常方法。最近日益兴起的趋势是社会科学的发展借用自然科学的思路（Cole，1995；Forsyth，1998；David et al.，2009；Fish，2011）。一般有几种类型的借用方法（Nuijten，2011）：第一类为借用工具，如统计软件、数学模型以及计算机程序；第二类为方法类比，是更为深入地对理论陈述以及归纳方法的借用（Colyvan and Ginzburg，2010）；第三类为概念借用，是比较不严格的借用，因为很少的条件能够在两个学科之间满足。因此，概念借用是一门新学科建立与发展的核心方法，它是跨学科研究擦出火花的起点以及获益最大之处。

发展社会水文学，可以借用第 1 章综述中提及的相关学科的成果来提高对人水关系耦合互动的理解。例如，在水文学分支中的生态水文学，它研究植被进化或自组织行为背后的水文学机制（Rodriguez- Iturbe，2000）。社会水文学探讨的是人类进化或自组织行为背后的水文学机制。因此，社会水文学可以向新近发展的生态水文学学习和借鉴。由于可从不同学科借用理论、假定、方法和应用，及它们的多种组合，学科之间的借用没有预先设定的方法。本章从更为基本的物理学成果出发，通过借用工程结构力学的概念来理解流域社会生态系统在不同压力状态下产生应变的特性。

4.2 工程结构力学与社会水文学的异同

社会水文学和工程结构力学在学科的研究范畴、研究现象、学科的方法以及研究的目标之间存在许多类似之处。由于结构力学成熟得多，因此可借用结构力学的概念发展社会水文学。首先，研究范畴类似，工程结构力学中的应力-应变分析用于确定材料或结构在静态、动态荷载下的应变特征，进而确定结构的薄弱点，调查结构断裂事故的成因，为设计加强的结构提高理论基础。社会水文学分析流域社会生态系统在各种自然和社会外力与内力下的应变，用于分析人类水资源管理决策与社会生态系统的薄弱之处，分析人类维持或重建流域社会生态系统稳定性的能力，调查河流文明衰落、流域社会生态系统破坏的原因，为建立更具弹性的流域社会生态系统提供理论基础（Folke，2006）。

其次，依赖于结构的类型、尺寸以及形状，施力的大小与方向，工程结构在各种应力下，通常可能发生几种类型的形变（图 4-1）。首先经历弹性形变，然后是塑性形变。弹性形变是可逆转的变形，塑性形变不可恢复。当结构承受大于它可承受的最大应力时，断裂发生。依赖于流域社会生态系统的类型和规模，流域的水文、生态和社会条件，以及它所承受的内外力，流域社会生态系统首先发生小的可以恢复的变化，接着系统变迁发生，从一个平衡态发展到另一个，此种变形不能恢复，这里可称之为塑性变形，最后河流文明的衰落可看作为结构断裂。

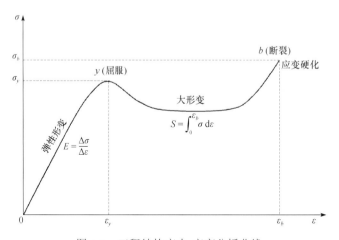

图 4-1　工程结构应力-应变分析曲线

Fig.4-1　Cure of stress-strain analysis in engineering structure

　　在工程领域应力-应变分析（结构的弹性），可以通过破坏性试验或非破坏性试验获得，或用模型为基础的数学分析推出。结构的弹性模量、屈服强度、断裂强度、稳定性，以及其他非线性特征能被确定。社会水文学需要工具和方法来测量和计算流域社会生态系统的弹性、稳定性、状态阈值与临界点、破坏强度等非线性特征。分析结果能用于确定流域社会生态系统的类型（高弹性或低弹性），所处阶段（弹性区或塑性区），以及通过什么水资源管理措施可以加强流域一个阶段社会生态系统的弹性或促进其转变到另一个平衡态。

　　工程结构设计通常希望结构处在其线性弹性应变的区域内。换句话说，应力导致的变形与所施加的荷载线性相关，这个区域被称为设计安全区。过去流域社会生态系统经历了从一个缓慢、稳定的开发利用阶段到一个快速的、激烈的、有破坏特征的变化阶段，这隐含着我们并没有把我们存在的流域社会生态系统设计或保持在安全工作区（Wei et al.，2012），需要发现路径使我们的流域社会生态系统回到安全工作区。

　　以上可以看出，社会水文学和工程结构力学有许多类似之处。但无疑，无生命的工程结构与有生命的流域社会生态系统之间存在明显的区别。流域作为一个半封闭的社会生态系统，由水文系统、生态系统和人类社会系统组成。水文系统符合物理学的普遍特征，遵循质量守恒，具有简单性、普适性、可预测性的特征；流域生态系统符合达尔文进化论，其特征为选择与进化、自组织行为以及偶然性；人类社会系统具有向前看的决策能力，能通过发展技术实现人类的意愿，并且对整个流域系统产生反馈（图 4-2）。虽然存在这些明显不同，我们不应该让其蒙蔽双眼，仍然可从其工程结构力学的类似性出发，发展社会水文学。

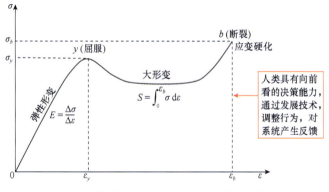

图 4-2　流域社会生态系统与工程结构的不同

Fig. 4-2　Difference between catchment social ecological system and engineering structure

4.3　广义社会水文学理论框架

4.3.1　框架组成要素及其关系

本章提出的广义社会水文学理论框架（DHWR）由 4 部分组成（图 4-3）。第一部分是驱动力子系统（D），它是人水关系第一序的外在驱动力，由代表自然系统变化的气候变化（D_c）和社会系统变化的人口增长（D_p）组成。第二部分是人类水资源管理决策子系统（H），它由观念变迁（H_v）、技术进步（H_t）和管理变革（H_g）组成。观念变迁表征社会对水在社会系统和生态系统之间分配的意愿变化，技术进步表征社会对水在社会系统和生态系统之间分配的能力变化，管理改革代表政府对水在社会系统和生态系统之间分配的调控。三者相互作用，随时间变化协同演化，共同组成人类对水在社会系统和生态系统之间分配影响的方向与强度，它是一个广泛意义上的矢量。

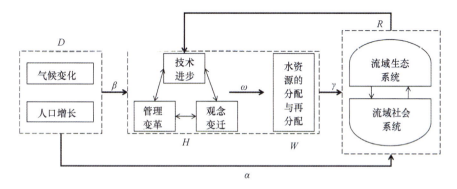

图 4-3　广义社会水文学理论框架示意图

Fig.4-3　The（generalized）socio-hydrological theoretical framework

第三部分是水资源在社会系统和生态系统之间的分配（W），可以表示为社会系统用水（W_s）和生态系统用水（W_e）以及它们用水效率乘积之比，不仅代表两个系统用水的绝对数量，还代表两个系统各自的用水效率。第四部分是流域协同进化的社会生态系统（R）。它由相互作用的流域社会系统（R_s）和流域生态系统（R_e）组成。取决于流域的特性与研究的角度，流域社会系统（R_s）可由社会系统的初级生产力、GDP、农业生产总值、人均粮食安全等来表征。流域生态系统（R_e）可以由流域生态系统的初级生产力、流域植被状况（叶面积指数、覆盖度、破碎度）、河流水生生物的多样性、洪泛平原的结构与大小以及终止湖的大小等来表征。

这 4 个组成部分间的关系可以表述为，驱动力子系统（D）首先是流域社会生态系统变化的原始驱动力，它代表流域在不施加人类水资源管理活动情况下流域的自然特征。接着驱动力子系统又是人类水资源管理决策（H）的主要驱动力，它影响水资源随时间在社会系统和生态系统之间的分配和再分配的决策。人类水资源管理的决策子系统（H）及水资源在社会系统和生态系统之间的分配（W）组成一对内在矛盾，被称为人水关系。H 是这对矛盾的内涵，W 是这对矛盾的外在表现。组成 H 的观念变迁（H_v）、技术进步（H_t）和管理变革（H_g）中的任何要素改变，都会影响水资源在社会系统和生态系统之间的分配。除了直接的驱动力（D）之外，人类水资源管理决策（H）还是流域社会生态系统（R）变化的又一驱动力。在原始驱动力（D）以及人类管理（H）施加影响下流域社会生态系统的变化，也反馈给决定水资源分配与再分配的人类水资源管理决策子系统。最后，流域社会生态系统（R）是受体，是其社会系统和生态系统在初级驱动力（D）和人类水资源管理（H）施加的次级驱动力影响下的耦合协同共进化。

4.3.2　框架的物理意义

本节借用结构力学中弹性的概念来表述这一理论框架中各种力之间的关系。首先将流域社会生态系统在初级驱动力作用下的响应，定义为基础弹性，用 α 表示。

$$\alpha\frac{\Delta D}{D}=\frac{\Delta R}{R} \qquad (4\text{-}1)$$

式中，$\frac{\Delta D}{D}$ 为初级驱动力的变化率；$\frac{\Delta R}{R}$ 为流域社会生态系统的变化率，基础弹性是流域的自然属性，是该流域区别与其他流域的自然特征。α 越大表示流域社会生态系统对初级驱动力越敏感。还可以表示人口或气候变化驱动力分别对流域社会生态系统的影响，也可以表示流域社会生态系统不同指标或要素对这两个初级驱动力的响应。

其次，人类水资源管理决策（H）对初级驱动力的响应，这里定义为驱动弹性，用 β 表示。

$$\beta\frac{\Delta D}{D}=\frac{\Delta H}{H} \qquad (4\text{-}2)$$

式中，$\frac{\Delta H}{H}$ 为人类水资源决策子系统的变化率。驱动弹性表示流域水资源管理决策对初级驱动力的响应，是流域人类管理能力的属性。β 越大表示该流域水资源管理决策对初级驱动力越敏感。它是流域文化、技术以及政府治理能力对气候变化和人口变化的综合响应，代表着不同流域人类水资源管理适应外界变化的能力。还可以具体表示人口或气候变化驱动力分别对人类水资源管理决策（H）的影响，也可以表示人类水资源管理决策（H）中观念变迁（H_v）、技术进步（H_t）和管理变革（H_g）对这两个初级驱动力的响应。

再次，人类水资源管理决策（H）对流域社会生态系统（R）的影响，这里定义为影响弹性，用 γ 表示。

$$\gamma \frac{\Delta H}{H} = \frac{\Delta R}{R} \tag{4-3}$$

式中，$\dfrac{\Delta H}{H}$ 为人类水资源决策子系统的变化率，$\dfrac{\Delta R}{R}$ 为流域社会生态系统的变化率。响应弹性是流域的社会属性，是该流域区别与其他流域的社会特征。γ 越大表示流域社会生态系统对其水资源管理决策越敏感。还可以表示人类水资源管理决策（H）中观念变迁（H_v）、技术进步（H_t）和管理变革（H_g）分别对流域社会生态系统（R）的影响，也可以表示流域社会生态系统不同指标或要素对这 3 个水资源管理决策组成要素的响应。

最后，人类水资源管理决策（H）与水资源在流域社会系统与生态系统之间的分配与再分配（W），是表示人水关系的一对内部矛盾。它们之间的相互影响可以用内部弹性（ω）来表示。

$$\omega \frac{\Delta H}{H} = \frac{\Delta W}{W} \tag{4-4}$$

式中，$\dfrac{\Delta W}{W}$ 为水资源在流域社会系统与生态系统分配与再分配的变化率。内部弹性是流域人水关系的固有属性，是该流域区别与其他流域的人类自适应特征。ω 越大表示人类水资源管理决策（H）对水资源在流域社会系统与生态系统之间的分配与再分配（W）越敏感。换句话说，人类有更灵活的能力改变水资源的分配，反之人类改变水在社会系统与生态系统之间分配的阻力越大。还可以表示人类水资源管理决策（H）中观念变迁（H_v）、技术进步（H_t）和管理变革（H_g）分别对水资源在流域社会系统与生态系统之间的分配与再分配（W）的影响。

基础弹性表示流域的自然属性，驱动弹性表示流域的人类响应能力属性，响应弹性表示流域的社会属性，内部弹性表示流域的自适应能力属性。联合这 4 个弹性系数可以表征一个流域社会生态系统的总体结构或子结构与各种力之间的关系。它们随时间的演变，则可以呈现出流域系统作为一个整体或它内部各子系统的动力学特征。

4.3.3　数据的特征及来源

广义社会水文学理论框架（DHWR）4 个子系统中，气候变化数据通常是仪器数据或模型数据。人口数据一般是统计数据。水资源在社会系统和生态系统之间的分配（W）子系统中，社会用水量和生态系统用水量的比值是实际的流域调度数据，社会系统水分利用效率与生态系统水分利用效率可由试验或模型获得。流域社会生态系统可以由多个指标来表示,如初级生产力、GDP、农业生产总值、人均粮食安全、流域植被状况(叶面指数、覆盖度、破碎度)、河流水生生物的多样性、洪泛平原的大小以及终止湖的大小等。这些指标都是具有实际意义的指标,可以通过统计数据、试验测定、遥感数据等渠道获得;历史时期社会数据一般通过历史文献推断而得;历史时期水文、气象、生态数据一般采用重建方法获得。本书第七章介绍了用不同代用资料(树木年轮、湖泊沉积、冰心、孢粉和历史文献等)重建径流量、气温、降水、极端气候、净初级生产力以及古植被的原理、方法和过程。

人类水资源管理决策(H)中观念变迁(H_v)、技术进步(H_t)和管理变革(H_g)是3类具有典型社会属性的数据,通常都是定性描述。本书以环境社会学为理论基础,结合社会科学的内容分析法、计算机文本挖掘技术,借鉴自然科学量化研究方法(Johnse,2008),发展了量化人类系统社会要素的方法。本书第5章、第6章、第8章、第10章、第11章、第14章、第15章以及第17章都包含这3类变量的数据收集与分析方法。

4.3.4　社会水文学理论框架的应用

可以借用工程结构应力-应变分析曲线的概念,建立流域社会生态系统应力-应变曲线,分析基础弹性 、驱动弹性、响应弹性以及内部弹性随应力变化的演变过程。类似地,可以获得这些弹性系数随应力变化的变化,具体判断各个弹性所处的阶段,以及流域所处的阶段(弹性阶段、不能恢复的变迁阶段或者流域文明衰落的断裂阶段)。这些分析可以用来诊断流域所处的阶段是否具有可持续性,以及出现的问题。例如,整个流域文明衰落,是因其自然属性、人类响应能力属性、社会属性、自适应能力属性,或其组合超过弹性形变以及塑性形变区。

可以对流域漫长的历史时期进行分析诊断,分析其4类弹性系数随时间演变的过程,并根据这些弹性系数的演变,把流域的发展按阶段划分。分析历史时期是否人-水和谐、流域衰落或繁荣的原因。更好地理解历史,为预测未来积累历史的经验。

类似地,可以对世界上不同流域进行分析,可以比较不同流域同一发展阶段的异同点,对比其4类弹性在不同阶段的特征,更好地横向比较流域历史,通过归纳,为综合预测世界流域的未来发展路径积累历史的经验。

最后,通过综合分析流域发展历史,分析4类弹性演变的非线性特征,即它们的起始点、路径、阈值以及临界点特征、不同平衡态等,对流域未来的演变作出可能路径分析,以指导中长期流域水资源规划与管理。

4.4　广义社会水文学理论框架
与狭义社会水文学理论框架的联系与区别

本章提出的广义社会水文学理论框架与第3章提出的狭义社会水文学理论框架既相互联系又有所区别。两章都借用工程结构力学内部弹性与外部弹性的概念,解释流域社会生态系统长期协同演化的机制。狭义社会水文学，以内部弹性表征水资源在社会和生态系统之间的分配所导致的社会和生态系统生产力的变化，以外部弹性表征流域社会生态系统在自然和社会外力驱动下，水资源分配所导致的流域社会系统和生态系统生产力的变化，联合用这两个弹性系数可以揭示流域社会生态耦合系统协同演化的过程，以及流域社会生态系统对内外力的敏感性。

本章提出的广义社会水文学在狭义社会水文学框架的基础上引入人类决策反馈环，定义了人类决策的三大基本社会要素，表述了人水系统的内涵与外在特征。用人水系统的内部弹性，人类水资源管理决策系统对外在自然社会压力的驱动弹性，人类决策系统对流域社会生态系统的影响弹性，以及流域社会生态系统在没有人类决策影响下对自然社会外力响应的基础弹性，定义流域社会生态系统各子系统之间的相互作用。联合应用这 4 个弹性，可以描述流域社会生态系统的内部结构，各种应力-应变关系及其随时间演变的动力学特征。

因此，狭义社会水文学是对人类水资源管理决策结果机制的描述，而广义社会水文学加入对其内在决策过程，有别于工程结构的反馈环的描述。当重点对人类水资源管理决策结果进行评价时，可以采用狭义理论。若想全面揭示流域人类管理决策变迁对流域社会生态系统影响时，采用广义社会水文学理论。值得注意的是，可依据研究的目的与数据的可获得性，采用广义社会水文学的部分理论。

4.5　结　　语

流域社会生态系统协同演化的历史，是水资源在社会系统和生态系统之间分配不断调整变化的过程，是人类认识自然和改造自然的过程。社会水文学的发展就是描述和解释这个过程。随着人类认识自然能力的加强，更重要的是随着人类自我认识的能力加强，社会水文学将不断发展成为一门成熟的科学，指导流域社会生态系统的可持续发展。

参 考 文 献

Brouwer R, Hofkes M. 2008. Integrated hydro-economic modelling: Approaches, key issues and future research directions. Ecological Economics, 66: 16~22.

Cole S. 1995. Progress in the natural and social sciences: A reply to wallace. Sociological Forum, 10(2): 319~323.

Colyvan M, Ginzburg L R. 2010. Analogical thinking in ecology: Looking beyond disciplinary boundaries. The Quarterly Review of Biology, 85(2): 171~182.

David L, Pentland A, Adamic L, et al. 2009. Computational social science. Science, 323(5915): 721~723.

Fish R D. 2011. Environmental decision making and an ecosystems approach: Some challenges from the perspective of social science. Progress in Physical Geography, 35(5): 671~680.

Folke C. 2006. Resilience: The emergence of a perspective for social-ecological systems analyses. Global Environmental Change, 16: 253~267.

Forsyth T. 1998. Mountain myths revisited: Integrating natural and social environmental science. Mountain Research and Development, 18(2): 107~116.

Johnse E C. 2008. Becoming a science: Sociology at a milestone. Contemporary Sociology, 37(6): 545~548.

Nuijten E. 2011. Combining research styles of the natural and social sciences in agricultural research. Wageningen Journal of Life Sciences, 57: 197~205.

Rodriguez- Iturbe. 2000. Ecohydrology: A hydrologic perspective of climate-soil-vegetation dynamies. Water Resources Research, 36: 3.

Sivapalan M, Savenije H H G, Blöschl G. 2012. Socio-hydrology: A new science of people and water. Hydrol Process, 26: 1270~1276.

Wei Y P, Ison R L, Colvin J, et al. 2012. Reframing water management in an over-engineered catchment in China. Journal of Environmental Planning and Management, 55: 297~318.

第二部分　方　法　篇

第 5 章 基于科学知识图谱的水文化研究方法[*]

本章概要：目前，从定量分析的角度来研究水文化的文献较少，难以客观准确地揭示水文化变迁的阶段性特点。本章试图探索科学知识图谱作为一种水文化变迁定量研究方法的有效性。基于科学知识图谱的原理与方法，建立了包括数据收集、确定分析的知识单元、数据预处理、基于词频的共现分析、数据规化处理、绘制可视化图谱、图谱结果解读和结果验证相互关联的 8 个步骤的水文化变迁定量研究框架。利用构造周抽样和自然周抽样相结合的方法，通过人工判读方式，从 1946～2012 年的《人民日报》中抽取出与水相关的文章 2026 篇；通过提取各五年计划时期《人民日报》中与水相关文章的特色关键词，利用 VOSViewer 可视化软件，绘制出 1946～2012 年我国水文化变迁的知识图谱并对图谱解读，分析出各阶段我国水文化的热点主题和核心主题，以反映出我国水文化变迁的轨迹；将基于科学知识图谱的水文化变迁与当时的水政策法规、水利投资开发阶段和水文极端事件（旱涝灾害）进行关联分析，发现具有较好的一致性，显示出科学知识图谱是定量研究水文化变迁的有效分析方法。将来需要进一步深化报纸普适性、提高关键词提取准确性以及可视化分析精确性。

Abstract：Early studies into water culture were mainly based on qualitative methods. However, using only qualitative methods, which is difficult to reveal the stage characteristics of water culture evolution. Based on the principles and methods of mapping knowledge domains, a research framework on changes of water culture was developed in this chapter. It includes eight interrelated steps: data collection, determination of knowledge units of analysis, data preprocessing, co-occurrence analysis based on ward frequency, data standardization processing, drawing visual maps, map interpretation and verification of results. Combining constructed week sampling and consecutive days sampling, 2026 water-related articles were extracted through manual reading from *the People's Daily* during 1946 and 2012. By extracting the key words related to water from *the People's Daily* by each five-year plan period, knowledge domains on water culture evolution in China during 1946～2012 were mapped by VOSViewer visualization software. The hot topics and key themes of water culture in different stages were determined through interpreting the knowledge domain maps by water experts to reflect the trajectory of

---

* 本章改编自熊永兰、张志强、Wei Yongping、刘志辉、程国栋发表的《基于科学知识图谱的水文化变迁研究方法探析》（地球科学进展，2014，29（1）：92-103）。

water culture change in China. By comparing the water culture evolution with changes in water policies, stages of water resource development and extreme hydrological events（floods and droughts）during the same periods, it is found that there exist highly consistent relationships. The findings show that mapping knowledge domains could be used as an approach to quantify water culture evolution. Further research includes inclusion of diverse newspapers, improvement on the accuracy of key words extraction, and increase in the precision of visualization analysis.

5.1　引　　言

当前水资源管理正在经历重大的范式转变。过去研究与管理人员大都注重从自然系统及工程技术的角度来研究水资源管理问题，而忽视了社会学在其中的作用（Ehrlich，2010）。最近有研究人员开始意识到可持续水资源管理更应关注社会文化的作用（Tàbara and Ilhan，2008；Pahl-Wostl et al.，2008）。自然生态系统变化、社会文化变迁和政策法规演化是主导水资源管理的基本因素，三者的相互作用促进水资源管理的发展（Norgaard，1994）。因此，发展可持续的水资源管理科学与政策体系不仅要认识水与生态系统演化的自然规律，更应关注社会文化变迁与水管理政策发展间的动态关系。

"文化"一词有着许多不同的定义、内涵以及科学和社会用途。它是一个涉及信仰、价值观、语言、知识和实践，以及人们思想和行动的物质和非物质产品的复杂系统。文化也是一种高度动态的结构，它能够随着时间变化以及与其他文化的接触与交流而发生改变（Johnston et al.，2012）。它是人类社会实践在意识层面的升华，也是影响人类行为的重要因素。关于文化的定义，国内外学者提出了多种表述方式，比较权威的定义多达166 条（Kroeber and Kluckhohn，1952），主要从社会学、人类学、心理学和哲学的角度来阐述。一般来说，文化可被定义为特定的语义符号、思想观念以及行为规范等（Patel and Stel，2004）。

尽管国外研究者在文化的定义方面进行了大量的研究，但对于"水文化"则未提出明确的定义。Strang（2009）认为，水文化（water culture）是支撑可持续管理理念发展和传播或者支撑各级社会的政治组织管理和保护水资源的知识、传统习俗和行为。Pahl-Wostl（2008）也在水资源管理中讨论了文化的概念。根据对文化内涵的理解，我们认为水文化应是历史上形成、不断演进且为某一社会群体所认同的关于水的世界观、价值观以及相关的思想和行为范式。水文化变迁主要是指人类治水理念的变化，如从除害兴利到可持续利用再到应对气候变化等。以往，研究与管理者都是从历史学、社会学和人类学的角度，采取归纳推演（Tàbara and Ilhan，2008；Pahl-Wostl et al.，2008；尉天骄，2011；郑浩，2006）、案例分析（Allon and Sofoulis，2006）、半结构式访谈（Head and Muir，2007）等定性分析的方法来研究水文化，而仅有少数学者从定量分析的角度来探讨水文化，如 Robin 和 Poon（2009）通过问卷调查和 T 模型来量化可持续文化变化的程度；Harmsworth 等（2011）利用文化健康指数（cultural health index，CHI）来评估河流健康状况。

文化的社会性决定了文化的传播性，而文化的传播必须有载体。在现代社会中，大众媒介已成为文化传播最重要、最高效的载体。尽管在过去二三十年电子媒介得到了快速发展，但报纸依然是新闻报道的主要来源（Levinsen and Wien，2011）。并且，与其他媒体相比，人们更倾向于信任印刷媒体，并且易于吸收其所报道的内容（Roznowski，2003）。因此，报纸可以作为研究水文化的可靠信息来源。

科学知识图谱是近年来科学计量学、信息计量学等领域新兴的研究方法，它将复杂的知识领域通过数据挖掘、信息处理、知识计量和图形绘制来揭示知识来源及其发展规律，并且以图形表达相关领域知识结构关系与演进规律（Noyons et al.，1999）。与传统的研究学科领域发展规律的方法相比，科学知识图谱更具有客观性、科学性和数据的有效性。

本章通过利用科学知识图谱的研究方法定量研究水文化变迁，为科学、定量分析水文化提供新的方法论视角，是社会水文学社会侧的研究。

5.2　基于科学知识图谱的水文化变迁研究方法

5.2.1　基于科学知识图谱的水文化变迁研究框架

科学知识图谱（mapping knowledge domains）是一个新兴的，横跨科学学、信息科学、科学计量学、计算机科学和应用数学等领域的交叉前沿领域，是对知识进行挖掘、分析、分类、导航和可视化（制图）的过程（Shiffrin and Börner，2004）。它可以揭示一个知识领域的结构关系和演变过程。知识图谱所描绘的对象主要包括：①从事科学技术活动和作为知识载体的人，包括科学家、技术专家、项目组、研究团体或某一知识领域共同体；②显性或编码化的知识，如论文、专利、所学课程、数据库或类似的应用等；③过程或方法，包括研究问题和解决问题的过程或方法、组织的业务流程，以及相关的知识投入等（刘则渊等，2008）。科学知识图谱的基本分析方法包括引文分析、被引分析、多元统计分析、词频分析以及社会网络分析（刘则渊等，2008）。

水文化是历史上形成、不断演进且为某一社会群体所共识的关于水的世界观、价值观以及相关的思想和行为的范式。水文化常由非结构化的社会符号（如文字）来表达，其载体为大众媒介。因此，一定时期的水文化就可由媒体或者文献中特定的词汇来表征，水文化变迁可以通过研究媒体或文献中词汇和词频随时间变化的规律来揭示。除研究对象外，水文化变迁研究与科学知识图谱极具相似性（表 5-1），我们可以借鉴科学知识图

表 5-1　水文化变迁研究与科学知识图谱之间的关系
Table 5-1　Relationship between research on changes of water culture and mapping knowledge domains

	研究对象	研究的目标	研究方法	数据源	数据结构
科学知识图谱	科学知识	揭示知识领域的结构关系和演变过程	社会网络分析、词频分析、引文分析、被引分析、多元统计分析	科技文献	结构化
水文化变迁研究	水文化	揭示水文化的演变过程	基于共词的社会网络分析	媒体或者文献	非结构化

谱的原理与方法来研究水文化变迁。根据 Cobo 等（2011）关于知识图谱绘制的流程，结合本研究的实际情况，提出了水文化变迁的研究框架（图 5-1）。该研究框架包括相互关联的 8 个步骤。这些步骤将在以下的 5.2.2 节～5.2.5 节中详细阐述。

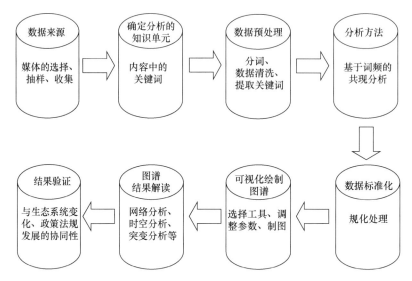

图 5-1　基于科学知识图谱的水文化变迁研究框架
Fig. 5-1　Framework on changes of water culture based on mapping knowledge domains

5.2.2　数据来源

1. 媒体选择

　　尽管在过去二三十年电子媒介得到了快速发展，但报纸仍然是新闻报道的主要来源（Levinsen and Wien，2011）。报纸能够提供广播媒体所没有的对某个主题的深入报道，因而是研究文化的有效工具。报纸的报道内容也覆盖了新兴社会媒体，如博客和其他数据聚集工具。另外，报纸的权威性和公信力也是其他媒体所不能替代的。最后，报纸也具有很长时期连续存档的特性，可以从历史的角度来分析公众舆论，因而可以作为研究水文化的可靠信息来源。

　　根据所面向的读者群的差异，报业市场一般分为小报和严肃类报纸两类。受商业而不是公众利益的驱动，小报的主要内容是人们感兴趣的故事、娱乐新闻、体育新闻和丑闻。而严肃类的报纸则面向国家政治和国际新闻，代表了主流的社会价值取向，是公众利益的体现。因此，在本研究中选择严肃类的报纸作为数据的来源。

　　作为主流媒体，《人民日报》具有强有力的渗透性和覆盖性，是我国政治风向标的记录仪，是全国的舆论喉舌，任何重大的政治事件（包括已发生的重大事件和即将推动的一项重大事件）必须通过它来进行宣传、鼓动。它是主流文化的传播者，它将文化传统和主流价值观念广泛散布到社会的主要角落，从而影响着人们的世界观、价值观。另外，《人民日报》1946 年 5 月发行，是我国发行至今有电子存储的最早的报纸。因此，本研究选择《人民日报》作为反映中国水文化的主要媒体，并且将 1946～2012 年的报纸作为研究对象，通过研究其有关水的论述和意识形态的报道来反映中国关于水文化的发展脉络。

2. 抽样方法

由于对所有年份的全部报纸文章进行分析超出了本章的研究范围，因此采取抽样方法来进行研究。对于报纸而言，简单随机抽样、自然周抽样和构造周抽样（Riffe et al.，1993；Hester and Dougall，2007；Song and Chang，2012）是 3 种主要的抽样方法。简单随机抽样不能反映媒体内容的周期性特征，而构造周抽样可控制"系统性变化"因素，但该方法忽略了周与周之间的差异，可能会错过重要的"新闻周"（如自 1988 年以来，中国开始实施的"中国水周"活动），因此，本节选择构造周抽样和自然周抽样相结合的方法。

对于每年的报纸，抽取 4 个新闻周，包括 2 个构造周和 2 个自然周。构造周和自然周都分别从每年的上、下半年各抽取 1 个。构造周星期一到星期天分别从上、下半年的 26 个星期一到星期天中随机抽取。自然周的抽样在 1988 年以前随机抽取，在 1988 年以后，根据"中国水周"日期的变化而变化，即 1988～1993 年，为 7 月 1～7 日；1994 年以后为 3 月 22～28 日。

3. 数据收集

我们通过自己设计的网页爬取程序，从"《人民日报》图文数据库"里下载所需日期的报纸，并以.xls 的格式保存。根据抽样的结果，一共下载了《人民日报》1946～2012 年报纸 1871 份，文章数量为 148086 篇。然后采取人工判读的方法，提取出与水相关的文章，包括涉及水政与水利经济、水资源、农田水利、水土保持、防洪与河道整治、水利管理、环境水利等领域的文章共 2026 篇。

5.2.3　数据预处理

水文化的热点及其变化趋势可以通过词频分析方法来确定。词频分析方法是文献计量学的传统方法之一，也是科学知识图谱的基本方法。词频分析方法所依据的理论是齐普夫定律（Zipf's law），它揭示了文献中词汇出现频率的分布规律（邱均平，2000）。词频分析方法被国内外许多科学计量学研究者应用于学科前沿的研究（刘则渊等，2008）。因此，将关键词作为分析的知识单元，采用词频分析和共现分析相结合的方法来研究水文化的变迁。关键词抽取主要有两种方式：全文直接抽取和字段间接抽取（王曰芬等，2006）。不同于科技文章，报纸本身并没有关键词字段，因此，关键词的抽取只能采取全文直接抽取的方式。首先要对文章进行分词，然后进行词频统计，结合 TF-IDF（词频-逆向文件频率）算法提取关键词。

1. 构建分词词典

水资源方面的最新词典/叙词表是水利部信息研究所 1998 年编制的《水利水电科技主题词表》。近 15 年来新出现的词并未纳入该词表中。加之科技主题词表不能体现媒体语言的特征，所以我们通过构建专业领域期刊词典，并整合中国科学院计算技术研究所研制的分词系统 ICTCLAS 5.0 自带词典的方式，来构建适用于《人民日报》的词典。

首先，利用水资源核心期刊列表，选取《水土保持学报》《水土保持通报》《水土保持研究》《节水灌溉》《水利学报》《中国水利》《水科学进展》《水利水电科技进展》《中国农村水利水电》《水资源保护》《水生态学杂志》《人民黄河》12 种主要的水资源核心期刊作为构建专业领域词典的主要来源，从 CNKI 获取题录数据，并抽取出这些期刊中的关键词构建专业领域期刊词典；其次，将专业领域期刊词典与 ICTCLAS 5.0 自带词典整合为自定义专业领域词典。

2. 分词

ICTCLAS（Institute of Computing Technology，Chinese Lexical Analysis System）分词法是由中国科学院计算技术研究所在多年工作积累的基础上研制出来的，其官方网站为 http://www.ictclas.org/。ICTCLAS 分词法是目前公开的分词技术中较为实用的一种，目前，ICTCLAS 分词法已经经过了国内和国际权威的公开评测，获得了 5 万客户的认可，具有综合性能最优的特点。因此，我们基于自定义专业领域词典，利用 ICTCLAS 5.0 对语料库中的报纸文章进行分词，分词后共得到 64506 个词。

3. 数据清洗

对分词结果的清洗，包括去除无意义的单个字、合并相同词、利用停用词表去掉停用词。停用词使用哈尔滨工业大学的停用词表，停用词包括标点、部分连词、语气词、代词等，共 506 个中文词，若抽取的词串包含停用词，则不选该词串作为短语。另外，汉语短语的语法和语义应该正确，如"种方法""式处理"等是不合理的短语，因为它们不能组成一个合法的语法单位，语义也不完整。数据清洗后得到 34950 个词/短语。

4. 提取关键词

在分析学科领域的重点时，通常是通过统计关键词绝对频次的方法来分析，但这种方法缺乏横向的可比性。而 TF-IDF（term frequency–inverse document frequency）计算方法不但考虑了关键词在其发生文档中的频率，还考虑了与全部文档中该词频率的关系，这使我们易于分析不同时间段水文化的侧重点。为此，首先通过年度-频次统计构建词/短语的年度分布；其次利用 TF-IDF 规化词/短语的年度-频次矩阵，获得年度特色关键词。词/短语在某年度的规化结果为 W_j；

$$W_j = \text{TF}_j \times \text{IDF} \tag{5-1}$$

$$\text{IDF} = \log(\frac{|D|}{\text{DF}_j}) \tag{5-2}$$

式中，TF_j 为关键词 Term_j 在某年度列表中出现的频次；IDF 为逆文档频率；DF_j 为包含关键词 Term_j 的年度数量；$|D|$ 为整个时间段的时间跨度。对数据进行规化处理（标准化

处理）的目的是消除一些极端高频词（如新华社、记者等词）的影响。

为了突出各阶段主要研究内容及特色研究内容，本章选择了那些在整个数据集（共875 个词）或某个时间段中 TF/IDF 规化值 W_j 加权较高（共 5000 个词）或在某时间段词频较高的（共 17423 个词）的词进行加权处理，最后获得 22393 个关键词。

5.2.4 数据标准化处理与分析

关键词共现分析法的思想来源于文献计量学的引文耦合与共被引概念，即当两个能够表达某一学科领域研究主题或研究方向的关键词在同一篇文献中出现时，表明这两个词之间具有一定的内在关系，并且出现的次数越多，表明关系越密切、距离越近。利用因子分析、聚类分析和多维尺度分析等多元统计方法，可以进一步按这种"距离"将一个学科内的重要主题词或关键词加以分类，从而归纳出该学科的研究热点、结构与范式（邱均平等，2009）。在一系列的时间区间里进行比较，可以发现学科的发展变化趋势。本节用这种方法来研究媒体中关键词之间的关系进而归纳出水文化不同时段的热点、范式以及发展演化的趋势。

首先，基于已获得的关键词，分时间段构建关键词的共现矩阵。将词频、各词在全时段的 TFIDF 值和各词在某一个时间段的 TFIDF 值作为可视化分析的词汇来源标准。高频次（前 200 个词）、高 TFIDF 值（前 200 个词）以及在某时间段具有显著特征的词（前 200 个词）赋值为 3，满足其中两个方面的赋值为 2，满足其中一个方面的赋值为 1。基于这些词，构建共现矩阵。为了体现重要政治事件和水事件在水文化演化中的作用，按照两种方式将 67 年的《人民日报》划分为不同的时间段。一种方式是依据重大的事件（如中华人民共和国成立、"文化大革命"、设立经济特区等）和水事件（特大洪水、特大干旱、重要的水政策法规的颁布）将其划分为 9 个时间段：1946～1949 年，1950～1960 年，1961～1965 年，1966～1976 年，1977～1980 年，1981～1990 年，1991～1997年，1998～2010 年，2011～2012 年；另一种方式是与中国的五年计划相一致，即划分为 14 个时间段（其中个别阶段，即 1946～1952 年、1963～1965 年，不是实际的五年计划阶段）：1946～1952 年，1953～1957 年，1958～1962 年，1963～1965 年，1966～1970年，1971～1975 年，1976～1980 年，1981～1985 年，1986～1990 年，1991～1995 年，1996～2000 年，2001～2005 年，2006～2010 年，2011～2012 年。

基于初始共现频次的共现关系可以分析某一时间段明显突出的水文化热点。但某些词会因频次过高而表现出较强的共现关系，而无法突出新型或特色文化。本节提出了一种基于加权的共现关系分析方法，其目的是为了更加有效地同时突出热点文化与新型或特色文化。具体的分析方法如下：

$$\text{WR}_{ij} = \text{CoWord}_{ij} \times R_{ij} \tag{5-3}$$

$$R_{ij} = \frac{\text{CoWord}_{ij}}{\text{Max}(\text{FRE}_i, \ \text{FRE}_j)} \tag{5-4}$$

式中，WR_{ij} 为关键词加权后的关系强度；R_{ij} 为关键词词频规化后的关系强度，其范围为

[0，1]，目的是消除部分词的规模影响；CoWord$_{ij}$为关键词 Term$_i$ 和 Term$_j$ 共现的初始频次；FRE$_i$ 和 FRE$_j$ 分别为其在某阶段数据集中的出现频次。

5.2.5 制作可视化图谱

选择专门用于绘制知识图谱的、可免费使用的软件 VOSViewer 来构建可视化图谱。VOSViewer 是荷兰莱顿大学 Van Eck 与 Waltman 研发的可视化软件。为了展现地图上的元素，VOSViewer（Van Eck et al.，2009a，b，2010a，b）使用相似性度量从共现矩阵中创建了相似矩阵，从而创建一个二维图，图中元素之间的距离反映其相似性，并且使用重要的标签，便于研究人员发现重要的主题。VOSViewer 允许通过标签视图、密度视图、聚类密度视图和分散视图 5-4 种方式来进行浏览，为了直观地判别核心主题，本节选择密度视图方式。通过比较两种时间段划分方式的制图结果，我们认为按照五年计划方式划分的结果更能体现出主题的演化，其具体的可视化结果如图 5-2 所示（根据重大事件划分时段的知识图谱在此不再展示）。

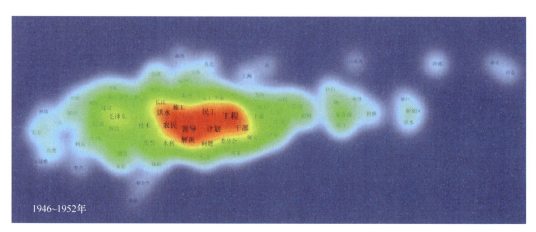

1946~1952年

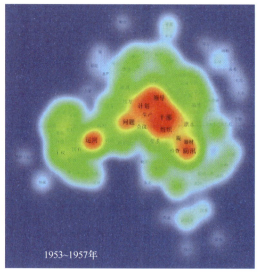

1953~1957年

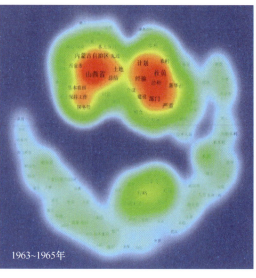

1963~1965年

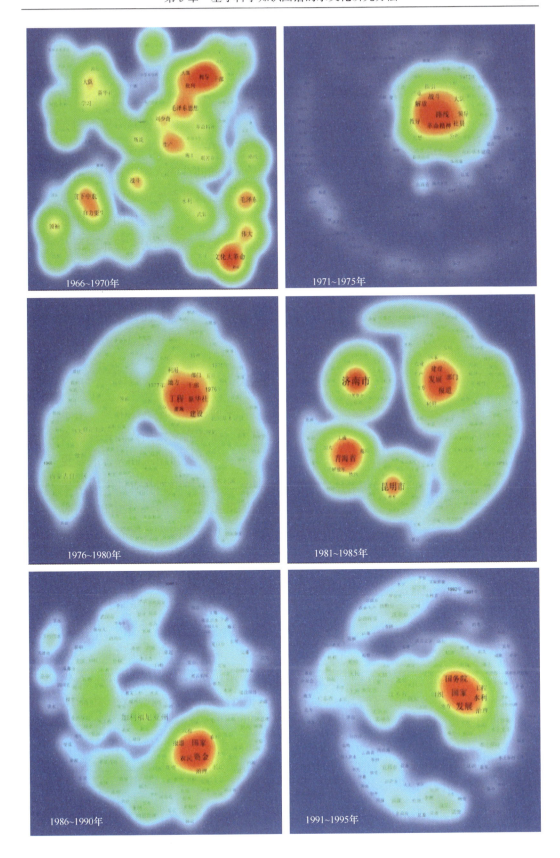

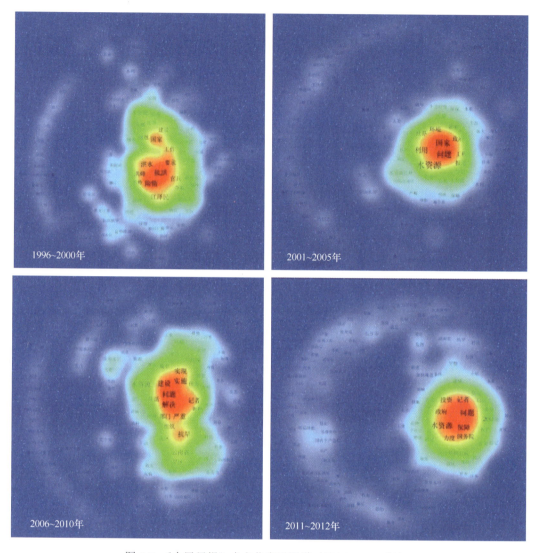

图 5-2 《人民日报》水文化变迁图谱（1946～2012 年）

Fig. 5-2 Diagram on changes of water culture based on *People's Daily* during 1946～2012

5.2.6 图谱结果的解读

根据 VOSViewer 绘制的分阶段水文化图谱，通过不同的颜色、大小及年轮的不同厚度和视角等来了解核心主题和热点动向。VOSviewer 所展示的关系密度图谱中，每个节点根据其密度有一种颜色，红色代表关注较多的主题或领域。一个节点越大，表示其权重越大，其颜色越接近红色。相反，如果其权重越小，则颜色越接近蓝色。密度视图有助于快速获得图谱中重要内容的概貌。据此，结合对《人民日报》相关文章的解读，对于每个阶段的图谱解读如表 5-2 所示。

表 5-2　基于科学知识图谱的中国水文化变迁轨迹
Table 5-2　Trajectories on changes of water culture in China based on mapping knowledge domains

阶段划分	热点或核心主题	核心主题的体现
1946~1952 年	抗洪	工程、计划、领导、农民、解决、洪水、长江、民工
	治河工程	毛泽东、建设、解放、荆江分洪工程
1953~1957 年	农业灌溉与农业生产	计划、领导、干部、组织、生产、农业、灌溉、问题
	防洪	防汛、器材、堤、检查、洪水
	苏伊士运河的主权问题	运河、政府、讨论、主权、国有、通航
1958~1962 年	抗旱	工作、利用、公社、水源、经验、干旱、抗旱、解决
	兴修农田水利	增加、面积、兴修水利、农民、劳动力
1963~1965 年	农田水利建设	社员、公社、部门、建设、经验、计划、农村、水利、严重
	各省的水土保持工作	陕西省、内蒙古自治区、土地、西安、水土保持、基本农田、水土保持工作
1966~1970 年	农业学大寨和兴修水利	毛泽东思想、教导、干部、批判、大寨、灌溉、生产、水利、大队、学习、兴修水利、治水
	"文化大革命"	"文化大革命"、解放、伟大、毛泽东、贫下中农、自力更生、领袖
1971~1975 年	"文化大革命"时期的农田基本建设	路线、革命精神、社员、大队、解放、战斗、教导、思想、农业生产、农田基本建设、生产
1976~1980 年	农业灌溉和农田基本建设	工程、建设、灌溉、利用、干部、地方、农田基本建设
1981~1985 年	水利工程即水电站的建设	发展、建设、部门、利用、农业、发电、水电站
	济南市的水短缺问题	济南市、地下水水位、枯竭、断流、泉群、自筹资金
	青海省的防洪	青海省、抢险、上涨、加大、铁路、堤防、雨量
	昆明市的水资源普查	昆明市、普查、找水、增添、预测、涌水、储量
1986~1990 年	河流治理,包括污染、防洪和河道管理	国家、资金、治理、农民、长江、海河、污染、水质、防汛、大河、河道管理、治水
1991~1995 年	水土流失与治理	国家、发展、工程、水利、治理、水土流失、水土保持、面积、控制、综合治理
	江苏、浙江、上海等地洪灾	组织、地方、受灾、救灾、灾区、抗灾、江苏省、浙江省、上海
1996~2000 年	抗洪抢险	抗洪、险情、洪水、洪峰、官兵、要求、江泽民、汛情
	水资源管理	国家、水资源、建设、问题、治理、发展、实施、节水
2001~2005 年	水资源问题	水资源、问题、国家、环境、利用、工程、节水、水资源短缺、污染、环保、生态环境
2006~2010 年	水资源管理	问题、解决、建设、实施、实现、水资源、规划、任务、生活、环保、应对、环境
	西南地区的旱灾	抗旱、组织、严重、灾区、云南省、旱区、广西
2011~2012 年	水资源管理	水资源、保障、问题、国务院、力度、政府、投资、政策、保护、目标、基础、强化、建成、效益、加大

5.3　基于科学知识图谱的水文化变迁研究方法的检验

　　基于科学知识图谱的水文化变迁研究框架得出的我国水文化变迁的趋势是否正确,换句话说,该方法是否有效,还有待于进一步检验。新闻报道因其导向作用而反映和影响舆论和政策的形成（Bengston et al.，1999；Neuendorf，2002；Wanta et al.，2004）。媒体为了凸显某些问题的重要性，往往会对这些问题进行特殊对待，比如更加频繁的报道和在版面中放在更加突出的位置（Zhu and Blood，1997）。媒体、舆论（文化）和政策之间存在着协同效应（Trumbo，1995）。Norgaard（1994）认为，在社会生态共进化系统中，社会文化变迁与自然生态系统变化、政策法规演化等具有协同性。水文的极端事件（洪水、干旱以及近年出现的气候变化）是流域水资源系统作为一个特殊的社会生态共进化系统的主要特征，虽然因时因地而异，防洪抗旱一直是水资源管理的两大主要功能。多数情况下，投资是政策的具体体现。因此，本节用我国不同时期的主要水政策法规、水利投资重点以及洪灾旱灾情况来检验本节得出的基于科学知识图谱的水文化变迁趋势正确与否（表5-3）。

表5-3　1946～2012年分阶段水文化主题

Table 5-3　Subject of water culture by different periods during 1946-2012

时段划分	核心主题	主要的水政策法规	水利投资重点	洪灾与旱灾
1946～1952年	抗洪；治河工程（防洪）	防汛抗洪；治理淮河	防洪除涝	洪灾
1953～1957年（"一五"期间）	农业灌溉与农业生产；防洪；苏伊士运河的主权问题	农田水利工作；治理黄河；水土保持	防洪除涝	洪灾
1958～1962年（"二五"期间）	抗旱；兴修农田水利	水利工程建设；抗旱防汛	水库与水电	旱灾
1963～1965年（调整巩固充实提高时期）	农田水利建设；各省的水土保持工作	水土保持；水产；黄河治理；水电	水库与水电	洪灾、旱灾
1966～1970年（"三五"期间）	农业学大寨和兴修水利；"文化大革命"	—	N/A	—
1971～1975年（"四五"期间）	"文化大革命"时期的农田基本建设			旱灾、洪灾
1976～1980年（"五五"期间）	农业灌溉和农田基本建设	灌溉；农田水利工程管理；水土流失治理	水库与水电	旱灾
1981～1985年（"六五"期间）	水利工程即水电站的建设（主要用于农业发展）；济南市的水短缺问题；青海省的防洪；昆明市的水资源普查	水电工程管理、水污染防治	水库与水电	旱灾
1986～1990年（"七五"期间）	河流治理，包括污染、防洪和河道管理	河道管理；内河航运；《中华人民共和国水法》	防洪除涝	旱灾
1991～1995年（"八五"期间）	水土流失与治理；江苏、浙江、上海等地的洪灾	河道管理；取水许可管理；水土保持；水生态环境防治与保护；供水管理	水库与水电	洪灾
1996～2000年（"九五"期间）	抗洪抢险；水资源管理	水利工程管理；水土保持；水生态环境防治与保护；防洪	防洪除涝	洪灾、旱灾
2001～2005年（"十五"期间）	水资源问题（主要是生态环境和水短缺问题）	水利工程管理；水土保持；水价；水污染防治	防洪除涝	洪灾、旱灾
2006～2010年（"十一五"期间）	水资源管理（主要是对水污染的治理和规划）；西南地区的旱灾	水利工程管理；流域综合规划；水价；污染监控与防治	防洪除涝	洪灾、旱灾
2011～2012年	水资源管理（主要体现在政策和发展目标方面）	水资源管理；流域管理	N/A	洪灾、旱灾

　　注：N/A表示无统计数据。2000年之前的洪灾与旱灾根据《中国水利年鉴2001》和《20世纪中国水利大事年表》统计，2000年之后根据《中国水旱灾害公报》（2006～2011年）统计。水利投资重点则由水利投资比例最大的类型来反映，数据来源于《中国水利统计年鉴2010》。

1. 从水政策法规角度来看

从表 5-3 中可以看出，由《人民日报》反映的水文化变迁与我国主要的水政策法规具有很好的协同性。中华人民共和国成立初期，我国的水政策法规主要集中在防汛抗洪和治理淮河流域。中华人民共和国成立后国家就开始实施治河工程，比如荆江分洪工程、淮河治理工程等，这主要是因为 1950 年淮河流域发生特大洪水，造成严重水灾，在此之后毛泽东对根治淮河进行了 4 次批示，1950 年 10 月，政务院做出了《关于治理淮河的决定》，确定了"蓄泄兼筹，以达根治之目的"的治淮方针。而这一时期的水文化主题正是抗洪和以防洪为目标的治河工程。

从"一五"开始到"六五"期间，我国的水政策法规开始转向以农田水利建设与管理以及水土保持为主。毛泽东提出"水利是农业的命脉"，因此，新中国成立以后，国家开始兴修水利发展农业。"一五"期间，水利部就向中共中央提交了一系列农田水利工作的报告，比如《中央水利部党组关于农田水利工作会议的综合报告》《中共中央同意水利部党组〈关于华北五省农田水利工作会议纪要的报告〉》《中共中央、国务院关于今冬明春大规模地开展兴修农田水利和积肥运动的决定》等。"二五"期间，相关部委制定的农田水利方面的政策有《水利部、交通部关于公路沿线兴修农田水利工程需注意事项的联合通知》《中央转批农业部和水利电力部关于加强水利管理工作的十条意见》《中共中央关于抗旱备荒的指示》等。三年自然灾害时期和"文化大革命"期间，国家制定的农田水利方面的政策法规较少。"文化大革命"之后，国家又制定了灌溉和农田水利工程管理方面的政策法规。水土保持是有效改善农业生产基础条件和生态环境，促进农业增产和农民增收的有效途径。从新中国成立开始，国家就开始大力推行水土保持工作。1952 年中央人民政府发布了《关于发动群众继续开展防旱、抗旱运动并大力推行水土保持工作的指示》，1957 年发布了《中华人民共和国水土保持暂行纲要》，从 1980 年开始，国家陆续出台了流域层面综合治理水土流失的政策法规。在新中国成立后的 30 多年中，农业灌溉与农业生产、兴修农田水利、农田水利、农田基本建设等方面的主题是每个五年计划时期水文化的核心主题，而水土保持这一主题则贯穿在农田基本建设当中。

"七五"以来，我国的水资源管理从供水管理向需水管理转变，包括调整经济产业结构和用水结构、采取节水措施、控制污染等，因此，颁布了相应的政策法规来促进这一管理方式的转变，如黄河实施的水量合理分配制度、各流域取水许可管理权限、水价政策、重要流域水污染防治规划等。水文化的核心主题也由农田水利建设与管理转向河流治理、面向水短缺和生态环境的水资源管理。2011 年中央一号文件《中共中央国务院关于加快水利改革发展的决定》的发布标志着我国的水利事业进入了一个新的发展阶段。我国将实行最严格的水资源管理制度，大力发展民生水利，凸显水利保障经济安全、生态安全和国家安全的作用。相应的水文化核心主题也体现在水资源管理政策和发展目标、规划等方面。

2. 从水资源开发利用/水利投资的角度来看

水资源的开发利用主要是满足社会经济发展 5 个方面的需求：饮水保障、防洪安全、粮食供给、经济发展和生态环境（汪恕诚，2000）。饮水保障、防洪安全和粮食供给是水利开发的基础阶段，主要是为了满足人们安全性的需求；经济发展需求主要是为了满足人们对高物质生活的需求；而生态环境需求主要是满足了人们健康环境、资源可持续利用的需求，这是更高层次的需求。新中国成立以来，我国在农田水利建设方面，包括灌溉、水库、农村小水电投入了大量资金，直到20世纪90年代初期，国家对灌溉水利建设的投入才开始减少。90年代以后，为了满足人们生活、工业发展的需求，国家对供水、水电方面的投入日益增大，同时对于防洪除涝的投入也增多，而且开始对生态进行投入（图5-3）。随着对生态投入的加大，水资源的开发利用将进入生态环境需求阶段。从水资源开发利用的角度来看，水文化阶段的划分基本与水资源开发利用的阶段吻合。

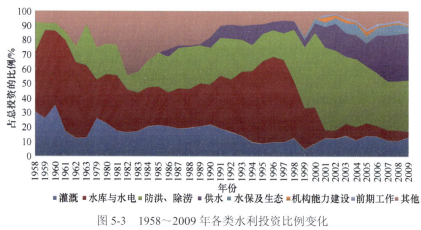

图 5-3　　1958～2009 年各类水利投资比例变化

Fig. 5-3　　The proportion of various types of water investment from 1958 to 2009

　　从表 5-3 也可以看出，水库水电建设和防洪除涝从中华人民共和国成立到 21 世纪初都是我国水利投资的重点，与此同时，由《人民日报》体现的主题也集中在防洪和以灌溉、水库和农村小水电为主的农田基本建设方面。"十五"以来，由《人民日报》体现的主题开始转向水生态环境和水资源管理，而我国的水利投资重点尽管仍然是防洪除涝，但对供水的投资力度加大，对水保及生态也开始投入。

3. 从生态环境与洪旱灾害的角度来看

　　水资源的开发利用必定会对环境产生影响。随着我国经济的快速发展，由于发展方式粗放，经济发展付出的资源环境代价过大，在水资源、水环境领域尤为突出，水资源开发过度、利用粗放、污染严重。水土流失是不利的自然条件与人类不合理的经济活动互相交织作用产生的，水土流失状况是体现生态环境状况的重要指标之一。从 20 世纪 70 年代，我国治理水土流失面积日益增大，并且在"八五"期间治理力度达到最大。从新中国成立到 90 年代中期，我国的用水增量快速增加，尽管农业用水的绝对数量占比较大，但其所占的比例却在逐年降低，而工业用水和生活用水所占比例则呈显著上升趋势；90 年代中后期开始，工业用水和生活用水所占比例增长放缓，并且开始注重给生态补水，并且生态用水的比例也缓慢上升（图 5-4）。工业用水和生活用水的增加发生水污染事件的概率增加。近年来所发生的重大水污染事件都与工业废水处理不当有关。70 年代后期，国家开始重视改善环境质量和保证经济发展，并致力于增加环境保护投资。从环境污染治理投资的情况也能看出，90 年代以前，生态环境状况较好，污染治理投资较低，而从"九五"开始，环境污染治理投资占 GDP 的比例显著增长（图 5-5），表明生态环境恶化加速。

从表 5-3 和图 5-6 可以看出，《人民日报》对洪旱灾害的报道与这些灾害事件出现的时间具有较好的契合性。

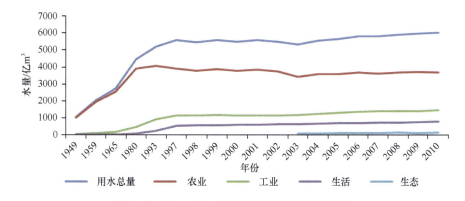

图 5-4　1949～2010 年各部门用水量变化情况

Fig. 5-4　The water use of sectors from 1949 to 2010

1997 年以前数据来源于（OECD，2006）*Environment，Water Resources and Agricultural Policies：Lessons from China and OECD Countries*，其余来源于国家统计年鉴和中国水利统计年鉴；图 5-5 数据来源相同

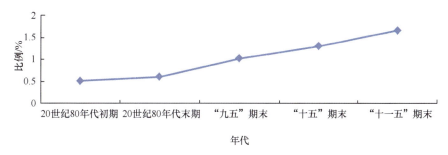

图 5-5　环境污染治理投资占 GDP 比例的变化情况

Fig. 5-5　The proportion of investment in environmental pollution control in GDP

资料来源：国家统计局综合司，2009

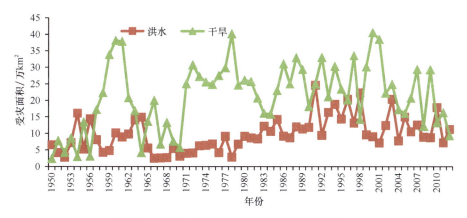

图 5-6　1950～2012 年洪旱灾害受灾面积变化

Fig. 5-6　The affected area by floods and droughts from 1950 to 2012

5.4　讨论与结论

本章提出了一个基于科学知识图谱定量研究水文化变迁的方法。它通过提供一种可视化的视角和方法快速、定量地研究水文化的发展阶段和趋势。通过对图谱的解读，发现水文化的演化与当时的政策、水利发展阶段和水文极端事件的发生具有一致性，因此，可以利用科学知识图谱的方法来定量研究水文化。同时也表明《人民日报》是宣传党和国家有关水资源利用的方针和政策的主要工具，凸显了其"环境监视"的职能，在一定程度上反映了其对水文化的导向作用。

与媒体信息挖掘的常用方法——内容分析法相比，科学知识图谱具有以下特点：①动态性：科学知识图谱方法通过节点之间的关系，以静态的图谱形式解释了隐含在内容中的动态结构信息。②直观性：以图谱的展示方式来揭示内容之间的关系，更便于研究人员发现分析要素的变化过程。③定量性：通过对文本内容进行加工形成统计数据或文本知识信息，将非结构化的信息转化为结构化的信息，从而进行科学计量。

但是，科学知识图谱方法是以静态的图谱形式揭示隐含在基础知识中的动态结构信息，其研究对象是没有客观空间结构关系的抽象信息，因此，其可视化结果的可信度不仅取决于数据样本的完整性、绘制技术的完备性，还取决于领域专家对图谱解读的深度。本研究只是对科学知识图谱在水文化领域应用的一种探索，还存在着一些问题值得进一步探讨：第一，本章的数据来源是《人民日报》，《人民日报》是否能完全代表中国的水文化？新闻对制度的结构性偏向以及政治人物观点的主导地位都是公认的（Bennett，1996；Cook，2005；Lawrence，2000）。将来应研究更多的不同类型的报纸。第二，科学知识图谱都是基于结构化的数据，报纸的内容是非结构化的数据，将其转化为结构化数据的方法是采用分词，然后提取关键词的方式。一方面，由于汉字语言的特殊性，分词的准确性有待提高；另一方面，基于词频的 TF-IDF 算法无法体现词在句中的位置信息和语义关系（如主语、谓语、宾语等），判断词的重要性的能力还有待提升。第三，关于科学知识图谱的可视化软件很多，而且都主要是针对英文文献，VOSViewer 是否是最适合开展类似研究的工具？第四，图谱的解读是绘制知识图谱的最终目的，目前对知识图谱的解读主要依靠领域专家对知识领域了解的广度和深度，如何保证解读的准确性？第五，与内容分析法相比，科学知识图谱不能分析媒体报道内容的细节，而内容分析法不仅分析媒体报道内容本身，而且分析媒体传播的整个过程，即谁用什么方法将某些讯息传递给谁，为什么，产生了什么影响；内容分析法还可以分析媒体报道内容中的各种语言特性，从而判断所要表达的态度。这些问题都需要通过进一步的研究和探索来解决，以提升和完善定量研究水文化的方法。

参 考 文 献

刘则渊，陈悦，侯海燕，等. 2008. 科学知识图谱: 方法与应用. 北京: 人民出版社.
邱均平，周春雷，杨思洛. 2009. 改革开放 30 年来我国情报学研究的回顾与展望(下). 图书情报研究,

2(2): 1～9.

邱均平. 2000. 信息计量学(五)第五讲　文献信息词频分布规律——齐普夫定律. 情报理论与实践, 23(5): 396～400.

汪恕诚. 2000. 水利满足社会与经济发展的五个层次. 广西水利水电, (3): 1～3.

王曰芬, 宋爽, 苗露. 2006. 共现分析在知识服务中的应用研究. 现代图书情报技术, (4): 29～34.

尉天骄. 2011. 从水管理看中华水文化理念的发展. 中国矿业大学学报(社会科学版), (2): 130～134.

郑浩. 2006. 塔里木河流域水文化历史变迁. 水利发展研究, (4): 54～59.

Allon F, Sofoulis Z. 2006. Everyday water: Cultures in transition. Australian Geographer, 37(1): 45～55.

Alterman E. 2002. What liberal media? The truth about bias and the news. Sacred Heart University Review, 22(1): 25～42.

Bengston D N, Fan D P, Celarier D N. 1999. A new approach to monitoring the social environment for natural resource management and policy: The case of US national forest benefits and values. Journal of Environmental Management, 56(3): 181～193.

Bennett W L. 1996. An introduction to journalism norms and representations of politics. Political Communication, 13: 373～84.

Cobo M J, López-Herrera A G, Herrera-Viedma E, et al. 2011. Science mapping software tools: Review, analysis, and cooperative study among tools. Journal of the American Society for Information. Science and Technology, 62(7): 1382～1402.

Cook T E. 2005. Governing with the News: The News Media as a Political Institution. 2nd Edition. Chicago, IL: University of Chicago Press.

Ehrlich P R. 2010. Culture evolution and the human predicament. Trade in Ecology and Evolution, 24: 409～412.

Harmsworth G R, Young R G, Walker D, et al. 2011. Linkages between cultural and scientific indicators of river and stream health. New Zealand Journal of Marine and Freshwater Research, 45(3): 423～436.

Head L, Muir P. 2007. Changing cultures of water in eastern Australian backyard gardens. Social & Cultural Geography, 8(6): 889～905.

Hester B, Dougall E. 2007. The efficiency of constructed week sampling for content analysis of online news. Journalism & Mass Communication Quarterly, 84(4): 811～824.

Johnston B R, Hiwasaki L, Klaver I J, et al. 2012. Water, Cultural Diversity, and Global Environmental Change: Emerging Trends, Sustainable Futures. Netherlands: Springer.

Kroeber A L, Kluckhohn D. 1952. Culture: A Critical Review of Concepts and Deginitions. Cambridge, MS: the Peabody Museum.

Lawrence R G. 2000. Game-framing the issues: Tracking the strategy frame in public policy news. Political Communication, 17: 93～114.

Levinsen K, Wien C. 2011. Changing media representation of youth in the news-a content analysis of Danish newspapers 1953～2003. Journal of Youth Studies, 14(7): 837～851.

Neuendorf K A. 2002. The Content Analysis Guidebook. Thousand Oaks, CA: Sage Publications: 205.

Norgaard R B. 1994. Development Betrayed: The End of Progress and A Co-Evolutionary Revisioning of the Future. London: Routledge Press.

Noyons E C M, Moed H F, Van Raan A F J. 1999. Integrating research performance analysis and science mapping. Scientometrics, 46(3): 591～604.

Pahl-Wostl C, Tàbara D, Bouwen R, et al. 2008. The importance of social learning and culture for sustainable water management. Ecological Economics, 64(3): 484～495.

Patel M, Stel J H. 2004. Public participation in river basin management in Europe: A national approach and background study synthesizing experience of 9 European Countries. http: //www.harmonicop.uni-osnabrueck.de/_files/_down/WP4SynthesisReport.pdf. 2013-6-1.

Riffe D, Aust C F, Lacy S. 1993. The effectiveness of random consecutive day and constructed week sampling in newspaper content analysis. Journalism Quarterly, 70: 133～139.

Robin C P Y, Poon C S. 2009. Cultural shift towards sustainability in the construction industry of Hong Kong. Journal of Environmental Management, 90: 3616～3628.

Roznowski J L. 2003. A content analysis of mass media stories surrounding the consumer privacy issue 1990～2001. Journal of Interactive Marketing, 17(2): 52～69.

Shiffrin R M, Börner K. 2004. Mapping knowledge domains. PNAS, 101(Suppl 1): 5183～5185.

Song Y Y, Chang T K. 2012. Selecting daily newspapers for content analysis in China: A comparison of sampling methods and sample sizes. Journalism Studies, 13(3): 356～369.

Strang V. 2009. Gardening the World: Agency, Identity, and the Ownership of Water. Oxford/New York: Berghahn Publishers.

Tàbara D, Ilhan A. 2008. Culture as a trigger for sustainability transition in the water domain: The case of the Spanish water policy and the Ebro river basin. Regional Environmental Change, 8: 59～71.

Trumbo C. 1995. Longitudinal modeling of public issues: An application of the agenda-setting process to the issue of global warming. Journalism Mass Communication Monograhs, (152): 1～57.

Van Eck N J, Waltman L, Noyons E C M, et al. 2010a. Automatic term identification for bibliometric mapping. Scientometrics, 82(3): 581～596.

Van Eck N J, Waltman L. 2009a. How to normalize cooccurrence data? An analysis of some well-known similarity measures. Journal of the American Society for Information Science and Technology, 60(8): 1635～1651.

Van Eck N J, Waltman L. 2009b. VOSviewer: A computer program for bibliometric mapping. ERIM Report Series Reference No. ERS-2009-005-LIS. Available at SSRN: http: //ssrn.com/abstract=1346848. 2013-1-15.

Van Eck N J, Waltman L. 2010b. Software survey: VOSviewer, a computer program for bibliometric mapping. Scientometrics, 84: 523～538.

Wanta W, Golan G, Lee C. 2004. Agenda setting and international news: Media influence on public perceptions of foreign nations. Journalism & Mass Communication Quarterly, 81(2): 364～377.

Zhu J H, Blood D. 1997. Media agenda setting theory. In: Kovacic B. Emerging Theories of Human Communication. New York: State University of New York Press, 88～114.

第6章 内容分析法及其抽样技术

本章概要： 第五章介绍了基于科学知识图谱的社会变量量化方法，本章介绍另外一种社会变量的量化分析方法——内容分析法。内容分析是一种对具有明确特性的传播内容进行客观、系统和定量描述的研究技术。它广泛应用于大众传播的研究。要实现内容分析法的目标，通常通过 6 个步骤来实现：①媒体选择；②分析长度及分析单元选择；③抽样；④建立编码的类目；⑤编码；⑥信度检验。内容分析的前期阶段，研究者选择分析题目、制定评价标准、定义分析类别（categories）和单位（unit）等，随后研究者将文字的（或图画的）非定量的内容转化为定量的数据。在过去的 20 年中，数字化媒体数据爆炸式增长使得选择一个有效的抽样方法成为新数据时代内容分析法的一个重要挑战。本章第二小节以澳大利亚报纸水问题的报道为例，对构造周和连续周两种主要报纸媒体的抽样方法的有效性进行对比分析，以满足社会水文学中量化社会变量对媒体报道内容进行详细分析的要求。研究采用 K-S 和 Wilcoxon 符号秩两种非参数检验法对两种抽样方法进行对比。研究结果表明，两种抽样方法在多数变量的检测中无显著差异。然而两种抽样方法在不同性质的变量上各有所长，建议针对自然资源管理的报纸和研究中，尤其是与政策和决策相关的研究中，采用构造周与连续周相结合的方法来产生更加全面和丰富的结果。

Abstract： Content analysis has been utilized in a variety of fields for mining large quantities of unstructured textual data in order to uncover relevant patterns. The central ideas of content analysis is that large volume of data can be classified into much fewer categories based on explicit rules of coding in a systematic and replicable way. Content analysis is achieved through six distinct steps: ①media selection; ②study period and unit of analysis; ③sampling; ④coding table design; ⑤coding; ⑥inter-coder reliability test. In the past two decades, the availability of digitised news media has resulted in an era of "big data" that can be explored for tracking the reporting of particular issues. It is necessary to apply sampling procedures that capture near-census and representative news coverage as it is not practical to analyse the entire dataset. Past studies that examined sampling effectiveness for analysis of news media have mostly focused on constructed week sampling and basic news type variables therefore are not well suited to subjects that require long timeframes and emphasis on content analysis, as needed for natural resources management subjects. This study takes Australian newspaper coverage of water issues as a case study to compare these two sampling strategies in order to develop the basis for designing a comprehensive sampling framework for in-depth content analysis of news media over long timeframes. The results indicate equality between two sampling methods for majority of examined variables. However, both sampling method has advantage over the other in some variables. For future news media tracking of natural resources management issues in relation to policy reforms and decision-making processes, it is recommended to employ both constructed week and consecutive week samples in order to yield comprehensive and unbiased results without compromising too much on time and budget.

6.1　内容分析法概述

6.1.1　内容分析法的定义及内涵

内容分析法这一概念起源于 20 世纪初，其相关的应用最早可追溯于 17 世纪教会对非宗教材料内容的定量分析（Krippendorff，2004），经过三四十年的发展成长，在 40 年代末 50 年代初趋向成熟，成为信息传播研究中的基本方法之一（李明和陈可薇 2016）。Berelson（1952）在其有关定量内容分析的开创性著作中对内容分析法的定义被传播学界广泛引用，即："内容分析是一种对具有明确特性的传播内容进行客观、系统和定量描述的研究技术。"其定义揭示了内容分析的对象、分析方法和特征以及结果表述的特征。近年来，内容分析法又被赋予了新的内容。Riffe 等（1998）认为："定量内容分析是对传播符号有系统的、可重复的考察，即根据有效的测量规则进行赋值，运用统计方法对涉及这些数值的关系进行分析，以描述传播内容，推论传播意义，或者从传播内容推论其生产与消费的情境"。

内容分析法能够根据文本数据揭示趋势和结构模式（Stockwell et al.，2009），因此可对获取的丰富文本信息内容进行定性和定量分析（Insch et al.，1997）。在社会科学领域，内容分析法通常有定性与定量两种研究类型。定量研究可计算文本元素，定量分析实验数据并作出正确的理解（Berg et al.，2004），而定性研究则主要是通过精读、理解并阐述文本内容来传达作者意图的方法。随着理论探讨和实践应用的不断加深，近期的内容分析法多采用定量与定性相结合的方法。随着计算机技术的引入，定性与定量方法之间的差别正在逐步缩小，内容分析法的适用范围也更加宽广（邹菲，2006）。

内容分析法的特征是"客观"（objective）、"系统"（systematic）、"定量"（quantitative）。内容分析的前期阶段，研究者选择分析题目、制定评价标准、定义分析类别（categories）和单位（unit）等，随后研究者将文字的（或图画的）非定量的内容转化为定量的数据。一旦评价标准、分析类别和单位被确定，转化过程完成，其后续的研究过程就被认为是客观、系统的了。这时，研究者的个人认识不再能影响分析的数量结果，研究者必须按照确定的评价标准、分析类别和单位进行计量，计量出什么结果，就只能表述什么结果。不同研究者对同一对象，都应该得出同样的结论（卜卫，1997）。

内容分析法为追踪媒体报道的变化提供了一种有效工具（Higuchi，2004；Kirilenko

et al.，2012）。这一方法的根本在于追踪"新闻版面块"里的内容，"新闻版面块"是报纸上基本固定的用于报道新闻的版面空间（Howland et al.，2006）。新闻媒体是公众获取信息的第一信息源，并凭借其"喉舌功能"既影响又反映了公众舆论（Bengston et al.，1999；Neuendorf，2002；Hurlimann and Dolnicar，2012）。新闻媒体通过对某事件频繁报道、增加对其细节的报道及确保该报道出现在版面最显眼的位置来强调该事件的重要性（Roznowski，2003）。新闻媒介在报道某特定事件时，通过反映及有意框定其利益相关者（如与某项政策有利害关系的个人或单位）、环境（这些利益相关者相互影响的环境）和观点（这些利益相关者的各种观点），得以起到舆论影响和导向作用（Howland et al.，2006；An and Gower，2009）；进而影响更广泛的公众的观念、态度和行为（Bonfadelli，2010）。

6.1.2　内容分析法的主要研究步骤

随着内容分析法的发展，来自不同学科的研究者带着各自的知识背景和实用目的开展了多种多样的内容分析研究。各种研究方法逐渐融合、相互补充，在遵循内容分析法基本原理的基础上，研究程序基本一致。综合看来，要实现内容分析法的目标，必须在掌握大量事实资料的基础上，仔细研读，分门别类，粗细比较，由表及里，由特殊到一般，从而归纳总结出一定的规律或预测未来发展趋势，最后还要对分析结果的有效性和可信度进行验证。

以应用内容分析来描述澳大利亚报纸对水问题报道的演变为例，具体通过以下6个步骤来实现：①媒体选择；②分析长度及分析单元选择；③抽样；④建立编码的类目；⑤编码；⑥信度检验。

1. 媒体选择

内容分析法是对被记载下来的传播媒介的研究。其内容可以包括书籍、网页、诗歌、报纸、讲演、信件、电子邮件、法律条文，以及其他任何类似的成分和集合。在传播媒介中，报纸具有信息量大、传递及时快捷、时效长及影响力强等综合优势，是当今公众获取信息的第一信息源，因而报纸通常作为最常用的数据源来揭示社会价值的改变（Roznowski，2003；Hale，2010；Hurlimann and Dolnicar，2012）。

尽管电子媒体在过去50年内飞速发展，人们通常更倾向于相信传统印刷媒体并从中汲取信息。历史报纸数据库通常可通过图书馆或互联网获取。特定主题的新闻文章可通过电子数据库，如 ProQuest 和 Lexis-Nexis 进行数据挖掘。相对于广播、电视或者网络新闻等无系统收集和存档的数据源，报纸这类印刷媒体具有相对的优势。

根据不同的读者群体，报纸通常分为小报和严肃类日报两种。小报，通常以商业利益而非公共利益为驱动，刊登娱乐、体育、八卦新闻等内容。而新闻型大报则是基于公共利益的基础上，面向全国范围以政治、国际新闻等实时新闻为主要刊登内容。通常，严肃类日报的内容更加客观与精确，其刊登内容更能为高等教育的读者群传递更有价值的信息（Seale et al.，2007）。一般具有较大潜在读者群体的报纸往往涵盖多重领域的新闻报道，包括环境相关的问题，如水问题。大部分社区报纸除关于农业相关的水问题或重大天气或水文事件时，并不包含相关水问题的报道。因此，社区报纸不在本章研究范围之内。流通量大并具有不同政治影响力的严肃类日报将作为内容分析的对象，因为这些报纸通常代表主要的政治思想，且拥有大量的读者群，提供多样化的新闻报道（Kandyla and de Vreese，2011）。《悉尼先驱晨报》作为澳大利亚出版时间最长的报纸之一，具有覆盖面广、读者群体广泛的特点，将作为本章的研究对象。

2. 分析长度以及分析单位选择

在确认媒体后，需要确定研究范围，即所选报纸的时间跨度。本章研究时间范围的选择从《悉尼先驱晨报》电子存档的最早日期 1843 年开始至 2011 年，横跨了 169 年。这跨越了一个多世纪的时间范围覆盖了水循环变化、涉及水资源管理的政策改革以及澳大利亚水流域的发展和退化。

作为社会研究的基本要素，分析单位的选择是研究设计的重要内容，分析单位的清晰界定直接决定了研究结果的有效性。分析单位因研究问题不同而异。对于针对某类报道在报纸上的覆盖趋势及报道数量，分析单位可以是以文章为单位。而对于其他的研究问题，分析单位则可能是文章标题，一个词，一个段落，等等。

3. 抽样

抽样的目的是获取一个可代表整体的样本（Riffe et al.，1993）。抽样方法的有效性决定了样本内容和分析的可靠性（Long et al.，2005）。报纸内容分析法的常用抽样方法有 3 种，即简单随机抽样（simple random）、构造周抽样（constructed week or composite week sample）和连续日期抽样（consecutive week sample）（Riffe et al.，1993；Lacy et al.，2001；Neuendorf，2002；Krippendorff，2004）。简单随机抽样法是严格按照随机原则对总体进行抽样的方法。构造周是在总体中从不同的星期里随机抽取星期一至星期日的样本，并把这些样本构成"一个周"（构造周）。例如，要抽取星期一的样本，可将总体中所有的星期一集中起来，从中随机抽取一个作为样本。与此相似，可抽取星期二、星期三等的样本直至可以构造出一个星期的样本。构造周抽样可以覆盖报纸内容周期性的变化（Stempel，1952；Jones and Carter Jr，1959），并可以将一周的每一天都包括进来（Riffe et al.，1993）。连续周抽样则是在总体中从不同的星期里随机或指定抽取星期一至星期日作为一周的样本。因此连续周虽然可以包含当周不同天的周期变化，但是忽略了周间的差异（Riffe et al.，1993）。构造周这种分层抽样的方法可以系统地覆盖报纸内容周期性变化，然而可能会错过短期重要事件，比如"澳大利亚水周"以及重要的极端天气事件或者水事件。本章 6.2 节将对两种传统抽样方法构造周和连续周在新闻文章的基本变量，如文章数量、照片数量、文章长度和头版文章的数目，和与研究主题相关的内容变量进行抽样方法有效性的分析。

4. 建立编码的类目

设计编码要素是内容分析法的关键步骤。其目的在于全面准确地抽取反映文章研究目的的关键信息。本研究应用媒体议程设置理论和社会过程模型，将编码类目分为 3 类。

第一类为文章信息，包括文章刊登的位置、类型和篇幅，以及水问题在该报新闻版面的位置。第二类是内容信息，描述所报道的水问题发生的地理位置和水体；以及文章报道的与水相关的五大主题。总体来说，这一类参数描述文章报道的背景信息。第三类是主题信息，包括文章内所报道的水问题的参与者、事件背景和文章的语气。本研究中文章的语气被分为"环境可持续发展导向"和"经济发展导向"两类。对水问题的描述以经济发展为主导的文章归为"经济发展导向型"，如兴建蓄水工程和灌溉设施用作消耗性使用；相反，关注生态系统退化或水的过度分配的文章则为"环境可持续发展导向"。这两种文章语气反映对于水问题的两种截然不同的观点。

5. 编码

内容分析法本质上是一种编码。编码是将原材料转换成标准化形式材料的过程。通常编码有人工编码和机器编码两种方式。计算机编码可以以相对简单的方式处理大量的数据，而人工编码则可以以相对更加复杂的方式处理适量的数据。然而报纸的信息内容，尤其是文章的语气通常并不都是直白的描述，往往隐含在文章当中，因而人工读取能最大限度提取此类信息（Lombard et al.，2002；Howland et al.，2006）。因此本章选择使用人工编码，选择两个独立的编码员，以统一的方式进行编码，理解每个编码类目的含义和每个分类的界定等，掌握编码的流程和技巧。并进行编码员间的信度检验。人工编码进行内容分析将在本书第 8 章、第 10 章分别以中国《人民日报》和澳大利亚《悉尼晨报》对水的报告进行详细介绍。

6. 信度检验

在对编码员进行培训后，在编码的初期要对编码员之间进行内部信度测验。在当今的社会科学领域，建立编码员之间的信度的重要性得到广泛认可。编码员之间的信度是保证研究效度和研究意义的一个必要标准。

6.1.3　内容分析法的应用

内容分析法是传播研究中的基本方法之　，能被应用丁研究任何文献或有记录的交流传播实践以揭示趋势和相关模式。从内容分析的研究对象看，其包括报纸研究（Jordan and Page，1992；Bengston et al.，1999；Zehr，2000）、学术期刊（Henslin and Roesti，1976；Malone and Orthner，1988）、听证会和面试信息（Korsmo，1989；Taber，1992a）、电影（Stern，2005）、广告信息（Mastro and Atkin，2002）和网页资料（Musso et al.，2000）。在传播媒介中，报纸具有信息量大、传递及时快捷、时效长、覆盖面广及影响力强等综合优势，是当今公众获取信息的第一信息源。近年来，对报纸内容进行分析日益受到人们的重视（Krippendorff，2013）。

内容分析法的应用可追溯至第二次世界大战用于情报部门监听电台的流行音乐数量和类型。第二次世界大战之后，内容分析常用于研究报纸和广播的宣传方法。从 20 世纪 70 年代起，内容分析普遍地应用于大众传播研究（Howland et al.，2006）。例如，

1970 年，美国卫生部应用内容分析法来检测酒类产品广告和电视节目对儿童的影响。随后，Taber（1992b）对美国国会报告使用内容分析法来预测政策决定者对于相关事件和议题的决策。Howland 等（2006）将内容分析法与政治学结合来研究新闻报道中与政策相关的趋势分析。内容分析法在环境领域的应用通常用于揭示事件的发展趋势以及媒体的报道语气（Bengston et al.，1999；Pharo and Järvelin，2004；Rushing et al.，2005）。近些年内容分析法在环境领域的应用始于 80 年代末期，如 Mazur 和 Lee（1993）发现新闻媒体对于环境事件的报道频率可用作反映公众对于全球环境问题关注度的重要指标。Trumbo（1996）通过使用内容分析法对美国五大主流媒体对于全球气候变化问题的报道，反映了媒体框架功能对于环境问题报道的影响。Bengston 等（1999）使用机器内容分析法研究了自 1992~1996 年的 30000 份新闻报道来分析公众对于生态系统管理的接受度。内容分析法用于进行水资源管理的研究是近年的事情，主要包括 Hale（2010）使用报纸内容分析法来评估河流冲积平原系统 的公众意见，Altaweel 和 Bone（2012）对美国报纸的相关水问题报道的追踪，以及 Hurlimann 和 Dolnicar（2012）开展的澳大利亚报纸在 2009 年关于水问题的报道。

6.2　新闻媒体的抽样方法

6.2.1　大数据时代的抽样方法挑战

在过去的 20 年中，数字化信息爆炸式增长导致了有关数据挖掘的革命性变化，电子新闻档案的出现，如 LesixNexis 和 Factiva（Luke et al.，2011），在深度和广度上都为研究人员提供了更多的研究空间和机会（Lewis et al.，2013）。然而新媒体海量性的特点使得分析整体不再可能与可行（Hester and Dougall，2007）。选择一个有效的抽样方法成为新数据时代内容分析法的一个重要挑战（Uribe and Manzur，2012）。

抽样的目的是获取一个可代表整体的样本（Riffe et al. 1993）。根据 6.1.2 节介绍，报纸内容分析法抽样方法有3种，即简单随机抽样（simple random）、构造周抽样（constructed week or composite week sample）和连续日期抽样（consecutive week sample）（Riffe et al.，1993；Lacy et al.，2001；Neuendorf，2002；Krippendorff，2004）。以往的媒体分析研究中关于抽样方法的应用各式各样，并未有统一的标准（Stempel，1952；Riffe et al.，1993；Neuendorf，2002）。Riffe 等（1998）。不同研究中抽样方法的差异不仅因为不同研究类型的研究目的不同以及数据的局限，更源于缺乏一个可靠一致的方法框架。以往对抽样方法的研究中主要关注构造周这一抽样方法，针对新闻文章的基本变量、如文章数量、照片数量、文章长度和头版文章的数目等进行抽样方法有效性的分析（Riffe et al.，1993；Lacy et al.，2001；Song and Chang，2012）。这些研究多数以美国和中国报纸媒体为例，其主要结论是构造周能够更有效地涵盖报纸周期性报道的特点（Connolly-Ahern et al.，2009）。其次，过去对于抽样方法的研究多数是在已知总体参数下应用中心极限定理（Riffe et al.，1993；Lacy et al.，2001；Song and Chang，2012），或置信区间（Douglas Evans and Ulasevich，2005）等方法进行测定。这些针对抽样方法的研究时间尺度也较短，一般为 6 个月，1 年或者 5 年。目前尚未有针对跨越 5 年以上时间尺度的报纸抽样调查方法的研究。除此之外，社会科学对自然资源管理事件的趋势（Holt and Barkemeyer，2012）、对某一特定问题公众态度的演变和媒体的语气变化（Mazur and Lee，1993），以及长时间序列中对各利益相关者视角的分析（Trumbo，1996；Bengston et al.，1999；Newig，2004）的日益关注使得发展一个完整有效的抽样方法极为迫切。具体来说，这些社会科学研究更感兴趣的是针对自然资源管理问题在报纸文章中的历史演变，新闻报道框架如何在长时间序列中描述报道相关内容，如何对利益相关者（个人或者组织）和其观点进行描述（Howland et al.，2006；An and Gower，2009）。

澳大利亚墨累-达令盆地的水资源管理走在世界创新前列。澳大利亚的报纸涵盖了自欧洲移民定居以来长达 1 个多世纪的整个澳大利亚水资源发展的历史，涵盖了水文和水资源管理政策的变化、流域的开发和生态退化、公众舆论的变化等。因而，澳大利亚报纸水问题的报道为研究反映长时间序列报道的有效抽样方法提供了绝佳的研究范例。本节以澳大利亚报纸水问题的报道展开研究，主要针对构造周和连续周两种抽样方法的有效性进行对比分析。

6.2.2　研究方法和数据

本研究主要通过 5 个步骤来开展：澳大利亚水问题报道文章的获取、"过滤"源数据库以去除不相关文章、设计编码类目提取文章信息、手动读取文章以及置信度检验，最后运用描述性和非参数性检验对比两种抽样方法。

1. 数据收集

新南威尔士州悉尼刊印的《悉尼先驱晨报》是澳大利亚出版时间最长的报纸之一，自发行后的第 12 年，即 1843 年，便有了电子版。该日报拥有丰富的读者群体，现有读者量约 4750000（The Sydney Morning Herald，2014）。该地区的许多研究人员、学者、政策制定者和大众将其视为传播和接收信息的第一信息源。该报纸报道的内容并不局限于新南威尔士州，在一定程度上拥有全国范围的读者群。

本节采用了分层抽样方法，在每年上半年的报纸中抽样选取了两个新闻周作为研究对象。这两个新闻周包含了一个构造周和一个连续周。一个构造周样本的选取，是将总体中所有周一集中起来，从中随机抽取一个作为周一样本；同样的方法抽取一个周二、一个周三，依此类推，得到一个从周一到周日 7 天组成的构造周样本。连续周则选用了 4 月的第 3 个周日开始的连续一周。本研究使用 3 个在线数据库 [Trove（1843—1954），the Sydney Morning Herald's archives（1954—1986）and Factiva（1987—2011）] 进行数据检索。这 3 个数据库包含了该报 169 年时间内的所有文章。"水"作为关键词在抽取的文章数据库进行数据检索。之后作者针对初步获取的数据库进行人工逐一筛选。

2. 内容编码

根据水问题的特点，本研究中的编码类目表主要包含了基础变量和内容变量（表6-1）。

基础变量主要包括文章的数量、文章类型、文章长度、头版文章的数量等，这些变量总体反映了特定问题在报纸报道中的重要性。

表 6-1　编码类目表

Table 6-1　Description of coding table

变量		定义
基础变量	文章数量	抽样日期内相关水问题的文章总数量
	文章类型	文章类型归为两类：新闻故事（一个事件或问题的事实陈述）或读者来函（由当地读者针对特定问题所发表的评论）
	文章篇幅	文章字数
	文章重要性	甄别文章在报纸版面的可见度，以是否是头版报道为指标
内容变量	涉及机构	文章内涉及的机构归为 5 类：政府机构、管理机构、研究机构、产业机构、个人
	管理/政策	文章内涉及的管理及政策归为 5 类：城市供水及污水、河流管理、水质和健康、环境保护和水研究
	极端事件	极端事件，包括自然灾害如洪水、干旱、森林大火、以及污染事件如化学泄露或蓝藻暴发等
	文章语气	文章语气分为环境可持续发展和经济发展两个方向

内容变量则是基于 Lasswell（1972）提出的社会过程模型，即为媒体通过反映及有意框定其利益相关者（如与某项政策有利害关系的个人或单位）、环境（这些利益相关者相互影响的环境）和观点（这些利益相关者的各种观点）得以起到舆论影响和导向作用（Clark，2002），因而媒体通过以上这几个因素来描绘特定事件（De Vreese，2005）。

本研究选择使用人工读取的方式。报纸的信息内容，尤其是文章主题与语气等通常并不都是直白的描述，往往隐含在文字当中，因而人工读取能最大限度提取此类信息（Lombard et al.，2002）。所有的文章由本章的第一作者和一位母语是英语，并具有澳大利亚水资源管理专业知识的人士完成人工读取。为实现一致性和可靠性，在读取文章的初始阶段，两位读取者随机选择了 50 篇文章，并采用 Krippendorff 的 alpha 值（Hayes and Krippendorff，2007）来计算两位读者之间的可靠度。根据计算，50 篇随机抽取的样品可靠度如下：文章类型（article type）（$\alpha=0.92$），文章长度（story length）（$\alpha=0.99$），文章位置（prominence）（$\alpha=1$），管理机构（institution）（$\alpha=0.83$），管理/政策（management/policy）（$\alpha=0.79$），重要事件（major events）（$\alpha=0.78$），文章语气（$\alpha=0.88$），多数高于一般推荐的可靠度 0.8（Poindexter，2000）。

3. 两种抽样结果的描述性和非参数性检验对比

本研究首先采用描述性分析来定量描述报纸文章报道内容的主要特点。描述性分析为下一步非参数性分析提供基础的同时也提供了两种抽样方法在基础变量和内容变量中的数量以及演变趋势的详尽对比。

以往针对抽样方法的对比研究多数是在已知总体参数的情况下采用中心极限定理的方法。然而大数据时代的数据特点使得获取整体参数几乎不可行（Lehmann and D'Abrera，2006; Senger，2013; Liu，2014），因而本研究采用非参数型检验——Kolmogorov-Smirnov 检验和 Wilcoxon signed rank sum 检验。这些非参数型检验的基本原理是测试这两个由两种抽样方法得出的样本是否来自于参数一致的统一整体，换句话说，是检验他们是否在统计学上一致。如果两个样本在统计学上一致，则构造周与连续周在有效性上等同；如果检验结果有差异，则表明两种抽样结构的有效性有差异。K-S 检验，检验两个样本所在的总体是否存在显著差异，其检验以变量秩作为分析对象。而 Wilcoxon 符号秩检验是通过分析两配对样本，按照符号检验的方法，分别用第二组样本的各个观察值减去第一组样本的观察值，差值为正则记为正号，差值为负则记为负号，并同时保存差值数据；然后，将差值变量按升序排序，并求出差值变量的秩；最后分别计算正号秩和负号秩。Wilcoxon 符号秩检验在符号检验的基础上加入了差值秩，因此检验效能比单纯的符号检验要高。本节同时使用 K-S 检验和 Wilcoxon 符号秩检验两种基于同种假设不同计算方式的非参数型检验增加了结果的可靠性。两种非参数型检验均通过 SPSS 21 来进行，显著性值选择为 0.05，基本假设是两个样本之间没有显著差别。

6.2.3 结 果

1. 描述性对比结果

数据检索过程中，构造周共 10652 篇文章，连续周共 10356 篇文章。人工读取筛选后，构造周和连续周分别有 942 篇文章和 862 篇文章进行进一步分析。在两个样本中，92%的文章都属于一般新闻文章，8%属于致编者信。构造周样本中 58 篇水问题文章出现在首页，而在连续周中，这一数字仅为 36 篇（表 6-2）。

表 6-2 描述性分析结果
Table 6-2 Results from descriptive test

	变量	构造周	次	连续周	次
	文章数量/篇		942		862
新闻型变量	文章类型	新闻	866	新闻	793
		读者来函	76	读者来函	69
	文章篇幅	文章平均字数/个	553	文章平均字数/个	541
	文章所在版面	首页	58	首页	36
内容变量	机构		579		590
	管理机构		304		293
		城市供水和污水管理局	154	城市供水和污水管理局	132
		节水灌溉委员会	19	节水灌溉委员会	25
		亨特地区供水和污水管理局	9	亨特地区供水和污水管理局	9
	政府机构		255		272
		新南威尔士州政府	26	新南威尔士州政府	33
		悉尼市政厅	19	悉尼市政厅	19
		公共工程部	16	公共工程部	27
	研究机构		13		14
		澳大利亚联邦科学与工业研究组织（CSIRO）	5	澳大利亚联邦科学与工业研究组织（CSIRO）	5
	个人		2		0
		墨尔本工业巨头	1	N/A	

变量		构造周	次	连续周	次
	工业界		5		11
		布罗肯希尔矿业公司	1	布罗肯希尔矿业公司	2
	政策/管理举措		171		195
	供水及污水	悉尼供水计划	6	悉尼供水计划	5
	河道管理	雪山水力发电计划	4	雪山水力发电计划	16
		墨累-达令流域计划	4	墨累河协议	12
		悉尼新水价计划	3	悉尼新水价计划	5
		墨累河协议	1	墨累-达令流域计划	0
内容变量	水质和健康	水葫芦法案	1	N/A	
	水研究	人造雨实验	1	人造雨实验	2
	环境保护	净水法案	2	净水法案	3
	极端事件		169		109
	洪水	洪水	126	洪水	64
	干旱	干旱	22	干旱	31
	污染	污染	21	污染	14
	语气		932		844
	环境	经济	814	经济	756
	经济	环境	118	环境	88

构造周样本中共有 210 个机构被提到 579 次，而在连续周样本中，共有 209 个机构被提到 590 次。两个样本中提到的机构分类相似。

悉尼的供水首先由殖民政府主管，之后移交于悉尼市政机构。两个样本中对于水机构的报道数量自 1888 年悉尼给水排水管理局成立以来都有显著的上升。尤其是在 19 世纪 90 年代至 20 世纪 40 年代中，在政府大力支持发展水利工程以满足经济和居住用水需求的背景下，针对水机构的报道在两个样本中都很频繁。两个抽样样本中水机构的报道在 1940～1960 年政府资助的水利项目广泛开展时有显著减少。1960 年后，两个样本中水机构的报道频率呈现明显不同，其中 1983 年，构造周共有 2 次水机构相关报道，而同年的连续周则有 9 次报道，1994 年构造周有 2 次水机构的相关报道，而连续周则包含了 21 次水机构的报道。造成水机构报道频率的差异主要来源于对于悉尼给水排水管理局的相关报道差异上。

在对于政府部分的报道中，两个样本关于政府部分报道总频率以及报道的部门上大致相似。两个样本中，对于市政厅的报道在 20 世纪 40 年代更为活跃，而自 2000 年以来则对联邦政府的报道更为频繁。与水机构的报道类似，连续周对于政府部门的报道频率通常多于构造周，在 1894 年、1923 年和 1924 年几个年份尤为显著。新南威尔士州政府在两个版本中都有较频繁的报道，连续周对于州政府的报道在 19 世纪 80 年代至 20 世纪 30 年代相对于构造周样本尤为频繁，特别是 1994 年，连续周有 15 次关于州政府的报道，而同年的构造周则只有 2 次（图 6-1）。

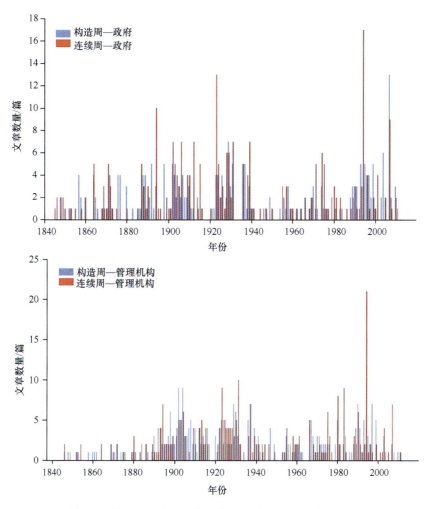

图 6-1　构造周和连续周关于水机构的政府的报道分布

Fig.6-1　Number of institutions coded in constructed week and consecutive week sample

两个样本中对于管理/政策的报道中,最频繁报道的政策分布相同。差异主要存在于对于"供水和污水"以及"河道管理"这两个类别的政策报道中。其中连续周样本在 1900~1904 年和 1923~1926 年针对"供水和污水"的报道明显较多,而构造周对于相关主题的报道则在 1928~1930 年较多。针对"河道管理"的报道也在两个样本中存在较大差异。"雪山水利工程"在 1940~1970 年的 30 年中在两个样本中共报道 20 次,其中连续周中报道 16 次。此外,连续周在 1903~1923 年对于《墨累河协议》的报道多达 12 篇,而同时期构造周则只有 1 篇。相反,在对于《墨累-达令流域计划》的报道中,构造周在 2007 年报道 4 次,而连续周在同时期则无报道(图 6-2)。

新南威尔士州的大部分地区气候非常多变,干旱和洪水是两大最频繁主题。两个样本中,对于洪水的报道在 1930 年前都较为频繁(图 6-3),之后剧减。就报道的总频率而言,构造周在 169 年间共报道了与洪水相关的文章 126 篇,而连续周则只有 64 篇(图 6-4)。相反,对于干旱的报道则在连续周有 31 次而构造周只有 21 次(表 6-2)。构造周更能有

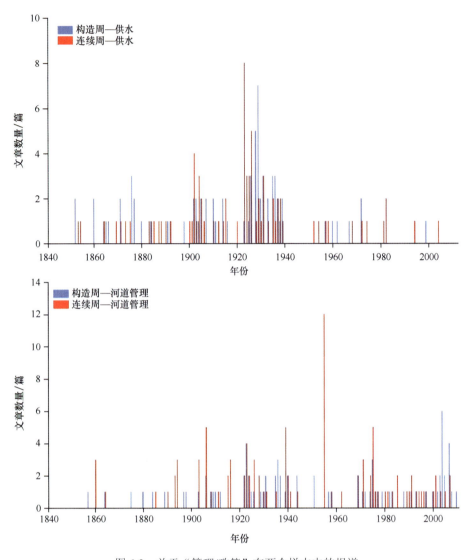

图 6-2　关于"管理/政策"在两个样本中的报道

Fig. 6-2　Number of articles coded in "Management/policy initiatives"

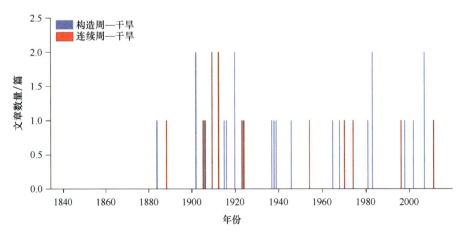

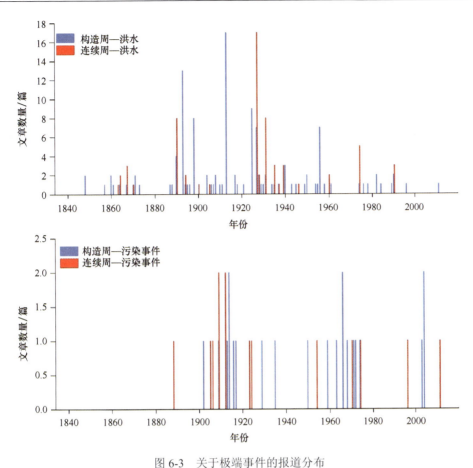

图 6-3　关于极端事件的报道分布
Fig. 6-3　Number of articles coded in "Major Events"

效捕捉众所周知的几次重要干旱，如联邦干旱（1895～1902 年），1914～1915 年干旱，第二次世界大战期间干旱（1937～1945 年），以及最近的千年干旱（2000～2010 年）。同比之下，连续周则对于以上几次重要干旱的报道较少。连续污染事件的报道在 1900～1920年连续周的报道较频繁，而构造周对污染事件的报道在整个研究时间范围内分布相对均匀。

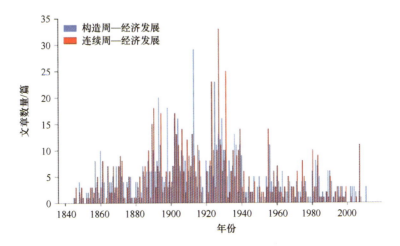

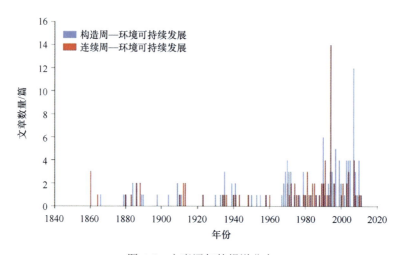

图 6-4　文章语气的报道分布

Fig. 6-4　Number of articles coded in "Tone"

澳大利亚水管理自 1990 年后就开始实行全面政策改革以实现可持续用水的目标（Pigram，2006）。紧随其后的是 2007 年出台的《澳大利亚水法》和 2010 年出台的《墨累-达令盆地计划》。报纸文章语气的演变在两个样本中都呈现了相同的趋势，即以经济发展主导的语气随时间延长呈下降趋势，而环境可持续发展语气随时间延长呈上升趋势。在构造周样本中，环境可持续发展语气的文章于 20 世纪 60 年代开始上升并于 2007 年达到峰值，峰值主要以报道《澳大利亚水法》和联邦干旱为主。连续周样本中则于 1994 年达到峰值。

2. 参数统计检验结果对比

统计检验结果如表 6-3 所示。总体来说，两个非参数统计检验的结果相似。在 Kolmogorov-Smirnov 检验中，被检验的 20 个变量中，只有 2 个变量（文章数量和极端事件中的污染事件）显示了显著差异，而在 Wilcoxon signed rank sum 检验中，除了上述两个变量外还有文章位置这一变量显示了显著差异。两个检验中，15 个内容变量中，14 个变量在统计学上证明两个抽样样本之间一致。在基础变量中，Kolmogorov-Smirnov 检验显示一个基础变量（文章数量）在两个样本中有显著差异，而 Wilcoxon signed rank sum 检验则显示两个基础变量（文章数量和文章位置）在两个样本中有显著差异。

表 6-3　统计检验结果对比

Table 6-3　Results of two statistical tests

| 变量 | Kolmogorov-Smirnov 检验 | | | | Wilcoxon signed-rank 检验 | | | |
| | 差距最大值 | | | 显著水平 | 符号秩 | | | 显著水平 |
	绝对值	正	负		正秩 a	负秩 b	同分 c	
文章数量	0.195	0.030	−0.195	0.003	87	59	23	0.044
文章类型——新闻	0.142	0.030	−0.142	0.066	82	62	25	0.068
文章类型——读者来函	0.024	0.006	−0.024	1.000	36	30	103	0.482
文章篇幅	0.107	0.047	−0.107	0.293	85	78	6	0.424

续表

变量	Kolmogorov-Smirnov 检验				Wilcoxon signed-rank 检验			
	差距最大值			显著水平	符号秩			显著水平
	绝对值	正	负		正秩 a	负秩 b	同分 c	
文章所在版面	0.083	0.000	−0.083	0.608	31	14	124	0.015
机构								
政府机构	0.065	0.053	−0.065	0.866	50	47	72	0.985
管理机构	0.107	0.018	−0.107	0.293	64	42	63	0.141
研究机构	0.006	0.006	−0.006	1	8	8	153	0.819
产业机构	0.024	0.024	0.000	1.000	4	9	156	0.134
个人	0.012	0.000	−0.012	1.000	2	0	167	0.157
管理/政策								
供水及污水	0.059	0.059	−0.047	0.929	28	32	109	0.748
河道管理	0.036	0.036	−0.018	1.000	30	29	110	0.285
水质和健康	0.006	0.006	0.000	1.000	1	2	166	0.564
环境保护	0.018	0.006	−0.018	1.000	8	6	155	0.66
研究	0.006	0.006	0.000	1.000	1	2	166	0.564
极端事件								
干旱	0.018	0.012	−0.018	1.000	16	10	143	0.893
洪水	0.036	0.000	−0.036	1.000	43	15	111	0.231
污染事件	0.219	0.000	−0.219	0.001	16	11	142	0.006
语气								
经济发展	0.148	0.018	−0.148	0.050	81	57	31	0.168
环境可持续发展	0.065	0.006	−0.065	0.866	39	22	108	0.058

注："a"表示构造周＞连续周；"b"表示构造周＜连续周；"c"表示构造周=连续周。

6.2.4　讨论和结论

大数据时代新闻媒体爆炸式的出现使得分析整体几乎不可能，因此选择一个可代表整体的样本尤为重要。本研究以澳大利亚报纸媒体对水问题的报道为例进行抽样方法的有效性研究，主要对比在长时间序列中构造周与连续周的样本差异。

描述性分析的结果显示，连续周和构造周在报道基础变量上差异较小。主要差异存在"文章位置""管理/政策"中"河流管理""干旱事件""文章语气"中"环境可持续发展"语气这几个变量中。统计结果显示，除了少数的差别（3/20 变量）外，这两种抽样方法在统计学上没有明显差异。因此，本研究从统计学角度证明，在 169 年的时间范围内，连续周抽样与构造周抽样一样有效。

从基础变量和内容变量的角度来看，一般报纸通过报道的数量、报道篇幅，以及是否在首页来凸显此问题在报纸的重要性（Soroka，2002）。上述两种检验结果表明，构造周样本中包含了更多文章数量，以及头版文章的数量，这侧面显示了分层抽样的优势，以及构造周在涵盖报纸文章周期性变化的优势（Douglas Evans and Ulasevich，2005）。

而描述性分析的结果则证实连续周对于连续问题的报道更丰富，尤其是在机构的报道（图 6-1）以及主要的政策报道上（表 6-2、图 6-2）。

　　媒体通过其"喉舌功能"和框架功能塑造公众对于现实问题的感知从而影响公众态度和行为（McQuail，1992；Jamieson and Campbell，2000）。"喉舌功能"主要通过媒体对某一主题报道的重要性实现，而框架功能则是通过对所报道问题的具体描述和渲染来实现（De Vreese，2005）。McCombs 和 Reynolds（2009）提出将媒体"喉舌功能"和框架功能相结合的观点，此观点的理论依据为报纸上某一特定主题报道的重要性可看作是客观特性，而框架功能中涉及的内容变量则可看作是影响公众认知或文章传递的语气的主观特性。因而，主观特性与客观特性共同决定了媒体所传达的信息。从这个角度来说，本研究表明构造周与连续周两种抽样方法在统计上一致的基础上在主观特性与客观特性方面各有所长。建议针对自然资源管理的报纸研究中，尤其是与政策和决策相关的研究中，采用构造周与连续周相结合的方法来产生更加全面和丰富的结果。最后，本研究只限于对单一报纸进行检测，未来研究可对多种不同国家和地区的报纸进行进一步检验。

参 考 文 献

卜卫. 1997. 试论内容分析方法. 国际新闻界, 4: 56～60.

李明, 陈可薇. 2016. 定量内容分析法在中国大陆新媒体研究中的应用——以六本新闻传播类期刊为例. 中国地质大学学报: 社会科学版, 16: 156～165.

邹菲. 2006. 内容分析法的理论与实践研究. 评价与管理, 4: 71～77.

Altaweel M, Bone C. 2012. Applying content analysis for investigating the reporting of water issues. Computers, Environment and Urban Systems, 36: 599～613.

An S-K, Gower K K. 2009. How do the news media frame crises? A content analysis of crisis news coverage. Public Relations Review, 35: 107～112.

Bengston D N, Fan D P, Celarier D N. 1999. A new approach to monitoring the social environment for natural resource management and policy: The case of US national forest benefits and values. Journal of environmental management, 56: 181～193.

Berelson B. 1952. Content Analysis in Communication Research. Glencoe, Ill.: The Free Press.

Berg B L, Lune H, Lune H. 2004. Qualitative Research Methods for the Social Sciences. MA: Pearson Boston.

Bonfadelli H. 2010. Environmental sustainability as challenge formedia and journalism. In: Gross M, Heinrichs H. Environmental Sociology: European Perspectives and Interdisciplinary Challenges. New York: Springer. 257～278.

Clark T W. 2002. The policy process: A practical guide for natural resources professionals. City of New Haren: Yale University Press.

Connolly-Ahern C, Ahern L A, Bortree D S. 2009. The effectiveness of stratified constructed week sampling for content analysis of electronic news source archives: AP Newswire, Business Wire, and P R Newswire. Journalism & Mass Communication Quarterly, 86: 862～883.

De Vreese C H. 2005. News framing: Theory and typology. Information design journal+ document design, 13: 51～62.

Douglas Evans W, Ulasevich A. 2005. News media tracking of tobacco control: A review of sampling methodologies. Journal of Health Communication, 10: 403～417.

Hale B W. 2010. Using newspaper coverage analysis to evaluate public perception of management in river-floodplain systems. Environmental Management, 45: 1155~1163.

Hayes A F, Krippendorff K. 2007. Answering the call for a standard reliability measure for coding data. Communication Methods & Measures, 1: 77~89.

Henslin J M, Roesti P M. 1976. Trends and topics in "social problems" 1953~1975: A content analysis and a critique. Social Problems: 54~68.

Hester J B, Dougall E. 2007. The efficiency of constructed week sampling for content analysis of online news. Journalism & Mass Communication Quarterly, 84: 811~824.

Higuchi K. 2004. Computer assisted quantitative analysis of newspaper articles. Sociological Theory and Methods, 19: 161~176.

Holt D, Barkemeyer R. 2012. Media coverage of sustainable development issues–attention cycles or punctuated equilibrium. Sustainable development, 20: 1~17.

Howland D, Becker M L, Prelli L J. 2006. Merging content analysis and the policy sciences: A system to discern policy-specific trends from news media reports. Policy Sciences, 39: 205~231.

Hurlimann A, Dolnicar S. 2012. Newspaper coverage of water issues in Australia. Warer Research, 46: 6497~6507.

Insch G S, Moore J E, Murphy L D. 1997. Content analysis in leadership research: Examples, procedures, and suggestions for future use. The Leadership Quarterly, 8: 1~25.

Jamieson K H, Campbell K K. 2000. The interplay of influence: News, advertising, politics, and the mass media. Belmont, California: Wadsworth Publishing.

Jones R L, Carter Jr R E. 1959. Some Procedures for Estimating "News Hole" in Content Analysis. Public Opinion Quarterly, 23: 399~403.

Jordan D L, Page B I. 1992. Shaping foreign policy opinions the role of TV news. Journal of Conflict Resolution, 36: 227~241.

Kandyla A A, C.De Vrecse. 2011. News media representations of a common EU foreign and security policy. A cross-national content analysis of CFSP coverage in national quality newspapers. Comparative European Politics 9: 52~75.

Kirilenko A, Stepchenkova S, Romsdahl R, Mattis K. 2012. Computer-assisted analysis of public discourse: A case study of the precautionary principle in the US and UK press. Quality & Quantity, 46: 501~522.

Korsmo F L. 1989. Problem definition and the Alaska natives: Ethnic identity and policy formation. Review of Policy Research, 9: 294~306.

Krippendorff K. 2004. Content Analysis-An Introduction to its Methodology. United States of America: Sage Publications.

Krippendorff K. 2013. Content analysis: An introduction to its methodology / Klaus Krippendorff. 3rd Los Angeles; London: SAGE.

Lacy S, Riffe D, Stoddard S, et al. 2001. Sample size for newspaper content analysis in multi-year studies. Journalism & Mass Communication Quarterly, 78: 836~845.

Lasswell H D. 1972. Communications research and public policy. Public Opinion Quarterly, 36: 301~310.

Lehmann E L, D'abrera H J. 2006. Nonparametrics: Statistical methods based on ranks. New York: Springer.

Lewis S C, Zamith R, Hermida A. 2013. Content analysis in an era of big data: A hybrid approach to computational and manual methods. Journal of broadcasting & electronic media, 57: 34~52.

Liu W-H. 2014. Do futures prices exhibit maturity effect? A nonparametric revisit. Applied Economics, 46: 813~825.

Lombard M, Snyder-Duch J, Bracken C C. 2002. Content analysis in mass communication: Assessment and reporting of intercoder reliability. Human Communication Research, 28: 587~604.

Long M, Slater M D, Boiarsky G, et al. 2005. Obtaining nationally representative samples of local news media outlets. Mass Communication & Society, 8: 299~322.

Luke D A, Caburnay C A, Cohen E L. 2011. How much is enough? New recommendations for using constructed week sampling in newspaper content analysis of health stories. Communication Methods & Measures, 5: 76~91.

Malone D M, Orthner D K. 1988. Infant care as a parent education resource: Recent trends in care issues. Family Relations: 367~372.

Mastro D E, Atkin C. 2002. Exposure to alcohol billboards and beliefs and attitudes toward drinking among Mexican American high school students. Howard Journal of Communication, 13: 129~151.

Mazur A, Lee J. 1993. Sounding the global alarm: Environmental issues in the US national news. Social Studies of Science, 23: 681~720.

Mccombs M, Reynolds A. 2009. How the news shapes our civic agenda. In Media effects: Advances in Theory and Research: 1~16. New York: Routledge Publishing.

Mcquail D. 1992. Media Performance: Mass Communication and the Public Interest. London: Sage Publishing.

Musso J, Weare C, Hale M. 2000. Designing Web technologies for local governance reform: Good management or good democracy? Political Communication, 17: 1~19.

Neuendorf K. 2002. The Content Analysis Guidebook. United States of America: Sage Publications.

Newig J. 2004. Public attention, political action: The example of environmental regulation. Rationality and Society, 16: 149~190.

Pharo N, Järvelin K. 2004. The SST method: A tool for analysing web information search processes. Information Processing & Management, 40: 633~654.

Pigram J J J. 2006. Australia's Water Resources : From Use to Management. Collingwood, Vic.: CSIRO Publishing.

Poindexter P M. 2000. Research in Mass Communication: A Practical Guide. Boston: Bedford/St. Martin's.

Riffe D, Aust C F, Lacy S R. 1993. The effectiveness of random, consecutive day and constructed week sampling in newspaper content analysis. Journalism & Mass Communication Quarterly, 70: 133~139.

Riffe D, Lacy S, Fico F G. 1998. Analyzing media messages: using quantitative content analysis in research, lawrence Erlbaum associates: Mahwok London.

Roznowski J L. 2003. A content analysis of mass media stories surrounding the consumer privacy issue 1990~2001. Journal of Interactive Marketing (John Wiley & Sons), 17: 52~69.

Rushing J, Ramachandran R, Nair U, et al. 2005. ADaM: A data mining toolkit for scientists and engineers. Computers & Geosciences, 31: 607~618.

Seale C, Boden S, Williams S, et al. 2007. Media constructions of sleep and sleep disorders: A study of UK national newspapers. Social Science & Medicine, 65: 418~430.

Senger Ö. 2013. Statistical power comparisons for equal skewness different kurtosis and equal kurtosis different skewness coefficients in nonparametric tets. Istanbul University Econometrics & Statistics e-Journal, 18: 81~115.

Song Y, Chang T-K. 2012. Selecting daily newspapers for content analysis in China: A comparison of sampling methods and sample sizes. Journalism Studies, 13: 356~369.

Soroka S N. 2002. Issue attributes and agenda - setting by media, the public, and policymakers in canada. International Journal of Public Opinion Research, 14: 264~285.

Stempel G H. 1952. Sample size for classifiying subject matter in dailies. Journalism Quarterly, 29: 333~334.

Stern S R. 2005. Messages from teens on the big screen: Smoking, drinking, and drug use in teen-centered films. Journal of health communication, 10: 331~346.

Stockwell P, Colomb R M, Smith A E, et al. 2009. Use of an automatic content analysis tool: A technique for seeing both local and global scope, 67: 436.

Taber C S. 1992. POLI: An expert system model of US foreign policy belief systems. American Political Science Review, 86: 888~904.

The Sydney Morning Herald. 2014. The Sydney Morning Herald Media Kit 2014. Retrieved 25 March, from http: //adcentre.com.au/wp-content/uploads/SMH-Media-Kit.pdf. 2014-3-25.

Trumbo C. 1996. Constructing climate change: Claims and frames in US news coverage of an environmental issue. Public Understanding of Science, 5: 269~283.

Uribe R, Manzur E. 2012. Sample size in content analysis of advertising: The case of Chilean consumer magazines. International Journal of Advertising, 31: 907~920.

Zehr S C. 2000. Public representations of scientific uncertainty about global climate change. Public Understanding of Science, 9: 85~103.

第7章 水文重建方法

本章概要：水文重建是研究历史时期水文气候变化、人类社会发展的关键，是理解不同时间尺度上自然环境的演变规律及其与人类活动关系的基础，是提高当前管理和预测未来的途径。本章系统梳理了不同代用资料（树木年轮、湖泊沉积、冰芯、孢粉和历史文献等）的特征，并分别阐述其水文重建的原理和方法，重建径流量、气温、降水、极端气候、净初级生产力以及古植被的过程及其优劣，以及基于"3S"技术，利用遥感影像、历史文献、地图和古遗址等重建干旱区垦殖绿洲和天然绿洲的方法。水文重建方法为社会水文学的发展提供了历史的水文数据，是揭示长期人水耦合系统协同进化机制的重要前提。

Abstract：Hydrologic reconstruction is the key to study hydrological and climatic changes and development of human society in historical periods, the basis of understanding the evolutionary processes of the natural environment in different time scales and its relationship with human activities, and the way to improve the current water management and the future hydrological prediction. This chapter systematically reviews the characteristics of most hydrological proxy data, such as tree rings, lake sediments, ice cores, sporopollen and historical documents. Then it introduce the principle and methods of hydrologic reconstruction with these proxy data, including the reconstruction of runoff, temperature, precipitation, extreme weather, net primary productivity and ancient vegetation, and compared their advantage and disadvantage. It also introduce the reconstruction of the reclaimed oases and natural oases in historical period using the remote sensing image, historical documents, maps, and ancient sites information based on 3S technology. The hydrological reconstruction can provide the historical hydrological data for the development of socio-hydrology, which is necessary to understand the co-evolution of long term human-water system.

7.1 引 言

为了把握未来全球变化对人类生存环境的影响，获得未来环境变化的图景，就必须摸清不同时间尺度上自然环境的演变规律及其与人类活动的关系（陈瑜和倪健，2008）。社会水文学就是研究人类与水文系统在长时间尺度上的相互作用的基本模式，并且在尝试预测几十年到世纪尺度，甚至上千年尺度的这种相互作用（Thompson et al.，2013）。然而全球大多数地区降水、径流等器测记录较短，器测记录历史最长的美国也不超过 150

年（刘普幸等，2004）。水文重建（hydrologic reconstruction）成为关键（Sivapalan et al.，2012；Montanari et al.，2013）。水文重建方法是指在历史时期缺乏实测资料情况下，基于代用资料、文献记载、古遗址和地图等，生产长时间的水文变量及可能与其相关的环境子系统中的变量数据集，包括水文、气候、土地利用、人类活动和生态数据等，为人水互馈机制的识别和参数化，以及协同进化模型的验证和改进提供数据基础（Montanari et al.，2013）。

7.2 水文重建代用资料及其方法

随着测年技术和分析手段的显著改进，高分辨率气候环境的分析方法也日益增多。在众多研究中，用于水文重建的代用资料有很多，其中应用比较广泛的有树木年轮、湖泊沉积、冰芯、孢粉和历史文献等。

7.2.1 树 木 年 轮

树木年轮资料由于具有分布广、连续性好、能精确定年且可作为高分辨率（年甚至季）的代用资料的优点，被广泛用于恢复过去长时间序列和大空间范围气候变化重建（方克艳等，2014；Yang et al.，2014）。具体包括：单点上，树木年轮资料被用于重建某区域过去几百年到几千年气候变化；面域上，建立与气候模拟结果对比的区域气候重建模型；多个单点或小范围的气候重建结果，是重建大空间范围气候的基础；气候机制方面，利用树木年轮探讨气候变化的驱动因子（卓正大等，1978；朱海峰等，2008）。除了利用树木年轮宽度定年重建气候环境外，树轮同位素也逐渐被用于气候环境变化重建（刘晓宏等，2004）。该方法在历史气候变化重建研究中得到高度重视，重建了多条气候序列，包括气温、降水和径流等，更好地揭示了历史气候变化规律和特征（刘禹等，2002；杨银科等，2010；勾晓华等，2013；李金建等，2014）。

1. 利用树木年轮进行水文重建原理与方法

由于受外界气候与环境变化的影响，年轮中材质不一，细胞直径和细胞壁厚度有明显差异，从而造成年轮密度在年内与年际间的变化，这是利用树轮密度进行水文重建的根据（刘禹等，1997）。树轮年代学就是一门研究树木木质部年生长层，以及利用年生长层来定年的科学，为区域尺度上研究水文变化提供了精确的方法。树轮宽度是重建水文最重要的指标。由于它本身还可提供树轮生成时的环境要素信息，基于树轮宽度重建水文就成为延长水文气候器测记录，认识过去自然水文气候变化最有用的工具之一（邵雪梅，1997；刘普幸等，2004）。

基于树轮重建水文，认识过去长期自然水文变化格局，合理规划与管理水资源的价值，树轮研究在水文气候变化研究中越来越受到广泛重视，并逐渐形成了树轮水文学（dendrohydrology），一门根据树木生长的水文气候重建研究过去长期水文现象的科学，它注重理解水文变量（降水、径流、地下水等）和树木对水文变量影响的生物响应。基于树轮的水文研究，其基本观点是利用树木生长对水文气候因子敏感的树种，重建过去长期重要水文变量的行为（Loaiciga et al.，1993；刘普幸等，2004）。自从树轮水文学诞生以来，绝大多数重建水文气候的研究工作都是利用树轮宽度进行的。不同水文条件（如干、湿）能影响树木的生物响应，并体现在树木年轮的宽度上。树木对水文"驱动力"的生物响应主要被记录在树轮宽度里，树木通过在生长轮宽度中产生变化来揭示树木对水分有效性变化的响应，一个恰当的树轮序列能直接提供历史时期的径流变化（Brito-Castillo et al.，2003）。

因此，树木年代学的理论与方法就成为树轮水文学研究的基础，其方法也同样经过野外采样，交叉定年，年表的建立、校准和验证以及水文重建分析等（刘普幸等，2004）。在西北干旱区开展树轮气候学研究，不仅有利于采集到对气候变化敏感，尤其是对干旱气候变化敏感的树木，而且西北干旱区干旱的气候特征、严酷的生境条件也使得该地区树木生长缓慢，树龄能达到很长，且死树和古木不容易腐朽，通过古木与活树对接、交叉定年的方法能够建立起树轮长年表序列，进而重建长时间尺度的过去气候变化（Shao et al.，2009，2010；高琳琳等，2013；Yang et al.，2014）。

利用树木年轮资料进行水文重建，主要研究包括：重建径流、重建降水和气温、重建极端水文事件及其他水文变量、重建净初级生产力，以及利用树轮同位素重建历史时期的气候条件和环境变化。

2. 重建径流量

径流是树轮重建最重要的研究内容之一，自 1936 年研究人员首次对美国内华达州 Truckeer 河流进行水文重建、延长水文记录以来（Woodhouse and Overpeck，1998），重建径流的研究区域不断扩大，已取得了丰硕的成果，延长的最长水文记录达 1400 余年（Yang et al.，2012）。

大气降水对树木生长和河流径流均有显著的影响，径流变化代表了降水的平均状况，树轮年表和河流径流量之间的相关关系就可以得到合理的解释（杨银科等，2010）。树轮年表与径流量相关分析的目的，就是在符合树木生理实际意义条件下，找出树轮资料与径流量之间不同组合中的最佳相关关系，进而建立重建方程，将树轮参数（宽度、密度等）定量地转化成径流量的历史变化，进行径流量变化的趋势分析，最基本的是确定重建区间的河流丰水期与枯水期时段的变化特征。其中最关键的是建立可靠的重建方程，并进行稳定性检验（杨银科等，2010）。

重建径流量序列的具体分析过程包括以下几个步骤：①对重建的径流量序列做滑动平均处理，以河流多年平均流量值为标准，可以确定河流丰水期与枯水期；按照模比系数划分丰水、平水和枯水年；计算多年平均径流量，通过最大、最小径流量值确定径流量重建序列的变差系数，指示径流量的变幅大小（康兴成等，2002；刘禹等，2006）。②通过与历史文献资料记载的河流水文信息进行对比，包括历史时期的洪涝灾害以及水事纷争等，以验证重建径流序列的可靠性。③对重建径流序列进行周期分析，总结径流变化的规律性，常规方法有最大熵谱分析和功率谱分析（康兴成等，2002；杨银科等，2010）。考虑到水文变化是多时间尺度系统，用常规方法可以判断出径流量变化主要周期，但不能揭示其层次结构，而小波分析方法可以针对不同时段和不同时间尺度的径流量，进行周期分析（袁玉江等，2005）。

3. 重建降水和气温

降水和气温是树轮重建关注的两个重要水文变量。通过对树轮指数和气候要素进行相关分析，确定影响区域树木径向生长的主要气候因子（降水和气温等），并建立转换方程，对历史时期气候进行重建（刘禹等，2002；刘普幸等，2004；蔡秋芳和刘禹，2013）。

4. 重建极端水文事件以及其他水文变量

重建极端水文事件是树轮研究的主要领域，主要包括重建年/季或月水文事件，延长干旱和洪水记录；干旱周期分析及其驱动机制揭示；重建干旱频率、严重性、持续时间和空间分布。另外随着树轮水文学的不断发展，其应用范围愈加宽广，包括重建湖泊水位、沼泽水位、湖泊盐度、冰川进退、干旱/湿润、积雪场与大气环流的联系等（刘普幸等，2004）。

5. 重建净初级生产力

树轮资料可以有效地反映历史时期森林植被的逐年生长状况，结合传统的研究方法能够较好地反映出净初级生产力（NPP）的逐年变化，从而在估算高精度且长时间尺度区域森林种群及群落 NPP 中具有较大的优势（方欧娅等，2014），能够弥补其他资料的不足，有效估计历史时期区域乃至全球尺度森林 NPP 变化状况（Hasenauer et al., 1999）。

基于树轮研究计算区域植被 NPP 主要有以下两种方法。一是利用树轮宽度计算乔木主干的逐年生长量，结合该地区特定树种胸径树高公式推算乔木材积，转化成单位面积上森林蓄积量，再通过生物量转化因子，从而估算样方植被生物量（方欧娅等，2014）。树轮资料能够有效提供树木主干径向生长量值，从而计算乔木主干材积增加量。而树木的枝干与根、叶生物量之间有着极其紧密的联系，另外由于灌木和草本同样受到气候环境影响，其生长量与乔木生物量之间也存在着相关关系，故而利用树木材积估算森林生物量是可靠的（方精云等，1996；Nogueira et al., 2008）。然而在植物生长环境较为复杂的区域，需要考虑的因子更多。

二是通过树轮指数与其他指标的相关性间接估计区域植被 NPP。根据选取的指标与 NPP 序列之间的相关性间接建立起树轮指数与 NPP 的关系（方欧娅等，2014）。常用的指标有叶面积指数（LAI）和归一化植被指数（NDVI）等。Pettorelli 等（2005）的研究表明，在生态领域，NDVI 与生物量具有很好的对应关系，利用 NDVI 反演气候变化背景下生态系统转变研究已较为成熟，使得利用树轮指数和植被指数的相关性估计区域 NPP 的方法成为可能。

6. 利用树木年轮同位素进行水文重建

植物通过光合作用将大气 CO_2 和水等合成有机物，在这一过程中会发生碳、氧和氢等同位素分馏。利用特定的分馏方程，可以根据植物碳、氧和氢等同位素分析进行植物生理和环境气候变化研究，如 CO_2 等吸收率、水分利用效率、大气 CO_2 参数、降水或温度、环境污染和河流径流量等研究（陈拓等，1997；刘禹等，1997，2002；刘晓宏等，2004）。以树轮碳同位素为例，根据分馏模型，树轮 $\delta^{13}C$ 随水分、光照、相对湿度及温度的变化而变化。因而，利用树轮 $\delta^{13}C$ 恢复过去的气候变化历史是可能的。但其前提是：大气 CO_2 同位素组成恒定或者其变化趋势可以从树轮 $\delta^{13}C$ 序列剔除；树木生理代谢过程对温度、湿度等气候因子敏感；树轮碳同位素分馏强度的变化主要由环境气候参数的变化引起。下面以树轮 $\delta^{13}C$ 值变化对相关的气候变量或者参数变化的表征为例进行简要介绍。

1）温度

温度对树轮同位素的影响可能有两种方式：①直接影响与生理过程有关的同位素分馏系数；②通过影响大气和海洋 CO_2 交换而改变大气 CO_2 的同位素组成，从而间接地影响同位素分馏（陈拓等，1997；刘禹等，2002）。

2）湿度

植物气孔传导率受湿度影响，当空气湿度低时，气孔传导率和细胞内 CO_2 浓度低，因而导致植物 $\delta^{13}C$ 值高，因此，树轮 $\delta^{13}C$ 的变化能反映湿度的变化（陈拓等，1997）。

3）降水

树木在水分胁迫下，通常通过调节气孔阻力以避免过多的水分蒸发，因而导致细胞内 CO_2 浓度降低，从而引起植物 $\delta^{13}C$ 的变化。因此，干旱、半干旱地区树轮 $\delta^{13}C$ 的变异可以反映降水量的不同（陈拓等，1997；刘禹等，1997，2002）。

4）河流水位变化

地球上大部分地区受到水分亏缺的影响。因此，了解极端干旱事件发生频率对水文预测和水利规划非常重要。河流水量的变化可以利用树轮宽度数据进行重建。另有相关研究表明，树轮 $\delta^{13}C$ 值高的通常也是窄年轮，树轮 $\delta^{13}C$ 值与树轮宽度及宽度指数之间存在显著负相关关系，这说明树轮 $\delta^{13}C$ 序列可能包含了河流流量变化的信息（陈拓等，1997）。

7. 利用树木年轮重建水文的误差分析

近些年来，利用树轮资料来认知和理解过去的水文气候变化进展很快。但是，在重建中仍然存在一些不确定因素：①器测资料和树轮资料的测量误差；②树轮资料和水文气候变化间的相关不理想而导致的标准模型误差（Loaiciga et al.，1993；刘普幸等，2004）。减少误差的关键在于，构建统计回归模型过程中，在与校准资料进行拟合分析时，充分考虑水文变量和不确定特征，以便产生更精确的水文重建方法（刘普幸等，2004）。

7.2.2 湖泊沉积

与其他陆地自然记录相比，湖泊沉积尤其是内陆干旱半干旱地区的封闭湖泊具有连续性和敏感性好、地理覆盖面广等特点，在高分辨率气候变化的研究中具有独特的优势（Battarbee，2000；刘永等，2011）。湖泊作为陆地水圈的重要组成部分，与大气圈、生物圈和岩石圈关系密切，是各圈层相互作用的连接点。作为一个相对独立的体系，湖泊经历了较长的地质历史，其连续的沉积物中保存的丰富信息，加上较高的沉积速率，使湖相地层可提供区域环境、气候和事件的高分辨率连续记录，从而成为全球气候环境变化研究的重要载体（王苏民和张振克，1999；沈吉，2009）。湖泊沉积记录的环境演变是过去全球变化（PAGES）研究的重要领域之一，利用湖泊沉积记录重建不同时间尺度的古气候与古环境演变的研究，受到广泛重视（沈吉，2009；刘永等，2011）。

1. 利用湖泊沉积进行水文重建的原理与方法

湖泊沉积是湖泊物理、化学、生物作用的综合产物，它是通过大气、水、沉积界面的物质和能量交换进行的，在这个过程中，可能某些环境因素起着主导作用，但是很多情况下，它们往往是相互作用和共同影响湖泊沉积过程（沈吉等，2010）。现代湖泊沉积研究表明，在陆相沉积体系中，湖泊尽管在形态、大小、成因和发育阶段上有着很大差异，但是它们的沉积作用都是在天然封闭或半封闭的储水盆地中发生的，故有别于其他陆相环境的沉积特点。陆源碎屑沉积是湖泊沉积的主要类型，其物质输移主要通过河流搬运作用，入湖后的沉积过程受湖泊环境系统控制，包括水下地形、水动力条件、水生植被、湖水性质和湖泊分层状况等。湖盆中物理沉积和化学沉淀是湖泊沉积的主要形式，在暖湿地区的浅水湖泊中，生物也积极参与了沉积作用，甚至成为加速湖泊充填和消亡的重要因素（靳鹤龄等，2005；Jin et al.，2004；沈吉，2009）。

沉积物中元素受自身的理化性质与气候、环境和地貌条件等外界因素的综合影响，气候环境的变化可以很好地体现在地层中元素含量的变化方面，如湖泊处于相对扩张期时，湖水相对淡化，活泼性元素多以游离态存在于湖水中。而对于内陆干旱气候区，湖泊沉积物中的碳酸盐含量变化受到气候特征和入湖水量的综合影响，其值的高低间接地反映气候的干湿变化。沉积物中元素含量及其比值可反映地球化学性质和沉积环境。沉积物磁化率参数同样可反映环境变化（张振克等，1998）。古色素是湖泊沉积与环境研究中重要的环境代用指标，古色素反映的湖泊古生物量与湖泊温度、水深、盐度、营养状况等有密切关系，可指示湖泊环境演化的历史（翟文川等，2000）。

2. 利用湖泊沉积重建洪水记录

湖泊沉积物具有记录介质丰富、连续性强、分辨率高、对气候与环境变化敏感以及可以提供原始气候变化记录等优点，为建立连续、高分辨率的洪水记录提供了理想的材料（沈吉等，2010；张灿等，2015）。利用湖泊沉积研究古洪水的最大优势之一是湖泊沉积可以持续地同时记录背景沉积与洪水沉积，这为重建完整洪水日历以及探讨洪水与气候关系提供了可能。此外，还可依据湖泊沉积物中洪积层的粒径大小、厚度以及沉积容重等指标重建洪水强度（Giguet-Covex et al.，2012；Jenny et al.，2014）。在一些高分辨率或有纹层的湖泊沉积物中，甚至完全可以精确追踪到洪水发生的年际甚至季节（Lamoureux，2000；Czymzik et al.，2013；Swierczynski et al.，2013）。并且在河流洪水记录证据中，很难区别于洪水的地震、滑坡、崩塌沉积，而湖泊沉积物则可尝试依据岩性、分选性、C-M 图等方法进行甄别（Schnellmann et al.，2006；Wilhelm et al.，2012；张灿等，2015）。

由于湖泊沉积物是洪水与气候、环境变化信息的双重记录载体，因此不仅可以基于湖泊沉积序列资料重建过去洪水，而且还可探讨洪水与大陆尺度大气环流变化、区域气候背景、植被状况之间的耦合机制（Loukas et al.，2000；Arnaud et al.，2005；Osleger et al.，2009），甚至可预测全球气候变暖背景下洪水频率与强度的变化（Milly et al.，2002；Wilhelm et al.，2012；张灿等，2015）。

3. 利用粒度指标重建湖泊演变

湖相沉积物的粒度直接反映着沉积水动力的状况，利用粒度资料研究湖泊演化及气候变化已取得显著的成就（孙千里等，2001；王君波和朱立平，2002）。研究表明，湖水的物理能量是控制沉积物粒度分布的主要因素，细粒和粗粒沉积物分别代表湖水能量降低和增强的阶段，即代表湖泊的高水位时期和低水位时期（Jin et al.，2004；靳鹤龄等，2005）。

4. 利用元素指标重建湖泊演变

沉积物中元素一方面取决于元素自身的理化性质，另一方面受气候、环境和地貌条件的影响，地层中元素含量的变化可以很好地反映气候环境的变化（靳鹤龄等，2005）。一般来说，在干旱气候条件下，湖区干旱少雨，地表径流贫乏，湖区的物理搬运作用较弱，赋存在碎屑物质中的惰性化学元素（如 Fe_2O_3、TiO_2、Al_2O_3）难以以机械搬运的形式迁移至湖泊，化学性质活泼的元素（如易溶盐 CaO、MgO、K_2O、Na_2O 的氧化物）可呈离子或胶体状态随地表水或地下水以化学侵蚀的形式迁移入湖，在湖泊相对萎缩、蒸发作用强烈的环境下，以自生沉淀或被吸附的方式淀积于湖底而富集。反之，湿润气候条件下，湖盆流域降水增多，地表径流发育，大量以颗粒态存在的惰性元素被冲刷迁移至湖泊，并直接以物理沉降方式淀积于湖底。此时湖泊处于相对扩张期，湖水相对淡化，活泼性元素多以游离态存在于湖水中，难以沉淀（张洪等，2004；靳鹤龄等，2005）。

例如，Mn 在湖水中常以 Mn^{2+} 稳定态存在，只有当湖水强烈蒸发而使 Mn^{2+} 浓度饱和时，才会大量沉淀，因此，其高值是炎热气候的标志（王随继等，1997；靳鹤龄等，2005）。另外，Sr/Ba 是较好的气候变化参数，一般认为 Sr/Ba<1 为淡水沉积，Sr/Ba>1 为咸水沉积，Sr/Ba>6.5 为碱水沉积（马宝林，1991）；Sr/Ca 指示湖泊水体的盐度，高值反映湖水盐度较低，反之反映湖水盐度较高（曹建廷等，2001）。Rb 和 Sr 的地球化学性质存在明显差异，有关酸溶实验表明 Rb 化学性质相对稳定，Sr 则易于淋溶而迁移到湖盆（陈骏等，1997），Rb/Sr 实际上指示了源区物质被淋溶的程度。一般来说，在干冷气候条件下，流域化学风化减弱，Rb/Sr 增大；反之，暖湿气候条件下 Rb/Sr 减小（金章东等，2001）。

7.2.3 冰 芯

冰芯是通过冰钻从冰川上部向下钻取的圆柱状冰体。降雪过程沉积到冰川内部的多种物质与化学成分，包括气溶胶微粒、火山尘埃、放射性物质及其同位素、大气成分、人类排放的固体与气体成分等，都能被保存在冰芯记录中（姚檀栋等，1993；田立德和姚檀栋，2016）。利用定年技术与实验室分析，可以通过冰芯中不同气候环境指标的变化，重建过去不同时间尺度的气候环境时间变化过程。冰芯作为气候环境信息的载体，具有保真性强、信息量大、分辨率高、时间尺度长等优点，成为地球的"自然档案"（朱大运和王建力，2013）。

1. 利用冰芯进行水文重建的原理与方法

冰芯是古气候研究中的一种重要信息载体，但其本身并不直接反映气候环境，而首先要通过对冰芯中隐含的各类代用指标的破译，包括物理参数、化学成分、生物特征等信息，这些信息可以真实地再现成冰时的环境特征，这样与过去的气候环境要素变化建立起联系（姚檀栋等，1990；王宁练等，2006；朱大运和王建力，2013）。

另外研究发现，高纬度地区降水同位素与气温之间存在显著的正相关关系。因此通过从冰芯中提取历史时期降水的稳定同位素变化信号，从而恢复过去气温的变化（田立德和姚檀栋，2016）。冰芯中的氢氧稳定同位素可以作为反映历史时期冷暖变化的温度计。大气降水同位素"温度效应"的基本原理是，水汽在传输过程中的冷凝程度是由气温决定的，而大气水汽的凝结程度会影响到降水中的同位素值。其结果是温度低时，降水中的稳定同位素的值也低，这被称为"温度效应"（Dansgaard，1964；章新平等，1995）。

2. 利用冰芯进行水文重建

冰芯中隐含多种与气候和环境要素相关的代用指标，其对应关系主要有以下几类。

1）氧同位素与温度

在对南北极和中低纬度的青藏高原冰芯的研究中，氧同位素被用来作为温度变化的替代指标（Lorius et al.，1979，1985；GRIP Members，1993）。

2）冰芯积累量与降水

冰芯积累量是冰川区降水的直接记录，由于冰芯能够相对完整地保存降水信息，可以通过冰芯序列与降水之间的关系，重建缺乏气象监测数据地区的古降水信息（冯松等，2005；侯书贵等，1999；Qin et al.，2002；任贾文等，2003）。

3）大气气溶胶与古环境

大气气溶胶通过干、湿沉降累积在冰川表面，随着时间的推移，被保存在冰层之内。冰川（冰盖）的低温环境有利于信息储存，因此气溶胶在沉积之后的次生变化极为微弱。通过测试冰芯中的化学成分及微粒含量，不但可以揭示过去大气气溶胶的变化，还可以此推测周边地区沙漠演化过程及大气环流强度的变化（朱大运和王建力，2013）。目前已从微粒定年、微粒浓度、粒径分布、与可溶性离子的关系，以及对特殊事件的记录等方面开展了对敦德冰芯、古里雅冰芯、达索普冰芯和慕士塔格冰芯的研究（谢树成等，1997；王宁练等，2012）。

4）微量元素与环境变化

冰芯中的某些微量元素和离子，如 Ca、K、Si、Na、Mg、S、Br、Be、Pb、NO_3^-、SO_4^{2-}等，都可以通过一定技术手段和处理流程，转化为指示环境变化的有效信息（Petit et al.，1990；周卫建和薛祥煦，1995；李向应等，2011）。

5）冰芯包裹体与古环境

雪花降落到地面时，彼此之间存在空隙，空隙中充满空气；随着雪层的密实化过程，以及粒雪-冰川冰转换过程的发生，粒雪中的孔隙转为固体冰中孤立的气泡，并保留了当时大气中的各种气体成分。分析冰芯气泡中的气体成分，就可以反演古大气成分及其变化（姚檀栋等，2003；朱大运和王建力，2013）。

6）冰芯内微生物与古环境

由于个体微小、结构简单，微生物能够在全球范围内广泛分布；即便是极端寒冷、干燥且缺乏营养的冰川中，也保存有丰富的微生物，这为探索和重建古环境提供了新的媒介（朱大运和王建力，2013）。

7.2.4 孢　　粉

孢粉是孢子和花粉的简称。孢子花粉的壁分为两层，内壁由纤维素组成，质软易破坏；外壁质密而硬，另外花粉有一层由孢粉素组成的外壁，它是一种复杂的碳、氢、氧化合物，它能耐酸、碱，极难氧化，在高温下也难溶解，因此可以保存成化石。孢粉粒微小（直径一般在 10～200μm）、休轻，有些还具有气囊，可以分布到较大范围。这就使得孢粉化石可以在较大范围内用于地层对比和古植被、古气候分析判断等。由于化石数量巨大，如采用统计方法及其他数学方法得到的数量资料可用于精确地分析和解释、处理各种资料，在现代植物和花粉雨研究的基础上，还可做到定量解释，要比单纯定性资料可靠得多。

1. 利用孢粉重建古植被

古植被重建是当今全球变化研究的热点之一。多学科集成与多尺度比较的古植被定量重建工作，是摸清地质和历史时期不同时间和空间尺度上古植被分布格局的变化（空间面积）以及古生物多样性变化（丰富程度）及其与古气候演变和人类活动影响关系的前提，也是把握未来全球变化对人类生存环境的影响、获得未来环境变化情景的基础（陈瑜和倪健，2008）。利用孢粉推断地质时期植被的演化规律和趋势及其与环境的有机联系，成为研究植被与环境变化的新手段。研究方法为，通过研究保存在沉积物中的分散孢子花粉，确定孢子花粉与母体植物的联系，用孢粉组合建立地层沉积时期植被的定性或定量转换关系（王伟铭，2009；齐乌云等，2003）。

古植被的重建工作经历了定性描述—半定量重建—定量重建的过程。传统的利用古植物学方法重建古植被，往往是根据某个地点的孢粉鉴定记录，依据古植物学家的经验判断和当地的现代植被，来定性描述古植被类型和特征，有时候会依靠某个指示种与特征种及其组合，也会利用现代植被与地层孢粉组合特征的比较来判断（刘鸿雁，2002），但大都是定性的重建，经验判断起关键作用。为避免人为判别引起的误差，人们将某些数学方法引入到古植被重建中，如主成分分析、判别分析和相关分析等，在一定的数学计算分析的基础上，再根据地层孢粉组合与现代植被特征，来判断不同地层的古植被类型，这是从定性描述到定量重建的过渡过程，可称之为半定量重建。然而，古植被的定性描述和半定量重建都存在一定的不足，除了人为判别的干扰容易造成古植被重建的不准确性之外，它们往往聚焦于单个点的研究，在区域乃至全球尺度的集成和比较方面却略显不足。最近 10 年来，随着国际上古全球变化研究的发展以及大尺度全球变化生态学模型的建立，人们开始致力于古植被的定量重建研究，或者以古气候数据驱动植被模型来定量模拟古植被格局，或者利用孢粉数据完全定量重建古植被（Prentice et al.，1996；陈瑜和倪健，2008）。

2. 利用孢粉重建古气候

通过对孢粉数据的研究，建立孢粉—古植被—气候序列，进而推测该地环境演化的动态过程，不仅可以深入研究影响环境演化的动力因子和各因子之间的动力学机制，还可进行更深层次的数据挖掘，建立合理且日趋完善的全球变化模型，为预测未来环境演化趋势提供可靠而有力的工具和手段（潘安定等，2008）。

在近半个世纪，孢粉学与古气候定量重建研究受到了国内外学者的重视，研究方法也在不断创新和改进。孢粉复合度-气候转换函数法的出现，打破了传统定量重建古气候从孢粉—植被—气候的研究过程，通过对孢粉化石丰度和分异度的研究，直接定量模拟古气候，分析古环境，但基本上仍是反映植被群落与气候之间的关系。孢粉-气候因子转换函数通过利用表土孢粉资料和气候数据进行逐步回归分析，将转换函数应用于钻孔的化石孢粉资料中。而重建古气候，大大简化了研究过程，提高了研究的准确度和精度。孢粉-气候通过对应分析所得的几个主因子，反映某一地质时期的绝大多数古气候信息，对照表土样品定量重建古气候，极大地解决了经济较发达、植被破坏严重地区的古气候重建的困难（潘安定等，2008）。

7.2.5　文　献　资　料

历史文献是古代人类活动信息的重要来源，是历史地理研究的宝贵资料，具有重要的科学价值（颉耀文和陈发虎，2008；颉耀文等，2013a，b）。通过对历史文献进行综合分析，提取有价值信息，可以加深对古代人类活动及自然环境状况的认识。例如，古代绿洲的开发活动集中体现在农业开发上，主要包括居民点和水利系统的建立、农田的开垦等。农业开发作为重要的生产生活活动，在历史文献中有大量的记载，从中可以获得包括居民点的数量及人口、渠道走向、灌溉土地面积、田赋等在内的很多信息。这些信息可以直接或间接地反映当时人类活动范围及其强度等情况（石亮，2010；王浩宇，2011；汪桂生，2014）。另外，旱涝灾害记录是水文和气候环境对人们生产生活影响的体现。通过深入了解和定量研究历史时期的旱涝特征，将其作为气候的代用指标用来重建降水量序列，成为研究古气候的新手段（任朝霞等，2010）。历史文献主要有正史、史地著作、地方志、考古文献和历史地图等。

1. 正史资料

正史资料是历史重建的基础性资料。例如，各个朝代的官方史书资料，如《史记》《汉书》《三国志》等，记载有各朝代的人口、行政建制以及重大事件等（颉耀文等，2013a，b）。

2. 地方志

地方志是以行政区划为单位，详细记载当地地理、沿革、风俗、物产、人口以及名胜古迹、诗文著作等方面信息的"地方之史志"（石亮，2010）。地方志一般具有严谨的编纂过程，要求具备翔实可靠的资料，并经过精心选择，如实记述（刘润和，2001）。因此地方志资料大多是真实可信的。地方志资料包括省志、州府镇志以及县志资料，其中州府镇志直接记录州府及相关县，信息丰富，涵盖行政建制、自然地理、农林水牧、文物古迹、人口社会等方面，而县志直接记录县域信息，部分内容与州府镇志内容相同。

3. 史地文献

除官方编修的地方志以外，还有大量考察纪略、游记散文、日记等史地文献，也对当时的自然、人文环境进行了详细的描述（石亮，2010）。

4. 地图资料

地图在表现具有空间分布的地理事物和现象方面，其表现力比文字更为直观，主要包括普通地图和专题地图两类（颉耀文和陈发虎，2008；颉耀文等，2013a，b）。

普通地图是现代人编制的用于反映自然和社会经济一般特征的地图，包括地形图和地理图（石亮，2010）。其中地形图依据国家基本比例尺编制，具有精确的数学基础和完整的符号系统，内容十分详细。专题地图主要是能反映历史时期居民点分布、渠道走向等情况的历史地图。由于科技水平所限，古代编纂的地图数量少、精度低，大多只能作为示意图使用。现代编制的历史地图，地理基础要素精度较高，但由于所表达的范围太大，内容也十分简略。历史地图主要为谭其骧（1996）编著的《中国历史地图集》。

5. 谱牒档案

谱牒作为一类记载历史的档案载体，它的作用是一种历史凭证，为历史时期人口变化提供史料，借以补充史籍的空缺（李响，2010）。谱牒档案记述了人物传记、宗族制度和地方史的资料，蕴藏大量有关人口学、社会学、民族学和经济学等内容（李万禄，1987），从谱牒档案中的这些信息可以了解中国历史上不同阶段的不同社会特点，人口统计、人口寿命、人口文化教育和移民情况，进而从另外一个角度对当时垦殖绿洲的情况进行把握。在1000多年时间里，许多地方饱经战乱，又有多次民族迁徙融合，完整的家谱比较稀缺，因此谱牒档案一般仅作为一种辅助参考（王浩宇，2011）。

7.2.6 代用资料的差异

在历史气候水文和植被因子的重建过程中，需要注意到各种方法的适用条件。树木年轮作为水文气候变化的代用资料，因其分辨率较高、定年准确、连续性较强等优势在气候变化研究中受到广泛的重视（刘广深和魏建云，1995），但是树轮指标与水文气候因子之间的耦合关系仍存不同意见（Briffa et al.，1998；Jones and Mann，2004）。冰芯记录虽然具有分辨率高、信息量大、保真性强、时间序列长等优点（O'Brien et al.，1995；姚檀栋等，2006），但其存在地理分布上的局限性，某些代理指标与气候因子之间耦合关系仍有深入探究的必要，建立具高分辨率的精确年龄模式通常也面临一定的挑战。湖泊沉积是一个缓慢的过程，其分辨率在高精度的研究中成为一个制约因素（刘永等，2011）。而历史文献中虽然包含有大量的气象信息，但是文献资料一般只局限于那些有文字记录传统的地区（Wang et al.，2001；Jones and Mann，2004），所以一般不能应用文献记录重建全球/半球尺度的气候演化序列（Jones and Mann，2004），而且文献资料来源多样，内容驳杂不一，难免带有某些主观因素，如信息记录的主观性以及文献解读的主观判断等。以上各种代用资料的特点，以及在重建和反演历史气候和环境时的优劣如表 7-1 所示。

表 7-1 水文代用指标特征
Table 7-1 The characteristics of the hydrological proxies

代用资料	指标	反演指标	分辨率或者精度	不足
活树、半化石树轮	轮宽、同位素	降水、气温、径流、生物量等	年/季尺度	局域性特征较强
孢粉	类型	植被类型、气候		
湖泊沉积	粒度、元素、色素、盐度、有机碳等	生物量、气温、降水、径流等	10～100 年尺度	尺度大、精度小
历史文献	人口、经济以及灾害等	社会发展和气候等	间断的	影响因素较多，如认知水平和社会发展等
冰芯	元素、同位素、层次、大气成分	气温、降水、环境	10 年尺度	精度较小、局域性特征较强

为了提高对水文气候变化机制和重现周期的理解，需要保存良好的更长时间序列、更可靠的自然档案记录。因此，寻找多种记录载体，相互补充和验证，建立连续、高分辨的长时间序列历史水文及其相关变量极为关键。

7.3 土地利用重建

7.3.1 历史时期土地利用重建意义

在水环境的演变过程中，水文的变化除了受气候变化的作用外，还受人类活动的影响，人类活动作用最直接的方式就是对土地的开发利用，从而改变用水方式和用水量以及水循环系统的下垫面。因此，在探索和构建区域历史时期的水环境变化过程时，土地利用的重建同样重要。过去的全球变化研究计划（PAGES）也指出，过去 2000 年这段时间是人类对地球影响最大的时期，同时也是人类历史资料与自然记录对信息记载存在着重叠的时期。对这段时间的气候和环境变化的深入了解，将为预测未来 50～100 年地球系统的区域至全球尺度的变化速率提供极其有价值的参考资料（石亮，2010）。

联合国在《21 世纪议程》中明确提出将加强 LUCC 研究作为 21 世纪工作重点（刘纪远和邓祥征，2009），而历史时期的土地利用变化是其重要组成部分。历史时期的 LUCC 研究有助于正确认识历史进程中人地关系的实质和人与环境和谐发展的机制（胡宁科和李新，2012；唐霞和冯起，2015）。我国具有悠久的农业发展历史，历史时期耕地规模的变化十分频繁。研究历史时期耕地变化可增进对历史时期人地关系演变过程的理解，同时对制定合理的现代耕地利用政策、优化耕地资源配置、提高利用效率具有借鉴意义（汪桂生等，2013）。

土地利用是人类对土地有目的的利用方式，是一种动态过程。在历史时期，农业活动是一种强烈的土地利用方式，而耕地是带有人类印记的土地利用类型。对干旱半干旱区来说，人类活动尤其是农业受水资源的限制明显，因而有"有水便是绿洲，无水便成荒漠"的说法。在干旱半干旱地区，现代的绿洲化、荒漠化过程是历史时期绿洲化、荒漠化的继承和发展。通过对历史时期绿洲化、荒漠化过程的研究可以了解历史时期绿洲的演化过程，进而加深对现代绿洲化、荒漠化过程和发展趋势的理解，有助于改善水土资源的利用和管理（石亮，2010）。考虑到土地利用类型多样，重建难度较大，因此着重讲述绿洲化和荒漠化重建过程。

7.3.2　历史时期垦殖绿洲重建

自人类的生产方式由采集、渔猎，发展到原始农业有 1 万多年的历史，而人类活动对环境影响最明显的时期主要集中在近 2000 年（韩茂莉，2000）。从 2000 多年前人类进入铁器时代开始，干旱半干旱地区的旱作农业已经不能提供足够的粮食，人们开始修建水利灌溉系统，进而导致了天然植被破坏、土壤侵蚀成灾，另外一方面，随着人类活动增强，如土地开垦和过度放牧等，使得干旱、半干旱草原地区的风沙活动盛行，土地荒漠化（黄春长，1998；石亮，2010）。在我国西北地区，人类通过大规模开荒屯田形成垦殖绿洲已有 2000 年的发展历史，其中不少垦殖绿洲有的被持续利用至今，有的在历史时期是丰腴之地，如今都被流沙所覆盖，如河西走廊的张掖黑水国、金塔东沙窝、民勤沙井子和敦煌南湖寿昌县城等。为了更好地认识和理解这两种截然不同的变迁过程，重建历史时期的垦殖绿洲成为关键（石亮，2010；汪桂生等，2013；汪桂生，2014）。

通过总结前人的众多成果，基本上已形成了一套成熟的重建历史时期垦殖绿洲和荒漠化的方法：首先了解明确绿洲的概念、形成条件和演变过程，进而分析垦殖绿洲的特征，然后根据重建历史时期垦殖绿洲的目标和要求，综合历史地理学、历史文献学、考古学和地理信息科学并构建系统的重建方法。具体地说，是将历史文献、考古资料、遥感影像、实地考察成果和多种地图资料等作为基本信息源，在保证不同信息层具有空间一致性的前提下，在地理信息系统平台上对不同时空和不同尺度的数据进行集成，从而实现历史时期垦殖绿洲时空分布综合判定的过程。对于已沙漠化的垦殖绿洲，主要通过实地考察并建立遥感影像解译标志的方式进行提取。对于现代绿洲覆盖条件下的历史时期垦殖绿洲，可采用层层递进的重建方法，先重建作为垦殖绿洲存在直接证据的居民点和渠道，然后间接推断垦殖绿洲的分布位置、范围和面积（石亮，2010；王浩宇，2011）。

关于多学科综合研究历史时期自然、人文地理现象及人地关系发展演进规律的方法，冯玉新（2007）进行了系统的总结：①在历史自然地理方面，结合有关历史文献和考古资料，使用 GIS 和 RS 技术，可以制作研究区的地貌区划图和气候类型图等。近年来，随着 GIS 在沙漠化领域的深入应用，以野外实地考察为基础，综合运用历史文献、考古、遥感影像以及地图资料，通过广泛搜集几千年来的绿洲演化证据，对典型历史时期绿洲的分布范围进行复原，制作出相应的绿洲分布图（李并成，1998；颉耀文等，2004）。②在历史人文地理方面，现阶段主要是把 GIS 用于历史时期人口调查、人口统计、人口迁徙以及人口空间分布分析（王均和陈向东，2001）。③使用 GIS 构建历史地图（冯玉新，2007）。

历史时期垦殖绿洲的重建包括时间上的重建和空间上的重建。前者需要依靠历史地理学、历史文献学和考古学等方法对历史自然及人文地理、历史文献、考古资料中的建制沿革、城池、村堡、户口、田赋、水利、屯田等与垦殖绿洲相关的信息进行筛选、提取，并按时间顺序将这些信息归纳整理。后者需要以 GIS 为平台，将遥感影像中历史垦殖绿洲相关的信息提取出来，使之能在空间上得以呈现，辅以 GPS（global positioning system）技术在野外考察中得到的历史遗迹、渠道、居民点、古耕地等与历史垦殖绿洲相关地物精确的位置信息，得出垦殖绿洲在历史时期的分布区。历史时期绿洲的空间分布经过漫长的历史过程，大部分已经无法分辨，但仍有部分地区可以通过遥感影像的色调、纹理等差异识别出来。因此在实际的重建过程中，历史地理学、历史文献学、考古学与地理信息系统、遥感、全球定位系统等技术并行结合，辅以野外考察等手段，集各学科之所长，使历史垦殖绿洲能在时间和空间两个方面得以重建（石亮，2010）。

7.3.3　历史时期垦殖绿洲重建流程

历史时期绿洲重建过程主要包括 5 个阶段：①收集资料，包括历史文献、研究成果等文字资料和地图、影像等资料；②通过查阅各种资料，对遥感影像进行室内预判，为下一阶段的工作做准备；③进行野外考察，将遥感影像和实地对照，分析古绿洲遥感影像特征，建立适于大范围解译的古绿洲影像解译标志；④进行影像的解译；⑤在文献资料研究和影像解译的基础上，参照前人研究成果，重建历史时期绿洲开发与荒漠化的时空过程（石亮，2010）。下面就遥感影像的获取、处理和解译进行介绍。

1. 遥感影像获取和处理

遥感影像是一种综合性的地理信息源，借助于遥感影像，人们可以获得极其丰富的二次信息（石亮，2010）。相比来说，遥感影像用于古绿洲重建有以下优点（颉耀文和陈发虎，2008；石亮，2010）：①宏观性。遥感影像的覆盖范围可达上千平方千米，为连续对比分析和解释推断提供了条件，便于从宏观尺度上提取相关信息，有利于提高观察目标的综合度。②能扩展人眼的识别范围。遥感技术的波段范围远远超过人眼所能达到的范围。利用遥感技术，在部分地区可以更加清晰地识别出已经湮没到地表下的古沟渠、古河道或大型建筑物，从而发现古代绿洲存在的痕迹。③提高工作效率。遥感影像能够提供丰富的信息，有效减少实地考察的工作量，提高了工作效率。

在选择影像资料时，应综合考虑以下几个方面：影像精度，足以满足判别地表不同地物特征的需要，以及获取的难易程度和成本、使用范围等。在时序方面，应选择成像时间为 6～9 月的影像，此时植被生长最为茂盛，可以保证绿洲和荒漠在影像上呈现的差别最大。所有数据应为云雾较少、无条带、成像质量好的影像，以减少影像解译时的错误（谢家丽等，2012）。另外，在影像精度无法满足研究需要的地区，还可以利用 GoogleEarth 提供的高分辨率影像作为参照进行判读。

影像在成像过程中会发生畸变，为保证重建结果的精确性，并从中获得更加丰富的信息，需要对影像进行预处理，主要包括几何纠正和缨帽变换（谢家丽等，2012）。几何纠正是指利用一定的纠正变换函数，建立影像坐标和地面坐标间的数学关系，即输入影像与输出影像间的坐标变换关系，然后按照该函数将原始的数字影像逐个像元地进行几何位置变换。一般以研究区的地形图为参照，对所选用的遥感影像进行几何纠正。遥感影像在成像过程中受到云、雾等的影响，导致图像模糊，需要进行缨帽变换以降低多波段图像的模糊度。缨帽变换为植被研究，特别是分析农业特征提供了一个优化显示的方法，同时还实现了数据压缩。为突出显示绿洲与荒漠之间的差别，应对影像进行缨帽变换处理（石亮，2010）。

2. 遥感影像解译

解译方法包括目视解译和计算机自动分类，此处详细介绍目视解译方法。影像解译流程分为 4 个阶段：①资料准备，主要搜集覆盖研究区的遥感影像和大比例尺地形图；②对资料进行处理，主要是对遥感影像进行预处理；③建立解译标志，首先在文献资料研究的基础上对影像进行室内预判，然后通过野外考察对筛选出的疑点区域进行实地验证，并参照文献资料进行判读；④在解译标志及历史文献等资料的基础上进行影像解译。

建立解译标志是影像解译的基础。遥感影像是对地面目标多种特征的记录，影像与地面相应目标在形状、大小、色调（颜色）、阴影、纹理、布局和位置等特征有着密切的关系，根据这些特征可以识别目标和解释各种现象，这些特征被称为解译标志（颉耀文，2008）。建立解译标志，一般需要对遥感影像进行仔细阅读，选择典型区域并进行实地考察，然后分析该区域不同于其他区域的影像特征，再建立完整的解译标志。

历史时期的古绿洲，一般有两种演化趋向：一种是持续开垦，直至今日仍然为绿洲；另一种是沦为荒漠化（颉耀文和陈发虎，2008；石亮，2010）。前一种情况下，古绿洲发展至今成为现代绿洲，经过长时间的开发利用，古绿洲的面貌已经发生了很大变化，主要依靠文献资料的记载，同时借助古代地图、文物考古等资料，重建古代居民点和灌溉渠道的空间分布，再利用这些信息的指示作用，辨别古绿洲的空间范围。后一种是沦为荒漠化的古绿洲，目前虽然呈现沙漠景观，但仍具有与原生沙漠不同的景观特征（李并成，2003；颉耀文和陈发虎，2008）：①在景观上主要表现为地表形态/地面组成物质和地表植被的不同；②在地理分布上大多分布在河流下游；③历史时期沙漠化的土地，往往有大量古代遗迹、遗物分布，如古代城址、弃耕的古代耕地、古渠道等。

建立古绿洲的解译标志后，需要以古遗址、古代居民点等作为参考控制信息，进行目视解译。首先将通过历史文献资料获得的古代居民点信息、古遗址等文物考古资料叠加在遥感影像上，作为解译的控制点；然后根据建立的古绿洲解译标志勾绘出古绿洲边界；最后根据遗迹遗物的时代确定古绿洲存在的时代。

7.3.4　历史时期天然绿洲重建

对于干旱半干旱区天然绿洲重建，首先了解历史时期土地开垦的规律。根据李并成（1998）和吴晓军（2000）的观点，干旱区历史时期的耕地开垦具有以下特点：①人们选择天然绿洲区域（草地、林地和水域等）开垦，而不是沙漠等未利用地，因为相比之下，天然绿洲区域的水土条件更好，这是决定历史时期干旱区农业的重要因素。②一旦弃耕，将转变为沙漠等未利用地。古代丝绸之路沿线众多消失的城市就是很好的证明，如楼兰古城、尼雅古城、黑城等，在汉代时为绿洲国家或者城市，现在都成了沙漠（沈卫荣等，2007）。因此首先利用遥感数据解译出流域近 50 年的土地利用情况，并分析总结耕地的变化规律，包括其规模变化及转变来源，据相关研究表明，近 40 年来部分流域新增的耕地绝大多数源自未利用地，因此将此时的耕地规模作为流域按照传统耕地开垦方法所达到的最大规模（Lu et al.，2015）。因此，将历史时期所有的垦殖绿洲面积与该绿洲面积进行叠加处理，即流域最大的绿洲规模。最后，从最大的绿洲规模中扣除各时段的垦殖绿洲以及前面所有时段弃耕的区域，即可得到各个时段的天然绿洲。另外在处理过程中，结合谭其骧（1996）的《中国历史地图集》和相关文献，充分考虑水系变迁对绿洲的影响。

7.4　结　　论

水文重建是研究历史时期水文气候变化、人类社会发展的关键，是理解不同时间尺度上自然环境的演变规律及其与人类活动的关系的基础，是提高当前管理和未来预测的途径。系统总结了不同代用资料（树木年轮、湖泊沉积、冰芯、孢粉和历史文献等）的特征、水文重建的原理和方法，重建径流量、气温、降水、极端气候、净初级生产力，以及古植被的过程及其优劣，以及基于"3S"技术，利用遥感影像、历史文献、地图和古遗址等重建干旱区垦殖绿洲和天然绿洲的方法。在这些研究中，往往采用单一代用资料对单一流域进行水文诸要素变量（如径流、降水、干旱、洪水、湖泊水位、沼泽水位等）记录的延长、重建或周期分析，或者重建单一流域的绿洲化和荒漠化过程，研究区范围小，缺乏对比和相互佐证（刘普幸等，2004）。未来应该更加注重利用已有的树轮年表、湖泊沉积、冰芯和孢粉以及历史文献，进行多流域甚至大尺度范围应用研究，包括水文气候变化时空分布特征的重建，极端事件的特征、频率、严重程度、持续时间的空间差异，及其与全球尺度大气循环和人类活动之间关系等的探讨。水文历史重建方法为社会水文学的发展提供了历史的水文数据，是揭示长期人水耦合系统协同进化机制的重要前提。

参 考 文 献

蔡秋芳, 刘禹. 2013. 湖北麻城马尾松树轮宽度对气候的响应及1879年以来6～9月平均最高气温重建. 科学通报, 58(增刊 I): 169～177.

曹建廷, 沈吉, 王苏民, 等. 2001. 内蒙古岱海地区小冰期气候演化特征的地球化学记录. 地球化学, 30(3): 231～235.

陈骏, 季峻峰, 仇刚, 等. 1997. 陕西洛川黄土化学风化程度的地球化学研究. 中国科学(D 辑), 27(6): 531～536.

陈拓, 秦大河, 康兴成, 等. 1997. 树轮稳定碳同位素的研究现状及前景. 大自然探索, 18(1): 59～65.

陈瑜, 倪健. 2008. 利用孢粉记录定量重建大尺度古植被格局. 植物生态学报, 32(5): 1201～1212.

方精云, 刘国华, 徐嵩龄. 1996. 我国森林植被的生物量和净生产量. 生态学报, 16(5): 497～508.

方克艳, 陈秋艳, 刘昶智, 等. 2014. 树木年代学的研究进展. 应用生态学报, 25(7): 1879～1888.

方欧娅, 汪洋, 邵雪梅. 2014. 基于树轮资料重建森林净初级生产力的研究进展. 地理科学进展, 33(8): 1039～1046.

冯松, 张拥军, 朱德琴, 等. 2005. 近2000年古里雅冰芯净积累量与南疆盆地南沿的干湿变化. 地理科学, 25(2): 221～225.

冯玉新. 2007. 传统与现代——基于GIS支持下的历史地理研究. 地理教育, (2): 74～75.

高琳琳, 勾晓华, 邓洋, 等. 2013. 西北干旱区树轮气候学研究进展. 海洋地质与第四纪地质, 33(4): 25～35.

勾晓华, 杨涛, 高琳琳, 等. 2013. 树轮记录的青藏高原东南部过去 457 年降水变化历史. 科学通报, 58(11): 978～985.

韩茂莉. 2000. 2000年来我国人类活动与环境适应以及科学启示. 地理研究, 19(3): 324～331.

侯书贵, 秦大河, Wake C P, 等. 1999. 珠穆朗玛峰地区冰川净积累量变化的冰芯记录及其气候意义. 科学通报, 44(21): 2336～2341.

胡宁科, 李新. 2012. 历史时期土地利用变化研究方法综述. 地球科学进展, 27(7): 758～768.

黄春长. 1998. 环境变迁. 北京: 科学出版社.

颉耀文, 陈发虎, 王乃昂. 2004. 近2000年来甘肃民勤盆地绿洲的空间变化. 地理学报, 59(05): 662～670.

颉耀文, 陈发虎. 2008. 民勤绿洲的开发与演变——近2000年来土地利用/土地覆盖变化研究. 北京: 科学出版社.

颉耀文, 王学强, 汪桂生, 等. 2013a. 基于网格化模型的黑河流域中游历史时期耕地分布模拟. 地球科学进展, 28(1): 71～78.

颉耀文, 余林, 汪桂生, 等. 2013b. 黑河流域汉代垦殖绿洲空间分布重建. 兰州大学学报(自然科学版), 49(3): 306～312.

金章东, 王苏民, 沈吉, 等. 2001. 小冰期弱化学风化的湖泊沉积记录. 中国科学(D 辑), 31(3): 221～225.

靳鹤龄, 肖洪浪, 张洪, 等. 2005. 粒度和元素证据指示的居延海1.5kaBP来环境演化. 冰川冻土, 27(2): 233～240.

康兴成, 程国栋, 康尔泗, 等. 2002. 利用树轮资料重建黑河近千年来出山口径流量. 中国科学(D 辑),

32(8): 675～685.

李并成. 1998. 河西走廊汉唐古绿洲沙漠化的调查研究. 地理学报, 53(02): 106～115.

李并成. 2003. 河西走廊历史时期沙漠化研究. 北京: 科学出版社.

李金建, 邵雪梅, 李媛媛, 等. 2014. 树轮宽度记录的松潘地区年平均气温变化. 科学通报, 59(15): 1446～1458.

李万禄. 1987. 从谱碟记载看明清两代民勤县的移民屯田. 档案, 3: 19～20.

李响. 2010. 中国古代谱碟档案遗存及其文化价值研究. 湖北档案, 3: 9～12.

李向应, 秦大河, 韩添丁, 等. 2011. 中国西部冰冻圈地区大气降水化学的研究进展. 地理科学进展, 30(1): 3～16.

刘广深, 魏建云. 1995. 树轮气候学研究的若干进展. 矿物岩石地球化学通讯, (1): 63～64.

刘鸿雁. 2002. 第四纪生态学与全球变化. 北京: 科学出版社.

刘纪远, 邓祥征. 2009. LUCC 时空过程研究的方法进展. 科学通报, 54(21): 3251～3258.

刘普幸, 勾晓华, 张齐兵, 等. 2004. 国际树轮水文学研究进展. 冰川冻土, 26(6): 720～728.

刘润和. 2001. 民勤家谱序. 李玉寿著民勤家谱. 香港: 香港天马图书有限公司.

刘晓宏, 秦大河, 邵雪梅, 等. 2004. 祁连山中部过去近千年温度变化的树轮记录. 中国科学(D 辑), 34(1): 89～95.

刘永, 余俊清, 成艾颖, 等. 2011. 湖泊沉积记录千年气候变化的研究进展、挑战与展望. 盐湖研究, 19(1): 59～65.

刘禹, 马利民, 蔡秋芳, 等. 2002. 采用树轮稳定碳同位素重建贺兰山 1890 年以来夏季(6～8 月)气温. 中国科学(D 辑), 32(8): 667～674.

刘禹, 吴祥定, 邵雪梅, 等. 1997. 树轮密度、稳定 C 同位素对过去近 100a 陕西黄陵季节气温与降水的恢复. 中国科学(D 辑), 27(3): 271～276.

刘禹, 杨银科, 蔡秋芳, 等. 2006. 以树木年轮宽度资料重建湟水河过去 248 年来 6～7 月份河流径流量. 干旱区资源与环境, 20(6): 69～73.

马宝林. 1991. 塔里木盆地沉积岩形成演化及油气. 北京: 科学出版社.

潘安定, 陈碧姗, 刘会平, 等. 2008. 孢粉学定量重建古气候方法探讨. 热带地理, 28(6): 493～497.

齐乌云, 远藤邦彦, 穆桂金, 等. 2003. 黑河尾闾湖泊附近表层样品的孢粉分析及其环境指示意义. 水土保持学报, 10(4): 58～63.

任朝霞, 陆玉麒, 杨达源. 2010. 黑河流域近 2000 年的旱涝与降水量序列重建. 干旱区资源与环境, 24(6): 91～95.

任贾文, 秦大河, 康世昌, 等. 2003. 喜马拉雅山中段冰川变化及气候暖干化特征. 科学通报, 48(23): 2478～2482.

邵雪梅. 1997. 树轮年代学的若干进展. 第四纪研究, (3): 265～271.

沈吉. 2009. 湖泊沉积研究的历史进展与展望. 湖泊科学, 21(3): 307～313.

沈吉, 薛滨, 吴敬禄, 等. 2010. 湖泊沉积与环境演化. 北京: 科学出版社.

沈吉, 张恩楼, 夏威岚. 2001. 青海湖近千年气候环境变化的湖泊沉积记录. 第四纪研究, 21(6): 508～513.

沈卫荣, 中伟正义, 史金波. 2007. 黑水城人文与环境研究: 黑水城人文与环境国际学术讨论会文集. 北京: 中国人民大学出版社.

石亮. 2010. 明清及民国时期黑河流域中游地区绿洲化荒漠化时空过程研究. 兰州: 兰州大学硕士学位论文.

孙千里, 周杰, 肖举乐. 2001. 岱海沉积物粒度特征及其古环境意义. 海洋地质与第四纪地质, 21(1): 93～95.

谭其骧. 1996. 中国历史地图集. 北京: 中国地图出版社.

唐霞, 冯起. 2015. 黑河流域历史时期土地利用变化及其驱动机制研究进展. 水土保持研究, 22(3): 336~341.

田立德, 姚檀栋. 2016. 青藏高原冰芯高分辨率气候环境记录研究进展. 科学通报, 61(9): 926~937

汪桂生. 2014. 黑河流域历史时期垦殖绿洲时空变化与驱动机制研究. 兰州: 兰州大学博士学位论文.

汪桂生, 颉耀文, 王学强, 等. 2013. 明代以前黑河流域耕地面积重建. 资源科学, 35(2): 362~369.

王浩宇. 2011. 基于多学科手段的历史时期垦殖绿洲重建方法研究. 兰州: 兰州大学硕士学位论文.

王君波, 朱立平. 2002. 藏南沉错沉积物的粒度特征及其古环境意义. 地理科学进展, (5): 459~467.

王均, 陈向东. 2001. 两汉时期人口数据库建设与 GIS 应用探讨. 测绘科学, 26(3): 43~45.

王宁练, 姚檀栋, 蒲建辰, 等. 2006. 青藏高原北部马兰冰芯记录的近千年来气候环境变化. 中国科学 (D 辑), 36(8): 723~732.

王宁练, 姚檀栋, Thompson L G, 等. 2012. 近 500 年来喜马拉雅山达索普冰芯中尘埃含量变化与西、南亚及北非干旱化趋势. 第四纪研究, 32(1): 53~58.

王苏民, 张振克. 1999. 中国湖泊沉积与环境演变研究的新进展. 科学通报, 44(6): 579~587.

王随继, 黄杏珍, 妥进才, 等. 1997. 泌阳凹陷核桃园组微量元素演化特征及其古气候意义. 沉积学报, 15(1): 65~70.

王伟铭. 2009. 中国孢粉学的研究进展与展望. 古生物学报, 48(3): 338~346.

吴晓军. 2000. 河西走廊内陆河流域生态环境的历史变迁. 兰州大学学报(社会科学版), 28(4): 46~49.

谢家丽, 颜长珍, 李森, 等. 2012. 近35a内蒙古阿拉善盟绿洲化过程遥感分析. 中国沙漠, 32(4): 1142~1147.

谢树成, 姚檀栋. 1997. 冰芯中的不溶微粒记录及其气候和环境意义. 冰川冻土, 19(4): 373~377.

杨银科, 黄强, 刘禹, 等. 2010. 利用树轮资料重建河流径流量研究进展. 水科学进展, 21(3): 430~434

姚檀栋, 韩健康, 张万昌, 等. 1993. 冰川与冰盖中的环境记录. 兰州: 甘肃科学技术出版社.

姚檀栋, 秦大河, 徐柏青. 2006. 冰芯记录的过去 1000a 青藏高原温度变化. 气候变化研究进展, 2(3): 99~103.

姚檀栋, 向述荣, 张晓君, 等. 2003. 马兰和普若岗日冰芯记录的微生物学特征. 第四纪研究, 23(2): 193~199.

姚檀栋, 谢自楚, 武筱舲, 等. 1990. 敦德冰帽中的小冰期气候记录. 中国科学(B 辑), (11): 1196~1201.

袁玉江, 喻树龙, 穆桂金, 等. 2005. 天山北坡玛纳斯河 355a 来年径流量的重建与分析. 冰川冻土, 27(3): 411~417.

翟文川, 吴瑞金, 王苏民, 等. 2000. 近 2600 年来内蒙古居延海湖泊沉积物的色素含量及环境意义. 沉积学报, 18(1): 13~17.

张灿, 周爱锋, 张晓楠, 等. 2015. 湖泊沉积记录的古洪水事件识别及与气候关系. 地理科学进展, 34(7): 898~908.

张洪, 靳鹤龄, 肖洪浪, 等. 2004. 东居延海易溶盐沉积与古气候环境变化. 中国沙漠, 24(4): 409~415.

张振克, 吴瑞金, 王苏民, 等. 1998. 近 2600 年来内蒙古居延海湖泊沉积记录的环境变迁. 湖泊科学, 10(2): 44~51.

章新平, 施雅风, 姚檀栋. 1995. 青藏高原东北部降水中 $\delta^{18}O$ 的变化特征. 中国科学(D 辑), 25: 540~547.

周卫建, 薛祥煦. 1995. 国际第四纪地质学研究进展. 地球科学进展, 10(2): 136~142.

朱大运, 王建力. 2013. 青藏高原冰芯重建古气候研究进展分析. 地理科学进展, 32(10): 1535~1544.

朱海峰, 郑永宏, 邵雪梅, 等. 2008. 树木年轮记录的青海乌兰地区近千年温度变化. 科学通报, 53(15): 1835~1841.

卓正大, 胡双熙, 张先恭, 等. 1978. 祁连山地区树木年轮与我国近千年(1059~1975 年)的气候变化. 兰州大学学报, (2): 145~157.

Alberto M, Young G, Savenije G H H, et al. 2013. "Panta Rhei Everything Flows": Change in hydrology and society-The IAHS Scientific Decade 2013～2022. Hydrological Sciences Journal, 58(6): 1256～1275.

Arnaud F, Revel M, Chapron E, et al. 2005. 7200 years of Rhône river flooding activity in Lake Le Bourget, France: A high resolution sediment record of NW Alps hydrology. The Holocene, 15(3): 420～428.

Battarbee R. 2000. Palaeolimnological approaches to climate change, with special regard to biological record. Quaternary Science Reviews, 19(1-5): 107～124.

Briffa K R, Schweingruber F H, Jones P D. 1998. Reduced sensitivity of recent tree-growth to temperature at high northern latitudes. Nature, (391): 678～682.

Brito-Castillo L, Díaz-Castro S, Salinas Zavala, et al. 2003. Reconstruction of long term winter streamflow in the Gulf of California continental watershed. Journal of Hydrology, 278(1-4): 39～50 .

Czymzik M, Brauer A, Dulski P, et al. 2013. Orbital and solar forcing of shifts in mid to late Holocene flood intensity from varved sediments of pre alpine Lake Ammersee (southern Germany). Quaternary Science Reviews, 61: 96～110.

Dansgaard W. 1964. Stable isotope in precipitation. Tellus, 14: 436～468.

Giguet-Covex C, Arnaud F, Enters D, et al. 2012. Frequency and intensity of high altitude floods over the last 3.5ka in northwestern French Alps (Lake Anterne). Quaternary Research, 77(1): 12～22.

GRIP Members. 1993. Climatic instability during the last interglacial period recorded in the GRIP ice core. Nature, 364: 203～207.

Hasenauer H, Nemani R R, Schadauer K, et al. 1999. Forest growth response to changing climate between 1961 and 1990 in Austria. Forest Ecology and Management, 122(3): 209～219.

Jenny J P, Wilhelm B, Arnaud F, et al. 2014. A 4D sedimentological approach to reconstructing the flood frequency and intensity of the Rhône River (Lake Bourget, NW EuropeanAlps). Journal of Paleolimnology, 51(4): 469～483.

Jin H L, Xiao H L, Sun L Y, et al. 2004. Vicissitude of Sogo Nur and environmental climatic change during last 1500 years. Science in China Series D: Earth Sciences, 47(1): 61～70.

Jones P D, Mann M E. 2004. Climate over the past millennia. Reviews of Geophysics, 42: RG2002, doi: 10.1029/2003RG000143.

Lamoureux S. 2000. Five centuries of interannual sediment yield and rainfall-induced erosion in the Canadian High Arctic recorded in lacustrine varves. Water Resources Research, 36(1): 309～318.

Loaiciga H A, Haston L, Michaelsen J. 1993. Dendrohydrology and long-term hydrologic phenomena. Review's of Geophysics, 31(2): 151～171.

Lorius C, Jouzel J, Ritz C, et al. 1985. A 150000 year climatic record from Antarctic ice. Nature, 316: 591～596.

Lorius C, Merlivat L, Jouzel J. 1979. A 30000 year isotope climatic record from Antarctic ice. Nature, 280: 644～648.

Loukas A, Vasiliades L, Dalezios N R. 2000. Flood producing mechanisms identification in southern British Columbia, Canada. Journal of Hydrology, 227(1-4): 218～235.

Lu Z, Wei Y, Xiao H, et al. 2015. Evolution of the human–water relationships in Heihe River basin in the past 2000 years . Hydrology and Earth System Sciences, (19): 2261～2273.

Milly P C, Wetherald R T, Dunne K A, et al. 2002. Increasing risk of great floods in a changing climate. Nature, 415(6871): 514～517.

Murugesu S, G Savenije Hubert H, Socio Blöschl Günter. 2012. Socio‐hydrology: A new science of people and water. Hydrological Processes, 26(8): 1270～1276.

Nogueira E M, Fearnside P M, Nelson B W, et al. 2008. Estimates of forest biomass in the Brazilian Amazon: New allometric equations and adjustments to biomass from wood-volume inventories. Forest Ecology and Management, 256(11): 1853～1867.

O'Brien S R, Mayewski P A, Meeker L D, et al. 1995. Complexity of Holocene climate as reconstructed from a Greenland ice core. Science, 270(5244): 1962~1964.

Osleger D A, Heyvaert A C, Stoner J S, et al. 2009. Lacustrine turbidites as indicators of Holocene storminess and climate: Lake Tahoe, California and Nevada. Journal of Paleolimnology, 42(1): 103~122.

Petit J R, Mounier L, Jouzel J. 1990. Palaeoclimatological and chronological implications of the Vostok core dust record. Nature, 343: 56~58.

Pettorelli N, Vik J O, Mysterud A, et al. 2005. Using the satellite-derived NDVI to assess ecological responses to environmental change. Trends in Ecology & Evolution, 20(9): 503~510.

Prentice I C, Guiot J, Huntley B, et al. 1996. Reconstructing biomes from palaeoecological data: General method and its application to European pollen data at 0 and 6 ka. Climate Dynamics, 12: 185~194.

Qin D H, Hou S G, Zhang D Q, et al. 2002. Preliminary results from the chemical records of an 80m ice core recovered from the East Rongbu Glacier. Annual Glaciology, 35(1): 278~284.

Schnellmann M, Anselmetti F S, Giardini D, et al. 2006. 15000 Years of mass-movement history in Lake Lucerne: Implications for seismic and tsunami hazards. Eclogae Geologicae Helvetiae, 99(3): 409~428.

Shao X M, Wang S Z, Zhu H F, et al. 2009. A 3585-year ring-width dating chronology of Qilian juniper from the northeastern Qinghai-Tibetan Plateau. IAWA Journal, 30(4): 379~394.

Shao X M, Xu Y, Yin Z Y, et al. 2010. Climatic implications of a 3585-year ring-width dating chronology from the northeastern Qinghai Tibetan Plateau. Quaternary Science Reviews, 29(17-18): 2111~2122.

Swierczynski T, Lauterbach S, Dulski P, et al. 2013. Late Neolithic Mondsee culture in Austria: Living on lakes and living with flood risk. Climate of the Past, 9(4): 1601~1612.

Thompson E S, Sivapalan M, Harman C J, et al. 2013. Developing predictive insight into changing waters ystems: Use inspired hydrologic science for the Anthropocene. Hydrology and Earth System Sciences, 17(12): 5013~5039.

Wang S W, Gong D Y, Zhu J H. 2001. Twentieth-century climatic warming in China in the context of the Holocene. The Holocene, 11(3): 313~321.

Wilhelm B, Arnaud F, Enters D, et al. 2012. Does global warming favour the occurrence of extreme floods in European Alps? first evidences from a NWAlps proglacial lake sediment record. Climatic Change, 113(3-4): 563~581.

Woodhouse C A, Overpeck J T. 1998. 2000 years of drought variability in the central United States. Bulletin of the American Meteorological Society, 79(12): 2693~2714.

Yang B, Qin C, Shi F, et al. 2012. Tree ring-based annual streamflow reconstruction for the Heihe River in arid northwestern China from AD 575 and its implications for water resource management. The Holocene, 22(7): 773~784.

Yang B, Qin C, Wang J L, et al. 2014. A 3, 500-year tree-ring record of annual precipitation on the northeastern Tibetan Plateau. Proceedings of the National Academy of Sciences, 111(8): 2903~2908.

第三部分　实　践　篇

第 8 章 中国水文化变迁定量研究[*]

本章概要： 本章利用内容分析法，通过分析中国主流报纸《人民日报》1946～2014 年中与水相关的文章，来理解中国水文化的演化。通过对《人民日报》中的 2114 篇与水相关的文章所涉及的行政区域、水体、机构、政策、水事件和主题等要素的演化分析，主要发现：①水问题大多在报纸上比较突出的位置进行报道；②中国的水文化经历了 3 个发展阶段，1946 年至 20 世纪 80 年代中期——防洪抗旱和粮食生产用水、20 世纪 80 年代中期至 1997 年——经济发展之水、1998～2014 年——环境可持续和经济发展之水；③《人民日报》体现的水文化清晰地反映出中国自上而下的水资源管理制度，并且在研究期，《人民日报》并未报道个人或基于社区/团体组织关于水问题的意见，表明自下而上或参与式的水文化并非是我国的主流；④《人民日报》作为我国政府的主流舆论媒体，也是水政策的风向标，它通过设定公共议程来影响公众对水问题的看法，从而影响我国水文化的演化。这些研究结果支持了实证论者的假设，即中国水文化的演化是由多种因素驱动的，包括自然驱动力（洪水和干旱）、政治运动（"文化大革命"）、宏观经济改革（改革开放）、制度安排（《中华人民共和国水法》）和管理的改革（关于水利改革的一号文件）。建议加强学术专家和非政府组织在报纸的声音，以创造一个更加知情的公众社会和激励可持续的水资源利用实践。

Abstract： This chapter aims to understand the evolution of newspaper coverage of water issues in China by analyzing water-related articles in a major national newspaper, the *People's Daily*, over the period 1946～2014 using a content analysis approach. 2114 water-related articles in the *People's Daily* (1946～2014) were found. The major findings include: ①water issues were in relatively prominent positions in the newspaper; ②the reporting of water issues in China experienced three stages: 1946 to the middle of 1980s—flood and drought control and water for food production: the middle of 1980s to 1997—water for economic development; and 1998 to the present—water for the environmental sustainability and economic development; ③the reporting of water issues in the *People's Daily* clearly reflected China's top-down water resources management system, and no "real" public opinions on water were reported during the study period; ④The *People's Daily* is just a wind vane of Chinese mainstream values and policies on water. The findings supported the realist assumption that the societal value changes on water issues in

---

* 本章改编自 Xiong Yonglan、Wei Yongping、Zhang Zhiqiang、Wei Jing 发表的 *Evolution of China's water issues as framed in Chinese mainstream newspaper*（AMBIO，2016，45：241-253）。

China were triggered by a range of factors including biophysical pressure (floods and droughts), political campaign ("the Cultural Revolution"), macro-economic reform (Reform and Opening-up), water institutional arrangement (the *Water Law*) and water management reform (the No. 1 Central Document on water reform). The important implications for more sustainable water management are a need to strengthen academic specialists' and NGO's voices in the newspaper to create a better informed public, and to stimulate practices toward sustainable water use.

8.1　引　言

全球迫切需要转变目前不可持续的水资源管理模式。如同其他自然资源管理的重要转变一样，水资源管理从一个阶段转变到另一个阶段是一个非线性的社会变迁（Rotmans et al.，2001）。大量的经验研究关注于变迁的动力学机制（Geels，2010），尤其是水资源管理变迁的阶段和过程（Loorbach and Rotmans，2006；van der Brugge et al.，2005；Rotmans and Kemp，2003；Rammel et al.，2007；Norgaard et al.，2009；Kallis，2011）。生态现实主义（ecological realism）认为自然资源的日益短缺是推动水资源管理发生改变的主要驱动力。然而，另外一方面，社会建构主义者（social constructivists）认为社会价值、态度和观点是驱动水资源管理发生演化的驱动力（Tàbara and Ilhan，2008）。因此，水资源管理发生变迁原因在很大程度上仍然没有得到很好的解释（Pahl-Wostl，2007；Geels，2011；Frantzeskaki，2011）。

20 世纪的基于水文科学的水资源管理已能比较好地理解水循环的物理过程，但是，关于水的社会价值观（水文化）的演化过程却知之甚少。当前的水资源管理范式对社会价值观的变化并不敏感，并且无视社会对管理决策的响应。因此，迫切需要研究水文化的演变，以加速推动水资源管理走向可持续。新闻媒体是现代社会的核心解释系统（Schmidt et al.，2013）。很多研究表明，媒体不仅影响和反映公众关于自然资源管理和环境问题的价值观、态度和观点（Hoffman，1996；Hale，2010；Murphy et al.，2014），而且影响这些问题的政策（如 Downs，1973；Schoenfeld et al.，1979）。目前，只有少数研究分析了有关水问题的媒体报道（Hale，2010；Altaweel and Bone，2012；Hurlimann and Dolnicar，2012；Murphy et al.，2014；Wei et al.，2015），所有这些研究的研究时段仅为数月，如此短的时段不能用来解释水文化的演化过程。

近年来随着水短缺和水污染事件的激增，水问题在我国日益受到关注。目前，已有大量文献研究了我国的水问题。这些研究包括供水管理（Wang et al.，2007；Xie et al.，2013；Gu et al.，2013；Huang Y, et al.，2013）、水需求管理（Wang et al.，2014；Wang et al.，2012）、水质管理（Zhang et al.，2011）、应对气候变化（He et al.，2013；Cheng et al.，2012）、水的法律和制度安排以及利益相关者的参与（Shen，2009）等方面。然而，很少有研究将社会价值观念分析纳入到水资源管理中。我国的水问题具有全球意义，并且需要国际性的解决方案。行政上我国至今保留着传统的自上而下的体制，对水、农业和环境等公共部门拥有主导管理地位。我国的媒体模式与其他西方国家也有很大的不同。因此，我国和其他国家在政治、行政管理、媒体模式等方面的差异对于理解媒体所反映的水文化的异同提供了挑战和机遇。

　　本章我们利用内容分析法，通过分析 1946～2014 年中国主流媒体上与水有关的文章理解中国水文化的演变。具体目的是：①描述水问题是如何报道和描绘给公众的；②理解水报道随时间变化的变化模式，以及为什么这些问题会进入和走出媒体的议程。研究结果将有助于水政策制定者更好地理解媒体对水问题的报道和态度，促进实施更好的水资源管理方法。研究结果也可揭示在其他国家可能不会出现的、具有中国特色的水资源管理方面的经验教训。

8.2　研　究　方　法

　　尽管如前面章节所述，科学知识图谱方法和内容分析法都可用来分析水文化的演化，但是内容分析法有其不可比拟的优势。内容分析法是一种利用一套程序从文本中作出有效推论的定量研究方法（Weber，1990）。它已被用于各领域来挖掘大量非结构化的文本数据，从而确定公众的态度、媒体的语气/偏好、问题的相关性和问题的发展（Sirmakessis，2004）。它具有以下特点：①从内容分析的角度来看，内容分析法实际上是一种定量分析与定性分析相结合的方法，它不仅分析量的变化，更希望从量的变化，推衍出质的变化。②从分析范围的角度来看，内容分析法不仅分析媒体报道内容本身，而且分析媒体传播的整个过程，即谁用什么方法将什么信息传递给谁，为什么，产生了什么影响。③从分析单位的角度来看，内容分析法可以分析媒体报道内容中的各种语言特性，从而判断所要表达的态度。因此，在本章中，我们选择内容分析法来分析我国水文化的演化。内容分析法的步骤包括媒体的选择、确定抽样策略、制定编码策略以及对编码结果进行解释。

8.2.1　媒　体　选　择

　　我们将报纸作为分析水文化演变的来源。报纸是关于公共问题的良好信息来源，因为它们为读者提供深入的、持续的信息流，以扩充读者关于某一特定公共问题的初始知识，并且需要读者积极参与（Wattenberg，2008）。此外，报纸的权威性和公信力是其他任何媒体所不能取代的。　报纸还可以从历史的角度提供公众舆论，而这是其他媒体无法提供的。无论是广播、电视还是网络新闻，都不能得到长期、连续存档。

　　我们将《人民日报》作为分析中国水文化演变的报纸来源。《人民日报》作为中国共产党和中央政府的官方报纸，创刊于 1948 年 6 月 15 日[①]。在中国，《人民日报》被认为是最具影响力和权威性、发行量最大的报纸。《人民日报》强烈地影响着公众舆论，并且对公共事务的覆盖率非常广泛，它是中国经济、政治、文化发展和变革的"风向标"，任何重大的政治事件（包括已发生的重大事件和即将推动的重大事件）必须通过它来宣传、发动。对于重大事件和问题，《人民日报》还设定了报道的基调，国家到地方的其他报纸对这些事件和问题的报道也必须遵循这一基调（Song and Chang，2012）。此外，

---

　　① 由于《人民日报》图文数据库早期从 1946 年 5 月 15 日开始，因此本章数据从 1946 年开始。

它也是新中国历史最悠久的报纸，并且提供自 1946 年创刊以来的所有电子版报纸。《人民日报》已成为研究者开展长时间序列媒体研究的主要选择。

8.2.2　抽　　样

简单随机抽样、构造周抽样和连续日期抽样是报纸文章分析所采用的 3 种主要抽样方法。媒体内容的周期性特征使简单随机抽样低效。构造周抽样由于要求由一周的所有天数来表示，因此，可控制一周中不同天数所带来的"系统性变化"因素（Riffe et al.，1993），但该方法忽略了周与周之间的差异，可能会错过重要的"新闻周"（如自 1988 年以来，中国开始实施"中国水周"活动）（Hester and Dougall，2007；Song and Chang，2012）。考虑到一周不同天的周期变化，连续日期抽样选择将连续的 7 天作为样本。这种方法不会错过重要的新闻周，但它可能不是长时间内进行内容分析的可靠方法（Riffe et al.，1993）。因此，本研究将构造周抽样和连续日期抽样作为抽样的方法。

本研究我们将 1946～2014 年的每一年作为样本年，从而避免年数分布不均的问题，并减少了缺失不寻常年份的概率。对于每年的报纸，抽取 4 个新闻周，包括 2 个构造周和 2 个自然周。构造周的星期一到星期天分别从上、下半年的 26 个星期一到星期天中随机抽取。自然周的抽样在 1988 年以前随机抽取，在 1988 年以后，其中一周根据"中国水周"日期的变化而变化，即 1988～1993 年，为 7 月 1～7 日，1994 年以后为 3 月22～28 日；另外一周从相对应的另外半年中随机抽取。

"人民日报图文数据库"包括了整个研究期（1946～2014 年）的所有文章。根据抽样的结果，我们一共下载了《人民日报》1946～2014 年报纸 1927 份，文章数量为 153733 篇，采取人工判读的方法，提取出与水相关的文章共 2114 篇。

8.2.3　文　本　编　码

根据媒体议程设置（agenda-setting）理论和媒体框架理论，我们在 Hale（2010）和 Joshi 等（2011）提出的编码表的基础上，设计了一组指标（表 8-1）来对报纸每篇文章进行编码。议程设置理论认为媒体对某一问题的报道力度与公众认知问题的突显性有关（Cohen，1963）。因此，通过衡量报纸中文章的数量和类型及其所在的版面来表征所报道问题的显著性是很重要的。根据媒体框架理论，媒体通过有意识地构筑利益相关者（在某一特定公共问题上有利益关系的人和组织）、环境（利益相关者互动的环境）和观点（这些利益相关者对公共问题的不同观点）来影响和表明公众对某些问题的意见（Howland et al.，2006；An and Gower，2009）。这些分析指标在编码策略表中列出（表 8-1）。

我们将编码指标分为 3 类。第一类主要是关于报纸中文章的描述性信息，包括文章的位置和类型。第二类涉及文章内容的背景信息，用以描述文章中水问题发生的地理位置、涉及哪些水体；也包括所提到的水资源管理机构、水资源管理政策和自然/人为水事件。这里的水资源管理政策包括国家和省政府部门制定的相关的法律、法规和政策。第三类是关于文章主题信息（包括主题和主题导向）的指标。我们将主题导向编码为

表 8-1 编码指标及其含义

Table 8-1 Description of coding variables

类型	指标	含义
I：文章信息	文章的位置	文章所发表的版面
	文章的类型	将文章的类型分为新闻、社论、读者来信、深度报道、署名文章、热点解读、资料信息、提及和其他共 9 类
II：背景信息	行政区域	文章内容中涉及问题所发生的省份和城市
	水体	文章内容中提及的水体
	管理机构	文章内容中提及的机构或组织。我们将这些管理机构分为国家政府机构、流域管理机构、水利工程管理机构、地方水利管理机构、地方环保机构、地方其他管理机构、科学和社会组织、企业和其他，共 9 类
	主要政策	文章内容中提及的政策或管理措施
	主要事件	主要事件包括洪涝、干旱和水污染
III：主题信息	主题	共包括 10 类主题：防洪抗旱、农田水利、城乡供水、水资源管理、水利工程建设、水质管理、水资源保护、节水、科技、教育和文化以及其他
	主题导向	主题导向被划分为"经济发展导向型"、"环境保护导向型"和"其他"3 类

"环境保护导向型"、"经济发展导向型"和"其他"。如果文章的主题是为了迎合经济发展的需求，如为了满足供水需求而进行的大坝建设和农田基础设施建设，那么这样的文章就被编码为"经济发展导向型"；如果文章与生态系统退化或水污染有关，那么它就被编码为"环境保护导向型"。设置这两种编码指标的目的是为了反映公众对水问题的两种截然不同的观点，即两种不同的水文化。

所有的编码工作都是通过人工完成的，因为这样更能抓住文章中所隐含的内容。编码人员通过阅读每篇文章来抽取出要分析的信息，并将其存入到数据库中。为了评估编码的一致性，我们从每年的文章中随机抽取 5%的文章，然后让两个研究助理进行编码。利用 Scott's Pi（Scott，1995）检验方法对编码的一致性进行检验。检验的置信度水平为 86.2%，高于 Riffe 等（2005）提出的 80%的水平，表明不同编码员的结果具有较高的一致性。

8.2.4 统计和趋势分析

在编码之后，我们首先用描述性统计分析的方法对主要编码指标进行时间和空间的趋势分析。如果与主题相关的指标在时间尺度上存在任何转变，我们会对这些转变进行解释。因为这些变化反映了公众对于新闻报道中水问题的价值、态度和意见，即反映了水文化的变化。

8.3 研 究 结 果

8.3.1 与水文化相关的文章的特点

本研究中分析的、与水问题直接相关的《人民日报》文章数量是 2114 篇。根据与水相关的文章随时间变化的变化情况（图 8-1），我们将整个时期划分为 3 个阶段：1946～1967 年、1968～1997 年和 1998～2014 年。在第一个阶段，与水相关的文章数量在初期呈现出增长的趋势，并在 1956 年达到峰值。这是因为新中国成立初期，中央政府开展了农业合作化运动，大力推动农田水利达到建设高潮。在"文化大革命"初期，与水相关的文章数量显著减少，到 1967 年减少到零。这一时期，国家的所有经济活动几乎处于停滞状态。在第二个阶段，与水相关的文章数量开始稳步上升，并在 1998 年达到峰值。因为在 1998 年，我国长江流域和松花江流域经历了灾难性的洪水。在第三阶段，报道的水文章数量呈现出两个明显的高峰期。在 2003～2005 年，国家对《中华人民共和国水法》（以下简称《水法》）进行了修订，并于 2002 年 8 月 29 日重新颁布并实施。随后，国家进行了一系列的水资源管理改革。因此，这一时期报道的与水相关的文章数量也显著增加。在 2010 年，我国西南部遭受了严重的干旱，水利部开始制定严格的节水措施。随着水文章数量的变化，水文章数量占总文章的比例也呈现出类似的趋势（图 8-2）。

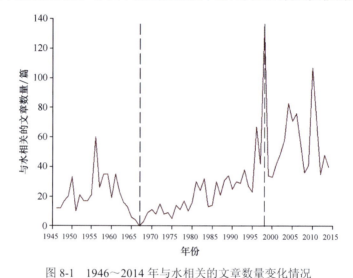

图 8-1　1946～2014 年与水相关的文章数量变化情况

Fig. 8-1　Number of water-related articles from 1946 to 2014

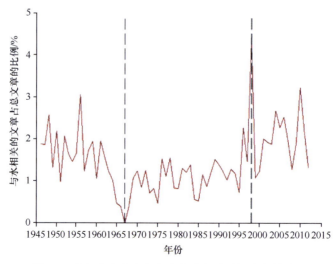

图 8-2　水相关文章占总文章的比例随时间变化的变化

Fig. 8-2　Proportion of water-related articles in total articles from 1946 to 2014

从与水相关的文章的类型来看，新闻报道类文章数量显著大于其他类型，约占总数的 68.94%。仅仅是提到或者不是核心主题的文章数量约占总数的 11.25%，而社论类型文章仅占 5.58%（图 8-3）。

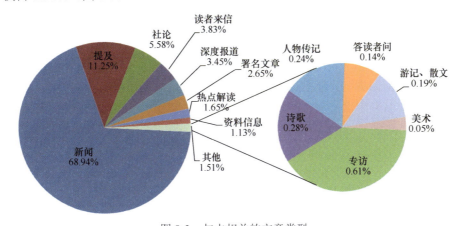

图 8-3　与水相关的文章类型
Fig. 8-3　Types of the water-related articles

1946 年以来，《人民日报》的版面一共改变过 8 次（图 8-4）。在 2003 年之前，《人民日报》的版面数量少于 12 版，与水相关的大部分文章都发表在第 1～第 3 版。在 2003 年之后，尽管《人民日报》的版面数量显著增加，但与水相关的大部分文章都发表在前 6 版（图 8-4）。根据《人民日报》的版面设置，前 6 版基本上是要闻版，与其他版相比更能吸引读者的注意，最具有强势[①]。因此，与同一时间报道的其他新闻相比，与水相关的新闻在《人民日报》具有优先性。

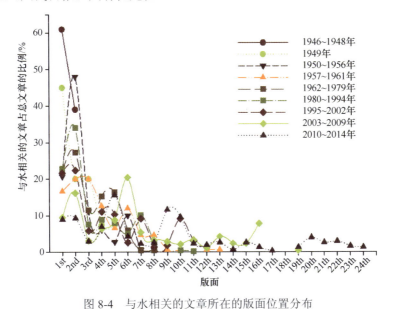

图 8-4　与水相关的文章所在的版面位置分布
Fig. 8-4　Distribution of water-related articles by page location

① 强势是指报纸版面所具有的吸引读者注意的特性，体现稿件的重要性。

8.3.2 水文章中报道的行政区域和水体

1. 报道的行政区域

与水相关的文章所报道的行政区域涵盖了全国 34 个省、自治区和直辖市，但是主要集中在降水量相对较高和经济较发达的中东部地区（图 8-5）。其中，报道次数最多的省份是湖北省和河南省，分别报道了 107 次和 105 次。这两个省份分别位于长江和黄河的下游地区，极易发生洪涝灾害；并且，新中国成立以来一些大型的水利工程都建在这两个省份，如著名的三峡大坝和葛洲坝水利工程建于湖北省，三门峡水电站和小浪底水利枢纽工程建于河南省。此外，这两个省份也是我国主要的农业省份。从城市和县域层面来看，396 个县（市）共被报道了 601 次。湖北省的省会武汉报道的次数最多，达到了 20 次，其次是位于同样易于发生洪涝灾害的松花江流域的哈尔滨市，共报道了 12 次。

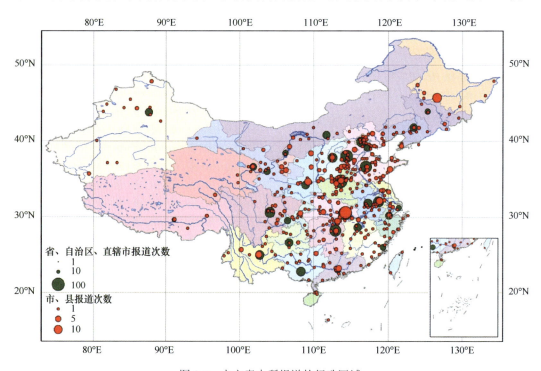

图 8-5 水文章中所报道的行政区域

Fig. 8-5 Geographic locations reported in water articles

2. 报道的水体

水文章中涉及的水体，包括河流、湖泊、水库、人工湖、运河，共计 292 个。七大流域（黑龙江流域、辽河流域、海河流域、淮河流域、黄河流域、长江流域和珠江流域）和七大湖泊（巢湖、滇池①、洞庭湖、洪湖、洪泽湖、太湖和鄱阳湖）共报道了 882 次

---

① 我国七大淡水湖流域本应包括微山湖，但研究的时间段内未见《人民日报》对其有报道，而近年来对滇池的报道较多，所以将滇池纳入。

和 118 次（图 8-6），共约占与水相关的文章报道水体的总次数（1204 次）的 83.06%。

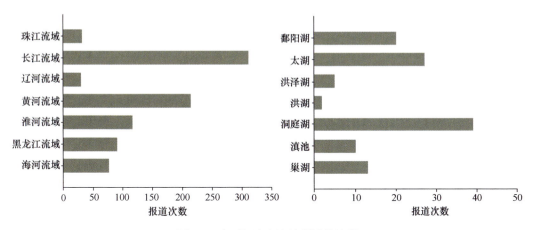

图 8-6　主要河流和湖泊报道的次数
Fig. 8-6　The number of the major rivers and lakes covered in the water-related articles

　　在七大流域中，长江流域（319 次）、黄河流域（216 次）和淮河流域（116 次）报道的次数最多（图 8-7）。这主要是因为自 1946 年以来，长江流域经历了多次严重的洪涝灾害，《人民日报》就党和政府如何帮助广大群众进行抗洪救灾进行了大量的报道。对于湖泊的报道次数要远少于流域。但是，自 20 世纪 90 年代以来，尤其是 1998 年的特大洪水事件以后，湖泊受到了更多的关注。位于长江流域下游的太湖、洞庭湖和鄱阳湖的报道次数日益增多。

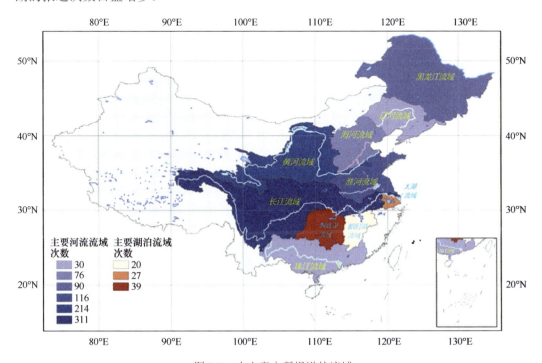

图 8-7　水文章中所报道的流域
Fig. 8-7　River basins covered in the water-related articles

8.3.3　水文章中所涉及的机构和政策的演变

1. 机构的演变

水资源管理的机构设置和权限划分是影响水资源合理开发利用和有效保护的重要因素。根据 2002 年更新的《中华人民共和国水法》，国家对水资源施行流域管理与行政区域管理相结合的管理体制。国务院水行政主管部门负责全国水资源的统一管理和监督工作。国务院有关部门则按照职责分工，负责水资源的开发、利用、节约和保护的有关工作。因此，我国的这种管理体制决定了在《人民日报》的 405 篇水文章中提及的 192个水资源管理机构中，国家层面的管理机构报道的次数最多（212 次），基本包括了所有部委，约占报道的所有管理机构总次数的 52.22%。在国家的所有部委中，水利部（以前曾称为水利电力部）报道的次数最多（78 次）；其次是国家防汛抗旱总指挥部（42 次）。环境保护部作为我国水质管理的主要部门，其报道次数也较多（19 次）（表 8-2）。

表 8-2　水文章中涉及的水资源管理机构分布

Table 8-2　Institutions involved in water-related articles

类别	个数	频次	前 5 位	频次
国家机关	43	212	水利部/水利电力部	76
			国家防汛抗旱总指挥部	42
			国家环境保护总局/环境保护部	19
			农业部	9
			财政部	6
流域管理机构	20	45	水利部黄河水利委员会	15
			黄河防汛总指挥部	5
			水利部长江水利委员会	7
			冀鲁豫黄河委员会	2
			水利部太湖流域管理局	2
水利工程管理机构	24	28	国务院南水北调工程建设委员会	4
			荆江分洪工程总指挥部	2
			华北水利工程局	2
地方水利机构	52	66	北京市水务局	4
			华北水利委员会	4
			北京市水务局	3
			山东省水利厅	3
			上海市水务局	3
地方环保部门	10	10	河南省环境保护局	1
			湖北省洪湖湿地自然保护区管理局	1
			青海湖景区保护利用管理局	1
			上海市环境保护局	1
			四川省环保局	1

类别	个数	频次	前 5 位	频次
地方其他部门	19	19	北京市发展和改革委员会	1
			福建省建设厅	1
			甘肃省农林厅林业局	1
			辽宁省气象局	1
			湖北省交通厅内河航运管理局	1
科学、社会组织	12	13	全国节约用水办公室	2
			中国水利水电科学研究院	1
			中国大坝委员会	1
			中国城镇供水协会	1
			中国社会科学院	1
			中国妇女发展基金会	1
企业	3	4	中国石油天然气集团公司	2
			北京市自来水公司	1
			国家电力公司	1
其他	4	4	世界自然基金会（WWF）	1
			国际开发协会	1
			世界银行	1
			意大利环境与领土部	1

流域委员会作为我国自上而下的水资源管理系统中第二层面的管理机构，报道总次数达到 45 次。黄河作为我国水资源严重缺乏的西北和华北地区最大的供水水源，其水资源利用问题一直受到我国政府的重视，因此，在流域管理机构层面，水利部黄河水利委员会作为我国规模最大的流域管理机构，报道次数多达 22 次（表 8-2）。地方水利机构作为地方政府管理水资源的重要部门，其报道次数达到 67 次。地方其他管理机构（包括环保部门）作为地方水资源开发、利用、节约和保护的协管机构，其报道次数（32 次）仅次于地方水利部门。

在 1966 年之前，《人民日报》水文章中所涉及的机构只有 64 个，报道次数也仅为 103 次。在这一时期，水利工程管理机构、地方水利机构和国家层面的管理机构是报道次数相对较多的三大类型机构。在这一时期，为了防治洪涝灾害，我国修建了大量中小型规模的防洪工程；并且通过建设大量水利工程设施（如打井、开渠、筑堰、修建水库等）来满足社会经济各方面对水的需求。在 1966~1976 年（"文化大革命"）期间，没有提及任何机构。在此之后，国家层面的管理机构的报道频次开始增加，对地方水利机构和流域管理机构的报道也开始缓慢增多。这与 1988 年我国第一部关于水的综合性法律——《中华人民共和国水法》的颁布和实施有密切的关系。《中华人民共和国水法》的颁布和实施标志着我国进入了依法治水的新时期，它促进了我国水利事业的改革和发展。在 2000 年之后，对南水北调工程和三峡工程给予了更多关注，因此，这一时期对水利工程管理机构的报道也开始增多（图 8-8）。

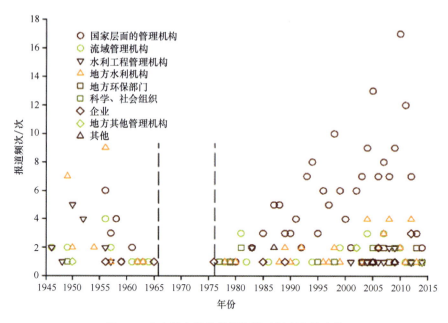

图 8-8　水文章中提及的机构随时间变化的变化

Fig. 8-8　Institutions covered in the water-related articles over year

2. 政策的演变

水资源管理政策（包括国家和地方制定的法律法规、计划和规划以及相关的政策文件等）是水资源管理的核心。对水资源管理政策的报道一方面可以促进这些政策的实施，另一方面可以反映公众对这些政策的看法。《人民日报》水文章中报道的水资源管理政策共 52 条，报道次数为 58 次。其中，30 条政策是由国家层面的管理机构颁布的，20 条是由省级政府机构颁布的。所有的政策报道的频次都不超过 2 次（表 8-3）。作为我国最重要的水政策之一，2011 年的中央一号文件——《中共中央、国务院关于加快水利改革发展的决定》也仅报道了 2 次。

表 8-3　报道 2 次的水资源管理政策

Table 8-3　Water resources management policies reported twice

题目	颁布年份
《中共中央、国务院关于加快水利改革发展的决定》	2011
《国家环境保护"十一五"规划》	2007
《黄河近期重点治理开发规划》	2002
《蓄滞洪区运用补偿暂行办法》	2000
《中华人民共和国水土保持法》	1991
《中华人民共和国水法》	1988

我们可以将 1946～2014 年《人民日报》中水文章所报道的水资源管理政策划分为 4 个阶段（图 8-9）。1966 年之前，新中国成立初期，为了防洪和农业建设（主要是水土保持建设），制定了若干政策，但数量较少。1966～1976 年，即"文化大革命"时期，国家层面颁布的水政策数量较少，《人民日报》也未见报道。第三阶段为 1978～1987 年，

国家颁布的与水相关的政策开始呈现出显著增长的趋势，但是新闻报道中却未提及。这可能是因为这一时期我国开始实施改革开放政策，新闻报道的重点优先放在经济发展方面。自 1988 年我国颁布《中华人民共和国水法》以来，我国的水利改革进程加快，与水相关的法律法规不断完善，水政策数量也大幅度增加。这在《人民日报》水文章报道的水政策频次上也有所体现。

图 8-9　水文章提及的水政策数量随时间变化的变化

Fig. 8-9　Number of water policies covered in the water-related articles over year

国家颁布的所有与水有关的政策数据来源：法律、行政法规和行政法规性文件来源于国务院法制办公室法律法规全文检索系统，部门规章（1980 年以来）来源于北大法宝；1980 年以前来源于水利电力部政策研究室法规处 1985 年汇编完成的《水利电力法规汇编》

8.3.4　水文章中报道的主要水事件

近年来，水安全问题日益受到全球政治议程和各国政府的高度关注。应对与水相关的灾害，如洪水、干旱和污染的不确定性和风险的能力已成为水安全问题的关键要素之一（UN Water，2013）。因此，本节的主要水事件是指水文章中报道的干旱、洪涝和水污染事件。

从《人民日报》水文章的报道来看，我国对洪水的关注要大于干旱，对洪水事件（51次）的报道次数要远多于干旱事件（26 次）；对水污染的关注从 20 世纪 90 年代才开始，2000 年以后才给予更多关注（图 8-10）。从 60 多年来有关水旱灾害的统计来看，《人民日报》报道的水旱事件与之具有很好的对应关系。在特大洪水年（如 1956 年、1991 年和 1998 年）和干旱年（如 1959 年、1992 年和 2010 年），《人民日报》都有相应的报道。

8.3.5　水文化主题的演变

根据《人民日报》水文章报道内容的特点，结合水利部的管理权限，我们将其报道的主题分为十大类①：防洪抗旱、农田水利、城乡供水、水资源管理（主要是管理制度）、水利工程建设、水质管理、水资源保护、节水、科技/教育/文化。

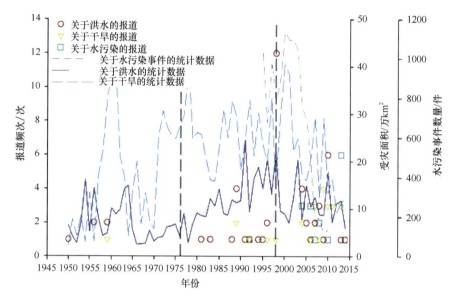

图 8-10　水文章所报道的水事件随时间变化的变化

Fig. 8-10　Water disasters covered in the water-related articles over the sampled years

洪水和干旱统计数据来源于《中国水旱灾害公报 2014》，水污染事件数据来源于《中国环境统计年鉴》（1996～2011 年）

报纸中水文章主题的演变情况如图 8-11 所示。在"文化大革命"结束之前，防洪抗旱和农田水利建设是《人民日报》关注的重点，而在之后的阶段中，这两个主题报道的

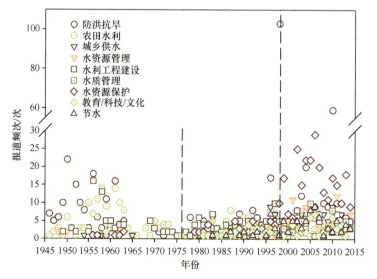

图 8-11　水文章主题随时间变化的变化

Fig. 8-11　Themes covered in the water-related articles over year

---

① 在此处仅列出九类，还有一类为"其他"，在进行主题演化分析时，为了避免"其他"主题干扰别的主题，所以在分析时未采用。

次数相对较少。在 1976~1988 年，报道的主题更加丰富，包括城乡供水、水资源管理、节水和水资源保护。在改革开放政策实施以后，我国经济高速发展、城市化加剧、工农业生产力显著提高。因此，对水资源的需求较之以前也加大，城乡供水类的文章在 20世纪 80 年代以后开始日益增多。自 90 年代以来，一些大型的水利工程，如三峡工程和南水北调工程开始兴建，因此，水利工程建设类的文章数量也开始增加。在 1998 年以后，与水资源可持续利用相关的主题，如节水、水资源保护和水质管理类的文章数量要明显高于其他类型主题的文章。这可能也表明在这一时期，人们日益强调水资源的管理和保护。

在所有的水文章中，经济发展导向型的文章共有 721 篇，环境保护导向型的文章共有 325 篇，其他类型文章共 1068 篇。经济发展导向型文章分布在整个研究时期（图 8-12）。环境导向型文章在 1978 年才开始出现，并在 1998 年以后开始呈现显著增长的趋势。同时，在 1998 年之后，年度报道的环境导向型文章的数量基本都超过经济发展导向型文章的数量。这表明水资源的保护和可持续利用已成为新千年我国水资源管理的首要问题。

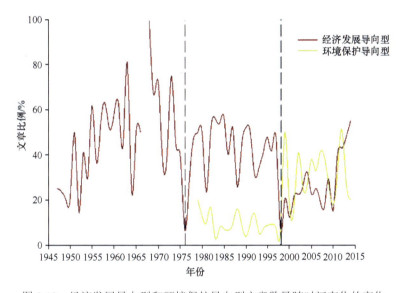

图 8-12　经济发展导向型和环境保护导向型文章数量随时间变化的变化

Fig. 8-12　Economy-driven and environment-driven tones covered in the articles over year

8.4　讨论和结论

本章采用内容分析法，通过分析《人民日报》中与水相关的文章，分析 69 年间（1946~2014 年）中国水文化的演化。我们将通过比较本研究与 Wei 等（2015）来讨论本章的主要研究结果及对未来研究和实践的意义。Wei 等（2015）利用同样的方法，分析了《悉尼先驱晨报》（*Sydney Morning Herald*）在过去 169 年中报道的水问题的演变。我们将分析两项研究的异同，并强调从本研究中取得的经验教训。

中国所报道的水问题大多位于报纸上相对重要的版面，并且其数量随着时间的推移而增加。大约 69%与水相关的文章是新闻类文章。在澳大利亚只有 5%的《悉尼先驱晨报》的文章出现在头版，并且与水相关的文章数量随着时间的推移并未出现增长的趋势。因此，在内容分析的整个时期，中国报纸比澳大利亚的报纸更偏向于在突出的位置报道水问题，并且报道的频率也在增加。

就地域分布而言，中国水问题的报道主要集中在降水相对丰富和经济相对发达的中东部地区。在七大流域中，长江流域（319 次）、黄河流域（216 次）和淮河流域（116次）报道的次数最多。这些结果表明，《人民日报》的报道并没有地域偏见，而是覆盖了全国。在澳大利亚，Wei 等（2015）的研究发现，《悉尼先驱晨报》报道的大部分文章集中在悉尼地区。

中国的水文化变迁可以划分为 3 个阶段：新中国成立至 20 世纪 80 年代中期、20世纪 80 年代中期至 1997 年、1998 年至现在，分别体现了以防洪抗旱和农业之水、经济发展之水、环境可持续之水为特征的水文化。整体而言，水文化随时间的变迁反映了 1946年以来中国经济发展的快速变化。在澳大利亚，从欧洲人定居到 20 世纪 80 年代，报纸首先考虑的水问题是是否能满足城市居民的需求，其次是农业实践和工业发展（尤其是采矿业）。自 20 世纪 90 年代以来，河岸环境的恶化、水质降低和生物多样性减少方面报道频次的增加体现了全澳大利亚范围内关于确保环境健康的改革争论开始加剧。

在报道的与可持续性相关的媒体议程方面，中国和澳大利亚的报纸表现出相似的趋势。在澳大利亚报纸中，大约在 1994 年之前，以经济问题为主的新闻占据着与水相关文章的主导。在本研究中，约 70%的报纸文章以经济发展为导向。经济发展导向型的文章数量在整个研究期是波动的，但是，其报道频次的比例却呈现出下降的趋势，并且被不断增加的、与环境可持续相关的文章所代替。在澳大利亚，这一趋势从 1978 年开始出现，在转变发生 4 年后的 1998 年以后开始占主导。

在水文化变迁的不同阶段，与水相关的机构（谁的声音被报道）、相关的政策和主题（讨论的问题是什么）以及自然和人为的水事件（情况发生的背景是什么样的）的报道频次和观点（文章的基调）都存在很大的差异。重大的自然和社会事件是触发水文化从一个阶段向另一个阶段过渡的主要因素。这些事件包括 1966~1976 年的"文化大革命"，1978 年开始实施的改革开放政策，1988 年《中华人民共和国水法》的颁布，1998年长江全流域和松花江、嫩江流域发生的历史罕见的特大洪水，2010 年的西南大旱以及2011 年有关水利改革的中央一号文件的颁布。因此，我们的研究结果支持了现实主义者的假设，即社会变迁（包括水文化的变迁）是由一系列的因素驱动的，包括自然驱动（洪水和干旱）、政治运动（"文化大革命"）、宏观经济改革（改革开放）、制度安排（《中华人民共和国水法》）和管理的改革（关于水利改革的一号文件）。Wei 等（2015）在澳大利亚的研究也得出了类似的结论。

在整个研究期，洪水和干旱是关注的重点内容之一，报道的频次低于官方的统计数据，澳大利亚的情况也如此（Wei et al.，2015）。洪水和干旱事件是比较重大的自然事件，会对公众对水问题的舆论和态度产生显著的影响（Soroka，2002；Hurlimann and Dolnicar，2012）。正如 Wei 等（2015）提出的，危机事件可以刺激政策和制度发生重大变革，从而走向可持续发展。因此，洪水和干旱可能是促进社会变迁的决定性因素或转折点

（Beddoe et al.，2008）。

　　《人民日报》所反映的水文化揭示了我国自上而下的水资源管理体系。在国家层面，水利部、国家防汛抗旱总指挥部和环境保护部是负责水资源管理的主要机构。在流域层面，由于历史、文化和制度因素，每个流域管理委员会有着不同的行政管理权力，并在流域管理中扮演着不同的角色。这种情况在新闻报道中也有所体现。长江报道了 319 次，而黄河仅报道了 216 次，但是水利部黄河水利委员会报道的次数（22 次）显著多于水利部长江水利委员会（7 次）。在省及其以下政府层面，我国共有 34 个省（自治区、直辖市）、333 个市级政府和 2856 个县级政府，但是仅有其中的 394 个市县在《人民日报》中有所报道，报道次数也只有 599 次。在研究期，《人民日报》并未报道个人或基于社区/团体组织关于水问题的意见。这说明自下而上或参与式的水文化并非是我国的主流。出人意料的是，在澳大利亚也出现类似的模式。根据 Wei 等（2015）的研究，在 169 年的报道时间段内，政府机构和与水相关的主管部门在报纸上关于水的声音占据了绝对优势。报道其他机构包括工业、研究组织和个人仅占所研究文章总数的 5%。一些因素可以用来解释这一发现。与水相关的大型机构，如中国长江三峡集团公司，通过向媒体（包括报纸）提交容易被采纳的报道来促进其相关水事活动的开展。政治家试图影响媒体议程或争议性问题形成的方式，这反过来又可以影响政治权力和政府的决策（Bennett et al.，2008；Entman，2010）。此外，记者的结构性偏见也是影响因素之一，他们通常将有权力的人/机构视为新闻的优先对象。

　　总体而言，我们的研究结果展示了中国的水问题是如何报道和描绘给公众的，并且确定了水文化随时间推移的变化模式。考虑到媒体框架的主题异质性，以及有关水问题的政治和文化多样性特点，本研究与其他研究之间存在异同也是可以理解的。澳大利亚与中国有着类似的水问题。本研究与 Wei 等（2015）关于澳大利亚的研究一起，为理解水文化、生态变化和政策变化之间的相互作用提供了宝贵的案例。建议加强学术专家和 NGO 在报纸上的声音，以提高关于水可持续问题研究结果的传播，从而为公众创造更好的知情权并且激励采取更加可持续的水管理行动。该研究的一个局限在于我们只对中国的一种报纸进行了研究，在进一步的研究中可以对多家报纸进行分析，以提高报纸的代表性。

参 考 文 献

Altaweel M, Bone C. 2012. Applying content analysis for investigating the reporting of water issues. Computers, Environment and Urban systems, 36: 599~613.

An S, Gower K K. 2009. How do the news media frame crises? A content analysis of crisis news coverage. Public Relations Review, 35(2): 107~112.

Beddoe R, Costanza R, Farley J, et al. 2009. Overcoming systemic roadblocks to sustainability: The evolutionary redesign of worldviews, institutions, and technologies. PNAS, 106(8): 2483~2489.

Bennett W L, Lawrence R G, Livingston S. 2008. When the Press Fails: Political Power and the News Media from Iraq to Katrina. London: University of Chicago Press.

Cheng H F, Hu Y A. 2012. Improving China's water resources management for better adaptation to climate change. Climatic Change, 112(2): 253~282.

Cohen B. 1963. The Press and Foreign Policy. Princeton: Princeton University Press.

Downs A. 1973. The political economy of improving our environment. Bain J S, In: Environmental decay:

Economic causes and remedies ed. Boston: Little, Brown, 59～81.

Entman R M. 2010. Media framing biases and political power: Explaining slant in news of Campaign 2008. Journalism, 11: 389～408.

Frantzeskaki N. 2011. Dynamics of Societal Transitions. Driving Forces & Feedback Loops. PhD Dissertation, TU Delft, The Netherlands.

Geels F W. 2010. Ontologies, socio-technical transitions (to sustainability), and the multi-level perspective. Research Policy, 39(4): 495～510.

Geels F W. 2011. The multi-level perspective on sustainability transitions: Responses to seven criticisms. Environmental Innovation and Societal Transitions, 1(1): 24～40.

Gu J J, Guo P, Huang G H. 2013. Inexact stochastic dynamic programming method and application to water resources management in Shandong China under uncertainty. Stochastic Environmental Research and Risk Assessment, 27(5): 1207～1219.

Hale B W. 2010. Using newspaper coverage analysis to evaluate public perception of management in river-floodplain systems. Environmental Management, 45: 1155～1163.

He X B. 2013. Mainstreaming adaptation in integrated water resources management in China: From challenge to change. Water Policy, 15(6): 895～921.

Hester J B, Dougall E. 2007. The efficiency of constructed week sampling for content analysis of online news. Journalism & Mass Communication Quarterly, 84: 811～824.

Hoffman A J. 1996. Trends in corporate environmentalism: The chemical and petroleum industries, 1960—1993. Society & Natural Resources, 9(1): 47～64.

Howland D, Becker M L, Prelli L J. 2006. Merging content analysis and the policy sciences: A system to discern policyspecific trends from news media reports. Policy Sciences, 39: 205～231.

Huang Y, Li Y P, Chen X, et al. 2013. A multistage simulation-based optimization model for water resources management in Tarim River Basin, China. Stochastic Environmental Research and Risk Assessment, 27(1): 147～158.

Hurlimann A, Dolnicar S. 2012. Newspaper coverage of water issues in Australia. Warer Research, 46: 6497～6507.

Joshi A D, Patel D A, Holdford D A. 2011. Media coverage of off-label promotion: A content analysis of US newspapers. Research in Social and Administrative Pharmacy, 7: 257～271.

Kallis G. 2011. Coevolution in water resource development the vicious cycle of water supply and demand in Athens, Greece. Ecological Economics, 69: 796～809.

Lasswell H D. 1948. The structure and function of communication in society. Bryson, In: The communication of ideas ed. New York: Harper & Brothers, 37～51.

Loorbach D, Rotmans J. 2006. Managing transitions for sustainable development. In: Wieczorek A J, Olshoorn X. Industrial transformation—disciplinary approaches towards transformation research. Dordrecht, the Netherlands: Kluwer Academic Publishers: 187～206.

Murphy J T, Ozik J, Collier N T, et al. 2014. Water relationships in the U.S. southwest: Characterizing water management networks using natural language processing. Water, 6: 1601～1641.

Norgaard R B, Kallis G, Kiparsky M. 2009. Collectively engaging complex socio-ecological systems: re-envisioning science, governance, and the California Delta. Environmental Science & Policy, 12: 644～652.

Pahl-Wostl C. 2007. Transitions towards adaptive management of water facing climate and global change. Water Resource Management, 21: 49～62.

People's Daily. 2015. Creating brand-analysis on the advertising value of People's Daily (in Chinese). Retrieved January 15, 2015 from http: //www.people.com.cn/GB/168602/169592/. 2015-1-15.

Rammel C, Stagl S, Wilfing H. 2007. Managing complex adaptive systems-a co-evolutionary perspective on natural resource management. Ecological Economics, 63: 9～21.

Riffe D, Aust C F, Lacy S R. 1993. The effectiveness of random, consecutive day and constructed week sampling in newspaper content analysis. Journalism & Mass Communication Quarterly, 70: 133~139.

Riffe D, Lacy S, Fico F. 2005. Analyzing media messages: Using quantitative content analysis in research. 2. Mahwah, NJ: Lawrence Erlbaum Associates.

Rotmans J, Kemp R, van Asselt M. 2001. More evolution than revolution: Transition management in public policy. Foresight, 3(1): 17.

Rotmans J, Kemp R. 2003. Managing societal transitions: Dilemmas and uncertainties: The Dutch energy case-study. OECD.

Schmidt A, Ivanova A, Schaffer M S. 2013. Media attention for climate change around the world: A comparative analysis of newspaper coverage in 27 countries. Global Environmental Change, 23: 1233~1248.

Schoenfeld A C, Meier R F, Griffin R J. 1979. Constructing a social problem: The press and the environment. Social Problems, 27(1): 38~61.

Scott W A. 1955. Reliability of content analysis: The case of nominal scale coding. Public Opinion Quarterly, 19: 321~325.

Shen D J. 2009. River basin water resources management in China: A legal and institutional assessment. Water International, 34(4): 484~496.

Sirmakessis S. 2004. Text mining and its applications: Results of the NEMIS Launch Conference (Studies in Fuzziness and Soft Computing, V. 138). Berlin: Springer.

Song Y Y, Chang T K. 2012. Selecting daily newspapers for content analysis in China. Journalism Studies, 13(3): 356~369.

Soroka S N. 2002. Issue attributes and agenda-setting: Media, the public, and policymakers in Canada. International Journal of Public Opinion Research, 14(3): 264~285.

Tàbara J D, Ilhan A. 2008. Culture as trigger for sustainability transition in the water domain: The case of the Spanish water policy and the Ebro river basin. Regional Environmental Change, 8(2): 59~71.

UN Water. 2013. Water Security and the Global Water Agenda: A UN-Water Analytical Brief. Hamilton, ON: UN University.

van der Brugge R, Rotmans J, Loorbach D. 2005. The transition in Dutch water management. Regional Environmental Change, 5(4): 164~176.

Wang J F, Cheng G D, Gao Y G, Long A H, Xu Z M, Li X, Chen H Y, Barker T. 2007. Optimal water resource allocation in arid and semi-arid areas. Water Resources Management, 22(2): 239~258.

Wang X J, Zhang J Y, Shahid S, et al. 2012. Water resources management strategy for adaption to droughts in China. Mitigation and Adaptation Strategies for Global Change, 17(8): 923~937.

Wang X J, Zhang J Y, Wang J H, et al. 2014. Climate change and water resources management in Tuwei river basin of Northwest China. Mitigation and Adaptation Strategies for Global Change, 19(1): 107~120.

Wattenberg M P. 2008. Is Voting for Young People. New York: Pearson/Longman.

Weber R P. 1990. Basic Content Analysis, 2nd ed. Newbury Park, CA: Sage.

Wei J, Wei Y P, Western A, Skinner D, Lyle C. 2015. Evolution of newspaper coverage of water issues in Australia during 1843–2011. AMBIO, 44(4): 319~331.

Xie Y L, Huang G H, Li W, et al. 2013. An inexact two-stage stochastic programming model for water resources management in Nansihu Lake Basin, China. Journal of Environmental Management, 127: 188~205.

Zhang Y, Fu G, Yu T, et al. 2011. Trans-jurisdictional pollution control options within an integrated water resources management framework in water-scarce north-eastern China. Water Policy, 13(5): 624~644.

第9章 黑河流域水文化价值观调查研究

本章概要：水是人类生活的重要资源，人类文明大多起源在大河流域，水文化是人类创造的与水有关的精神与物质财产。黑河流域是西北地区第二大内陆流域，滋养着河西走廊的土地，哺育着这片土地上的民众，其重要性不言而喻。同时黑河流域又存在着水资源严重短缺，供需矛盾突出、经济生活用水挤占生态用水、用水结构不合理，水资源利用率低、水污染潜在威胁大、水源地生态系统状况堪忧等问题。面对这样的局面，政府所采取的应对措施被大家所关注。但是当地民众的水文化价值观如何？其主要的驱动力是什么？对这一问题的调查有利于政府出台更为有效的水资源利用与保护措施。黑河流域水文化变迁课题组于2015年2月抽取了张掖市6个县（区）900名民众做了价值观的问卷调查。调查结果显示：①张掖民众的水文化价值观仍是以经济利益驱动为主的，即更加重视经济环境的发展，这与其脆弱的生态安全是不相符；②在被调查的相关因素中，年龄、职业、文化程度、民族、生活区域、年收入状况、家庭拥有的耕地亩数等因素对当地民众水文化价值观的变化有一些影响；而性别、家庭人口数、居住形式、种植结构是否改变、是否参加技术培训及社会团体、是否注意到有关环境问题的标语、口号，耕地是否转移等因素对民众的水文化价值观并无明显影响；③值得注意的是，当地政府出台的一系列节水政策对当地民众水文化价值观并无显著影响，这与节水型社会建设的根本目的不相符合，说明政策的指导意义不强。需要政府把发展经济、提高民众的生活质量及资源环境的管理与修复有机地结合起来，才是生态政策管理的根本途径。

Abstract：The social value of water is a missing variable in current water resources management. This paper aims to investigate farmers' value on water for social security, economic development and ecological sustainability. Zhangye City, the first pilot site for the national initiative of building the water-saving society in China was chosen as the case study area. A questionnaire based interview approach was used to collect farmers' rating of importance on water for social security, economic development and ecological sustainability from 900 randomly sampled farm households in 18 irrigation districts. The results show that 43% of all respondents rated economic development as the most important, 27.6% chose social security, 29.4% rated ecological sustainability the first. In the investigation of related factors, age, occupation, educational level, ethnic, regional, income, family owned agricultural acreage and other factors on the environment of the local people view changes have more significant influence; and gender, family size, living form, planting structure is changed, whether to participate in technical training and social groups, whether it is aware of environmental issues related to the slogan, the slogan, whether the cultivated land transfer and other factors to the public view of environment has no obvious effect. The initiative of building the water-saving society which included 10 comprehensive water policy measures had very limited influence on farmers' value on water. Comparative research across different natural and social settings, regions and countries could be conducted by applying this approach to enable the identification of important policy and institutional differences for this globally significant issue.

9.1　引　　言

工业革命以来，全球生态安全遭受到严重破坏，给世界经济发展带来了巨大损失。改善生态安全、合理利用资源的呼声不断高涨，环境保护、资源节约也成为公众的良好愿望，同时成为全世界的政治行动（Mintion and Rose，1997）。然而，环境保护和资源节约的效果不仅取决于政府的行动，同时与公众的价值观有着极为密切的关系（Junquera et al.，2001）。由于人类对全球生态系统的影响日趋加剧，人类与环境的密切关系对于人类健康、经济发展、社会公正、环境安全的重要性更加突出（Johansson-Stenman O，1998）。因此，研究不同人群对生态安全的态度、行为及与个人的知识水平、收入状况等因素之间的关系至关重要。

调查分析显示，人们对资源环境的态度是维护生态安全的重要指标变量。关于感知的研究方法众多，其中一些是基于对态度的研究，这种研究理论可以提供人类对资源认知的最基本的判断（Kotchen and Reiling，2000；Jorgensen and Stedman，2001）。另外一些研究集中在对资源环境态度与行为方面，这些研究包括环境态度调查、行政参与、娱乐嗜好、环境保护行动以及自发行为及其变化（Weaver，1996.）。为了更好地了解和掌握张掖节水型社会建设的执行效果，了解当地民众在建设节水型社会试点城市这一大的水文化背景下，对水资源环境管理与保护效果的意见，我们抽取张掖市 6 个县（区）的 900 位民众进行资源环境态度调查，研究当地民众的水文化价值观念、制约因素，以及潜在的保护资源环境的动机，为我国水资源环境政策的发展与完善提供可借鉴的科学依据。

9.2　方　　法

张掖市位于甘肃省河西走廊中段，南与青海省毗邻，北和内蒙古自治区接壤，东邻武威、金昌，西连酒泉、嘉峪关，辖甘州区、山丹县、民乐县、临泽县、高台县和肃南裕固族自治县（图 9-1），总面积 4.2 万 km²，现状人口 120.76 万。位居全国第二大内陆河黑河中上游，河西走廊腹地。全市年降水量 89～283mm，蒸发量 1700mm，属大陆性干旱气候，依靠过境黑河来水发展工农业生产、解决生活用水。全市人均水资源量只有 1250m³，是全国平均水平的 57%，属于严重缺水的地区。黑河干流径流量年内分配极不均匀，平水年区域缺水可达 2.29 亿 m³，缺水率为 8.5%。特别是 5～6 月，来水量占全年径流量的 20.4%，但灌溉需水量要占到全年的 35%，这就造成了近 4.67 万 hm² 农田不能适时得到灌溉，成灾面积达 2.67 万 hm²，严重制约了当地农业的可持续发展。

图 9-1 研究区位图示意图
Fig. 9-1 Study area bitmap

黑河流域水文化变迁于 2015 年 2 月赴张掖市进行问卷调查和入户访谈调查，所选区域覆盖张掖市 6 个县区的 18 个灌（区）（高台县六坝、新坝、骆驼城灌区；临泽县鸭暖、新华、蓼泉灌区；甘州花寨子、乌江、盈科灌区；山丹清泉、霍城、马营河灌区；民乐海潮坝、大堵麻、童子坝灌区；肃南大泉沟、明花乡、皇城镇灌区）。调查选择在冬季，主要是考虑接近年关，外出务工、学习的人都会回家过年，使得样本更具普遍性。在正式调查之前，按照现有的研究成果和本研究的目的设计最初问卷，然后经过多次讨论和预调查后确定最终问卷。调查员为西北师范大学地理与环境科学学院的师生。为保证问卷的有效性和回收率，调研形式采取调查员直接与民众面谈，事前告知访谈内容和预计所用时间，得到同意后，采用一对一访谈进行调查。共调查 927 位民众，取得有效问卷 900 份，回收率 97.1%，具有一定的代表性（表 9-1）。问卷问题设计采用封闭式和开放式两种形式，封闭式问题是为获得可以进行统计研究的数据，开放式问题一般在每个封闭式问题的后面列出，以便对民众的意愿进行深入分析。问卷内容包括：①受访者社会经济特征（包括其性别、年龄、民族、职业、文化程度、家庭人口数及家庭收入、居住情况、耕地亩数及种植结构改变、灌溉用水等）；②对于社会稳定、经济发展、生态安全三个问题重要性的排序；③对政府实施的相关政策的了解及参与情况。

表 9-1　抽样区域与比例
Table 9-1　Sampling area and proportion

灌区	县乡	调研户数	总户数	抽样比例/%
高台县六坝灌区	高台县合黎镇六社	50	278	18.0
高台县新坝灌区	高台县新坝镇红崖子村	50	180	27.8
高台县骆驼城灌区	高台县骆驼城镇先锋村	50	246	20.3
临泽县鸭暖灌区	临泽县鸭暖乡昭武村	50	485	10.3
临泽县新华灌区	临泽县新华镇宣威村	50	341	14.7
临泽县蓼泉灌区	临泽县蓼泉镇唐湾村	50	516	9.7
甘州区花寨子灌区	甘州区甘浚镇光明村	50	324	15.4
甘州区乌江灌区	甘州区乌江镇乌江村	50	498	10.0
甘州区盈科灌区	甘州区党寨镇汪家堡村	50	402	12.4
山丹县清泉镇灌区	山丹县清泉镇双桥村	50	652	7.7
山丹县霍城灌区	山丹县霍城镇西关村	50	330	15.2
山丹县马营河灌区	山丹县大马营乡马营村	50	588	8.5
民乐县海潮坝灌区	民乐顺化乡顺化村	50	307	16.3
民乐县大堵麻灌区	民乐县新天镇杏园村	50	262	19.1
民乐县童子坝灌区	民乐县民联乡顾寨村	50	510	9.8
肃南县大泉沟灌区	肃南县马蹄藏族乡各村	50	356	14.0
肃南皇城镇灌区	肃南县皇城镇各村	50	294	17.0
肃南明花乡灌区	肃南县明花乡各村	50	206	24.3

9.3　结果与分析

9.3.1　张掖市民众水文化价值观的整体状况

根据对收集的有效问卷进行分析可以看出，在问及民众社会稳定、经济发展及生态安全哪个对自己更重要时，有 387 份问卷选择将经济发展排在第一位，占问卷总数的43%，认为生态安全是第一重要的问卷数为 265 份，占总数的 29.4%，而认为社会稳定为第一重要的问卷数是 248 份，占总数的 27.6%。说明张掖民众的价值观仍是以经济利益驱动为主的，这与其脆弱的生态安全是不相符的（图 9-2）。

在考虑社会稳定、经济发展及生态安全哪个因素对自己的生产生活更重要的时候，张掖市民众更加倾向于经济发展，其原因可能是：①受传统生活习惯的影响，大部分农村居民对农村环境污染表现淡漠，缺乏良好的环境保护意识；在环境权益方面，绝大多数农民依法维权意识不强，法制观念淡薄，只要环境污染不会威胁到自身的生命安全，他们往往会听之任之；②经济压力仍然较大，虽然 2015 年张掖市农村居民人均可支配收入达到 10823 元，但与日益增多的消费需求相比，其收入仍然不高，追求更多的经济收入还是当地民众的主要诉求。

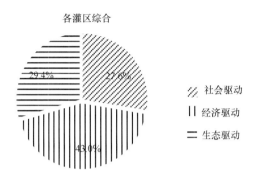

图 9-2　张掖市民众水价值观的整体状况分析

Fig. 9-2　Analysis on the overall situation of the people's value on water in Zhangye City

9.3.2　民众个人因素对其水价值观念的影响

1. 性别

分性别来看，在被调查的 500 名男性中，把社会稳定放在第一位的有 126 人，占男性总数的 25.2%，把经济发展放在第一位的有 222 人，占男性总数的 44.4%，把生态安全放在第一位的有 152 人，占总数的 30.4%。在被调查的 400 名女性中，把社会稳定放在第一位的有 115 人，占女性总数的 28.8%，把经济发展放在第一位的有 175 人，占女性总数的 43.8%，把生态安全放在第一位的有 110 人，占总数的 27.5%。无论男性、女性都更加重视经济发展，说明性别因素对民众价值观的形成并没有明显影响（图 9-3）。

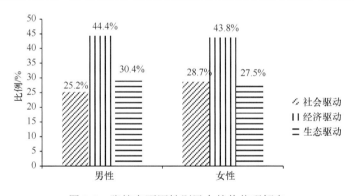

图 9-3　张掖市不同性别民众的价值观倾向

Fig. 9-3　The impact of gender on people's value on water in Zhangye City

2. 年龄

联合国世界卫生组织对年龄的划分标准为，44 岁以下为青年；45～59 岁为中年人。60～74 岁为年轻的老年人；75～89 岁为老年人；90 岁以上为长寿老年人。根据中国和调查区域实际，本研究将调查者的年龄划分为 6 个阶段，即 12～18 岁、19～34 岁、35～44 岁、45～55 岁、56～70 岁、70 岁以上。而不同年龄段的价值观存在着较为显著的区别，如图 9-4 所示。

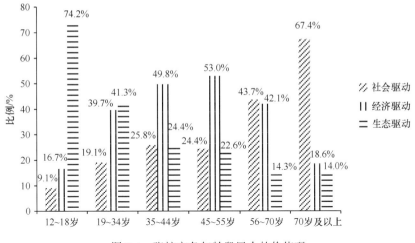

图 9-4　张掖市各年龄段民众的价值观

Fig. 9-4　The impact of ages on people's value on water s in Zhangye City

从图 9-4 可以看出，不同年龄段的价值观存在着较为显著的区别。社会稳定排第一的比例呈逐渐上升的趋势，12～18 岁年龄段该比例为 9.1%，而 70 岁以上年龄段该比例为 67.4%，说明年龄越大对社会稳定程度的关注越强烈，其对社会安定、饮水和粮食安全的关注超过对经济收入和生态安全好坏的关注。而把经济发展排第一的比例呈现出中间高而两头低的趋势，说明对 35～55 岁的中年人来讲，由于面临着很大的养老和扶幼的压力，经济收入的高低是其最关注的因素。将生态安全排第一的人数比例呈逐渐下降的趋势，比例从 74.2%下降到 14.0%，说明年轻人更为关注生态安全问题，这是由于低年龄段的人比高年龄段的人更容易通过各种媒介接触和了解关于生态环保方面的信息，对生态安全的重要性有更加清楚的认识。

3. 职业

由于我们调查的是灌区居民的价值观，因此将其职业分为学生、务农、外出打工和兼业（半工半农）。分职业来看，学生由于受教育程度较高，课本知识中涉及的关于生态安全问题的内容较多，因此其生态意识较好，有 74.3%的学生认为生态安全更重要，而由于年龄的限制，学生对粮食安全和饮用水安全及生态移民等社会问题考虑较少，对经济问题也不甚关心；而其他从业方式，打工、务农和兼业都更重视经济因素，彼此之间的差异很小（图 9-5）。

4. 文化程度

从各文化层次来看，没有受过教育的灌区居民（文盲）对社会稳定的关注度更高，说明社会安定及粮食和饮水的安全这些基本诉求对其有更为重要的意义。小学程度、初中程度、高中程度的居民更关注经济发展，经济收入的多少对其更具有吸引力，这也与他们的受教育水平相符。大专及以上文化程度的人则更关注生态安全问题，说明受教育程度越高，对整个社会的可持续发展及生态安全的重要性认识更加清晰，对生态安全的重视程度越高，该比例从 12%上升到 53.6%；而对社会稳定的重要性重视程度越低，从

49.3%下降到 13.1%；经济发展的重视程度变化不明显（图 9-6）。

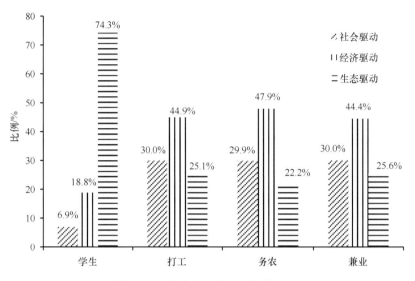

图 9-5　张掖市各职业民众的价值观

Fig. 9-5　The impact of occupation on people's value on water in Zhangye City

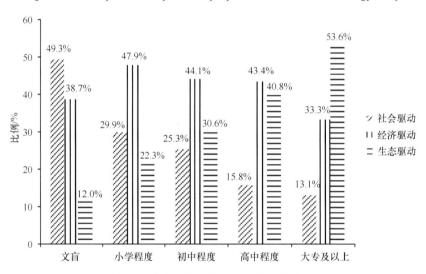

图 9-6　张掖市各文化程度民众的价值观

Fig. 9-6　The impact of education on people's value on water in Zhangye City

5. 民族

被调查民众以汉族为主，但也可以明显看出，不同民族民众的价值观存在着明显的差别，这与其生产生活方式密切相关。回族人重视商业，民间曾有"无回不商"的说法，其价值观驱动力中经济占据明显优势。而裕固族、蒙古族、藏族多以游牧业为主，逐水草而居，因此对其生存基础——草场的生长状况最为关注，也就更加重视环境问题（图 9-7）。

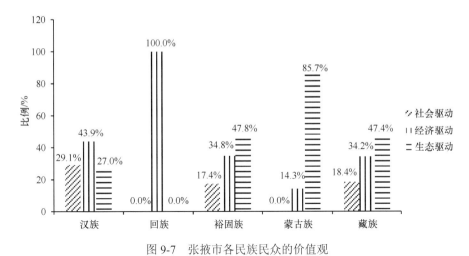

图 9-7　张掖市各民族民众的价值观

Fig. 9-7　The impact of ethnicity on people's value on water in Zhangye City

6. 技术培训

被调查的 900 户居民中，参加了乡镇组织的技术培训（包括与生产生活相关的各种类型，如与农业种植相关的技术、与农业养殖相关的技术、其他科技培训等）的有 264 户，占总数 29.3%。其中，将社会稳定排在第一的有 61 户，占 23.1%，经济发展排在第一的有 127 户，占 48.1%，将生态安全排在第一的有 76 户，占 28.8%。没有参加过任何技术培训的有 636 户，占总数的 70.7%，其中，将社会稳定排在第一的有 192 户，占 30.2%，将经济发展排在第一的有 263 户，占 41.4%，将生态安全排在第一的有 181 户，占 28.5%。说明是否参加技术培训并不影响当地民众的价值判断（图 9-8）。

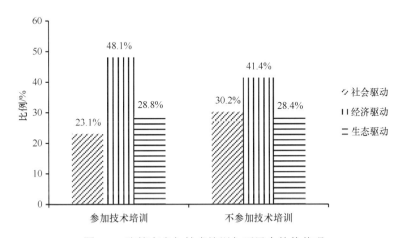

图 9-8　张掖市参加技术培训与否民众的价值观

Fig. 9-8　The impact of technique training on people's value on water in Zhangye city

7. 社会团体

被调查的 900 户居民中，参加了社会团体的仅仅有 70 户，占总数的 7.8%。其中，将社会稳定排在第一的有 19 户，占 27.1%，经济发展排在第一的有 35 户，占 50%，将生态安全排在第一的有 16 户，占 22.9%。没有参加任何社会团体的有 830 户，占总数的 92.2%，其中，将社会稳定排在第一的有 229 户，占 27.6%，将经济发展排在第一的有 355 户，占 42.8%，将生态安全排在第一的有 246 户，占 29.6%。从以上调查结果可以看出，当地民众对于用水者协会等社会团体的参与性不高，一般入会者以乡镇干部为多，且相比而言，是否参加社会团体对其价值观的影响很小（图 9-9）。

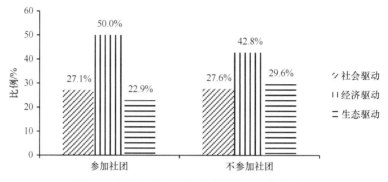

图 9-9　张掖市是否参加社会团体民众的价值观

Fig. 9-9　The impact of associations on people's value on water in Zhangye city

8. 广告

被调查的 900 户居民中，看到生活区域周边有节约用水、保护环境等相关广告宣传的有 560 户，占总数的 62.2%。其中，将社会稳定排在第一的有 135 户，占 24.1%，经济发展排在第一的有 250 户，占 44.6%，将生态安全排在第一的有 175 户，占 31.3%。没有注意到相关广告或者认为没有类似广告宣传的有 340 户，占总数的 37.8%，其中，将社会稳定排在第一的有 110 户，占 32.5%，将经济发展排在第一的有 140 户，占 41.1%，将生态安全排在第一的有 90 户，占 26.4%。从调查数据可以看出，虽然是否看见广告对经济发展的重要性没有影响，但看见相关广告的民众将生态安全排在第一位的户数比没有看到的高出 4.8 个百分点。说明政府的宣传对民众价值观的确立起到了一定的作用，应该进一步加强力度（图 9-10）。

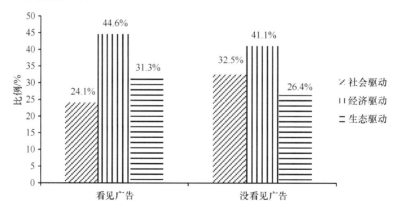

图 9-10　张掖市是否看到广告民众的价值观

Fig. 9-10　The impact of water saving and environmental protection advertisement on people's value on water in Zhangye City

9.3.3　民众家庭因素对其水价值观的影响

1. 家庭人口数

被调查的 900 户居民中，家庭人数为 1 人的共有 26 户，其中，将社会稳定排在第一的有 6 户，占总数 23%，将经济发展排第一的为 10 户，占总数 38.5%，将生态安全排第一的有 10 户，也占总数的 38.5%。由于人数较少，统计意义不大。家庭人数在 2～4 人的有 547 户，其中，把社会稳定排在第一的有 155 户，占总数 28.3%，将经济发展排第一的为 222 户，占总数 40.6%，将生态安全排第一的有 170 户，占总数的 31.1%。家庭人数在 5 人以上的有 327 户，其中，把社会稳定排在第一的有 88 户，占总数 26.9%，将经济发展排第一的为 155 户，占总数 47.4%，将生态安全排第一的有 84 户，占总数的 25.7%。可以看出，家庭人数越多，对经济发展的重视程度越高，家庭人数越少，对生态环境的重视程度越高。这可能说明家庭人员多，经济压力大，其对生理和安全的需求更为迫切，故更重视经济利益和社会安全，而对生态安全的关注度最低（图 9-11）。

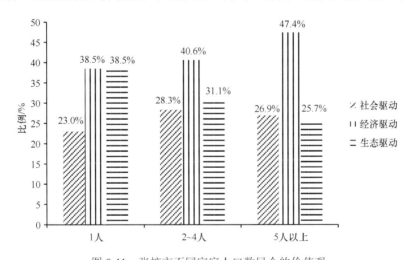

图 9-11　张掖市不同家庭人口数民众的价值观

Fig. 9-11　The impact of family size on people's value on water in Zhangye City

2. 收入

从图 9-12 可以看出，不同收入水平的价值观存在着较为显著的差异。社会稳定排第一的比例呈逐渐下降的趋势，户年收入 2 万以下的民众该比例为 32.7%，而户年收入在 10 万以上的该比例为 14.3%，说明收入越低对社会安全的关注越强烈。户年收入 10 万以下的民众，其价值观中经济发展都是在第一位的，但也可以看出随着收入水平的提高，人们的环保意识不断增加，对生态安全的重视程度也愈高，户年收入 2 万以下的民众认为生态安全最重要的仅占总数的 25%，而户年收入在 10 万以上的民众这一数值上升到了 57.1%。

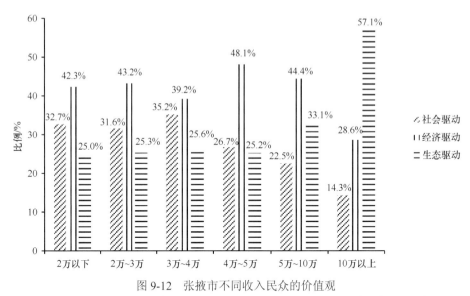

图 9-12　张掖市不同收入民众的价值观

Fig. 9-12　The impact of family income on people's value on water in Zhangye City

3. 居住形式（城里有无楼房）

被调查的 900 户居民中，有 637 户在城区无楼房，占 70.8%，其中，将社会稳定排在第一的有 167 户，占总数的 26.2%，将经济发展排在第一的有 282 户，占 44.3%，将生态安全排在第一的有 188 户，占总数的 29.5%。在城区有楼房的为 263 户，占 29.2%，将社会稳定排在第一的有 60 户，占总数的 22.8%，将经济发展排在第一的有 117 户，占总数的 44.5%，将生态安全排在第一的有 86 户，占总数的 32.7%。民众的居住形式对其价值观取向无明显影响（图 9-13）。

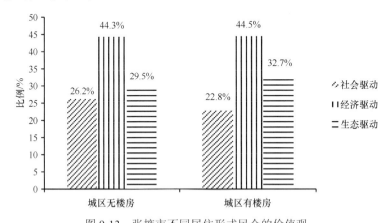

图 9-13　张掖市不同居住形式民众的价值观

Fig. 9-13　The impact of ownership of apartments in towns on people's value on water in Zhangye City

4. 耕地亩数

被调查的 900 户居民中，拥有耕地亩数在 1 亩①以下的 18 户居民中，有 10 户把经

---

① 1 亩≈666.67m²。

济发展排在价值观的第一位，比例达到了 55.6%。耕地亩数在 1～20 亩的居民，虽然也认为经济发展是最重要的，但比例已经有所下降，社会发展和生态安全的重要性逐渐被认知。而拥有耕地亩数在 21 亩以上的民众，对生态安全重要性的认识逐渐加强，并随着拥有亩数的增加而上升，耕地亩数在 21～100 亩的有 112 户，将生态安全排在第一的有 44 户，占 39.3%。耕地亩数在 101～1000 亩的有 37 户，将生态安全排在第一的有 18 户，占 48.6%。耕地亩数在 1001 亩以上的有 30 户，将生态安全排在第一的有 22 户，占 73.3%。这说明民众拥有的耕地少，其主要的生活来源是靠外出打工，对于周围环境状况和资源利用状况不关心，而拥有越多耕地的民众，其收入与农田产出密切相关，区域水资源状况、水资源利用方式对其影响重大，因而更加关心生态安全的问题（图 9-14）。

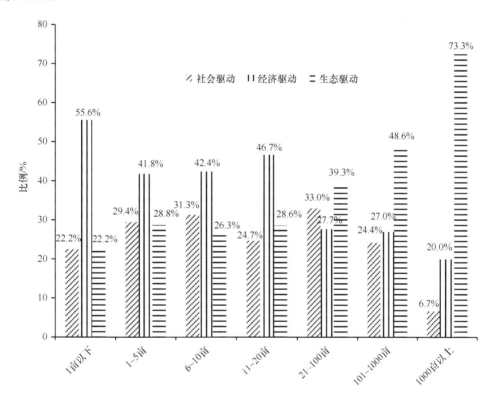

图 9-14　张掖市不同耕地亩数民众的价值观

Fig. 9-14　The impact of cultivation areas on people's value on water in Zhangye City

5. 种植结构

被调查的 900 户居民中，种植结构改变的有 328 户，其中，把社会稳定排在第一的有 100 户，占 30.5%，将经济发展排在第一的有 149 户，占 45.4%，将生态安全排在第一的有 79 户，占 24.1%。种植结构没有改变的民众有 572 户，其中，把社会稳定排在第一的有 150 户，占 26.2%，将经济发展排在第一的有 232 户，占 40.6%，将生态安全排在第一的有 190 户，占 33.2%。这说明种植结构改变与否，其主要目的都是寻求经济收入水平的增长，因此该因素对民众价值观的形成影响不大（图 9-15）。

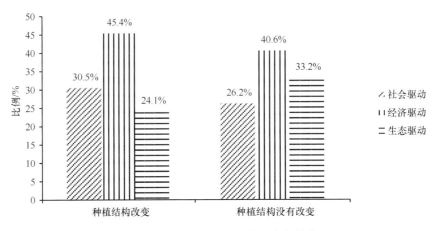

图 9-15　张掖市不同种植结构民众的价值观

Fig. 9-15　The impact of planting structure on people's value on water in Zhangye City

6. 种植作物种类

被调查的 900 户居民中，种植粮食作物最多的民众中，将社会稳定排在第一位的占 29%，将经济发展排在第一位的占 41.7%，将生态安全排在第一位的占 29.3%。种植经济作物最多的民众中，将社会稳定排在第一位的占 32.6%，将经济发展排在第一位的占 43.7%，将生态安全排在第一位的占 23.7%。种植饲草作物最多的民众中，将社会稳定排在第一位的占 9.3%，将经济发展排在第一位的占 21.9%，将生态安全排在第一位的占 68.8%。种植药用作物最多的民众中，将社会稳定排在第一位的占 23.5%，将经济发展排在第一位的占 55.9%，将生态安全排在第一位的占 20.6%。可以看出，种植粮食作物、经济作物和药用作物最多的民众其价值观取向以经济发展为主，其中种植经济作物的最甚。这与其种植目的相符合，而种植饲草作物最多的民众更加关注的是生态安全（图 9-16）。

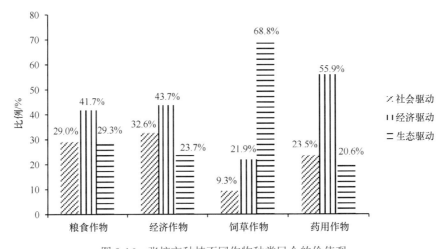

图 9-16　张掖市种植不同作物种类民众的价值观

Fig. 9-16　The impact of crop types on people's value on water in Zhangye City

7. 耕地是否转移

被调查的 900 户居民中，耕地进行转移的有 314 户，占总数的 34.9%。其中，将社会稳定排在第一的有 93 户，占 29.6%，经济发展排在第一的有 135 户，占 43%，将生态安全排在第一的有 86 户，占 27.4%。耕地没有进行转移的有 586 户，占总数的 65.1%，其中，将社会稳定排在第一的有 166 户，占 28.3%，将经济发展排在第一的有 268 户，占 45.7%，将生态安全排在第一的有 152 户，占 26%。说明耕地的流转对于民众价值观的影响不大，耕地流转的目的也应该是以经济目的为主（图 9-17）。

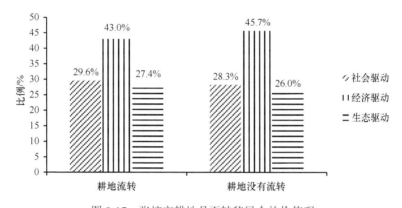

图 9-17　张掖市耕地是否转移民众的价值观

Fig. 9-17　The impact of cultivated land transfer on people's value on water in Zhangye city

9.3.4　不同地区对民众水价值观念的影响

1. 不同县域

张掖各县（区）的统计数据明显地反映出了农区和牧区民众不同的价值观。除肃南县外，其余 5 县（区）均为农区，其价值观以经济驱动为主，但略有区别，甘州及临泽民众拥有的耕地亩数最少，离张掖市区最近，经济压力及经济需求最大，因此最重视经济问题。其价值观以经济驱动为主，民乐地区耕地流转现象最为频繁，民众多外出打工，对经济的重视程度也很高，高台地区民众的耕地亩数是 6 个县（区）中最高的，也是 6 个县（区）中认为水资源紧张程度最高的区域，其对经济的关注程度也较高。而山丹县自然环境最为恶劣，民众对生态安全的关注度较高。民众的价值观直观地反映了区域的实际情况（图 9-18）。

2. 不同灌区

从 18 个灌区的统计数据来看，仅仅只有山丹霍城灌区、山丹马营灌区、肃南县大泉沟灌区和明花乡灌区 4 个灌区的民众认为生态安全的重要性强于社会安定和经济发展，其余各灌区民众仍然是经济利益挂帅，这与山丹县整体水资源相对于张掖其他县（区）更加缺乏，生态环境问题更加突出有关，而肃南县民众更加重视生态安全的原因可能是由于其为牧业县，牧业相对于农业来讲更加依赖于环境（图 9-19）。

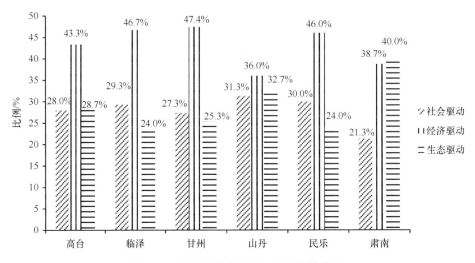

图 9-18 张掖市各县（区）民众的价值观

Fig. 9-18 The impact of living in different counties on people's value on water with in Zhangye City

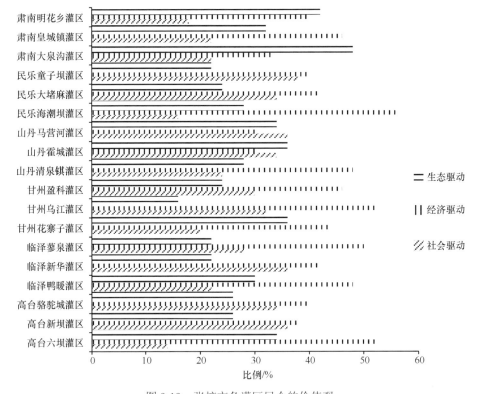

图 9-19 张掖市各灌区民众的价值观

Fig. 9-19 The impact of living in different irrigation districts on people's value on water in Zhangye City

9.3.5 相关政策对民众水文化价值观的影响

被调查的 900 户中，认为政府的相关水政策对生产生活有影响的为 806 户，占总数的 89.56%，其中，将社会稳定排在第一的有 228 户，占 28.3%，将经济发展排在第一的有 351 户，占 43.6%，将生态安全排在第一的有 227 户，占 28.2%。认为政策对自己的生产生活没有影响的有 94 户，其中，将社会稳定排在第一的有 23 户，占 24.5%，将经济发展排在第一的有 37 户，占 39.4%，将生态安全排在第一的有 34 户，占 36.2%。从以上数据可以看出，虽然张掖民众普遍认为水政策的实施对自己的生产生活有影响，但对其价值观的形成却影响甚小。说明节水型政策的实施还需进一步深入人心（图 9-20）。

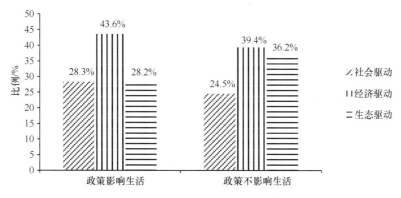

图 9-20　张掖市是否受水政策影响民众的价值观

Fig. 9-20　The impact of water relevant policies on people's value on water in Zhangye city affects

1. 生活用水量控制

被调查的 900 户中，知道该政策的有 350 户，占总数的 38.9%。其中，将社会稳定排在第一的有 94 户，占 26.9%，将经济发展排在第一的有 136 户，占 38.9%，将生态安全排在第一的有 120 户，占 34.3%。不知道该政策的有 550 户，占总数的 61.1%，其中，将社会稳定排在第一的有 171 户，占 31.1%，将经济发展排在第一的有 227 户，占 41.3%，将生态安全排在第一的有 152 户，占 27.6%。

2. 灌溉用水量控制

被调查的 900 户中，知道该政策的有 603 户，占总数的 67%。其中，将社会稳定排在第一的有 156 户，占 25.9%，将经济发展排在第一的有 271 户，占 45%，将生态安全排在第一的有 176 户，占 29.2%（图 9-21）。

3. 先费后水

被调查的 900 户中，知道该政策的有 732 户，占总数的 81.3%。其中，将社会稳定排在第一的有 192 户，占 26.2%，将经济发展排在第一的有 329 户，占 45%，将生态安全排在第一的有 211 户，占 28.8%。

4. 以水定产

被调查的 900 户中，知道该政策的有 118 户，占总数的 13.1%。其中，将社会稳定排在第一的有 27 户，占 22.9%，将经济发展排在第一的有 56 户，占 47.4%，将生态安全排在第一的有 35 户，占 29.7%。

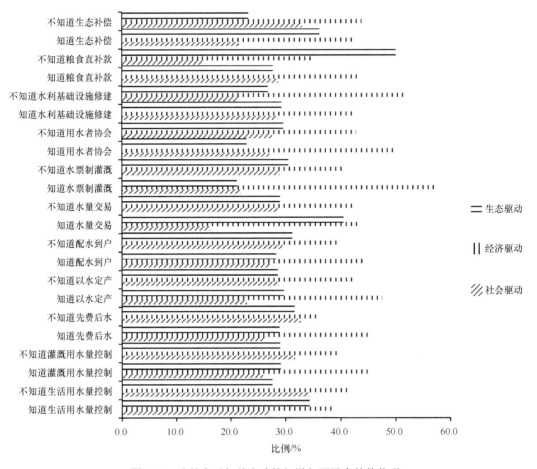

图 9-21 张掖市对相关水政策知道与否民众的价值观

Fig. 9-21 The impact of if people knew the 11 water related policies on people's value on water in Zhangye City

5. 配水到户

被调查的 900 户中，知道该政策的有 608 户，占总数的 67.6%。其中，将社会稳定排在第一的有 165 户，占 27.1%，将经济发展排在第一的有 271 户，占 44.6%，将生态安全排在第一的有 172 户，占 28.3%。

6. 水量交易

被调查的 900 户中，知道该政策的有 37 户，占总数的 4.1%。其中，将社会稳定排在第一的有 6 户，占 16%，将经济发展排在第一的有 16 户，占 43%，将生态安全排在第一的有 15 户，占 41%。

7. 水票制灌溉

被调查的 900 户中，知道该政策的有 133 户，占总数的 14.8%。其中，将社会稳定排在第一的有 29 户，占 21.8%，将经济发展排在第一的有 76 户，占 57.1%，将生态安全排在第一的有 28 户，占 21.1%。

8. 用水者协会

被调查的 900 户中，参加了用水者协会的仅仅有 70 户，占总数的 7.8%。其中，将社会稳定排在第一的有 19 户，占 27.1%，经济发展排在第一的有 35 户，占 50%，将生态安全排在第一的有 16 户，占 22.9%。

9. 水利基础设施修建

被调查的 900 户中，知道该政策的有 844 户，占总数的 93.8%。其中，将社会稳定排在第一的有 239 户，占 28.3%，将经济发展排在第一的有 358 户，占 42.4%，将生态安全排在第一的有 247 户，占 29.3%。

10. 粮食直补款

被调查的 900 户中，知道该政策的有 846 户，占总数的 94%。其中，将社会稳定排在第一的有 243 户，占 28.7%，将经济发展排在第一的有 369 户，占 43.6%，将生态安全排在第一的有 234 户，占 27.7%。

11. 生态补偿

被调查的 900 户中，知道该政策的有 409 户，占总数的 45.4%。其中，将社会稳定排在第一的有 88 户，占 21.5%，将经济发展排在第一的有 173 户，占 42.3%，将生态安全排在第一的有 148 户，占 36.2%。

在所有与水相关的政策中，以水定产、水量交易、水票制灌溉等相对严格的水政策不为广大民众所熟知，用水者协会这样的团体也参加者甚少，自然不会对民众价值观的形成产生影响，但生活用水量控制、灌溉用水量控制、先费后水、配水到户、水利基础设施修建、粮食直补款、生态补偿等被民众所熟知和了解的政策也没有对民众价值观的形成产生影响。说明虽然政策是制定了，也落实了，但政策的实施对于在全社会形成建设节水型社会的思想共识，其效果却不理想。

9.4 讨论与结论

资源环境问题日益成为社会争论的焦点（Brown，1992），人们必须用负责任的态度来对待和报答历史环境对人类的贡献，同时尽最大能力来避免环境恶化对未来人类的危害（Steel，1996.）。社会制度的调整涉及技术、经济、社会特征等方面，这一改变不仅需要技术创新，同时需要公众态度的转变（Ehrlich，2001；Mez-Pampa and Kaus，1990）。这些态度取决于文化特征、文化价值观以及文化氛围等（Dill et al.，2015）。公民的观念和行为是文化与社会环境系统众多因素共同作用的结果。因此，了解公民的水文化价值观对水资源政策制定来说非常重要（董武娟和吴仁海，2004）。

本研究结果表明，民众的年龄、职业、文化程度、民族、生活区域、年收入状况、家庭拥有的耕地亩数等因素与民众的价值观有密切的关系。

居民资源环境意识变化的动力来自环境需求的变化，经济收入的增加和受教育水平的提高是诱发这一需求增减的最主要因素。现阶段,收入增加到一定水平,就会对生态安全愈加重视,表明居民收入水平提高对环境消费需求的增长。而经济基础对资源环境政策及其规章制度的制定是至关重要的(杨庆山和李静,2000),张掖市居民(特别是农村居民)的整体收入水平尚未达到资源环境认识的转折点,资源环境保护任重而道远,发展环保型经济是资源环境建设的首要任务之一。受教育水平的提高可引起资源环境意识的显著提高。张掖市民众的水文化价值观与受教育水平呈正相关关系,说明人们接受教育的程度是当代人类应对环境退化不可缺少的锐利武器。因此发展教育是资源环境政策与项目决策与调整的重要内容之一。通过年龄与环境态度的比较分析表明,处于中间年龄阶段的民众对生态安全问题最不重视,显示出经济发展和生态保护的关系依然没有被理顺,越是年轻的民众对政府的资源环境保护政策越支持。随着社会发展,民众对环境恶化的关切程度以及对政府开展环境保护政策的支持力度会进一步增强。由此可以推断,为了获取更好的环境利益与生态服务,未来人们对生态环境保护的愿望会进一步增强。发展经济、强化教育、改善居民的生活质量,是资源环境政策可持续性研究不可忽视的重要内容。因此,政府能够适度调整相关政策,建立环境、经济、社会综合发展的资源环境政策,把发展经济、改善教育、提高居民的生活质量与资源环境修复有机结合起来,是生态管理的根本途径。

参 考 文 献

董武娟, 吴仁海. 2004. 全球生态环境问题及保护对策. 云南地理环境研究, 16(2): 74～79.

杨庆山, 李静. 2000. 环保意识与消费者行为. 天津理工学院学报, 16(4): 103～109.

Brown G J R . 1992. Remark on industrial ecology. Proc Natl Acad Sci USA, 89: 876～878.

Dill M D, Emvalomatis G, Saatkamp H, et al. 2015. Factors affecting adoption of economic management practices in beef cattle production in Rio Grande do Sul state, Brazil. Journal of Rural Studies, 42: 21～28.

Ehrlich P R. 2001. Intervening in evolution, Ethics and actions. Proc Natl Acad Sci USA, 98: 5477～5480.

Hunter L M, Toney M B. 2005. Religion and attitudes toward the environment a comparison of Mornons and the general U S. Population Social Science J, 42: 25～28.

Johansson-Stenman O. 1998. The importance of ethics in environmental economics with a focus on existence values. Environmental and Resource Economics, 11: 29～442.

Jorgensen B S, Stedman R C. 2001. Sense of place as an attitude. Lakeshore owners attitude toward their properties. J. Environmental Psychology, 21: 233～248.

Junquera B, Bito J A, Muniz M. 2001. Citizens' attitude to reuse of municipal solid waste a practical application.Resources Conservation and Recycling, 3: 51～60.

Kotchen M J, Reiling S D. 2000. Environmental attitude motivations and contingent valuation of nonuse values, a case study involving endangered species. Ecological Economics, 32: 93～107.

Mez-Pampa A G, Kaus A. 1990. From pre-Hispanic to future conservation altematives. Lessons from Mexico PNAS, 96: 5982～5986.

Mintion A P, Rose R L. 1997. Effects of environmental concern on environmentally friendly consumer behavior, an exploratory study. J Buan Res, 40: 37～48.

Steel B S. 1996. Thinking globally and acting locally? Environmental attitude, behavior and activism. Journal of Environmental Management, 47: 27～36.

Weaver R D. 1996. Prosocial behavior private contributions to agriculture's impact on the environment. Land Economic, 72(2): 231～247.

第 10 章　澳大利亚水文化
变迁定量研究*

本章概要：新闻媒体通过其"喉舌功能"反映和影响公众舆论。本章应用内容分析法研究 1843～2011 年澳大利亚《悉尼先驱晨报》相关水问题报道的演变。结果显示，自 1843 年来水问题的报道重点在城市供水相关主题，体现在文章的主题、涉及的机构和相关的政策或管理举措中。洪涝、旱灾等极端事件贯穿了水问题的历史报道进程。支持经济发展的文章曾占主导（总数的 85%），1994年以后，支持环境可持续发展的文章比例超越支持经济发展的文章。学术界和非政府机构人士的观点报道篇幅较少。自然事件应被视作改变公众关于水可持续发展观点的"契机"。

Abstract： News accounts both reflect and influence public opinion through their noted "agenda-setting" capability. We examined newspaper articles in Australia's *The Sydney Morning Herald* from 1843 to 2011 to observe the evolution of media coverage on water issues related to sustainable water resources management. The results showed that water supply related articles have dominated the reporting of water issues since 1843. This emphasis is reflected in the institutions involved and their related policy/management initiatives, as well as the themes of the articles. Extreme events such as flooding and drought have punctuated the historical record of reports on water issues. An economic development-driven tone was overwhelmingly predominant in newspaper articles (85% of the total); however, there has been a marked decline in the importance of development-driven tone relative to environmental-sustainability oriented tone of articles since 1994. People from academia and NGOs were rarely quoted. Inclusion of wider range stakeholders should be considered as a strategic break-through and natural events should be considered as an "opportunity" to change public opinion on water issues for environmental sustainability.

10.1　背 景 介 绍

欧洲移民定居澳大利亚后，征服河流、绿化沙漠、扩张土地生产力的梦想成为澳大

---

* 本章改编自：Wei Jing、Wei Yongping 等发表的 *Evolution of newspaper coverage of water issues in Australia during 1843–2011.*（Ambio，2015，44：319-331，DOI：10.1007/s13280-014-0571-2）。

利亚人最根深蒂固的文化（Lines，1991），继而展开了建坝、引水灌溉等大规模的河道整治，由此改变了澳大利亚的河流，尤其是墨累-达令流域的水文特征，导致了更严重的旱涝、季节性湿地的长期干涸以及入海水量的大幅度降低（Skinner and Langford，2013）。澳大利亚淡水资源的重要性，在气候变化和人类活动的双重压力下，更显紧迫，并极大地提高了目前以及未来需要一个更好的管理体系的意识。

传统的水资源管理模式历史上主要以工程措施为主，强调基础设施建设（Milly et al.，2007；Brouwer and Hofkes，2008；Savenije and Van der Zaag，2008）。但它将自然因素单独考虑，社会因素普遍视作外部输入，从而忽略了自然和社会过程之间的互馈方式（Giacomoni et al.，2013）。因此社会价值尚未在现有的水资源管理模式中受到足够重视，因而社会驱动因素尚未被系统地纳入管理决策中（Rammel et al.，2007；Pahl-Wostl et al.，2008）。

新闻报道是公众获取信息的第一信息源，其"喉舌功能"既影响又反映了公众舆论（Bengston et al.，1999；Neuendorf，2002；Hurlimann and Dolnicar，2012）。新闻媒体通过对某事件频繁报道、增加对其细节的报道及确保该报道出现在版面最显眼的位置来强调该事件的重要性（Roznowski，2003）。新闻媒介在报道某特定事件时，通过反映及有意框定其利益相关者（与某项政策有利害关系的个人或单位）、环境（这些利益相关者相互影响的环境）和观点（这些利益相关者的各种观点），起到舆论影响和导向作用（Howland et al.，2006；An and Gower，2009），进而更广泛地影响公众的观念、态度和行为（Bonfadelli，2010）。

对一个较长时间段内的水问题的媒体报道进行动态跟踪可以观察水问题的媒体报道的演变，有助于水政策执行者了解媒体对水问题的报道和态度以及对政府政策的支持拥护程度，同时也可以帮助理解水问题的自然环境与社会活动间的动态互馈方式。目前针对社会因素对水资源管理实践的影响展开的研究尚处在初期阶段（Hale，2010；Altaweel and Bone，2012；Hurlimann and Dolnicar，2012；Murphy et al.，2014）。仅有的几项研究都只局限于数月内的数据，并不足以能观察在更长时间段内围绕水问题的社会进程的演变。而且这些研究所使用的方法也局限在基于计算机的文本挖掘或内容分析上，并没有清楚地反映水问题的利益相关者、利益相关者相互作用的环境和这些利益相关者的观点。

本项研究旨在追踪澳大利亚水问题媒体报道的演变，通过研究《悉尼先驱晨报》上自 1843~2011 年所报道的水问题文章，描述这些水文章主题的变化、水问题涉及的管理机构、相关管理及政策举措，以及水问题发展的自然条件背景和文章语气的演变。该研究范围跨度大，几乎涵盖了水资源开发的整个时期，历经从最初以开发为主至近代以环境可持续发展为主的社会价值的重大变迁。

10.2　数据与方法

本研究采用内容分析法从报纸相关水问题的报道中抽取信息。如第 8 章所述，内容分析法用于提取大量非结构性文本数据，以确定公众态度、媒体的语气及一个事件如何被描述的，为追踪媒体报道的变化提供了一种有效工具，它已经广泛应用于多个领域（Higuchi，2004；Kirilenko et al.，2012）。这一方法的根本在于追踪"新闻洞"里的内容。"新闻洞"是报纸上固定的用于报道新闻的版面空间。本研究通过 3 个步骤进行内容分析。耗时最长的第一步是从源数据库中获取原始数据文本。第二步是确认文本分析的主题，包括编码表设计、抽样设计、编码方法以及编码者信度测试。第三步则是追踪主题等随着时间推进的演变，从而纵向了解水问题的媒体报道。

10.2.1　报 纸 选 择

在传播媒介中，报纸具有信息量大、传递及时快捷、时效长及影响力强等综合优势。尽管过去的 50 年中电子传媒发展迅速，但公众更倾向信赖纸媒及接受其报道内容（Levinsen and Wien，2011）。历史报纸的检索通常可通过图书馆的历史报纸的存档，也可通过在线数据库如 ProQuest、LexisNexis 等进行。

流通量大并具有不同政治影响力的严肃类日报应该作为内容分析的对象，因为这些报纸通常代表主要的政治思想，且拥有大量的读者群，提供多样化的新闻报道（Kandyla and de Vreese，2011）。本项研究目的是跟踪尽可能长时间范围内，澳大利亚水问题的公众舆论随国家政治、水文周期、水资源管理政策、流域的开发以及流域生态环境变化的演变。

本研究选取新南威尔士州悉尼刊印的《悉尼先驱晨报》作为研究对象。该报是澳大利亚出版时间最长的报纸之一，自发行后的第 12 年，即 1843 年，便有了电子版。该日报拥有丰富的读者群体，现有读者量约 4750000 人（The Sydney Morning Herald，2014），是该地区的研究人员、学者、政策制定者和大众的第一信息源。该报纸报道的内容并不局限于新南威尔士，其报道内容涵盖全国范围内的水事件，因而享有全国范围的读者群。本研究使用 3 个在线数据库[Trove（1843～1954 年），悉尼先驱晨报档案库（1954～1986年）和 Factiva（1987～2011 年）] 进行数据检索。这 3 个数据库包含了该报 169 年时间内的所有文章。

10.2.2　抽 　 样

为创建一个可管理的数据库，本研究结合应用 Lacy 等（2001）提出的抽样方法在每一年的报纸中抽样选取了 4 个新闻周作为研究对象。这 4 个新闻周包括两个构造周和两个连续周。构造周抽样可以覆盖报纸内容周期性的变化，并可包含一周的每一天。一个构造周样本的选取，是将总体中所有周一集中起来，从中随机抽取一个作为周一样本；同样的方法抽取一个周二、一个周三，依此类推，得到一个从周一到周日 7 天的构造周样本。对于日报，一个构造周可以代表 6 个月的总体的结论已得到广泛认可（Riffe et al.，1993；Lacy et al.，2001；Riffe et al.，2006；Hester and Dougall，2007）。推而广之，两个构造周，便能有效反映一整年的新闻内容。这种分层抽样的方法可以系统性地覆盖报纸内容周期性变化，却忽略了周间的差异，因而可能会错过短期事件，包括极端天气或特定水事件（如"澳大利亚水周"）。为弥补这一不足，样本中每年增加了两个连续周（4

月和 10 月的第三个周日开始的一周）纳入分析。在数据收集阶段，"水"作为关键词在
3 个新闻数据库中进行数据检索。

10.2.3　数　据　检　索

图 10-1 概述了本研究的数据检索过程。数据收集阶段共收集到 40133 篇文章，所有
文章从数据库中导出并保存为 Word 文档或可搜索的 PDF 文档。下一步则对存入数据库
的文章逐一进行人工筛选。仅仅是包含"水"字而内容与水资源管理并不相关的文章不纳
入研究范围，如 1878 年 7 月 3 日刊登了一封写给编辑的信，信中引用了"滴水穿石"，

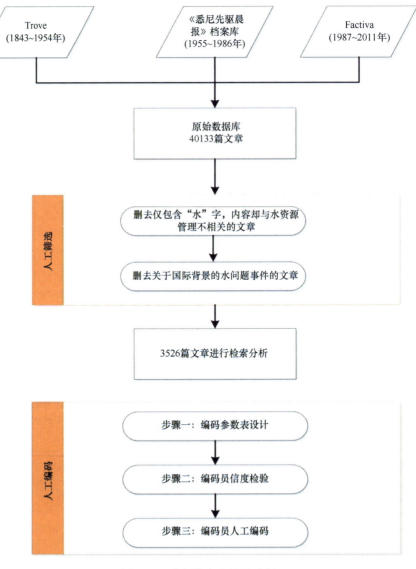

图 10-1　数据检索和编码过程

Fig. 10-1　Data retrieval and coding process

而信的内容是反对酒类贸易。有些文章中水问题虽非报道重点，然而其内容提及相关水问题的讨论，则纳入研究范围。例如，新南威尔士立法议会列出的与水相关的法律条例。在本研究中国际背景的水问题事件未在研究范围。数据检索过程共有 3526 篇相关文章用于进一步读取分析。

10.2.4　内　容　编　码

编码类目的设计是内容分析法的关键步骤。其目的在于全面准确地抽取反映文章研究目的的关键信息。本研究应用媒体议程设置理论和社会过程模型（表 10-1），将编码参数分为 3 类。第一类为文章信息，包括文章刊登的位置、类型和篇幅，描述水问题在该报新闻洞中的重要性。第二类是内容信息，旨在描述所报道问题的背景。具体为描述水问题发生的地理位置和水体，以及文章主题。第三类是主题信息，包含了文章中涉及的管理机构、政策或管理举措，以及文章的语气。其中文章的语气被分为"环境可持续发展为导向"和"经济发展为导向"两类。经济发展主导的文章包含了有关蓄水工程、灌溉用水等主题；环境可持续发展为主导的文章包含了有关生态系统退化、水资源过度开发等主题。

表 10-1　编码类目表

Table 10-1　Description of coding variables

类别	参数	描述
I：文章信息	出版日期	抽样周，出版年、月、日
	文章位置	文章位于报纸版面的位置，划分为头版，新闻版面，和其他 3 个类别
	文章篇幅	文章篇幅以字数统计，分为 4 类：少于 100 字，101～500 字，501～2000 字及 2000 字以上
	文章类型	文章类型分为新闻报道，读者来函，编者按及其他
II：内容信息	地理位置	记录水事件发生的地理位置，州以及区
	水体	报道中提及的具体河流或水体
	文章主题	文章主题分为 5 类：城市供水及排水，水质及健康，环境用水，河道治理，水研究
III：主题信息	水管理机构	文章中提及的涉水管理机构和个人分为管理机构、政府机构、产业机构、研究机构以及个人
	极端事件	极端事件划分为自然极端事件和人为事件两类。自然事件包含了洪水、干旱、山火等；人为事件包含了河流污染、蓝藻和化学物质泄漏等
	政策及管理措施	政策及管理措施划分为 5 类：城市供水及排水、河道管理、水质和健康、环境保护及水研究
	语气	文章语气分为两个方向：经济发展为主或者是环境可持续发展为主

本研究选择使用人工编码方式，因为人工编码能最大限度提取隐含在文章中的信息。报纸的信息内容，尤其是文章的语气通常并不都是直白的描述，往往隐含在文章当中，因而人工读取能最大限度提取此类信息（Lombard et al.，2002；Howland et al.，2006）。在读取文章的初始阶段，为确保一致性和可靠性，两位编码员对随机选择的 50 篇文章进行独立编码。随后采用 Krippendorff 的 alpha 值（Krippendorff，2004）进行信度检验。根据计算，编码类目的平均可靠度是 89.6%，远高于 Poindexter（2000）建议的 80%，

证明编码可靠。

10.3   结   果

10.3.1   澳大利亚水问题的报纸报道（1843～2011 年）

总体来说，有关水问题的报道在报纸上并未得到突出强调，仅有 5%出现在头版，剩余 95%则在普通新闻版面（第 2～14 页）。洪水、暴雨等极端自然事件的报道占据了约一半的头版新闻；其余的头版新闻则由河道管理（27%）、城市供水和排水（13%）和其他主题（10%）文章组成。例如，刊登在 1907 年和 1908 年的头版文章报道了关于《墨累河流域法案》的讨论；20 世纪 50 年代之前的头版文章多为对悉尼供水问题的报道；1982 年的头版文章关注了悉尼排污渠项目的问题。多数文章类型为新闻报道（占 91.9%），其次是读者来函（占 8%）。水的社论在整个研究范围内仅有 3 篇，均出现在 1986 年之后。文章篇幅以 101～500 字最为常见（占 48%），篇幅在 501～2000 字篇幅的文章为 32%，另有 7%的文章篇幅在 2000 字以上，剩余 13%的文章不超过 100 字。

《悉尼先驱晨报》对水问题的报道的历史演变见证了这一时期的经济发展、水资源开发和自然事件发生的历史轨迹。例如，对水问题的报道在水力发电和灌溉建坝的时期较为频繁，其中包括 1912 年的墨累河灌溉工程，1949～1974 年的雪山水电工程，以及 20 世纪 70 年代的土地盐碱化和河道污染等事件。

10.3.2   报纸报道中涉及的主题、地理位置和水体

在文章的主题方面，"城市供水及排水"报道频率总数为 2309 次；其次是"河道管理"，报道频率为 2093 次；"水质与健康"为 412 次；"水环境"和"水研究"报道量最低，分别是 27 次和 24 次。

水问题报道主题随时间推移的变化结果显示，"城市供水和排水"这一主题的重要性随时间呈递减趋势，取而代之的是日渐增多的对河道管理的探讨，以及水质和污染事件的关注（图 10-2）。有关"环境用水"的话题自 1994 年开始凸显，于 2007 年"千年干旱"的挑战之时较为突出。而有关水的研究这一主题的讨论在报纸上的报道极为有限。

样本中所有水问题发生地的空间分布如图 10-3 显示，绝大部分文章（86%）报道的是大悉尼区，其余则集中在澳大利亚东南部。

样本中有关水体的报道频率如表 10-2 所示。其中，墨累-达令流域及其支流，包括墨累河，马兰比季河和拉克伦河等占据了绝大部分的报道量。所提及的水体中，80%位于新南威尔士州境内。结合所报道的主题来看，有关灌溉和河流治理的主题多与亨特河相关联，而拉克伦河和霍克斯伯里河则多与供水问题相关。

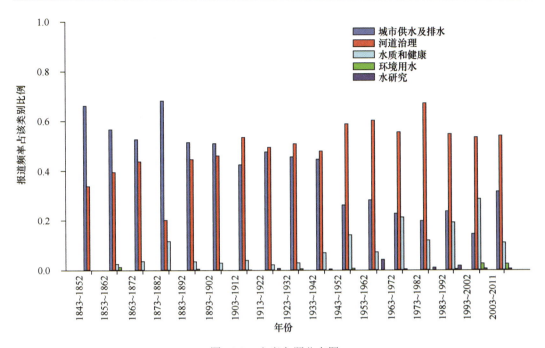

图 10-2　文章主题分布图

Fig. 10-2　Themes covered in the articles over year

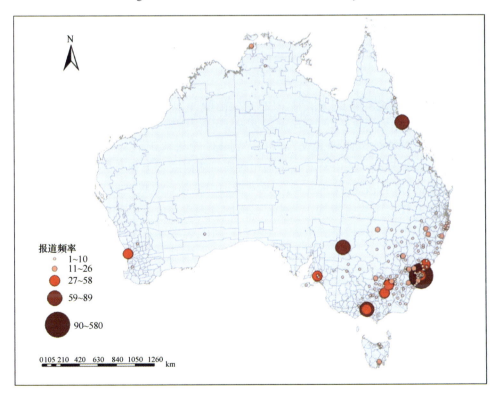

图 10-3　报道的地理位置分布示意图

Fig. 10-3　The geographic location reported in water articles

表 10-2 提到的主要水体
Table 10-2 Top water bodies mentioned

水体引用总数	1250
墨累-达令流域及其支流	**444**
墨累河	165
马兰比季河	64
拉克伦河	41
达令河	36
麦考瑞河	32
墨累-达令流域（报纸上直接用该名词）	32
那莫伊河	13
古尔本河	9
菩根河	9
巴旺河	8
非墨累-达令流域	**806**
亨特河	65
思诺河	68
霍克斯伯里河	36
普洛斯佩克特水库	35
尼皮恩河	35
库克河	24
瓦拉甘巴水坝	22

10.3.3 报道提到的机构、水政策或管理方案以及极端事件

在 169 年的样本中，1843 篇文章内共提到 439 个机构或个人。如表 10-3 所示，政府机构的提及频率最高，其中新南威尔士州政府，新南威尔士州公共工程部和立法议会在内的州级相关部门占总频率的 14%。政府机构中联邦政府只被提到了 23 次。水管理机构的报道频率仅次于政府机构，其中，72%的管理机构位于新南威尔士州，31%的报道关于新南威尔士供水及排水委员会。工业界、研究机构以及个人的总提及频率仅占总评率的 5%。

表 10-3 各类主要机构提及率
Table 10-3 Top institutions mentioned for each category

类别	机构名称	频率
		894
	新南威尔士州公共工程部	120
	新南威尔士州政府	91
政府	悉尼市政厅	60
	新南威尔士州立法议会	51
	新南威尔士州农业部	32

类别	机构名称	频率
政府	联邦政府	23
	新南威尔士州议会	20
	总理	18
	新南威尔士州土地资源部	16
	新南威尔士州州长	14
管理机构		864
	供水及排水委员会	566
	新南威尔士州节水及灌溉委员会	43
	气象局	13
	新南威尔士州水委员会	11
	墨累河管理委员会	11
研究机构		24
	CSIRO	7
	澳大利亚水研究基金会	2
工业		45
	布鲁肯山矿业有限公司	3
	布鲁肯山供水公司	3
	供水公司	3
个人		16
	包装业巨头 理查德佩兹	1

　　机构提及频率随时间变化的变化趋势如图 10-4 所示。1843~1986 年，新南威尔士供水排水委员会被频繁提及，此时期为澳大利亚发展的早期阶段，水资源开发主要以发展经济为主要目标。这一阶段，政府投资大量水利工程项目以满足日益增长的用水以及水资源安全的需求。此类大型水利工程的开展与实施满足了城市和农业领域用水需求的同时，导致了这一时期有关新南威尔士州公共工程部的报道频率的增加。1843~1900 年，新南威尔士州立法议会在有关建立殖民政权以及成立联邦政府前期筹备期间的政治讨论中被频繁提及。1901 年之后，根据新宪法，水资源管理权属各州所有。立法议会的提及则多与新准则与法规的建立相关联。1914~1986 年有关节水和灌溉委员会的频繁提及反映了这一时期对于灌溉农业的着重发展。随着环境问题的凸显，1991 年成立的新南威尔士州环境保护局于 1994 年后更加频繁地出现在报道中。联邦政府层面对水资源管理的参与首先出现在 1903 年有关《墨累河协议》的讨论中，随后自 20 世纪 80 年代中期相关的流域管理机构，特别是墨累-达令流域委员会（后来的管理局）的成立后，更为活跃。

　　澳大利亚政府委员会 （COAG）于 1994 年签署的《水改革协议》促进了水资源管理体制和政策的改革。2007 年联邦政府颁布的《澳大利亚水法》，促使州政府将部分水权移交给联邦政府以达成墨累-达令流域的综合规划。同一时期颁布的一些新的协议则致力于解决全国和州际水资源管理问题。

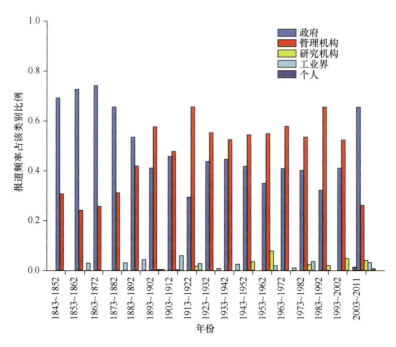

图 10-4　管理机构被报道的频率分布图

Fig 10-4　Management institutions covered by the articles over the study period

584 项政策和管理措施在 169 年的样本中被提到共 782 次。其中，与城市供水和蓄水工程相关的政策和管理措施占据最大比例（表 10-4）。其次是河道管理相关措施的报道，其中，雪山水电计划自 20 世纪 40 年代至 1970 年的 30 年间的报道尤其频繁。墨累-达令流域相关话题在整个研究期间颇受关注，32 篇文章报道了《墨累河协议》，21 篇文章则关注了有关《墨累-达令流域规划》的讨论。

表 10-4　报纸提及的主要水政策和管理方案

Table 10-4　Top water policies and management initiatives mentioned

类别	频率
城市供水及排水	299
河道管理	195
雪山水电计划	48
《墨累河管理法案》	32
《墨累-达令流域规划》	21
环境保护	34
《净水法案》（新南威尔士州）	12
水质和健康	11
水研究	11
人工造雨实验	4

图 10-5 显示了政策和管理措施在研究范围内随时间变化的演变。城市供水及排水类相关的政策在 20 世纪 70 年代以前的政策报道中占主宰地位。有关河道管理的相关政

策报道则多出现于自建联邦起至 20 世纪 20 年代，尤其在《供水法案》《水权法》以及各州于 1915 年达成的《墨累河协议》的颁布期间尤为频繁。40～70 年代，雪山水电工程的大型基础实施方案的规划与实施，使河道管理这一主题的报道在这一时期成为重点。1970 年新南威尔士州颁布的《净水法案》引发了民众对环境保护的关注，从而导致这一时期环境保护类政策的讨论在报纸上凸显。1973～1994 年，有关水氟化的管理与讨论导致了这一类政策主题报道频率的增长。1994 年后，用水需求和环境用水问题得到了进一步的关注。

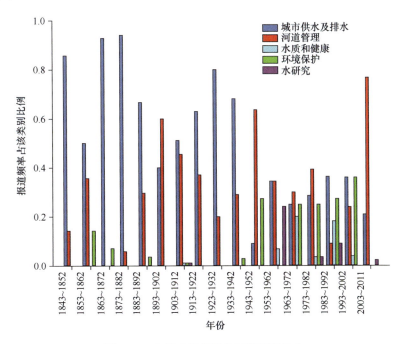

图 10-5　政策或管理措施报道频率分布

Fig. 10-5　Policy/management initiatives covered by the articles over the study period

　　澳大利亚南部，包括新南威尔士州在内的大部分地区的气候多变，丰水年和枯水年周期不稳定。在极端事件的报道中，洪水的报道占该类总报道频率的 47%（288/613），干旱占 18%（110/613）。1950 年之前的报道中，洪水事件较为频繁，随后呈递减趋势，一定程度上反映了第二次世界大战后的蓄水大坝降低了洪灾损失的风险。干旱事件的报道贯穿了整个研究范围，在近几十年尤为凸显（图 10-6）。2000 年悉尼奥运会前暴发的"悉尼水危机"一度引起了民众对水质的担忧与恐慌，此类话题的报道量在同一时期骤增。

　　总体而言，经济发展导向的话题是报纸报道的重点，占总数的 85%；以环境可持续发展为主要语气的文章仅占 15%。经济发展语气的文章中主要关注了供水、灌溉和水利工程等主题，而环境可持续发展语气的文章则围绕在河道管理、水质、用水限制以及生态系统健康等相关主题上。

　　如图 10-7 中所示，总体来说，环境可持续发展语气的文章占总文章比例较低。媒体关注的焦点在 20 世纪 90 年代之前都以经济发展为主，环境可持续发展类话题

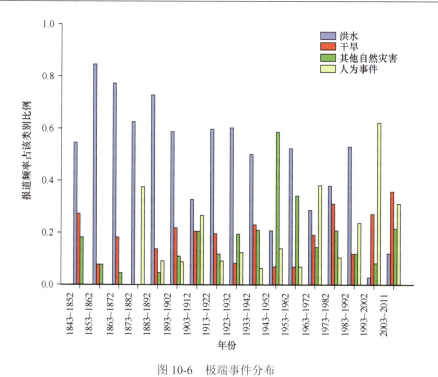

图 10-6 极端事件分布

Fig. 10-6 Distribution of major events over the study period

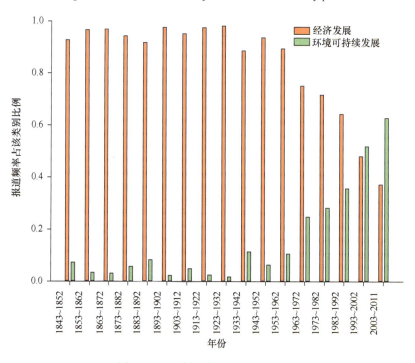

图 10-7 两种报道语气的历史演变

Fig. 10-7 Economic development-driven and environment-sustainability driven tone distribution over the study period

自 1994 年开始成为主导，并在 2010 年达到最高报道频率。40 年代，有关用水限制的报道使得环境可持续发展类语气文章数量小幅增加，直到 1970 年，此类文章的报道多与土地盐碱化有关。到 1994 年，澳大利亚政府委员会的水改革，以及随后 2007 年联邦政府颁布的《澳大利亚水法》、持续的千年干旱和 2010 年的《墨累-达令流域计划》的提议，成为报纸报道的从经济发展为主导至环境可持续发展的重大转折，自此之后，以环境为主的水资源管理应运而生，可持续发展成为报纸报道的主要语气。

10.4　讨论与结论

本研究首次通过对报纸——《悉尼先驱晨报》的研究，追踪了澳大利亚水问题新闻报道的历史演变，研究的时间范围横跨 169 年。研究的主要发现、应用及其对未来研究的启示如下。

新闻媒体凭借其"喉舌功能"，通过对某事件进行频繁报道、细化报道以及通过将该事件的报道排在新闻版面的突出位置，来向广大读者强调该事件的重要性。这里仅有 5% 的文章出现在头版——最突出和有影响力的位置，表明水相关的文章大体上并没有被重视，也反映出编辑所感知的公众对于此话题的兴趣。而本研究抽取的样本中只有 285 篇（文章总数的 8%）是写给编辑的信，可解读为民众对此类话题的关注度较低，或相关民意的表达被压制。尽管最近几十年来澳大利亚淡水资源压力不断上升，有关民众意见的报道却并未随之增加。"城市供水和排水"相关的主题报道频率被提到最多，出现在 2309 篇文章中；环境可持续发展从 1994 年起成为报纸报道的主导语气。

报纸通过反映和刻意塑造政策利益相关者的观点来影响公众舆论。169 年的报道中，共提及 439 个机构，其中政府机构和水管理机构占绝对主导，工业界、科研单位和个人的总报道量仅占 5%。研究结果显示，政府（报道比例占总次数的 48.5%）和政府机关（46.9%）对水问题的观点为报道重心。造成这一现象的原因可能有以下两个因素：争夺媒体的关注是政治博弈中的一个主要部分（Tresch，2009），因此政客们通常试图影响媒体议程或有争议的事件的报道，从而影响政府决策以增进其政治权利（Bennett et al.，2008；Entman，2010）；其次，如"新闻价值理论"所述，新闻报道可能存在结构性偏见，即对新闻中的较强势力给予优先考虑。另外，1843 篇有关机构的报道中，研究机构与非政府组织仅被提到 24 次。一方面，该结果与 Hurlimann 和 Dolnicar（2012）对澳大利亚报纸的水问题报道的研究结果一致，即研究人员和科学家的观点在水相关的文章中引用较少；另一方面，根据 Tàbara 和 Ilhan （2008） 在其对西班牙水资源管理变革的研究中所提出的，研究人员和非政府组织，通过传递清晰以及前沿的价值理念，导致了水资源社会价值的转变。因此，促进水资源可持续发展的观点需要通过增加学术界专家和非政府组织在报纸报道中的可见性。

综合以上类目随时间演变的纵向分析发现，水问题报道的主题演变（图 10-2）、涉及机构演变（图 10-4）及相关政策和管理措施的演变（图 10-5）的转折点都是在重大政策改革和极端事件的共同作用下引发的。例如，1901～1915 年联邦政府的建立、墨累河协议以及"联邦干旱"在同一时期发生,互相影响;1939~1945年的雪山水利工程的规划和第二次世界大战期间的旱灾;20世纪70~80年代环境问题的凸显和环境保护局的成立以及墨累-达令流域委员会的成立;自1994年起,澳大利亚政府委员会开展全面水政策改革,2007年联邦政府颁布新《澳大利亚水法》,2002~2011年持续的千年干旱和《墨累-达令流域计划》的规划。因此,对政策执行者而言,根据以上内容在报纸报道中的特点和相互作用关系,选择恰当的时机以改变对可持续水资源管理的公众舆论,从而推行新的政策和管理措施的实施至关重要。

旱涝等自然灾害在澳大利亚历史上是一个永恒的主题。如图10-6所示,旱涝等自然灾害的发生,在短时期内,如十年之中,具有明显的突发性和偶然性,然而,它们却是影响对水问题的公共舆论和态度的关键要素。并且与前文所提到的重大政策和体制改革有密切关联。

然而研究结果显示,尽管有关洪水的报道比干旱更频繁,然而洪水的报道却甚少与相应的管理或政策相关联,一定程度上表明澳大利亚的洪涝灾害并未像干旱一样能够引发政策和体制的改革。出现这一现象的原因可能是洪涝较干旱更易缓解,如通过修建水坝等工程,而丰水期时过度的用水决策更易加剧干旱的程度。从新闻报道的角度来看,本研究揭示了对于客观事实的主观认识可能比事实本身更加有影响力(McKay,2005)。因此,极端或异常的自然事件可被看作是影响可持续水资源管理的公众舆论的一个重要"契机"。

支持经济发展的语气在报纸报道中占绝对主导地位(文章总数的85%),1994年之前,环境可持续发展语气的文章占总文章比例都较低(图10-7)。基于报纸"喉舌功能"的理论,媒体可以"创造一个事实"同时设置公公议程,从而直接影响和反映公众舆论。因此可通过增加环境可持续发展主题的文章数量和加强报道语气来影响可持续水资源管理的公众舆论。然而,媒体报道的语气因受到诸多因素的影响(Bagdikian,2004;Alterman,2010),尤其在西方国家,传媒业中存在激烈的商业竞争(Esser,1999;Hallin and Mancini,2004),因此改变语气较难。

86%的文章报道发生在悉尼地区,即《悉尼先驱晨报》刊印发行地区(表10-2)。多数文章与墨累河、达令河或墨累-达令流域及其在新南威尔士州广泛分布的支流相关(表10-2)。这表明本研究局限于悉尼地区以及包括墨累-达令流域在内的新南威尔士局部地区的水问题媒体报道演变。若要更清楚了解整个新南威尔士州和澳大利亚其他地域的水问题报道,则建议在后续研究中将不同文化和地理位置的地方报纸纳入研究。同时,将地方报纸对水问题的报道与首府城市报纸的报道进行对比可获得很多有价值的信息,因地方报道可更好地反映当地的问题、需求和经济情况,而首府城市新闻可能更多反映都市和全国性的问题与观点。

本研究追踪了《悉尼先驱晨报》169年间与水相关的文章。水的主题在报纸的版面安排上并不占突出位置,仅5%的文章出现在头版。最频繁报道的主题是有关城市供水和排水。读者来函在文章类型中比例较低,意味着新闻讨论中较少公众发声。政府机构是最常被提及的机构,反映出政府在水资源管理上扮演的重要角色。非政府组织和科研机构在文章中被提及的频率较低。随时间演变的纵向分析发现,重大极端事件(干旱、洪涝、水质危机等）的发生导致了对水问题报道幅度的增加以及引发了相关水政策改革。经济发展为主题的文章一度是报道的主导语气，直至 1994 年起，报道的语气转为强调环境可持续发展为主。

澳大利亚与很多其他国家面临着类似的水问题，包括水短缺、环境流量不足、生态系统退化、流域水资源管理以及未来气候变化的不确定性等。因此澳大利亚水资源管理为研究水资源的公众舆论演变、生物物理条件变化和政策变化之间的相互作用机制提供了绝佳的案例。

参 考 文 献

Altaweel M, Bone C. 2012. Applying content analysis for investigating the reporting of water issues. Computers, Environment and Urban Systems, 36: 599～613.

Alterman E. 2010. What liberal media? The truth about bias and the news. Sacred Heart University Review, 22: 2.

An S-K, Gower K K. 2009. How do the news media frame crises? A content analysis of crisis news coverage. Public Relations Review, 35: 107～112.

Bagdikian B H. 2004. The New Media Monopoly. Boston: Beacon Press.

Bengston D N, Fan D P, Celarier D N. 1999. A new approach to monitoring the social environment for natural resource management and policy: The case of US national forest benefits and values. Journal of Environmental Management, 56: 181～193.

Bennett W L, Lawrence R G, Livingston S. 2008. When the Press Fails: Political Power and the News Media from Iraq to Katrina. London: University of Chicago Press.

Bonfadelli H. 2010. Environmental sustainability as challenge formedia and journalism. In: Gross M, Heinrichs H. In Environmental Sociology: European Perspectives and Interdisciplinary Challenges. New York: Springer: 257～278.

Brouwer R, Hofkes M. 2008. Integrated hydro-economic modelling: Approaches, key issues and future research directions. Ecological Economics, 66: 16～22.

Cook T E. 1998. Governing With the News: The News Media as a Political Institution. Chicago: University of Chicago Press.

Entman R M. 2010. Media framing biases and political power: Explaining slant in news of Campaign 2008. Journalism, 11: 389～408.

Esser F. 1999. Tabloidization'of news a comparative analysis of Anglo-American and German press journalism. European Journal of Communication, 14: 291～324.

Giacomoni M H, Kanta L, Zechman E M. 2013. Complex adaptive systems approach to simulate the sustainability of water resources and urbanization. Journal of Water Resources Planning & Management, 139: 554～564.

Hale B W. 2010. Using newspaper coverage analysis to evaluate public perception of management in river-floodplain systems. Environmental Management, 45: 1155～1163.

Hallin D C, Mancini P. 2004. Comparing Media Systems: Three Models of Media and Politics. New York: Cambridge University Press.

Hayes A F, Krippendorff K. 2007. Answering the call for a standard reliability measure for coding data. Communication Methods & Measures, 1: 77～89.

Hester J B, Dougall E. 2007. The efficiency of constructed week sampling for content analysis of online news. Journalism & Mass Communication Quarterly, 84: 811～824.

Higuchi K. 2004. Computer assisted quantitative analysis of newspaper articles. Sociological Theory and Methods, 19: 161～176.

Howland D, Becker M L, Prelli L J. 2006. Merging content analysis and the policy sciences: A system to discern policy-specific trends from news media reports. Policy Sciences, 39: 205~231.

Hurlimann A, Dolnicar S. 2012. Newspaper coverage of water issues in Australia. Warer Research, 46: 6497~6507.

Joshi A D, Patel D A, Holdford D A. 2011. Media coverage of off-label promotion: A content analysis of US newspapers. Research in Social and Administrative Pharmacy, 7: 257~271.

Kandyla A A, De Vreese C. 2011. News media representations of a common EU foreign and security policy. A cross-national content analysis of CFSP coverage in national quality newspapers. Comparative European Politics, 9: 52~75.

Kirilenko A, Stepchenkova S, Romsdahl R, et al. 2012. Computer-assisted analysis of public discourse: A case study of the precautionary principle in the US and UK press. Quality & Quantity, 46: 501~522.

Krippendorff K. 2004. Content Analysis—An Introduction to its Methodology. United States of America: Sage Publications.

Lacy S, Riffe D, Stoddard S, et al. 2001. Sample size for newspaper content analysis in multi-year studies. Journalism & Mass Communication Quarterly, 78: 836~845.

Lance B W. 1996. News: The Politics of Illusion. New York: Longman.

Lawrence R G. 2000. The Politics of Force: Media and the Construction of Police Brutality. Berkeley: University of California Press.

Levinsen K, Wien C. 2011. Changing media representations of youth in the news—a content analysis of Danish newspapers 1953–2003. Journal of Youth Studies, 14: 837~851.

Lines W J. 1991. Taming the Great South Land: A History of the Conquest of Nature in Australia. North Sydney: Allen & Unwin.

Lombard M, Snyder-Duch J, Bracken C C. 2002. Content analysis in mass communication: Assessment and reporting of intercoder reliability. Human Communication Research, 28: 587~604.

Mckay J. 2005. Water institutional reforms in Australia. Water Policy, 7: 35.

Milly P C D, Betancourt J, Falkenmark M, et al. 2007. Stationarity is dead : Whither water management. Ground Water News & Views, 4: 6~8.

Murphy J T, Ozik J, Collier N T, et al. 2014. Water relationships in the U.S. Southwest: Characterizing water management networks using natural language processing. Water, 6: 1601~1641.

Murray Darling Basin Authority. 2013. Surface water in the basin. http: //www.mdba.gov.au/what-we-do/water-planning/surface-water-in-the-basin. 2012-10-18.

Neuendorf K. 2002. The Content Analysis Guidebook. Thousand Oaks, California: Sage Publications.

Pahl-Wostl C, Tabara D, Bouwen R, et al. 2008. The importance of social learning and culture for sustainable water management. Ecological Economics, 64: 484~495.

Poindexter P M. 2000. Research in Mass Communication: A Practical Guide. Boston: Bedford/St. Martin's.

Rammel C, Stagl S, Wilfing H. 2007. Managing complex adaptive systems — A co-evolutionary perspective on natural resource management. Ecological Economics, 63: 9~21.

Riffe D, Aust C F, Lacy S R. 1993. The effectiveness of random, consecutive day and constructed week sampling in newspaper content analysis. Journalism & Mass Communication Quarterly, 70: 133~139.

Riffe D, Lacy S, Fico F G. 2006. Analyzing Media Messages: Using Quantitative Content Analysis in Research. New Jersey: Lawrence Erlbaum.

Roznowski J L. 2003. A content analysis of mass media stories surrounding the consumer privacy issue 1990—2001. Journal of Interactive Marketing (John Wiley & Sons), 17: 52~69.

Savenije H H G, Van Der Zaag P. 2008. Integrated water resources management: Concepts and issues. Physics and Chemistry of the Earth, Parts A/B/C, 33: 290~297.

Skinner D, Langford J. 2013. Legislating for sustainable basin management: The story of Australia's Water Act (2007). Water Policy, 15: 871~894.

Tàbara J D, Ilhan A. 2008. Culture as trigger for sustainability transition in the water domain: The case of the

Spanish water policy and the Ebro river basin. Regional Environmental Change, 8: 59～71.

The Sydney Morning Herald. 2014. The Sydney Morning Herald Media Kit 2014. from http: //adcentre. com.au/ wp-content/uploads/SMH-Media-Kit.pdf. 2014-3-25.

Tresch A. 2009. Politicians in the media: Determinants of legislators' presence and prominence in Swiss newspapers. The International Journal of Press/Politics, 14: 67～90.

第 11 章　中国水管理制度变迁研究[*]

本章概要：研究和完善水资源管理制度和相关的管理机构，是水资源管理科学研究的主要内容和前沿方向。对西北地区黑河流域历史时期的水管理机构和管理制度进行系统梳理，得出历史时期流域水制度存在地方水权法规缺乏和民间章程不完善、流域水管理制度缺乏长远考虑、环境保护的相关规定匮乏等结论，从人口、经济、水事矛盾等方面总结了流域水资源管理制度变化的因素，提出必须转变水资源管理理念，做到从"流域中游均水"到"流域上下游均水"，从"经济均水"到"经济-生态均水"，从"工程水利"到"资源水利"，从"经济发展"到"人与自然和谐"，才能实现水资源的可持续开发利用。

Abstract：Water resource management system and its relevant policies are the main components of the scientific research of water resource management. The water management institutions and management systems in the historical period in the Heihe River Basin, Northwest China were studied, the existing problems of water resource management systems in this river basin were summarized. It concluded that there was lack of local laws and rules of water right, lack of long-term consideration of water management system in river basin, lack of the related rules of environmental protection. It summarized the factors of the rules of water resource management from the aspects of population, economy and water contradictions. It is necessary to change the water resources management system, from "water in the middle reaches of the river basin" to "water in the upper and lower reaches of the river basin", from "economic water" to "economic-ecological water", from "engineering water conservancy" to "water resources", from "economic development" to "harmony between man and nature" in order to achieve sustainable development and utilization of water resources.

水是人类生存、社会发展所依赖的基础性自然资源和战略性经济资源，实现水资源可持续开发利用的关键是科学的水资源管理制度。黑河流域自清代以来，人口快速增长，农业灌溉面积不断增加，经济的发展伴随着流域生态环境的逐渐恶化，水问题日益成为制约该区域社会经济发展的瓶颈。实施水管理制度的创新是解决水资源短缺问题的重要途径之一。通过对历史时期水管理制度的研究和分析，能够为现代水管理制度的建设提供借鉴，对黑河水问题的解决有着深刻的现实意义。

---

　　[*] 本章改编自：赵海莉、张志强、尉永平发表的《黑河流域水资源管理制度历史变迁及其启示》（干旱区地理，2014，37（1）：46-55）。

11.1　流域水资源管理机构的历史变迁

11.1.1　历史时期流域水资源管理机构的变迁

中华民族有着数千年的水资源开发利用历史和相应的管水机构。自春秋、战国始，直到民国，历代王朝都比较重视水利事业的发展，建立了相应的管理水事的组织。我国政权机构变化复杂，导致历代水利机构与职官多有更改。一般来讲，有以工部、水部系统为主的行政管理机构；有以都水监系统为主的工程修建机构及地方水官系统。相传舜帝曾令伯禹作司空，专门负责水利。《周礼》记载了先秦时期水官的设置及其职能。《周礼·地官·司徒第二》载："泽虞：掌国泽之政令，为之厉禁。使其地之人守其财物，以时入之玉府，颁其余于万民。凡祭祀、宾客、共泽物之奠。丧纪，共其苇蒲之事。若大田猎，则莱泽野，及弊田，植虞旗以属禽。"泽虞负责掌管国家湖泊之政令。国家根据湖泊的大小为泽虞配备属官，"泽虞：每大泽、大薮，中士四人，下士八人；府二人，史四人，胥八人，徒八十人。中泽中薮，如中川之衡。小泽小薮，如小川之衡。"秦、汉中央国家机构均设有都水长丞。汉武帝时期设水衡都尉，地方屯田卒中有"河渠卒"专职水利，亦有"监渠佐吏"为专门的水利管理机构。东汉至南北朝，基本上沿用此种官制，只是在称谓上有所变动。隋初在中央设水部侍郎，属工部领导。唐制规定，天下河渠水利诸事由中央尚书省工部尚书下属的水部郎中员外郎与都水监掌管，地方上则由州县官检校。而各水渠、斗门皆专门设立渠长、斗门长，主管行水浇田。

明清时期河西地区的水利管理多由当地的行政长官兼管，不设河渠方面的管理组织，但农官、渠长、水佬等专司水利。此外，作为农村基层行政组织头目的乡约、总甲、牌头等，也负有具体水管制任务。清光绪年间，河西各县均设水利通判，"专司排浚、防护、修筑之事"（表 11-1）（谭徐明，2010）。民国时期，先在农林、经济部设水利局、处，后又有水利委员会和水利部的成立来专管各流域水利事务（姚汉源，1987）。

可见，在我国历史上，主要是通过中央国家机构对水资源进行统一管理。我国历史上水制度的主要特点，就是水资源管理大体停留在表达国家所有权这个层面。而且，水资源国家所有之路，一直延伸到了今天。

11.1.2　中华人民共和国成立后水资源管理机构

20 世纪 70 年代以前，我国的水资源管理属于分散管理，涉及的机构有水利电力部、地质矿产部、农牧渔业部、城乡建设环境保护部、交通部等，流域所属各省（自治区、直辖市）也都设有相应的管理机构，是典型的"多头管理""多龙治水"，缺乏专门的法律支撑水资源的管理。20 世纪 80 年代，随着经济和城市建设的发展，行业用水量不断增大，水资源供需矛盾逐步显现。1988 年，《中华人民共和国水法》通过，明确指出国家对水资源实行统一管理与分级、分部门管理相结合的制度，国务院水行政主管部门负责全国水资源的统一管理工作，其他有关部门按照国务院规定的职责分工，协同负责有关的水资源管理工作，水资源管理开始向部分集中管理的方向发展。1999 年，水利部黄河水利委员会黑河流域管理局成立，实施黑河水量统一调度的职责（王元第，2003）。

表 11-1　我国历史上水管理机构的变迁

Table 11-1　The change of management institutions of water recourses

朝代	部门、机构	官职	职掌
夏商		水正	掌水务
西周		司空	掌工程营造和管理
春秋战国		川师、川衡、水虞、泽虞	掌水资源和水产
秦汉		都水及属官都水、令长	管理皇家园林水泽及京畿范围内的堤防陂池等
		少府及属官都水长丞、谒者	都水负责征收山海池泽税以及粮赋，谒者代表中央出使执行公务和祭拜山海河川诸神
		御史大夫	掌水务
		大司农	下辖的都水长丞决策水政务和主持水利工程
		尚书	属宫中的水曹，掌缮治、功作、盐池和苑囿
		司空	掌水土沟洫营建
		地方置水官	水官主平水，收渔税
三国、两晋南北朝	御史台	都水使者	掌天下河渠水利
	水部	水部郎中尚书水部郎西域各国设水曹	掌航政和水利、掌水道政令主管灌溉
隋唐	尚书省工部之水部司	水部郎中、员外郎、主事等	掌国家水政事务
	都水监之舟楫署及河渠署	使者、都尉	掌地方防洪治河
宋元	三司（盐铁司、度支司）	河渠使、发运使、转运使	盐铁司负责漕运、防洪，堤防兴建；度支司对水利工程建设经费筹集、经营负直接责任。河渠使、发运使、转运使，行使农田水利建设、运河管理和漕粮运输的管理
	都水监、河渠司	司农寺	对地方农田水利的管理
		监、少监和监丞屯田总管兼河渠司事	掌防洪和运河管理掌监管地方重要水利工程
明	都察院	御史	掌巡视河防及督理漕运
明清	工部之水部总督工部之都水清吏司	郎中、员外郎、主事等河道总督、漕运总督郎中、员外郎、主事等	掌水利工程建设掌河道和漕运事务掌川泽、河道、水利、沟渠等工程经费稽核与估销

11.2　流域水资源管理制度的历史演变与特点

我国古代的水制度是由国家的正式制度和以乡规民约为主的非正式制度相互补充而构成的。

11.2.1　先秦到汉的水制度

西周的《伐崇令》是我国最早的一部水法，其中明令禁止填水井，违令者斩，旨在保护居民饮用水资源。秦王朝时在丞相李斯的主持下，"明法度、定律令"，对水资源保护利用的法规都集中在《田律》之中。条文中对树木、水道、植被、鸟兽虫鱼等保护对象、禁捕时间、捕猎采集的方法以及对违犯规定的处理办法都作了详尽的规定，为后世历朝历代制定有关环境保护的法规提供了有益的借鉴。随着社会的繁荣、人口的增长，水资源日渐稀缺。西汉时期开始制定并不断完善水权法律制度，《水令》中首次制定了灌溉用水制度，规定对水资源合理分配使用。这一时期水资源管理制度的特点是以国家法令为主，对流域的管理体现在宏观层次上。

11.2.2　唐宋元时期的水制度

唐朝以前，国家的水资源管理制度体系是零碎不成系统的。这种状况从唐朝开始得到改观。在《唐律疏议》《唐六典》中，有调整各种水事社会关系的法律规定。《水部式》是我国古代比较系统的水行政管理的专门法典，涉及农田水利管理、水碾设置及用水量的规定，水事纠纷的协调和奖惩，运河、船闸、桥梁的管理和维护等。例如，"诸溉灌小渠上先有碾硙，其水以下既弃者，每年八月卅日以后，正月一日以前听动用。自余之月，仰所管官司，于用硙斗门下着锁封印，仍去却硙石，先尽百姓灌溉。若天雨水足，不须浇田，听任动用。其旁渠疑有偷水之硙，亦准此断塞。"

《水部式》规定先保证灌溉用水，其次才是碾硙用水。《唐六典》中也有"凡水有灌溉者，碾硙不得与之争利"。《水部式》也确定了轮灌制度："凡浇田，皆仰预知顷亩，依次取用；水遍即令闭塞。务使均普，不得偏并。"

《水部式》中还规定了对渠、堰、斗门的建造与修护。例如，"其斗门皆须州县官司检行安置，不得私造。"如果堰的建造不影响水利灌溉，则是允许的。《水部式》中又载："诸灌溉大渠有水下地高者，不得当渠造堰，听于上流势高之处，为斗门引所。……其傍支渠有地高水下，须临时暂堰灌溉者，听之。"主渠不可造堰，如筑堰会造成水位提高，对主渠行水造成一定压力，容易使主渠受到损坏，因而只允许在支梁"地高水下"处造堰，体现了对基本水利设施要进行保护的思想。

宋元时期的水制度大都依唐例，但水事法规有了进一步发展。《农田水利约束》是宋代时期全国性开发农田水利的政策法规，它从法律上强化了水的公有性。宋代的水行政立法、执法十分严格，在《宋建隆重详定刑统》（简称《宋刑统》）中，对盗水、破坏水事工程等行为作了明确的处罚规定。元朝基本法典《大元通制》有不少关于堤渠桥道等方面的水事法律。李好文在《长安志图》的《洪堰制度》、《用水则例》及《建言利病》则进一步发展和细化了水权制度。这一时期的水制度特点是正式制度与非正式制度并存，即以国家法律颁布的水事法律和地方法规及乡规民约等非正式制度所构成，但以国家法律为主导。

11.2.3　明清至中华人民共和国成立前的水制度

清康雍乾三朝都非常重视对河西走廊的经营，致使该区域人口急剧增加，水资源短缺问题日益凸现，水利纠纷频繁，迫切需要解决流域均水问题。而张掖各县，在明朝时期多采用"按粮取水，点香计时"的方法均水，但其弊端较多，水事纠纷不断。至清代，政府对黑河流域的分水作了新的规定，最为典型的是清雍正四年（公元 1726 年），由陕甘总督年羹尧制定的"均水制"。据《甘州府志》记载"陕甘总督年羹尧赴甘肃等州巡视，道经镇夷五堡，市民遮道具诉水利失平。年将高台县萧某降级离任，饬临洮府马某亲诣高台，会同甘肃府道州县妥议章程，定于每年芒种前十日寅时起，至芒种之日卯时止，高台上游镇江渠以上十八渠一律封闭，所均之水前七天浇镇夷五堡地亩，后三天浇毛、双二屯地亩"，这一制度一直沿用到新中国成立。此外，这一时期还出现了很多由传统习俗或习惯演变而来的非正式制度，依靠道德舆论或宗族的力量来维持。明清时期有大量的史料对微观层次的非正式制度作了详细描述。

民国时期流域水资源开发利用的政策主要包括河西各地在历史发展过程中形成的民间水利规则、水利碑刻、水册或水利执照等，其内容包括分水惯例、用水顺序、水权取得、流量计算、均平用水、工役负担、纠纷解决等方面。民国三十一年，国民政府颁布《水利法》，是我国第一部建立在近代水利科学基础上的国家级法规。特别是水权部分既具有时代的特点，又承继了传统，借鉴了西方水权概念。此后，行政院发布《水利法施行细则》和《水权登记规则》，进一步强调了水权执行中应注意的问题。还编印了《讲习大纲》，但由于处于特殊的历史时期，《水利法》不能充分贯彻实施，水权也不能完全保障，并且也未将水资源所有权的问题明确列入。

总体来讲，由于我国历史上是高度中央集权的封建制国家，水资源又自古属于国家所有，因此，但凡水制度的存在，大多都是由国家统一制定，其效力覆盖全国范围内的每一条河流，西北地区的黑河流域自然也不例外。明清以前，针对某一流域所作的专门的地方性或流域性政策规章极少。明清以后，特别是民国时期，这种现象有所改观。水制度的建立逐渐由国家正式制度发展到灌区微观管理为主要特色，乡规民约构成了水制度的主体，河西地区就有如《敦煌县水利规则》《民勤县水利规则》等地方规制的出台，河西各县分水渠、系大都建立"宪示碑文"（水利碑文），本着"按地载粮、按粮均水"之原则立石刻文，载明各坝额粮额水、分水渠口长阔、水管人员职责等内容（图 11-1）。这可能是由于国家版图的不断扩大以及人口的激增，需要更多的地方规制对当地的具体情况进行约束（张允和赵景波，2009）。另外还有《甘肃省各县水利委员会组织大纲》《甘肃省水渠灌溉管理规则》《水渠水董会组织章程》的颁布。甘肃水利林牧公司成立后，先后针对河西各地水利改造和管理提出了一些不能称之为法规的计划书、勘察报告等，无法形成普适系统和行之有效的水权法规，使得河西地区水利纠纷比比皆是、频频发生。作为各地水利事务主管机构的县政府，在处理水利事务时没有统一完善的法律条文可以依据。因此，水利习惯、以往判词都成为处理纠纷的依据，甚至还有官员的个人态度、地方势力的影响伴随其中，在纠纷的处理上往往无力无效。从我国流域水管理的演变来看，无论是国家层面的水制度还是地方水管理法规，亦或是流域的水利规则，其内容都是针对当时的实际情况制定的，大多是为了发展农业生产而进行的"经济均水"性质的水资源管理。在黑河流域没有出现人地矛盾、地水矛盾之前，这些制度行之有效。但到了清朝后期，出现了人口的不断增长与水资源短缺之间的矛盾后，这些规则就显示出了它的局限性。流域水资源的开发利用方式只是盲目地为了保证经济效益，一味地"经济均水"而不考虑生态用水，产生了一系列的生态问题，造成该区域人水关系的不和谐（崔云胜，2003）。

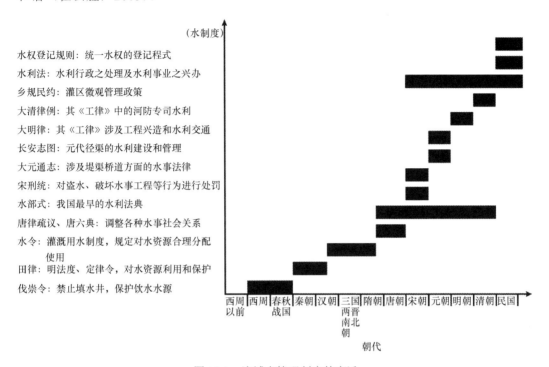

图 11-1　流域水管理制度的变迁

Fig. 11-1　The change of water management system in the river basin

11.2.4　中华人民共和国成立后的流域水资源管理制度

中华人民共和国成立以后，黑河流域仍沿用旧的均水制度。1953 年，河西大旱，下游提出均水要求，1956 年形成了一年两次的均水制度。但随着中游地区人口的迅猛增加及耕地的扩张，水资源开发过度，尾闾西居延海 1961 年宣告枯竭，东居延海也于 1992 年消失。1997 年 12 月，国务院审批了《黑河干流水量调度方案》。1999 年 1 月，中央机构编制委员会办公室批准成立水利部黄河水利委员会黑河流域管理局，明确其实施黑河水量统一调度的职责。2000 年，黑河全流域分水开始正式实施。2001 年 8 月，国务院批复《黑河流域近期治理规划》，2009 年 5 月，水利部颁布了《黑河干流水量调度管理办法》，为巩固扩大黑河水资源统一管理与调度成果提供了法规依托和保障。但总体来讲，黑河流域虽开发历史悠久，自汉代进入了农业开发和农牧交错发展时期，汉、唐、西夏年间移民屯田，自唐而始大规模水利开发，促进河西走廊社会经济的大发展，使得这一地区"家给人足，莫不欣欣乐业"。直到今天，肃州的五大支渠，甘州黑河沿岸的大满渠、小满渠、古浪渠、马子渠，武威的黄羊渠、大七渠等，还在继续发挥着作用。而大规模的移民屯田和水利开发，超过绿洲的生态承载力，使绿洲生态环境不堪重负，土地荒漠化也就在所难免。古人用水、管水态度严明、做法细致，但是由于知识水平所限，没有意识到环境的破坏问题，因此也不可能制定专门的生态保护法规来规制水资源的合理利用（沈满洪和何灵巧，2004）。

11.3　流域水资源管理制度变化的因素分析

11.3.1　人口因素的作用

　　美国新制度经济学家诺斯认为，人口增长是制度变迁与制度创新的主要动力，人口增长会对生活资料和资源产生压力。黑河流域虽然开发历史悠久，但在清代以前，该区域的人口一直维持在较小的规模内，人口的增长率接近零。流域水资源可以满足当地人吃水和灌溉的需求。但是从清代开始，人口激增（图 11-2）（沈满洪，2004），这必然要求灌溉面积相应增长，继而是用水量增长，在水资源总量保持基本稳定的条件下，原本的灌溉方式必然会出现问题，要求制定新的制度来满足上下游、各县乡之间的分水问题。

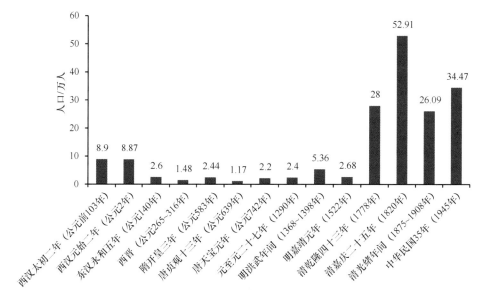

图 11-2　黑河流域历史时期人口变化

Fig. 11-2　The population change in different historical period of Heihe river basin

11.3.2　经济因素的作用

　　西汉武帝在位时将黑河流域纳入汉王朝版图后，开始在河西地区修筑边塞、设置郡县、徙民实边、发展屯田，促进了该地区的开发。西汉元始二年（公元 2 年），流域耕地面积 4.03 万 hm^2，土地开发强度为 0.28 %，水资源利用率为 10.1 %。其后各朝，黑河流域的开发经历了多次起伏。清朝建立之初，并不重视对河西地区的开发。黑河流域在经过明末清初多次战乱之后，田地荒芜。雍正年间，由于对准噶尔部战争的需要，清政府开始在河西地区大兴屯田。后经过乾隆时期的持续开发，黑河流域的农业经济逐渐达到中国古代的最高水平。清乾隆四十一年（公元 1776 年），流域耕地面积为 11.12 万 hm², 土地开发强度为 0.78%, 水资源利用率达到 28.2%。民国成立后的前 20 年, 河西地区局势动荡, 农业生产并没有太大的发展, 甚至比清朝后期还要衰落。20 世纪 40 年代是黑河流域农业发展较快的时期, 原有渠道大多得到修复, 灌区迅速恢复。新中国成立初期的 1950 年, 流域耕地面积为 22.11 万 hm², 土地开发强度为 1.55%, 水资源利用率达到 55.5 %。流域耕地面积和土地开发强度的不断加大, 水资源利用率的不断提高, 促使了流域水利工程的不断建设, 也是流域水资源利用管理制度从国家宏观管理到灌区微观管理转变的主要因素 (石亮, 2010; 董惟妙等, 2012; 崔云胜, 2005)。

11.3.3　水事矛盾的推动

随着流域人口的不断增长, 在靠水利灌溉解决农业生产的黑河流域社会, 用水量的增长必然导致水事矛盾的尖锐化。"河西讼案之大莫过于水利", 在水事纠纷中, 主要是上游与下游、主渠与支渠、番与汉、汉与汉之间的纷争。清时期曾专修《水案》进行专篇记载 (表 11-2) (李并成, 2002)。中华人民共和国成立后, 内蒙古 20 世纪 60 年代提出甘肃、内蒙古分水问题。甘肃省内部用水矛盾也十分突出, 每年 5～6 月的 "卡脖子旱" 期间, 黑河中游地区用水纠纷十分频繁。仅 1993～1999 年, 张掖市、临泽县、高台县就发生水事纠纷 152 起、水事案件 123 起, 其中多起是因抢水而破坏水利工程的恶性案件 (肖洪浪和程国栋, 2006)。

表 11-2　民国前黑河流域水事纠纷
Table11-2　The water disputes of Heihe river basin

水案名称	涉及县域	渠坝	时限	结果
黑河西六渠案	张掖	东六渠、西六渠	嘉庆十六年 (公元 1811 年)	新沟一律填平, 依旧照规分水
镇夷五堡案	高台 张掖 抚彝	张、抚、高各渠	康熙五十八年 (公元 1719 年)	以芒种前十日, 封闭渠口, 浇灌镇夷五堡及毛目二屯田苗, 十日之内不遵定章擅犯水规渠分, 每一时罚制钱二百串文, 各县不得干预
丰稔渠口案	抚彝 高台	小鲁渠、丰稔渠	光绪三年 (1877 年)	丰稔渠派夫修筑渠堤, 以三丈为度, 小鲁渠不得阻滞, ……渠堤筑成后, 并令堤岸两旁栽杨树三百株, 以固堤根。小鲁渠谊属地主, 应随时防 (获) [护]不得伤损, 以尽同并相助之义
黑河水案	高台、临泽	三清渠、小鲁渠 丰稔渠、柔远渠 新工渠	民国时期	省政府指示, 派甘肃河西水利工程总队, 由当地进行水利维修, 或饬令按时闭口
	高台、临泽、鼎新	小新渠、三清渠		
	临泽、鼎新	小新渠		
小满渠案	张掖	小满渠二号、新渠	民国时期	屯户与坝民分时段浇溉, 并且严令遵守
柔远渠案	高台	黑河柔远渠	民国时期	
大满渠水利案	张掖	大满渠	民国时期	
沤波渠水利案	张掖	黑河沤波渠	民国时期	

流域水事纠纷的出现，虽然免不了自然因素的影响，但主要还是社会因素的作用：流域与行政区划的不一致，上游占据地利优势，多拦截河水，使下游涸竭；河源水脉融贯，有时确实难以区分此疆彼理；土地沙化，水渠渗漏加剧，有些渠坝就要求从其他渠坝分水和开垦湿地以增加耕地，势必造成用水矛盾；迁移回民从事农业，与汉民屯田用水发生矛盾；地方官处理不力等。而解决流域争水矛盾的方法，除了新开灌渠外，主要是建立分水制度。"均水制"产生的背景就是水事矛盾突出，百姓投诉不断，若不加以有效处置，必会危害社会稳定。因此，可以说水事矛盾的出现及其解决是推动水管理制度变化的主要因素之一。清朝年羹尧的"均水制"概莫如此。除此而外，按修渠"人夫使水""计亩均水"等都是分水的原则，无论是政府出面进行的分水还是由民间根据各渠坝、各户之间的粮食产量和亩数进行的分水，都是为了解决在生产生活中出现的用水矛盾而建立的制度，其实质是"经济均水"（李静和桑广书，2010；王培华，2004）。

11.4 流域水资源管理制度变迁的现实启示

黑河流域水资源管理制度最鲜明的就是"均水制"。应当说在汉代开千金渠以后就有均水制度。千金渠引水距离几百千米，沿途引水口肯定很多，大家一起集中灌溉几乎不可能，只有实行均水轮灌才能解决上下游用水矛盾，但至今没有发现文字记载。唐代开元时颁布的《水部式》可能是最早涉及黑河流域的水资源管理的法规。清代年羹尧总督陕甘，为保证下游高台西部及鼎新境内各渠用水而制定黑河均水制度，一直沿用到中华人民共和国成立初期。20 世纪 60 年代的"一年两次"均水，解决的是甘肃内部县区之间的水资源平衡问题，2001 年制定了《黑河干流水量分配方案》，确定了水权交易制度，对流域水资源的合理开发利用及节水技术的普遍推广产生了重要作用，是需要进一步大力推广和进一步完善的制度。黑河流域的水资源管理将长期是流域经济社会可持续发展、人与自然和谐所面临的主要问题，完善流域水资源管理制度和机制，可以从考查流域水资源管理的历史发展中得到一些有益的启示。

11.4.1 培育流域先进水文化

水文化核心是治水和管水，从古到今的治水实现了中华民族的凝聚，而对水资源的管理则影响到社会管理体系和国家体系的建立。中国古代，由于大规模水利工程施工和管理的需要，必须建立一个遍及全国或至少覆盖重要地区的组织，并有能够统一调度指挥的人物，于是就形成了中央集权和地方分权相结合的管理系统和统治权力，并代代延续。特别在缺水地区，人水矛盾突出，如何合理配置水资源，涉及千家万户，是关系到社会能否安定和谐的大事。而在水资源日益匮乏、生态环境日益恶化的当今社会，节水、护水需要应用科技手段、法律手段和经济杠杆，但更为重要的是发挥水文化的作用，树立新的用水节水理念，发展以生态文明为主导的先进水文化。当前，黑河流域水资源配置规划中的偏向仍然是对社会经济用水的预测偏高，对河流生态和环境需水的估计偏低。要实现流域人与人和谐、人与水和谐，首先要树立流域"水-经济-生态"系统性理念。在维护本地区、本地段的各项利益的同时顾及上下游及其他利益群体的合法权益，大力维护水体的生态平衡，保证水环境具备自我涵养、自我修复的生态条件。其次，要从供水管理向需水管理转变。长期以来，水利工作的管理思想是努力满足社会用水要求。为了向社会提供充足的水资源，就需要取水，取水不够就蓄水，蓄水不够就调水。随着社会进入快速发展时期，人均水资源占有量在减少，水污染加剧。要实现水利事业的持续发展，水管理应当采取新措施。管水不是简单地保证使用，而是要更多地考虑满足需要，要计算单位水使用效益，要在水资源承载力范围内规划生产布局和生活消费，努力使宝贵的水资源产生最大价值。同时大力推广节水技术，加大治污和生态保护力度，为当代及后代人民生活和社会发展需要提供优质的水资源。

11.4.2　创新流域均水制度

1. 从"流域中游均水"到"流域上下游均水"

从黑河流域的实际状况来看，上游主要是原始森林与牧场，中游是种植区，下游是荒漠，水资源利用主要集中在中游地区，历史上的"均水制"当然主要涉及的是流域中游地区的各县和各渠坝。但是随着清初流域开发区域的扩大，特别是新中国成立以来，在人口政策、农业产业政策的影响下，黑河流域中游农业需水量大幅度增加，进入流域下游特别是额济纳旗的水量锐减，生态环境急剧恶化。因此，在中游进行的均水没有顾及全流域的用水需求，是在没有考虑生态用水前提下实施的。进入 21 世纪，省份间、流域上下游之间的均水开始正式实施，从片面保证中游地区的粮食生产转向兼顾中游产业结构调整和下游生态用水需求，这是从"粮食生产偏好"到"生态保护偏好"的用水制度的根本转变，而从"流域中游均水"到"流域上下游均水"的新的"均水制"仍需进一步的制度化、科学化完善。

2. 从"经济均水"到"经济-生态均水"

分析黑河流域人口变化情况可以得出，直到清代中叶以前，流域人口处于一个缓慢变化的阶段，总体数量很少，基本没有超过 3 万人，尽管该区域的农业生产全资灌溉，但其水量完全可以满足人口的生产与生活需求，产业结构也以农牧结合为主，当时的"均水制"是单纯的"经济均水"。而当清朝末期以后，黑河流域人口与屯田数量急剧增加，完全依靠灌溉农业维持人民的生活，生产方式的转变势必会导致水资源用量的大幅度增加，在水资源总量既定的条件下，水资源的短缺现象不可避免地出现了，反映到制度上，单纯的以发展经济目的的均水，必会导致区域生态环境的加速恶化，水量进一步减少，以考虑流域生态-经济协调、平衡生态为目的的"经济-生态均水"就成为流域水资源利用的必然选择。如何由单纯的"经济均水"转向科学合理的"经济-生态均水"成为流域均水必须考虑的现实问题。

3. 从"工程水利"到"资源水利"

黑河流域从汉代的千金渠起，就迈开了工程水利的步伐，以后的各朝各代，都进行了水利工程的修建。20 世纪以来，人口的增长、经济的发展和城市化等因素给水资源带来了巨大的压力：一是生产、生活用水量的急剧增加，人们对水质的要求不断提高；二是城市集中供水量骤增；三是生活废水、工业污水迅速增长，三者都导致了能够有效利用的水资源量在不断减少。为了满足生产生活用水，截至 2010 年，张掖市建成万亩以上灌区 24 处，建成中小型水库 48 座，塘坝 34 座，总库容 2.14 亿 m³；建成干、支渠 814 条，长 4323km；建成农村饮水工程 297 处，年供水能力约 3800 万 m³，建成中小水电站 73 座，装机容量 79 万 kW；兴建提灌站 141 处，总装机 3598kW，配套机电井 6228 眼；建成条田 13.6 万 hm²，灌溉面积保持在 25.3 万 hm²，形成了以中小型水利设施为骨干、推进高效节水为重点、地表水地下水综合开发利用并举、渠井林田相配套的水利体系运行格局[①]。但是区域的生态环境仍然持续恶化，仅靠修建水利工程不能解决问题，打井开渠也未必就能引到水。因此，必须重视和研究流域水资源问题，认识到必须从资源的开发、调配等方面来满足社会发展对水资源的需求，资源水利取代工程水利，并逐渐在水利事业中占据主导地位，这是社会发展的规律。

4. 从"经济发展"到"人与自然和谐"

黑河流域 2010 年总的水量中，用于农业灌溉的为 20.8 亿 m³，工业用水 0.6 亿 m³，生活用水 0.6 亿 m³，生态用水 2.5 亿 m³。产业、生活用水占到总水量的 88%，这对于一个干旱半干旱区来讲，是极为不合理的。单纯追求产业发展和经济利益的增长势必不可取。纵观人类发展史我们可以看出，原始社会，人依附于自然，处于"天人合一"的原始和谐状态，农业社会，人类开发利用资源，改变自然，但还没有对自然造成较大的破坏，进入到工业社会后，人类的自信心和对生存环境的不满足感，驱使人类去"征服自然、统治自然，毫无节制地掠夺、索取"。一方面造成了对自然破坏性的灾难，另一方面也招致了大自然的报复和惩罚。"人与自然和谐相处"是经济社会高度发展的必然要求，也是破解水问题的核心理念（周玉霞，2004；升允修和安维峻纂[②]，1909；陈亚宁等，2012）。

参 考 文 献

陈亚宁，杨青，罗毅，等. 2012. 西北干旱区水资源问题研究思考. 干旱区地理，35(1): 1～9.

崔云胜. 2003. 对黑河均水制度的回顾与透视. 敦煌学辑刊，44(2): 144～146.

崔云胜. 2005. 从均水到调水——黑河均水制度的产生与演变. 河西学院学报，2(3): 33～37.

董惟妙，安成邦，赵永涛，等. 2012. 文献记录的河西地区小冰期旱涝变化及其机制探讨. 干旱区地理，35(6): 946～951.

李并成. 2002. 明清时期河西地区"水案"史料的梳理研究. 西北师大学报，39(6): 69～73.

李静，桑广书. 2010. 西汉以来黑河流域绿洲演变. 干旱区地理，33(3): 480～484.

李俊利. 2016. 水行政管理研究. 北京: 中国水利水电出版社.

沈满洪，何灵巧. 2004. 黑河流域新旧"均水制"的比较. 人民黄河，26(2): 27～41.

沈满洪. 2004. 区域水权的初始分配——以黑河流域"均水制"为例. 制度经济学研究，(3): 64～79.

---

① 张掖市水务局. 2010. 张掖市"十一五"节水型社会建设总结.

② 升允修、安维峻纂. 1909.《甘肃新通志》卷 10《舆地志·水利》引乾隆《甘州府志》，宣统元年刻本.

石亮. 2010. 明清及民国时期黑河流域中游地区绿洲化荒漠化时空过程研究. 兰州大学硕士学位论文.

谭徐明. 中国古代水行政管理的研究. http://tieba.baidu.com/2646546514. 2010-07-22.

王培华. 2004. 清代河西走廊的水利纷争与水资源分配制度——黑河、石羊河流域的个案考察. 古今农业, 4(2): 60～67.

王元第. 2003. 黑河水系农田水利开发史. 兰州: 甘肃民族出版社.

肖洪浪, 程国栋. 2006. 黑河流域水问题与水管理的初步研究. 中国沙漠, 19: (1)1～5.

姚汉源. 1987. 中国水利史纲要. 北京: 水利电力出版社.

张允, 赵景波. 2009. 中国水制度的历史演变特征与启示. 前沿, (2): 98～101.

周玉霞. 2004. 我国清代以来水管理研究. 武汉: 武汉大学博士学位论文.

第12章 黑河流域水资源开发利用研究[*]

本章概要：基于对黑河流域水资源开发利用的演变过程的系统梳理，根据历史时期不同阶段灌溉农业发展的特征，将该开发过程划分为4个阶段：逐水安居阶段（西汉之前）、初步开发利用阶段（西汉至元代）、迅猛发展期（明清时期）和全面开发利用时期（1949～2000年）。通过对比分析黑河流域水资源管理制度的演进、灌渠分布、耕地面积、人口数量、灌溉用水量的变化，指出各阶段黑河流域水资源管理存在的问题，为新时期黑河流域的水资源开发利用提出3点建议：严控流域水资源的开发利用强度、缓解水资源的工程化利用方式与水循环转化自然规律之间的矛盾以及健全流域水资源管理制度与政策。

Abstract：Based on the analysis on the population, development of water and land resources, irrigation channels distribution, and water resources management institutions in the historical periods with the data collected from the local historical ethnographies and historical geography information, the water resources utilization of the Heihe River Basin was divided into four periods: ①the natural balance period before the Han Dynasty, the water was used by the ethnic minority; ②from the Western-Han Dynasty to the Yuan Dynasty, the irrigation agriculture was developed but the water resources were not the limiting factor of economic development; ③with the growth of population, the water resources was largely developed during the Ming and Qing Dynasty; ④from the establishment of the People's Republic of China to 2000, the water resources was fully developed. Some experiences and lessons were provided for the future water resources management in the Heihe river basin.

  甘肃省河西走廊的黑河流域是西北干旱区最有代表性的一个内陆河流域，水资源主要来源于祁连山区的降水和冰雪融水，径流进入平原走廊区后，绝大部分地表径流通过渠系拦截用于灌溉农田（蓝永超等，2003）。黑河流域灌溉农业历史悠久，目前不合理的开发利用，水资源已成为社会经济发展和生态建设的主要制约因素。文中从历史地理学的角度出发，研究流域水资源开发的时空过程。通过水资源开发史的回顾，分析流域水资源管理制度存在的问题，以期为现代流域综合管理提供可以借鉴的历史经验与教

　＊本章改编自：唐霞、张志强等发表的《黑河流域历史时期水资源开发利用研究》（干旱区资源与环境，2015，29（7）：89-94）。

训，促使人水和谐发展。

12.1　黑河历史时期水资源利用的变化

黑河流域最早的水资源利用始于奴隶社会的夏禹（公元前 21 世纪），迄今已有 4000多年的历史。据《尚书·禹贡》记载，"导弱水至于合黎，入余波于流沙。道黑水，至于三危，入于南海"，故大禹治水涉及张掖境内的弱水（今山丹河）和黑河二水（王元第，2003）。鉴于黑河流域开发历史悠久，为了能够更加全面地论述水资源开发史，根据各时期水资源开发利用的强度、人口规模、农田水利工程建设以及耕地规模将其划分为以下 4 个阶段。

12.1.1　逐水安居阶段

历史学家先后对黑河流域进行了大量的古代遗址考证（山丹四坝滩遗址、壕北滩遗址、高台六洋坝遗址、西城驿沙滩遗址、民乐东灰山遗址、金塔火石梁遗址等），这些考古发现说明从原始社会至商周时期，新石器时期黑河流域的先民们历经了马家窑文化、四坝文化、沙井文化等（王元第，2003；方步和，2002）。春秋战国时期，河西地区为羌、月氏、乌孙等少数民族所占据，他们依靠河西走廊绵长的绿洲生态环境和祁连山一带充足的水源及丰草茂林从事游牧活动。后来，匈奴冒顿单于在汉高帝元年（公元前 206 年），击走月氏，河西分属浑邪王和休屠王的属地。在浑邪王狭长的属地内，以祁连山雪水为源，地表水较为丰富，还伴有地下泉水。大河小溪，沟川纵横，其中弱水（今山丹河），羌谷水（今黑河），从东到西，纵贯河西走廊中部，形成了许多良好的牧场，其中包括东亚最大的草滩（今山丹军马场）。匈奴人充分利用这些优越自然条件发展畜牧业，养殖战马、骆驼、牛羊、野马等（方步和，2002）。少数民族统治时期，由于缺乏对流域水资源开发利用的意识，仅从事逐水草而徙居的游牧活动。

自新石器时代到汉武帝开拓河西（公元前 121 年）之前，流域内生活过不同的游牧民族。由于生产水平低下，人们只认识到流域"水草丰美，宜畜牧"，对农田水利仍无开发之需要。所以这个时期人类被动地适应自然环境，在水草丰美的地方安营扎寨，对流域的影响相当有限，属于原始用水阶段。

12.1.2　农田水利初步开发利用阶段

汉武帝元狩二年（公元前 121 年），大将霍去病两次西征击败匈奴。元鼎六年（公元前 111 年），"初置张掖，酒泉郡，而上郡、朔方、西河、河西开田官，斥塞卒六十万人戍田之"（《史记·平准书》）。其中，张掖郡治䖇得，领 10 县。为了巩固边防，流域自汉武帝起开始了移民屯田、开渠引水以发展灌溉农业。此时兴修水利作为西汉"富国强兵"战略的一个组成部分。为了管理农田水利，汉王朝建立了一套严密的管理组织、制度和方法，管理农田水利的"农都尉"和"田官"，组织引水治渠的"水门卒""河渠卒"等，粮食产量猛增，从而保证了军需民用（甘肃省张掖地区行政公署水利电力处，1993）。

东汉至西晋，河西走廊屡遭匈奴侵犯，战乱不断，农田水利设施遭到破坏。西晋末年，各少数民族先后占领了黑河流域，朝代更替、战乱频繁，出现"州县萧条，户口鲜少，十室九空，数郡萧然"的荒凉景象（甘肃省张掖市志编修委员会，1995）。唐王朝建立后，采取休养生息和鼓励农耕的政策，推行均田制，十分重视河西走廊农业生产和水利开发。尤其是唐长安元年（701年），郭元振为凉州都督时，派李汉通到张掖整修水利设施，扩大耕作地亩，试种水稻成功，年收入稻麦等作物达40余万斛[①]（王元第，2003）。武则天时期（公元690～705年），仅张掖有40余处屯田，分布在黑河水系各流域平坦广阔之处；均田也大多在渠道两旁，开渠引水灌溉极为便利。据考证，唐时所修水渠可灌溉中游农田约46.5万亩（王元第，2003；方步和，2002；甘肃省张掖市志编修委员会，1995）。

元朝驻扎在甘州的军队不断稳定局面，整治水利屯田，逐步恢复当地的农业生产。元朝政府大力提倡推行水车灌溉高地，"橙槽"的应用也使许多土地便于引水灌溉，不断扩大屯田网，黑河流域的水稻种植面积也有所扩大（王元第，2003）。至元十八年（1281年），四川宣慰司都元帅刘恩率军万人驻扎甘州，诏留屯田。即在甘州黑山、满峪、泉水渠、鸭子翅等地兴修水利，屯田面积达1164顷[②]有余（甘肃省张掖地区行政公署水利电力处，1993）。但是，从总体来看，元代统治者不重视农业生产，使得中国的生产力倒退了许多年，仅在局部地区农业生产得以恢复和发展。

汉代和唐朝是强大的封建帝国，能够有效地控制河西走廊，具有雄厚的人力和财力来经营流域的屯田事业。相反，处于分裂割据或者游牧民族经营时，农田水利建设不是遭到破坏，就是荒废无用。所以，从西汉到元朝，水资源开发利用主要通过兴修水利来满足屯田之需，也未见水事纠纷的记载，属于初步农业计划用水阶段，农田水利开发对流域的影响有限。

12.1.3　农田水利迅猛发展期

明代在黑河流域共设7卫2000户所，大量移民兴办屯垦。明朝政府时常派遣大臣以不同身份来甘肃行省诸卫所督察屯田及兴修水利之事，所以农田水利得以恢复和快速发展。众多河渠工程，并非都是明代所开，部分是在前朝废旧淤塞基础上复浚的（王元第，2003）。黑河水系引渠名目繁多，闸口随着地亩增多，灌溉亩数都有史书详细记载（甘肃省张掖地区行政公署水利电力处，1993；甘肃省张掖市志编修委员会，1995）。根据《中国大百科全书·水利》统计，明代仅张掖一地就有灌渠110条之多，灌溉面积达到1.17万余顷。

清代，地方政府特别重视水资源的开发利用，康熙二年（1663年），清巡道袁州

---

① 唐代1斛=10斗=100L。
② 1顷=66 667 m²。

佐在《重修中龙王庙》中云"屯田之兴，莫重于水利"，已将水提到首要地位。清初顺治至乾隆年间采取了一系列促进农业经济恢复的措施，流域的荒地开垦和耕地面积不断扩大。清政府诏令各地方官吏招流民到河西屯田，并在明代开发的基础上大规模兴修农田水利，使渠道密如蛛网，基本形成了内陆河灌区系统。在乾隆三十七年（1772年），甘州知府钟赓起修编《甘州府志》时，统计出甘州府各县在黑河各水系引水灌溉修建的水渠多达 127 条，高台、民乐、山丹等地加强开发灌区（甘肃省张掖市志编修委员会，1995）。

明清时期，河西走廊人口迅速增加，统治者十分重视黑河流域的农田水利建设，相继开凿了大量灌溉渠道。为了发展水利事业，河西地区的水利管理多由当地的行政长官兼管，虽然不设立河渠方面的管理组织，但是农官、渠长、水佬、水利把总等专司水利，并且农村基层行政组织头目的乡约、总甲、牌头等，也负有水管制任务（田尚，1986；赵海莉等，2014）。明朝时期，黑河水系农田灌溉采取"按粮取水，点香计时"的方法来决定各地浇灌时间，但其缺乏科学性（只认时辰而忽略了河流水势的大小），水事纠纷不断。乾隆《五凉全志》记载"河西讼案之大者，莫过于水利一起，争端连年不解，或截坝填河，或聚众毒打"（甘肃省张掖地区行政公署水利电力处，1993）。为此，清政府对黑河水系的分水设坝作了新的规定，最为突出的是清雍正四年（1726 年）陕甘总督年羹尧首次对各县制定了"均水制"，保证了下游高台西部及鼎新境内各渠用水。

明、清两代，是内陆河流灌区逐步形成的时期，也是继汉、唐之后又一次大的发展时期，不仅渠道数量超过以前，而且灌溉面积及其经济效益都是前所未有的（田尚，1986）。此时大规模的农田水利开发也导致流域初现人-水矛盾，尤其是局地、特定时段（7～8 月）水事纠纷比较突出，渠道遭到破坏。

12.1.4　农田水利全面开发利用时期

新中国成立之后，人民政府领导群众大搞农田水利基本建设，坚持蓄、引、提并举，"三水"（山水、泉水、井水）齐抓的方针。张掖市各干渠分别从大野口河、酥油口河、大磁窑河、山丹河引水灌溉（甘肃省张掖市志编修委员会，1995）。渠道工程分为干渠（分干渠）、支渠、斗渠、农渠、毛渠 5 级。具体的管理办法是：渠首和干渠由水管处（所）统一管理；支渠由乡水管站管理；斗、农、毛渠，由受益村、社管理养护。

河流湖泊水系逐渐从自然水系、半自然水系演化为人工水系，地表径流基本上为人类所控制，天然河道水网已被纵横交错的人工渠系所取代。水资源开发利用主要集中在中游平原区和下游金塔灌区。人工绿洲基本上布满了引水渠网，现有干、支渠道 910 条，总长 4500 km，渠道衬砌率达 50%～70%，年引用河、泉水量达 32.6 亿 m^3，地表水利用率达 80%左右（张光辉等，2005）。截至 1995 年黑河全流域已建成水库 98 座，总库容达到 4.567 亿 m^3（程国栋，2009）。

近 50 年来，由于山区来水量减少和中上游用水量剧增，下泄水量由过去的 9.0 亿 m^3/a 以上下降至不足 2.0 亿 m^3/a，致使面积达 253km^2 的西居延海于 1961 年干涸，东居延海也于 1992 年彻底干涸（乔西现等，2007），沙尘暴频发，生态环境更趋恶化。目前，流域内开采机井 8000 余眼，地下水年开采量约为 5 亿 m³，地下水的严重超采，使很多地区地下水位大幅度下降，加速了天然生态系统的退化。

1949~2000 年，黑河水利开发事业发生了历史性变化：从农田中的渠系建设逐步发展到塘坝、水库、提灌站的建设，由库、渠、井、提、灌组成的配套灌溉系统，建立了完整的农田水利体系，并形成了中游人工水文循环过程。这种高强度的用水模式已经严重威胁到流域的健康（杨明金等，2009），危及流域的水安全和生态安全。国际上公认的流域水资源开发利用率的警戒线为 40%，而黑河流域为 112%（谢继忠，2004），流域水资源开发利用率都大大超过了合理开发的程度。

综上所述，流域水资源开发利用大致经历了 4 个阶段（表 12-1）：逐水安居阶段（西汉之前）、初步开发利用阶段（西汉至元代）、迅猛发展期（明清时期）和全面开发利用时期（1949~2000 年）。

表 12-1　黑河流域水资源开发利用的演化过程
Table 12-1　The history of water resources utilization in Heihe River Basin

开发阶段	时间	最大人口数/万人	流域水管理制度	流域水资源开发利用特点
逐水安居期	西汉之前	—	—	适应自然环境，原始用水
初步开发利用阶段	西汉至元代	16.55	西汉《水令》；唐代《水部式》；《大元通制》	农田水利发展道路曲折，兴修水利满足屯田之需，未见水事纠纷，初步农业计划用水阶段
迅猛发展期	明清时期	36.79	黑河"均水"制度	渠道密如蛛网，逐步形成内陆河流灌区，初现人-水矛盾
全面开发利用时期	1949~2000 年	174.27	一年两次均水到《黑河干流水量调度方案》	建立完整的农田水利体系，高强度开发危及流域的水安全和生态安全

12.2　黑河历史时期水资源利用变化的阶段性特点

12.2.1　历史时期农业经济政策的演变

河西走廊是屏蔽关陇的门户和沟通东西方的交通要道，历代中央王朝及若干地方割据政权都十分重视对该区域的开发和经营，随着徙民戍边政策的实施，鼓励大量的内地移民不断涌入内陆河流域开荒种地。由于历史时期河西地区政权的更迭性、复杂的经济民族关系，农业发展呈现出波浪式：西汉以前、西晋至唐初、唐安史之乱至元朝为畜牧业生产占优势时期，西汉至西晋、唐初至安史之乱、明清以来为农业生产主时期（程国栋等，2009）。但"屯田制"在河西走廊延续了 2000 多年，历代王朝采取了一系列恢复农业的政策措施（表 12-2），从屯田制-占田制-均田制，以及府兵制与均田制的结合，都说明了政策的优化组合极大地提高了人们垦荒种植的积极性，在推动农业生产的同时，也带动了水利灌溉事业的发展。

12.2.2　黑河流域历代水利工程的建设状况分析

自汉朝以来，位于河西走廊的黑河中游地区一直是主要的农业开发区，历史时期水资源开发利用持续向中游转移（肖生春等，2004）。在移民屯垦的同时，历代王朝都积极兴修水利，今天的灌渠系统许多都是形成于古代，沿用至今（表 12-3）。值得注意的是为了扩大屯田面积，政府调动驻军和派遣兵丁修建农田灌溉工程，在河西地区水利、屯田与守卫边防紧密相关，具有军事组织管理的特点。对比历史时期的黑河农田水利开发史，可以看出相对稳定的社会环境，依靠强盛的国力，边防驻军、京师供应及广大民众的客观需要，黑河农用水利建设在西汉、唐（安史之乱前）、明清出现高峰期。

表 12-2　历代河西走廊恢复和发展农业经济的措施
Table 12-2　Recovery and development measures of the agricultural economy in Hexi Corridor

水资源开发阶段	历史时期			起止年份	农业经济措施
农田水利初步开发利用阶段		西汉		202 BC～8 AD	"代田法"、推行铁质农具、牛马耕地播种、"坎儿井"
		东汉		25～220	释放奴婢、实行度田、安辑流民、精兵简政、军屯储粮、河西大开屯田
		曹魏		220～265	屯田制和士家制、安定自耕农生产、租调制（田租与户调）
		西晋		265～316	占田制、递进免税（"占田"与"课田"）
	魏晋南北朝	东晋	前凉	316～376	安置流民、轻徭薄赋、劝课农桑
			前秦	351～394	重农崇儒、区种法、开放山泽禁令
			后凉	386～403	政治腐败，灾荒连年，未出台农业鼓励政策
			西凉	400～421	安置中原流民、重视农业生产
		北朝	北魏	386～557	均田制（受田、还田、受田与还田）、调整土地分配定额
			北周	557～581	释放奴婢、僧道还俗、贫民增加耕地、鼓励农业生产
	隋			581～619	搜括户口、"输籍定样"、府兵制与均田制结合、租调力役制
	唐			619～907	均田制（永业田和口分田）、租庸调制、修养生息、鼓励农耕
	五代十国			907～960	吐蕃入侵杀戮驱掠，强迫蓄化、大片农田废弃荒芜，下游绿洲演变为荒漠、主要以游牧为主的土地利用方式、畜牧业发达
	宋（西夏）			960～1224	农牧民小土地所有制，提倡农业垦殖
	元时期			1271～1368	占田制、村社制度、垦荒、屯田、安定流民、清理户口田土
农田水利迅猛发展时期	明时期			1368～1644	"寓兵于农"制度大兴屯田、清查户口、丈量土地、"额外荒田，永不起科"、扩种经济作物品种、设立"预备仓"
	清时期			1644～1911	裁罢编审（专于垦耕务农）、设立分水用水规制、"摊丁入亩"、蠲免钱粮、赈济贫民支持垦荒、重视屯田、惩治贪官污吏保护经济利益
	民国时期			1912～1949	兵匪滋扰民不聊生、官府勒派苛捐杂税、灾害瘟疫流行、农业凋敝衰落

表 12-3　历史时期黑河流域水利建设情况
Table 12-3　Irrigation channels in different historical period of Heihe River Basin

朝代	沟渠、塘坝	灌溉区域
汉	千金渠（史载第一条干渠）	东起山丹河、西至乐涫县，北出酒泉后才流入居延泽
	虎喇东西渠、海潮东西坝、站家渠	民乐县、高台县
唐	盈科渠、大满渠、小满渠、大官渠、永利渠、加官渠等	张掖地区
元	大古浪渠、小古浪渠、塔尔渠；合即渠、本渠、额迷渠	张掖甘州区；额济纳旗
明	阳化东西渠、宣政渠、大小慕化渠、洞子渠等	甘州左卫 13 条渠
	龙首渠、东泉渠、城北渠、官渠、古浪渠、大满渠、小满渠等	甘州右卫 17 条渠
	鸣沙渠、板桥渠、昔刺下渠、七十二户渠等	甘州中卫 9 条渠
	下沤波渠、上沤波渠、德安渠、明麦渠等	甘州前卫 19 条渠
	草湖渠、暖泉渠、洪水河渠、红崖子渠等	山丹卫 11 条渠
	纳绫渠、黑泉渠、永兴渠、五坝渠、平川渠等	高台所 20 条渠
	黄草坝、沙子坝、丰乐川坝	肃州卫
清	大官渠、永利渠、盈科渠、齐家渠、仁寿渠、永安渠、加官渠等	张掖市区有 47 条渠
	洪水渠、马蹄渠、虎喇东西两渠、酥油口渠、东乐渠等	民乐县有 23 条渠
	暖泉渠、草湖渠、东西山渠、塌崖渠、童子渠、慕化渠等	山丹县有 22 条渠
	抚彝渠、新工渠、小新渠、鸭子渠、葫芦弯渠、东海渠等	临泽县有 35 条渠

除了修建大型的农田灌溉渠系，还大力发展凿井技术。早在西汉，下游居延地区有水，但在较远、水不易引到的地方，就需要凿井取水，以供人畜饮水和农田灌溉。居延汉简"3·14"中有"卅井""渠井侯长"等。所开凿的井是相连的，是早期坎儿井的原型。通常，一提到坎儿井，人们就会想到新疆，其实西汉的居延地区已有"大井六通渠也，下泉流涌而出"。即六井相连，下面相通，泉水涌出的坎儿井。通过开凿这些井有效地保障了距离河道较远地区农业灌溉的需求。

12.2.3　历史时期黑河中游耕地面积和人口数量变化

根据黑河流域中游地区（包括张掖、酒泉和嘉峪关）的建制沿革、人口和耕地数据的记载，对中游人口数量和耕地面积进行分时段统计估算（唐景绅，1983；卜风贤，2007；李并成，1992；余也非，1980）。如图 12-1 所示，清代之前人口增长较慢，流域水资源可以满足当地人引水和灌溉的需求。但自清代起，人口激增，耕地面积也相应增长。

12.2.4　黑河灌溉用水量估算与黑河上游水资源状况

黑河流域在汉代实行大水灌溉，而且让水覆盖地表以后才耕种，类似南方的水田。除靠近城郊的菜地采用畦灌、沟灌，直到新中国成立前人们仍然沿用传统灌溉方法，灌溉技术较为粗放（张景霞，2010）。研究表明中游地区农田毛灌溉定额平均 6750～

15000 m^3/hm^2（肖洪浪，1995）。假定灌溉水量分别为，低灌溉定额水量是 6750 m^3/hm^2、平均灌溉定额量是 10875 m^3/hm^2、高灌溉定额量是 15000 m^3/hm^2。所灌溉的农田规模按照图 12-1 中重建的中游耕地面积进行测算。考虑到作物品种、灌溉方式、水利设施条件、耕作条件等因素，假定古代农田灌溉定额与现代一致。基于上述灌溉定额，对历史时期的黑河流域中游地区的农业用水量进行估算（图 12-2）。

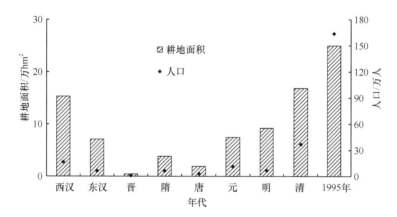

图 12-1　黑河流域中游地区历代人口和耕地面积变化

Fig.12-1　Population and land change in different historical period of middle Heihe River Basin

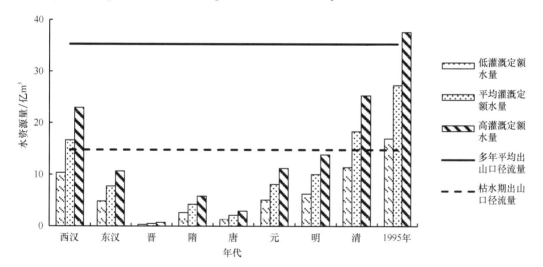

图 12-2　黑河流域中游地区历代耕地的水资源利用量

Fig.12-2　Development and utilization of water resources in middle Heihe River Basin during historical times

根据康兴成等（2002）利用祁连山树轮重建的莺落峡出山口径流量多年平均值是 15.28 亿 m^3，最大年径流量为 26.7 亿 m^3，最小为 6.4 亿 m^3，占全流域径流量的 43.3%。基于莺落峡出山口径流比例，对历史时期全流域出山口径流变动范围进行换算（图 12-2）。通过出山口径流量和中游耕地灌溉水资源利用量比较，可以看出：西汉和清代，黑河中游耕地高灌溉定额和平均灌溉定额的用水量都已超出了历史时期流域枯水期的出山口径流量，呈现出水资源的紧缺性；现代人口压力快速增加，对水资源的需求日益增长,如果仍保持粗放的灌溉方式,多年平均状况的水资源在中游地区消耗殆尽。

12.3 黑河流域水资源开发利用的历史经验与启示

12.3.1 流域水资源的开发利用必须以水资源系统的可持续维持为前提

黑河流域的水资源开发经历了多次起伏,但是随着土地开发强度的不断加大,造成水资源的过度开发,已经严重超出国际公认的水资源利用率的警戒线为 40%。从历史时期的用水情况来看:西汉元始二年(公元 2 年),水资源利用率为 10.1%;清乾隆四十一年(1776 年),水资源利用率为 28.2%;新中国成立初期 1950 年,水资源利用率达到 55.5%(赵海莉等,2014);到 2010 年流域水资源利用率高达 107%。长期以来,流域不合理的水资源配置模式,已经很难维持其水资源的可持续性利用,对河流生态系统的健康稳定产生影响。从长远来看,必须限制黑河中上游用水量,严格按照《黑河干流水量调度管理办法》完成年度水量调度方案及保证正义峡和狼心山的流量。

12.3.2 缓解中下游平原区水资源工程化利用方式与水资源循环转化自然规律之间的矛盾

据记载,西汉初期,祁连、合黎二山郁郁葱葱,连片的原始森林蔚为壮观。自西汉、唐、明清三次大移民,千里绿荫变为荒野,祁连山森林面积缩减到约 50 万 hm²,覆盖率仅为 16.7%(朱中华和王雄师,2004)。黑河流域的水资源补给基本上来源于祁连山区,山区良好的植被生态系统是全流域水资源系统和生态系统平衡发展的根本保证(唐霞等,2014)。为了发展灌溉农业,历史时期特别是近现代以来在中游平原区修建了许多引水渠、水库、塘坝等水利工程,极大地改变了祁连山区到额济纳盆地沿途地表水与地下水之间频繁转化的自然过程,无力维持下游生态系统健康。这种水资源利用模式的最大问题是,一方面造成了平原区大量水资源的无效蒸发,另一方面使得地下水补给量明显减少,导致依靠地下水维持的区域生态系统严重退化。目前,我国内陆河流域还没有建立很好的与流域水资源循环转化方式相适应的水资源科学利用模式,从根本上解决人工高强度用水方式与水资源循环转化自然规律之间的矛盾。

12.3.3 健全流域水资源管理制度与政策

历史上出现过治理黑河的措施,如清代黑河水断流时,曾实行过"均水"制度。

而这种单纯的以发展经济目的的均水制度，无法从根本上解决生态环境恶化的问题，必须考虑流域生态-经济协调、平衡为目的的"经济-生态均水"。其次，2001 年制定了《黑河干流水量分配方案》，确立了水权交易制度。但是政府自身并没有作为市场的一员，真正参与到流域水权交易中。这方面可以参考墨累-达令流域的管理模式，如澳大利亚联邦政府通过水市场回购水权，用于墨累-达令流域的环境用水，以维护河流生态健康。

12.4　结　　语

综上所述，系统梳理了黑河流域农田水利开发历程，过去 2000 多年的水资源开发利用过程划分为 4 个阶段：逐水安居阶段（西汉之前）、初步开发利用阶段（西汉至元代）、迅猛发展期（明清时期）和全面开发利用时期（1949～2000 年）。对比分析各阶段流域水资源管理制度存在的问题，从中汲取历史经验教训，为新时期黑河流域的水资源开发利用提出 3 点建议：严控流域水资源的开发利用强度、缓解水资源的工程化利用方式与水循环转化自然规律之间的矛盾以及健全流域水资源管理制度与政策。

参 考 文 献

卜风贤. 2007. 传统农业时代乡村粮食安全水平估测. 中国农史, (4): 19～30.

程国栋. 2009. 黑河流域水-生态-经济系统综合管理研究. 北京: 科学出版社.

方步和. 2002. 张掖史略. 兰州: 甘肃文化出版社.

甘肃省张掖地区行政公署水利电力处. 1993. 张掖地区水利志. http: //c. wan fang data. com. cn/Local-Chronicle-Fz013865. aspx.

甘肃省张掖市志编修委员会. 1995. 张掖市志. 兰州: 甘肃人民出版社.

康兴成, 程国栋, 康尔泗, 等. 2002. 利用树轮资料重建黑河近千年来出山口径流量. 中国科学(D 辑), 32(8): 675～685.

蓝永超, 康尔泗, 张济世, 等. 2003. 黑河流域水资源开发利用现状及存在问题分析. 干旱区资源与环境, 17(6): 34～39.

李开成. 1992. 河西地区历史上粮食亩产量的研究. 西北师大学报(社会科学版), (2): 16～21.

乔西现, 蒋晓辉, 陈江南, 等. 2007. 黑河调水对下游东、西居延海生态环境的影响. 西北农林科技大学学报: 自然科学版, 35(6): 190～194.

唐景绅. 1983. 明清河西垦田面积考实. 兰州大学学报(社科版), 4 : 86～92.

唐霞, 张志强, 尉永平, 等. 2014. 黑河流域水资源压力定量评价. 水上保持通报, 34(6): 219～224.

田尚. 1986. 古代河西走廊的农田水利. 中国农史, 2 : 88～98.

王元第. 2003. 黑河水系农田水利开发史. 兰州: 甘肃民族出版社.

肖洪浪. 1995. 甘肃省河西地区二十一世纪初水土资源开发战略. 中国沙漠, 15(3): 256～260.

肖生春, 肖洪浪, 宋耀选, 等. 2004. 2000 年来黑河中下游水土资源利用与下游环境变迁. 中国沙漠, 7: 24(4): 405～408.

谢继忠. 2004. 河西走廊的水资源问题与节水对策. 中国沙漠, 24(6): 802～808.

杨明金, 张勃, 袁健萍, 等. 2009. 黑河流域健康生命评价研究. 干旱区资源与环境, 23(8): 37～42.

余也非. 1980. 中国历代粮食平均亩产量考略. 重庆师范大学学报(哲学社会科学版), 3 : 8～20.

张光辉, 刘少玉, 谢悦波, 等. 2005. 西北内陆黑河流域水循环与地下水形成演化模式. 北京: 地质出版社.

张景霞. 2010. 历史时期黑河流域水土资源开发利用研究. 兰州大学学报(社会科学版), 38(6): 81~84.

赵海莉, 张志强, 赵锐锋. 2014. 黑河流域水资源管理制度历史变迁及其启示. 干旱区地理, 37(1): 45~55.

朱中华, 王雄师. 2004. 河西内陆河流域水资源及可持续开发利用. 干旱区资源与环境, 18(8): 149~153.

第 13 章　黑河流域灌溉农业技术演化研究

本章概要： 本章应用内容分析法，以万方数据知识服务平台和中国知网知识发现网络平台的中文文献为基础数据库，搜集整理了从汉代（公元前 206 年）至现代（2015 年）黑河流域灌溉农业技术的发展历程。结果表明：黑河流域灌溉农业技术的发展曲折多变，受到多个方面的社会与生态环境因素影响，与社会发展具有协同演进的特征。总体来说，技术发展的重心由以新式农具和传统耕作方法发展为主的耕垦技术逐渐过渡到以高新灌溉方法和现代灌溉渠系发明为主的灌溉技术的进步，具有从注重经济效益的"均田"，演变到适应和改造日益恶劣的生态环境、以人-水平衡为重心的"均水"的特征。另外，黑河流域的技术开发中心在空间上也具有从下游往中上游迁移的过程。这与地区生态环境的变化、社会需求的演变密不可分。

Abstract： This chapter applied the content analysis approach to gather and summarize the evolutionary history of irrigated agricultural technology in the Heihe River Basin, China from Han Dynasty (206BC) to 2015. Two Chinese academic research paper databases: WanFang Data and CNKI were used as data sources. The results show that irrigated agricultural technologies had a twisted evolutionary history in the Heihe River Basin, influenced by a diverse range of environmental and socioeconomic factors. It exhibits a co-evolutionary characteristic with the social development history in the region. Irrigated agricultural technologies in Heihe River Basin have shifted from the focuses on development of new farming tools and cultivation methods to modernized. water-saving irrigation methods and water diversion infrastructurcs. This coincidcs with the change of societal needs from agricultural production efficiency to the human-water balance and environmental remediation. As a result, the centre of irrigated agricultural technology in the Heihe river basin has moved from downstream to middle stream since the Ming Dynasty (1368AD).

13.1　引　　言

科学技术是第一生产力。人类对资源的开发利用、生产力的发展与技术的进步存在着相互促进、协同进步的特征。史前文明时期，人类缺乏对自然规律的认知，只能被动地适应环境；进入农耕文明以后，人类日益增长的物质需求在很大程度上促进了技术的革新,推动着生产力的进步,引发更大范围的社会变革;而到了现代工业社会,人类对技术的掌握使得对生态环境的开发利用达到了空前的规模,所引发的环境恶化等连锁效应更令人不得不开始重新权衡科学技术的选择对社会和生态环境的影响。

黑河流域地处西北内陆干旱地区,是我国第二大内陆河流域。发源于祁连山区的黑河,绵延 821km,跨越冰雪高原、平原绿洲和戈壁荒漠 3 种截然不同的自然单元后最终注入居延海。流域面积约 14 万 km²,覆盖甘肃省的广大地区。黑河流域拥有源远流长的开发历史,始自西汉武帝驱逐匈奴,"初置张掖、酒泉郡,斥塞卒六十万人戍田之"(《史记·平准书》)。其独特的地理环境和长期多民族混合聚居的历史,使黑河流域在 2000 多年的发展中经历了多次农牧业的交替,生产力的发展也因此曲折而多变。但总体来说农耕文明占据主导地位,一直延续到现代。如今的黑河流域依然是我国西北重要的粮食蔬果产地。但是日益严峻的水资源及生态环境形势,使得如何平衡社会经济发展和生态环境保护、维持人-水-生态之间的和谐平衡成为当代黑河流域发展的重要课题。

科学技术的应用对农业生产力的提高有着至关重要的作用,研究如何有效利用技术这把既能过度开发自然资源,又能提高生产效率减少对自然环境损耗的"双刃剑",对黑河流域的可持续发展有着深远意义。前人通过对黑河流域历史文献和古今地图的研究,结合现代遥感技术和实地考古,已从多方面对该地区在各个历史时期的人口数量、耕地面积、水利设施和粮食产量等生产力的重要参量进行了大量分析工作,并进一步探索了其演变的驱动机制(李并成,1989,1990a,b,1992;肖春生等,2004;唐霞等,2015a,2015b);颉耀文等(2013)、颉耀文和汪桂生(2014)、李静和桑光书(2010)还以此为基础对各朝代的垦殖绿洲进行了空间上的重建。另外,刘磐修(2002)、潘春辉(2013)等在重建过程中多次肯定了技术进步对农业生产力发展的促进作用,但是大多数研究仅仅罗列了各年代出现的农业生产和灌溉技术,并对其作用进行定性的描述(王致中,1996;王双怀,2008;张景霞,2010;钟方雷等,2011)。只有汪桂生等(2013)在定量分析黑河中游明清时期人类活动强度时将灌渠长度量化为其中一个强度因子,间接肯定了水利开发技术对社会发展的影响。然而,当前的研究从未将技术的发展进化单独作为生产力进步和自然环境开发两者共同的重要驱动力来考虑,并以此为基点探索人与环境之间相互影响的模式。

本章拟对相关文献进行梳理,在 2000 年的时间维度上对黑河流域灌溉农业技术的发展进行系统性的综述。通过刻画该地区关键农业技术在历史上演化的进程,以农业技术为切入视角深化对人类活动与环境开发之间相互作用的理解。以农业技术的演变为桥梁,为研究黑河流域社会生态系统演化提供新的视角。

13.2 研 究 方 法

13.2.1 数 据 的 获 取

采用内容分析法以万方和中国知网为文献数据库,搜索并收集数据库中所有以

"黑河"为关键词的文献。其中万方数据库得出文献共 2205 篇,中国知网得出文献共 451 篇。

通过对收集到的所有文献的文献标题和摘要进行阅读,排除关于黑龙江省黑河市的所有文献,并确认搜集文献的标题或关键词中包含:"灌区节水""栽培技术""水工程""技术""农田水利""农业科技""水资源利用开发""土地利用""人类活动""水资源配置"的所有文章。最终原始文献数据库共包括 176 篇。

对原始文献数据库中的所有文章进行全文阅读,提取汉代至现代黑河流域所有关于农业技术的描述性资料,并对文献中所提到的农业技术按照区域和类别进行分类整理和归纳汇总。本章结果部分汇总的技术是按照技术内容进行提取,与文章数目没有关系。另外由于文献中关于技术的描述具有年代断层和仅针对特定研究区域描述的特征,本研究默认除非出现明确描述,否则后代对前代技术进行完全继承和积累,并且文献中特定研究区域的技术具有普及性,可对技术进行流域范围内的外推。

13.2.2　技术区域划分

按照历史时期人类活动的强度和黑河流域的地理位置,将整个流域划分为"居延"(下游)、"肃州"(中下游)和"甘州"(中游)3 个地区(图 13-1)体现不同历史时期不同区域间技术发展及其与社会生态间相互影响的差异。居延(额济纳旗)绿洲处于下游,历史上曾有大规模开发的痕迹,经历了从水源丰沃、农田灌溉发达到逐渐废弃以致彻底干涸沙化,至 2000 年因黑河统一调水使得东西居延海重新开始蓄水的曲折历程,农业技术的使用在这一地区可能有独特的发展变化。肃州地区属于黑河流域西部子水系,在本研究中包括讨赖河、洪水河等归属于金塔盆地的河流,积水面积达 2.1 万 km²,占黑河流域三大子水系中第二大面积;也包括了积水面积有 0.6 万 km² 的高台盐池-明花盆地,即中部子水系的马营河、丰乐河等。而甘州地区则属黑河干流水系,含梨园河以及山丹等地的 20 多条沿山小河,集水面积达 11.6 万 km²。这两个区域都是一直延续到现代的传统高密度农垦区域,对于探索技术强度对黑河流域的影响深具代表性。

13.2.3　技　术　分　类

历史上黑河流域农业技术发展与自西汉武帝时期收复河西地区发展农业以来农田灌溉面积的变化、地区人口的增长相关联。农业技术的进步使河西地区由粗放的农牧结合模式进化到精耕细作的屯田农业模式,极大提高了农作物的产量,也使开发很多本来不适宜耕种的土地(旱地、高地)成为可能。

黑河流域灌溉农业技术主要包括以开渠引水、筑坝蓄水等为主的灌溉技术的发展和以新农具的发明和播种技术为主导的垦耕技术的发展。本研究按照技术的具体作用把这些技术划分为 3 个子类型:"工具"、"方法"和"制度"(表 13-1)。"工具"是指施行农作活动所需的直接物理媒介,如用于耕作的铁犁、用于灌溉的水渠等。"方法"是指进行农业活动的技术方法，如均匀播种的条播法和漫田灌溉方法等。"制度"则是指与技术相关由政府发布的政策规程如耕作和分水的制度原则（如屯田制度等），也包括耕作和分水的技术原则如在每年特定时期浇春水以保证农作物产量等。

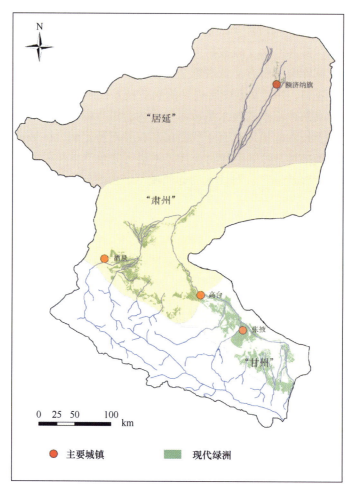

图 13-1 黑河流域技术区域的划分

Fig. 13-1 Regional divisions of technological development in the Heihe River Basin

图片修改自：SuWaRest Project，2016 年 9 月 2 日，http: //suwarest.unibz.it/english/Locations.htm

Retrieved and modified from SuWaRest Project，Sept. 2 2016，http: //suwarest.unibz.it/english/Locations.htm

表 13-1 农业技术的分级

Table 13-1 Classification of agricultural technology

农业技术	灌溉技术	垦耕技术
工具	引水工具：明渠灌溉、井灌、大坝蓄水灌溉等	新式农具：铁犁、耙等
方法	浇灌方法：漫灌、畦灌等	播种技术/耕作方法：代田法、牛耕等
制度	灌溉制度/分水方法：轮灌法等	耕作制度：每年特定时期浇春水等

13.3　黑河流域历史时期农业技术汇总

13.3.1　汉　代

黑河流域大规模的农业开发始自西汉。武帝派遣骠骑将军霍去病击溃匈奴后把整个河西走廊纳入中原王朝的版图。为了防御匈奴的入侵，汉室在黑河流域设置郡县，派遣了数十万士兵戍守。河西地区路途遥远、粮食运输不易，因此实行大规模的移民屯田制度成为必然。而黑河流域地处内陆，绿洲的开发仰赖祁连山区的冰雪融水和降雨，是以"用事者争言水利"（《史记·河渠书》），奠定了水资源开发的第一个高峰时期。由于地处偏僻，加上其军事化管理的特征，新技术和新工具的推广主要依靠国家的行政手段统一管理，也使得推广工作做得比较统一到位（刘磐修，2002）。出于军事防御的特殊考虑，这一时期的农业发展深入内蒙古腹地，以黑河流域下游的古居延绿洲为重心，而在中游的张掖、酒泉等地也设置了相应的郡县（表 13-2）。

表 13-2　汉代灌溉农业技术汇总

Table 13-3　Irrigated agricultural technology summary for Han Dynasty

农业技术	居延	肃州	甘州
灌溉技术			
引水工具	明渠；井水提灌（坎井技术）	明渠（千金渠止）；井水提灌（坎井技术）	明渠（千金渠始）
浇灌方法	积水灌溉	积水灌溉	积水灌溉
灌溉制度/分水方法	上下地块昼夜轮灌；居延汉简：水门制作和专人管理	上下地块昼夜轮灌	上下地块昼夜轮灌
垦耕技术			
新型农具	铁制农具兴起；铁犁；犁壁；耙（首次出现）；耧车（均匀播种）；耒耜类农具	铁制农具的兴起；铁犁；犁壁以松土碎土起垅作亩；耙；耧车；耒耜类农具	铁犁；耙；耧车；耒耜类农具
播种技术、耕作方法	代田法；区种法；牛耕重点推广；条播法；也有出现点播法	代田法；区种法；二牛牵一犁，三人犁地；条播法；也有出现点播法	代田法；区种法
耕作制度	屯田制	屯田制	屯田制

在灌溉技术上，明渠和泉井作为主要的引水工具，使大面积的农田灌溉成为可能。这一时期已经形成了较为完备的管水系统，有专门的"田卒""河渠卒"对屯田和渠道进行统一维护。但是灌溉技术粗放，以大面积积水灌溉为主，灌溉效率低下。

汉代的耕垦技术则更为发达。在政府的直接干预下，黑河流域的移民从中原地区引进了大量的新式农具和先进的种植技术：如铁犁的使用、用于碎土保墒的耙的发明、能防风旱的耕种方法代田法和区种法的推广等，甚至当时尚未在全国广泛应用的技术如用于均匀播种的耧车和牛耕等由于政府的重视，都得以在黑河流域进行了重点推广。

13.3.2　魏晋南北朝

南北朝时期由于连年战乱，社会动荡不安使水利建设的发展趋于迟缓，更使得下游的植被被破坏，初步出现土地的沙漠化，并最终导致古居延绿洲的北部被废弃，人类活动逐渐向中游转移（表 13-3）。中游地区的引水灌溉工程则逐渐发展起来，始修阳开、阴安、北府等渠，并一直沿用到盛唐。这一时期的灌溉效率也有了很大提升。曹魏时期的敦煌太守皇甫隆将衍灌技术广泛推广开来，使"其所省庸力过半，得谷加五"（《魏略》），大大提高了农田产量。

表 13-3　魏晋南北朝时期灌溉农业技术汇总
Table 13-3　Irrigated agricultural technology summary for Wei Jin Dynasty

农业技术	居延	肃州	甘州
灌溉技术			
引水工具	—	始修阳开渠、阴安渠、北府渠（石修）；小型水库蓄水溉田	—
浇灌方法	—	衍灌	衍灌
灌溉制度/分水方法	—	—	—
垦耕技术			
农具	—	比汉代更先进的铁制农具：单套犁；更深的犁壁；耢；耙；耰；连枷；杈杆；耧犁	比汉代更先进的铁制农具：单套犁；更深的犁壁；耢；耙；耰；连枷；杈杆；耧犁
播种技术、耕作方法	—	一手扶犁，一手扬鞭驱牛（一人一犁，二牛抬杠）；条播法广泛推广；少量点播法；治石田；徙石为田，运土殖谷（开发边缘绿洲）	一手扶犁，一手扬鞭驱牛；条播法广泛推广；少量点播法；治石田；徙石为田，运土殖谷（开发边缘绿洲）
耕作制度	军屯基础上加民屯；占田制	军屯基础上加民屯；占田制	军屯基础上加民屯；占田制

另外一方面，几百年农业发展也带来了应用更广泛的耧犁条播技术、更高效的犁耕技术（从汉代二牛三人犁地到二牛一人犁地）和更优良的铁质农具，成为黑河流域农业发展不可或缺的推动力。政府对占田制的推广，更是除传统的强制屯田制度外在一定程度上鼓励了农民开垦荒地，应用新的农业技术进行更大范围的农田作业。

13.3.3　唐　　代

隋唐时期是黑河流域农业发展的又一鼎盛时期。此时的农业重心更加向中上游转移，仅在下游的居延绿洲设有宁寇军一处军事要塞，农业技术的发展普及程度也相应地往中上游发展（表 13-4）。明渠引水和凿井灌溉仍然是主要的引水设施，灌溉的方法也没有出现很大的改变，但是在灌溉制度方面，唐代政府编著了《开元水部式》来统一规范各级渠道的溉田次第、斗门的节水分量和开闭时间等灌溉原则和规范，甚至还根据当地实际情况制定了用水灌田细则，进一步规范了灌溉的技术体系。

表 13-4　唐代灌溉农业技术汇总

Table 13-4　Irrigated agricultural technology summary for Tang Dynasty

农业技术	居延	肃州	甘州
灌溉技术			
引水工具	明渠引水；凿井灌溉	修复旧渠：阳开、北府、阴安等渠；修建新渠：都乡、宜秋等新渠；凿井灌溉	始修盈科渠、大小满渠、大官渠、永利渠等，"良沃不待天时"；凿井灌溉
浇灌方法	衍灌	衍灌	衍灌
灌溉制度/分水方法	《开元水部式》；根据当地实际情况制定的章程	《开元水部式》；《沙洲敦煌县地方用水灌田施行细则》；根据当地实际情况制定章程	《开元水部式》；根据当地实际情况制定的章程
垦耕技术			
农具	—	二牛抬杠式的长辕无床犁；水碾加工面粮；油梁加工油粮	二牛抬杠式的长辕无床犁
播种技术、耕作方法	—	—	—
耕作制度	均田制；屯田制（民、军屯；府兵制）	均田制；屯田制（民、军屯）	均田制；屯田制（民、军屯）

　　为了扩大农田生产的经济效益，唐代在军事屯田的基础上实行均田制，按人口分配田地的政策有利于荒地的开垦，与这一耕作制度配合的新式农具如长辕无床犁的发明使生产力获得了进一步的解放，这一时期还出现了利用引水渠道和水磨对面粮和油粮进行精加工的技术，说明技术的进步使得粮食产量和使用效率都得到了显著提高。

13.3.4　西夏/宋代

　　中原宋朝时期，黑河流域由党项族人建立的西夏王朝统治。虽然党项属于游牧民族，对农业的发展也给予了相当的重视，不仅沿袭了前朝的均田和屯田制度，其农业工具、耕作技术和农作物种类也都与汉地相差无几，如 "一人一犁，二牛抬杠"的开垦技术和精耕细作的代田法等。灌钢法的发明更是提高了农具的坚硬和锋利程度，为铁农具的大规模使用提供了技术上的支持。

　　此时黑河流域的中上游仍然是农业发展的重心（表 13-5），西夏王朝全面修复疏浚前朝旧渠并进行扩充，使得已有的引渠系统更加完备。西夏还制定了一套比较完备的水利法规和管理制度：《天生年改旧定新律令》中的《春开渠门》《田地苗圃灌溉法门》等，从制度层面总结并规范农田灌溉的技巧和时令；并设有专门的农田水利管理机构，将大片农田划分为一块块小田畦，提升农业生产的精细程度。但是受限于西夏王朝常年征战不断，相应的技术制度没能得到很好的推广和应用，农业的发展并不兴旺。

表 13-5　西夏时期灌溉农业技术汇总
Table 13-5　Irrigated agricultural technology summary for Xi Xia Dynasty

农业技术	居延	肃州	甘州
灌溉技术			
引水工具	—	全面修复前朝旧渠如阴安、北府、阳开渠等；泉水灌溉	全面修复前朝旧渠并扩充，较敦煌（肃州）等地更完备；泉水灌溉
浇灌方法	衍灌	衍灌	衍灌
灌溉制度/分水方法	《天盛年改旧定新律令》	《天盛年改旧定新律令》	《天盛年改旧定新律令》
垦耕技术			
农具	铁制农具盛行；先进的农具生产技术：灌钢法	铁制农具盛行；先进的农具生产技术：灌钢法	铁制农具盛行；先进的农具生产技术：灌钢法
播种技术、耕作方法	植防护林防风沙；学习了宋朝的代田法；一人一犁二牛抬杠耕作法；条播法盛行	学习了宋朝的代田法；一人一犁二牛抬杠耕作法；条播法盛行	学习了宋朝的代田法；一人一犁二牛抬杠耕作法；条播法盛行
耕作制度	均田制；屯田制（民、军屯）	均田制；屯田制（民、军屯）	均田制；屯田制（民、军屯）

13.3.5　元　　代

元朝蒙古夺取黑河流域的统治权后实行了大规模的杀戮政策，连年的战乱更是令流域地区的水利设施受到极大的破坏，人口增长的限制也使当地农业技术的发展几乎处于停滞状态。虽然政府为恢复生产作出了迁徙流民并提供牛种、农具、种子等政策鼓励垦荒，并重新在下游地区设立了行政机构亦集乃路，修建了合即渠、合即小渠等引水渠道，也在中游开凿了唐来、汉延、古浪、巴吉等渠道灌溉水田，但成效一直不大。元朝时期的技术发展延续了西夏时期的衰微，进一步萎缩（表 13-6）。

表 13-6　元代时期灌溉农业技术汇总
Table 13-6　Irrigated agricultural technology summary for Yuan Dynasty

农业技术	居延	肃州	甘州
灌溉技术			
引水工具	修建合即渠、合即小渠、本渠、耳卜渠等	始开唐来、汉延、秦家等渠，垦中兴、西凉、甘、肃、瓜、沙等州之土为水田若干；水车灌溉	修建新渠如巴吉渠、五坝渠、六坝渠、大小古浪渠、塔儿渠等；水车灌溉
浇灌方法	衍灌	衍灌	衍灌
灌溉制度/分水方法	—	—	—
垦耕技术			
农具	延续前朝，无大变化	延续前朝，无大变化	延续前朝，无大变化
播种技术、耕作方法	延续前朝，无大变化	延续前朝，无大变化	延续前朝，无大变化
耕作制度	政府给牛种、农具、种子，鼓励垦荒；均田制；屯田制（民、军、军民合屯）	政府给牛种、农具、种子，鼓励垦荒；均田制；屯田制（民、军、军民合屯）	政府给牛种、农具、种子，鼓励垦荒；均田制；屯田制（民、军、军民合屯）

13.3.6 明 代

明朝驱逐了残余的蒙古势力后，在甘州设置了甘肃镇统一管理河西走廊和青海西宁等地区，黑河流域内则设有山丹、甘州、肃州等 7 卫（颉耀文和汪桂生，2014）。卫所的设立和大量边境军队意味着积粮屯田的必要，明朝政府也积极募民垦田，大兴田利。然而出于国力的限制和边防的考虑，明朝在军事攻克下游居延地区以后彻底将其放弃，此地从此被划为边外之地，再无大规模的水利开发活动。这一时期的农业在耕垦技术方面没有特别大的发展，依旧沿用古老的均田制和屯田制度，但是根据明朝初期地广人稀的特点发展出了商屯，即鼓励商人组织百姓开垦荒地，以所产粮食换取盐引。

中游地区的甘州（张掖）地区和中下游的肃州（酒泉）地区仍然是主要的农业开发活动区域（表 13-7），新建了城东渠等渠道，也重新修复疏浚了已有的千金渠、大小满渠等，灌溉网格渠系初具规模。到了明朝中后期，由于地区人口暴涨，人们开始注重水资源的利用效率，这一时期的灌溉技术开始注重防止引渠的渗漏和建造技术的提高，发展出了"垒石为堤，油灰灌隙"等减少渠道渗漏的技术，也首次出现了白石崖渠这种跨流域从青海河湟地区大通河调水的举措。在分水方法上，出现了"按粮取水，点香计时"，虽然用今天的眼光来看这一方法忽略了不同季节来水量的差异，所点的香也可能千差万别，但是这一技术的出现符合黑河流域农业逐渐从单纯注重产量的"均田"过渡到受水资源限制的"均水"的发展趋势。

表 13-7 明代时期灌溉农业技术汇总

Table 13-7 Irrigated agricultural technology summary for Ming Dynasty

农业技术	居延	肃州	甘州
灌溉技术			
引水工具	—	扩张网络，城东渠、兔儿坝、黄草坝等；垒石为堤，油灰灌隙；推去沙石，巨石为底，上累条石，涂以石灰	白石崖渠跨流域调水；高工程水平的凳槽十连的鸣沙渠；高勘测水平的梨园堡渠坝；修复旧渠如千金渠、大小满渠等；垒石为堤，油灰灌隙
浇灌方法	—	衍灌	衍灌
灌溉制度/分水方法	—	"按粮取水，点香计时"	"按粮取水，点香计时"
垦耕技术			
农具	—	简单粗放，主要用手作业	简单粗放，主要用手作业
播种技术	—	延续前朝，无大变化	延续前朝，无大变化
耕作方法/耕作制度	—	均田制；屯田制（军、民、商屯）	均田制；屯田制（军、民、商屯）

13.3.7 清 代

经过明代社会稳定的经营发展，黑河流域的农业发展在清朝达到了又一个高峰期（表 13-8）。不仅继承修复了明代的灌溉渠系，还在各支流平原地区开发出了新的小规模

表 13-8　清代时期灌溉农业技术汇总

Table 13-8　Irrigated agricultural technology summary for Qing Dynasty

农业技术	居延	肃州	甘州
灌溉技术			
引水工具	—	凿洞通水，飞槽渡水，堰水上流；引渠式；引河式；柳桩衬砌防渗防风沙；垒石为堰，石灰砌堤；宽挖深挑，底平沿厚；筑坝引水	引渠式；引河式；柳桩衬砌防渗；垒石为堰，石灰砌堤；宽挖深挑，底平沿厚；筑坝引水
浇灌方法	—	漫灌（衍灌）为主；兼有踩水；串灌；块灌；畦灌；沟灌	漫灌（衍灌）为主；兼有踩水；串灌；块灌；畦灌；沟灌
灌溉制度/分水方法	—	浇水细则：浇冬水、浇混水；自下而上轮灌制；分水制度的制定；按期按额（均水制）	浇水细则：浇冬水、浇春水；自下而上轮灌制；分水制度的制定；按期按额（均水制）
垦耕技术			
农具	—	农具简单粗放，主要用手作业	农具简单粗放，主要用手作业
播种技术、耕作方法	—	泡水法；浇水法；培粪为肥；用水排盐法；砂田法；择土择苗择水而种；牛骡驴播种	泡水法；浇水法；用水排盐法；砂田法；择土择苗择水而种；培粪为肥；牛骡驴播种
耕作制度	—	轮作/移垦制；均田制；屯田制（民、军屯）；摊丁入亩；更名田	轮作/移垦制；均田制；屯田制（民、军屯）；摊丁入亩；更名田

垦区如金塔和鼎新灌区（颉耀文和汪桂生，2014），基本形成了密如蛛网的内陆河灌区系统（唐霞等，2015a）。灌溉网络的飞速发展与高超的引渠开凿技术密不可分，"凿洞通水，飞槽渡水，堰水上流"（《重修肃州新志》）等新技术使得开发一些地势较高的山麓地区的水资源成为可能；"垒石为堰，石灰砌堤"和"宽挖深挑，底平沿厚"等渠道衬砌技术也使得输水效率大大提高。在灌溉方法方面，虽然依旧是以漫灌为主，但是也有小规模的串灌、块灌等技术，提高了农业水灌溉的精细化程度；而自下而上的轮灌制度等分水设坝的新制度说明"均水制"保证水资源的合理分配彻底成为黑河流域农业发展的重点。

　　相对于灌溉技术的飞速提升，清代黑河流域耕垦技术的发展相对缓慢，农具的使用简单粗放，主要用手作业，相比前朝没有特别大的进步。但是在耕作方法上，为了适应日益严重的土地沙化、盐碱化问题，发展出了"泡水法""用水排盐法"等改善土地质量、重复利用沙化土地的新技术，轮作移垦制度也让地力得到适当的恢复，减少抛荒。这些技术的发展不仅是适应区域日益恶劣环境的产物，也与清代以来黑河流域人口激增、用地用水紧张的社会情况相吻合。

13.3.8　中　华　民　国

　　民国初期黑河流域的水利技术发展并不受重视，结束军阀内战后，黑河流域作为重要军需粮食产地才逐渐受到政府的重点发展，并逐渐引入现代化的农业生产技术，整修已有渠道，并修建了各种水库和截引水工程，其中包括在中下游的肃州金塔地区建成了我国第一座现代意义上的鸳鸯池水库（表13-9）。而在耕垦技术上，民国政府也积极推广农田试验场，进行新农具和优良品种的发明改良等。但是，这些对黑河地区农业现代化有着重要意义的技术大多随着抗日战争的爆发而被放弃，国民政府忙于战争而无暇顾及经济建设，使得很多灌溉水利工程得不到维护，科学研究更是几乎处于停滞状态。

表 13-9　民国时期灌溉农业技术汇总

Table 13-9　Irrigated agricultural technology summary for Republic of China

农业技术	居延	肃州	甘州
灌溉技术			
引水工具	—	鸳鸯池水库；夹边沟水库；山丹截引工程	修整了 63 条渠道；高台马尾库水库；酒泉边湾地下水截引工程
浇灌方法	—	漫灌（衍灌）；串灌；块灌；畦灌；沟灌	漫灌（衍灌）；串灌；块灌；畦灌；沟灌
灌溉制度/分水方法	—	—	—
垦耕技术			
农具	—	农具简单粗放，主要用手作业	农具简单粗放，主要用手作业
播种技术、耕作方法	—	推广农田试验场；新农具发明、品种改良等	推广农田试验场；新农具发明、品种改良等
耕作制度	—	—	—

13.3.9　中华人民共和国

1949 年中华人民共和国成立以后，中央政府对黑河流域的农业发展给予了高度重视，水资源开发进入了全面飞速发展时期，并且依然是以中下游的肃州和甘州为主要发展区域（表 13-10）。这一时期，由于地区人口的大幅度增长和政府的统一规划（唐霞等，2015b），肃州和甘州地区的发展中心互相趋近，技术的发展也趋于同步，故将两个区域合并阐述。

表 13-10　20 世纪 50～60 年代灌溉农业技术汇总

Table 13-10　Irrigated agricultural technology summary for 1950s –1960s

农业技术	居延	肃州和甘州
灌溉技术		
引水工具	—	修复旧渠（合渠并坝，裁弯取直，减少渠首 ）；有计划兴修新渠、新工程设施；修水库；挖塘坝；挖涝池；开渠道；建水窖；挖井；干砌、卵石衬砌渠道；渠道渗漏率；防渗方法；陡坡模型试验；浆砌和混凝土衬砌渠道；干砌卵石细粒混凝土衬砌渠道；浆砌卵石和混凝土预制板衬砌渠道；不同类型混凝土预制板和喷洒沥青层干砌卵石；塑料薄膜草泥干砌卵石渠道衬砌
浇灌方法	—	灌溉用水试验；漫灌、串灌、块灌、畦灌、沟灌
灌溉制度/分水方法	—	农田水利规划勘测测绘（理顺和健全渠系）；一年两次的均水制度
垦耕技术		
农具	—	农具简单粗放，主要用手作业
播种技术、耕作方法	—	延续前朝，无大变化
耕作制度	—	—

　　20 世纪 50～60 年代农业技术的发展主要集中在引水灌溉方面，除了继承民国时期的现代化发展理念，在大力"合渠并坝，裁弯取直"，科学修复已有的渠道体系，兴建蓄水水库、提灌站、井渠等水利设施的同时，还进行了多项渠道防渗实验和农田水利规划勘测测绘，理顺和健全引水渠系。但是这一时期的耕作技术仍然处于比较粗放的阶段，并没有出现较大的变化。

　　20 世纪 70 年代以后，除了在中下游地区继续兴建引（分）水枢纽（如金塔大墩门引水枢纽、张掖草滩庄引水枢纽）和完善已有渠系以外，在浇灌方法上也开始出现革新：虽然依然是以漫灌为主，但也出现了沟灌、小块灌和畦灌等，逐步向高新技术灌溉过渡。80 年代实行的家庭联产承包责任制更是极大地提高了农民的生产积极性，为先进技术的应用提供了基础（表 13-11）。

表 13-11　20 世纪 70～80 年代灌溉农业技术汇总
Table 13-11　Irrigated agricultural technology summary for 1970s – 1980s

农业技术	居延	肃州和甘州
灌溉技术		
引水工具	狼心山分水枢纽	明渠引水；打井提水；金塔大墩门引水枢纽；张掖草滩庄引水枢纽；龙洞、张家寨、石庙子等分（引）水闸
浇灌方法	—	漫灌为主；串灌、块灌、畦灌、沟灌、小块灌
灌溉制度/分水方法	—	一年两次的均水制度
垦耕技术		
农具	—	农具简单粗放，主要用手作业
播种技术、耕作方法	—	延续前朝，无大变化
耕作制度	—	家庭联产承包责任制

　　到了 20 世纪 90 年代，大范围的荒地开垦令农田面积不断扩大，人水矛盾越加突出，技术的发展开始从地上水的开发转向地下水的大规模利用，流域内到处可见的机井达 8000 余眼，加上中游多座水库、塘坝和提灌站，使得下游水量急剧减少。耕垦技术则注重提升田间技术，如改良盐碱地、深挖深耕、优化土肥结构、调整粮食播种比例等（表 13-12）。灌溉农业技术的进步使得水资源的获取和利用变得更加便捷，但也导致了生态环境迅速恶化，下游的居延绿洲和东、西居延海由于上游来水量的减少相继干涸沙化。

表 13-12　20 世纪 90 年代灌溉农业技术汇总
Table 13-12　Irrigated agricultural technology summary for 1990s

农业技术	居延	肃州和甘州
灌溉技术		
引水工具	—	兴建中小型水库；兴建塘坝；改建干支渠（合并引水口门）；田间配套：配套农用机井等；兴建提灌站；建小水电站；大力开发地下水：机电井规模大
浇灌方法	—	管灌、滴灌、喷灌、渗灌、畦灌、沟灌、小块灌
灌溉制度/分水方法	—	一年两次的均水制度；水价系统

农业技术	居延	肃州和甘州
		垦耕技术
农具	—	农具简单粗放，主要用手作业
播种技术、耕作方法	—	建条田；改良盐碱地；先进田间耕作技术；深挖深耕；平整土地；优化施肥结构
耕作制度	—	调整夏、秋粮作物播种比例；家庭联产承包责任制

21 世纪以后黑河流域的管理从单一的经济重心转移到生态-经济协同发展，科学技术的应用也从帮助获取更大经济效益转移到在维持农业经济发展的同时修复过度开采对生态环境的破坏（表 13-13）。例如，低压管道输水灌溉技术避免了衬砌渠道的冻涨问题，大型的调蓄蓄水工程也使得 2000 年黑河统一向下游生态调水成为可能。另外，灌溉方法和播种技术也获得了大幅度的发展，滴灌、喷灌、膜上灌等多种高效节水灌溉技术降低了对水资源的需求，主栽作物与伴生作物混播种植、秸秆覆盖免耕技术等耕作方法也减少了地力和灌溉用水的消耗，提高了土壤的蓄水能力。

表 13-13　21 世纪以来灌溉农业技术汇总

Table 13-13　rigated agricultural technology summary from 2000

	农业技术	居延	肃州和甘州
灌溉技术	引水工具	—	低压管道输水灌溉技术（避免衬砌冻涨问题）；改造干、支、斗渠（合并引水口门）；林间、田间配套；新打机井；维修旧井；超薄碾压混凝土拱坝技术（适合上游高寒地区）；约束河道（减少水分蒸发渗漏）；建设大型调蓄蓄水工程/梯级水库（龙首山、拉东峡、油葫芦、二珠龙 、黄藏寺、梨园堡、正义峡、大孤山、西流水、莺落峡）
	浇灌方法	—	垄沟灌溉种植；管灌、滴灌、喷灌、渗灌、小畦灌溉、长畦短灌、细流沟灌、膜上灌、膜下滴灌、垄膜沟灌、垄作沟灌、微灌、微喷灌、日光温室滴灌、果园微灌、低压管灌、大田喷灌、果树根区导灌、大棚滴灌、小块灌
	灌溉制度/分水方法	—	流域水量统一调度（向下游东西居延海实行生态调水）；优化水价体系；张掖三清渠灌区实行信息化管理；《黑河流域综合治理方案》；新的分水方案；完善水权、税票制度；优化农田林网规格，减少农林网灌溉次数；减少防风固沙体系中高耗水树种（杨树）的比例，适配低耗水造林树种
垦耕技术	农具	—	农具简单粗放，主要用手作业
	播种技术、耕作方法	—	主栽作物与伴生作物混播种植（牧草与玉米）；枣粮复合系统；优化水肥管理、增施有机肥；平整土地；深耕深翻；适时耕耙；灌溉冲洗；喷灌洗盐；双管排盐法；化学改良剂注射；根茬培肥；秸秆覆盖免耕技术（不耕不耙不中耕；减少土壤蒸发，提高土壤蓄水能力）；钢屋架塑料大棚（早春和秋后蔬菜瓜果种植）；种植牧草改良中低产盐碱地和干旱贫瘠地
	耕作制度	—	以水定产、以水定作物结构、以水定发展规模；调整农业结构，适当压缩粮食种植面积，限制和淘汰高耗水作物，降低灌溉用水总量；家庭联产承包责任制

13.4　技术格局演变及分析

图 13-2 简要汇总了从汉代至今黑河流域农业在耕垦和灌溉领域的关键技术。图中不同技术对应的时间节点是该技术在黑河流域地区首次出现的时间点，并默认后续时期该技术继续存在。从图 13-2 中可以看出，黑河流域技术格局在 2000 多年的历史时期里经历了曲折的变化，不同历史时期对当地灌溉农业技术发展的重心随着环境和社会需求变化不断发生改变。

从技术类型和内容来说，其发展受到多方面因素的影响。历史上不同朝代间战乱、民族习惯、对农业的重视程度、地区政治经济地位和人口压力等都对地区的发展造成了深远的影响。尤其是不同朝代的统治，对黑河流域的发展有着决定性的作用。例如，汉唐及魏晋时期，中原政权统治黑河流域，则以大力发展农业为主；而在西夏、蒙古等少数民族统治之下，流域地区则以发展畜牧业为主。到了明清时期，又开始大兴水利，推行灌溉农业。相应地，农业技术的发展随着政府管理政策的变化曲折兴废：逐水草而居的畜牧业不注重技术的开发，而讲求粮食产量的农垦业则推动着灌溉和耕种技术不断发展。同时，自明清时期开始，随着水资源的日益匮乏，政府逐步增强了对耕作规范和灌溉制度等"软技术"方面的重视，而不仅仅局限于对工具和方法的革新。可见广义技术分类下的工具、方法和制度三者之间也存在互相影响协同进化的关系。

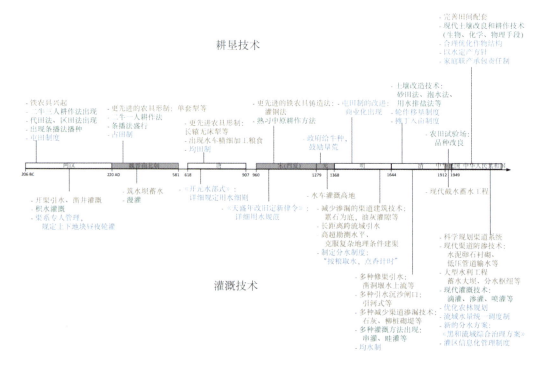

图 13-2　黑河流域从汉代至现代关键农业技术

Fig. 13-2　Key irrigated agricultural technologies in the Heihe River Basin from Han Dynasty to modern era

水资源是黑河流域灌溉农业发展中最关键的因子。灌溉农业技术是水资源开发利用不可或缺的桥梁，故而与地区社会环境的发展具有协同进化、互为因果的关系。历代对水资源开发技术的应用，从最基础的农具升级和耕作技术的进化，逐渐过渡到灌溉系统的完善和引水技术的改良，增加了灌溉面积，并极大地提高了作物产量。但是总体来说水资源的利用率偏低，土地荒漠化、耕地盐碱化、水旱灾害频发、引水资源干涸的趋势不可逆转。另外，从黑河流域技术进化的趋势也可以看出，从汉代到明朝的技术重心主要集中在提高耕作效率上（工具的进化，引水渠网络的扩大），但到了清朝以后，随着水资源减少，当地生态环境恶化的情势逐渐显现出来，技术的重心逐渐转移到对生态环境的改造：重复利用盐碱化土地、提高灌溉效率，如引渠防渗、防风沙、堰水上流、移动式开垦，及至现代的滴灌、喷灌、混播种植等技术。这与该地区历史时期从"均田"到"均水"的发展历程相吻合，是人类社会从大面积、大投入的粗放型农业体系进化到高节水、高产量的高科技农业体系的体现。

从技术的空间发展角度来看，发展中心从最初的下游，不断向中上游迁移。这既是由于生态环境的恶化导致沙化区域从下游向上不断扩大，也是因为中下游的平原地区获取水资源更为便利，符合注重效益的农业生产的需要。而技术的支持则使得向高海拔地区发展的趋势成为可能。到了 21 世纪，黑河流域的生态环境严重恶化，甚至成为我国北方地区沙尘暴的重要起源地，流域统一生态调水、优化粮食作物结构、使用高新灌溉技术等成为该地区农业技术的重点，下游的生态环境保护重新得到了重视，借助科学技术的力量实现人-水-生态协调发展成为该地区发展的主题。

13.5　结　　论

本章系统梳理汇总了黑河流域灌溉农业技术的类型以及时空变化，发现其历史演变受到生态环境、国家政策、民族组成等的综合影响，呈现复杂曲折的变化历程。从总体来说，技术发展的趋势与所处历史时期的社会经济需要相吻合，符合地区水资源开发利用以及对粮食的需求，与社会的发展具有相互促进、协同进化的特征。现代科学技术与历史时期相比无论在工具、方法还是制度上都实现了更广的作用范围和更高的效率，三者之间的联系和影响也越显紧密，使现代农业生产力实现了大幅度的提升。科技既为人类提供了前所未有的改造自然环境的力量，也使得对其的合理利用成为不可避免的挑战。在这日新月异的进程中，人与环境的联系更显复杂，探寻两者之间微妙平衡需求也因此愈显迫切。

参 考 文 献

颉耀文, 汪桂生. 2014. 黑河流域历史时期水资源利用空间格局重建. 地理研究, 33(10): 1977～1991.

颉耀文, 余林, 汪桂生, 等. 2013. 黑河流域汉代垦殖绿洲空间分布重建. 兰州大学学报(自然科学版), 49(3): 306～312.

李并成. 1989. 唐代前期河西走廊农田开垦面积估算. 档案, (6): 38～40.

李并成. 1990a. 汉唐时期河西走廊的水利建设. 西北师大学报(社会科学版), (2): 59～62.

李并成. 1990b. 元代河西走廊的农业开发. 西北师大学报(社会科学版), (3): 52~56.

李并成. 1992. 河西地区历史上粮食亩产量的研究. 西北师大学报(社会科学版), (2): 16~21.

李静, 桑广书.2010.西汉以来黑河流域绿洲演变. 干旱区地理, 33(3): 480~486.

刘磐修. 2002. 汉代河西地区的开发. 历史教学, (11): 24~27.

潘春辉. 2013. 清代河西走廊农作物种植技术考述. 西北农林科技大学学报(社会科学版), 13(4): 167~172.

唐霞, 冯起. 2015a. 黑河流域历史时期土地利用变化及其驱动机制研究进展. 水土保持研究, 22(3): 336~340.

唐霞, 张志强, 王勤花, 等. 2015b. 黑河流域历史时期水资源开发利用研究. 干旱区资源与环境, 29(7): 89~94.

汪桂生, 颉耀文, 王学强. 2013. 黑河中游历史时期人类活动强度定量评价——以明、清及民国时期为例. 中国沙漠, 33(4): 1225~1234.

王双怀. 2008. 汉唐时期对西部水资源的开发和利用. 开发研究, (3): 120~124.

王致中. 1996. 河西走廊古代水利研究. 甘肃社会科学, (4): 81~85.

肖春生, 肖红浪, 宋耀选, 等. 2004. 2000 年来黑河中下游水土资源利用与下游环境演变. 中国沙漠, 24(4): 405~408.

张景霞. 2010. 历史时期黑河流域水土资源开发利用研究. 兰州大学学报(社会科学版), 38(6): 81~84.

钟方雷, 徐中民, 程怀文, 等. 2011. 黑河中游水资源开发利用与管理的历史演变. 冰川动土, 33(3): 692~701.

Jones J W, Antle J M, Basso B, et al. 2016. Brief history of agricultural system modeling. Agricultural System, doi: http://dx.doi.org/10.1016/j.agsy. 2016-5-14.

第 14 章　中国水政策定量研究

本章概要：国际上很少有研究对国家或者流域层面水管理政策体系本身进行全面评估，对政策演化过程进行内容评估的研究更为少见。本章以 1949～2014 年我国中央和各部委颁布实施的与水相关的法律、行政法规和部门规章作为政策分析的数据源，基于内容分析法，对我国的水资源管理政策的演变过程进行分析。研究发现：①具有较高法律效力的水资源管理政策（如以法的形式颁布的政策）较少，水利部和国务院是我国水资源管理政策的颁布主体，流域管理机构和地方政府则是政策的主要实施机构；②我国的水资源管理政策更多地针对于水资源相对短缺的北方地区；③水政策工具以行政命令为主，反映了我国自上而下的水资源管理体制；④我国要实现良好的水治理还需要进一步加强水资源管理政策的完善；⑤我国水资源管理政策的演化可以分为 1978 年之前（无法可依阶段）、1978 年至 20 世纪 90 年代初期（起步阶段）和 90 年代初期至 2014 年（快速发展和完善阶段）3 个阶段。在整个演化时期，经济发展导向的水管理政策占主导地位；环境保护导向的水管理政策自 80 年代中后期以来实现了由无到有、由少到多、由松到紧的发展过程。

Abstract：The longitudinal dynamic examinations of how policy change over time helps identify management efforts that require improvement by understanding how today's problems were created in the past. This paper aims to unfold the trajectory of water policy over time between 1949 and 2014. All water related laws, administrative regulations and regulatory documents issued by the State Council and its ministries during the study period were analyzed with the content analysis approach. It was found that the Ministry of Water Resources and the State Council were main agencies of issuing water policy, and local functional departments, ministries and commissions and river basin administrative agencies were main agencies of implementing water policy. The major influenced administrative regions were Henan, Hebei and Shanxi provinces and influenced water bodies were the Yellow River and Huaihe River. The economic development oriented policies were always in a dominant position and the environmental protection oriented policy showed a significant growth trend after 2000. All the implementation measures of water policy were very weakly covered, in which coordination is worst. The evolution of water policy in China can be divided into four stages, "start-up" (1949～1966), "stagnation" (1967～1977), "recovery stage" (1978～2000) and "rapid development"(after 2000). Future research includes the co-evolution of water policy development with the changing policy context. Implications for China' future water management are diversification of policy types, including public participation and strengthening the implementation measures.

14.1 引 言

水资源管理是通过制定政策来决定水资源如何被管理，这是人类社会得以运行和发展的关键。良好的水政策可以帮助确保水在人类社会和自然环境中的利用效率最大化。国家层面的"水政策"作为一个概念很难被定义，因为"政策"这个词本身就难以界定（Schad，1991）。牛津英语词典中对"政策"一词的定义是"采纳或建议的具有可取性、有利性或者适宜性的行动原则和方向"，该定义适合水政策的背景。水政策涉及战略决策和水利部门及其各个组成部门的过程抉择。正是由于政策的制定具有潜在的战略属性，因此，政策制定的趋势能够揭示水资源管理未来的发展方向。

政策评估的目的是确定政策目标、实施效率、效果、影响和可持续性。评估涵盖了对政策系统、客观地评估，并且应提供可信和有用的信息，使由此获得的经验教训能够纳入到决策者的决策过程中（Hardin，1968）。在国际上，目前大多数水资源政策的评估都是基于实施过程的结果和基于实施结果本身的评估，并且政策评估研究的重点大都是对评估方法的探讨。Pal 等（2011）基于水资源管理相关参数的历史数据（1947～2005 年），评估了孟加拉国过去水资源开发和管理战略对农业、粮食安全、洪水管理和社会经济发展的影响。然而，该研究并未涉及具体的水资源管理政策。De Stefano 等（2010）基于水和湿地指数（water and wetland index），发展了一套评估欧洲国家水政策的指标体系，以此来监测各国的水管理实践是否按照水资源综合管理的方式来实现水框架指令（Water Framework Directive）到 2015 年的环境目标。Mermet 等（2010）认为环境和可持续发展使得政策变得越来越复杂和模棱两可，环境政策评估方法应该更加注重细节问题，以克服应用综合性的、基本的程序性方法所产生的缺陷。基于此观点，Mermet 提出了开展环境政策评估的概念性框架和方法。

我国水资源管理政策评估方面，虽起步较晚，但也取得了一些研究成果。2009 年水专项启动的"水污染防治管理政策集成与综合示范研究"课题提出了我国水污染防治政策体系评估方法，提出了定性与定量相结合的流域水污染防治政策评估范式，研究了水污染防治政策评估系列关键技术，并选择典型污染防治政策进行了实证评估研究，制定了基于模块化的水污染防治政策评估模式的评估技术指南（吴舜泽，2013）。刘建国等（2012）利用修正得到的水制度分析与发展（WIAD）研究框架对水制度绩效进行评估和影响因素分析。研究认为当前我国的政策目标指向存在不合理之处，需要进一步挖掘分析水法和水政策绩效对水制度的可能影响。郑方辉等（2009）在梳理我国取水许可制度和水资源费征收政策脉络的基础上，基于政府绩效的理念，从政策的导向性、充足性、公平性、回应性和效率性 5 个方面对政策执行情况和实施效果进行了评估。宋国君等（2007）以水环境保护最终目标为评估的起点，依据污染物产生、排放和扩散到最终影响水质保护目标的逻辑主线向上反推，基于水质评估、排放评估和污染控制行动评估分析了环境政策和管理中存在的问题。徐志刚等（2004）评估了黄河流域灌区农业用水管理制度改革对区域农业用水效率的影响。评估结果表明，有效激励机制的建立是管理制度改革发挥作用的关键。

我国在水资源管理政策变迁方面，秦泗阳和常云昆（2005a，2005b）分析了自先秦至唐、宋、元、明、清各个不同朝代水资源管理制度的特点，讨论了这段历史期间制度变迁的原因。宁立波和靳孟贵（2004）认为意识形态是推进或阻碍古代水权变迁的主要力量，技术进步导致要素价格发生变化诱致水权制度变迁。张翠云和王昭（2004）采用人口、耕地面积、水库总数等因子作为指标，定量评价了黑河中游近 50 年来的人类活动强度变化及其阶段划分。范沧海和唐德善（2009）、王亚华和胡鞍钢（2001）等探讨了新中国成立以来水资源制度变迁的内在动因，提出水资源相对产品和要素价格的变化是核心动因，技术因素为制度变迁降低了交易成本，组织偏好为实现水资源制度变迁提供了心理和意识基础。肖国兴（2004）提出历经 15 年的制度变迁，我国水权制度正在发生向市场趋动的制度演进。纵观国际以及我国水制度变迁研究，学者们已认识到水资源管理制度的变迁是由自然因素和意识形态共同作用的结果。研究大多基于制度经济学对变迁的动因和过程进行描述与解释，突出了水资源短缺导致的经济价值提高对于制度变迁的促进作用，但忽视了水资源生态价值以及社会价值的影响，同时缺乏对制度变迁动因及过程的定量化表达。

此外，国际上很少有研究对国家或者流域层面水管理政策体系进行全面的评估。在我国关于政策的评估也大多是对某一领域（如水价、污染防控等）政策的执行情况和实施效果进行评估，即绩效评估，对长时间序列的政策进行内容评估的研究较少见。因此，亟须建立或者引入一套水政策内容定量评价方法来对水政策体系进行定量评价。本章以1949 年以来我国中央和各部委颁布实施的与水相关的法律、行政法规和部门规章作为政策分析的数据源，利用内容分析法，对我国的水资源管理政策的演变过程进行分析，为完善我国的水法规制度，提高政策的准确性、可行性和可操作性提供科学依据，为水资源综合管理的实施创造良好的法律法规框架，同时推动我国的水资源开发与管理走向更加可持续的变革道路。

14.2　研　究　方　法

政策内容评估关注的主要方面包括：政策的核心要素和实施要求。关于政策内容的定量评价方法，目前国际上比较成熟的方法是文本内容分析法。公共政策一般以法律、法规、行政规章等形式来表现，政策文本的演进和变化反映出这个领域的社会结构、组织形态的演进和变化。因此，对政策文本内容的评价，一方面有利于从宏观上、整体上把握政策的发展过程，另一方面有利于从中观乃至微观层面探讨政策的发展（涂端午，2007）。

20 世纪 50 年代，内容分析法作为一种定量分析方法在社会新闻学领域开始提出并得到应用。由于其具有客观性、系统性和可量化等特征，内容分析法已成为社会学研究的主要定量分析方法之一。本章应用内容分析法的步骤主要包括确定数据来源、文本编码和统计分析 3 个方面。

14.2.1　数　据　来　源

根据《中华人民共和国立法法》的规定，我国的法律体系框架主要分为 3 个层次：

第一层次为法律；第二层次为国务院行政法规和地方性法规；第三层次为国务院部门规章和地方政府规章。我们在此分析的水政策主要包括国家层面的法律、国务院行政法规和法规性文件、国务院部门规章和法规性文件。法律、国务院行政法规和法规性文件来源于国务院法制办公室法律法规全文检索系统；1980 年以来的国务院部门规章来源于北大法宝——我国目前最成熟、专业、先进的法律信息全方位检索系统，1980 年以前来源于水利电力部政策研究室法规处于 1985 年汇编完成的《水利电力法规汇编》，该汇编包括了 1983 年前颁布的现行（至 1985 年）法规、规章。

　　我们一共收集到 1949~2014 年，国家层面与水相关的政策 870 条，去除未找到原文的数据（共 37 条）后，有效的水政策数量是 833 条。从政策的效力来看，至今仍有效的水政策共 592 条，失效的水政策共 241 条，1980 年以前颁布的水政策已基本失效。由于政策文本数量不太大，为了能更准确地分析我国水资源管理政策的演变，我们对所有的水政策文本（833 条）进行了分析，而未采用抽样的方式。

14.2.2　文　本　编　码

　　通过分析我国水政策文本的结构和内容特点，结合水治理理念的核心思想，依据 OECD（2015）关于水治理的原则和 Hooper（2006）的评价指标体系，构建了我国水资源管理政策文本编码的指标体系（表 14-1）。

表 14-1　我国水资源管理政策评价指标体系
Table 14-1　The evaluation indicators of watert policies in China

类型	指标	含义
背景信息	发布时间	政策所发布的时间
	发布机构	政策由哪个/哪些机构发布
	实施机构	政策由哪个/哪些机构来执行
	政策类型	将政策类型分为意见、通知、办法、规定、条例、规划、细则、法律和其他，共 9 类
	法律基础	制定该条政策所依据的法律法规
基本内容	目标	政策中所制定的需要达到的目标
	行政区域	政策所影响的行政区域
	水体	政策所影响的水体
	政策工具	分为行政命令、经济、工程、科技和法律 5 种类型
水治理内容	财政来源	实施政策的财政来源，分为中央财政、地方财政和其他 3 种类型
	协调能力	政策实施过程中各部门之间的协调性
	问责制	政策实施过程中，是否追究相关管理人员管理的负面后果
	信息/知识	政策中是否有提及信息/知识的建设或者共享方面的内容
	培训/能力	政策中是否有提及人员培训或者能力提升方面的内容
主题	主题	共包括 10 类主题：防洪抗旱，农田水利，城乡供水，水资源管理，水利工程建设，水质管理，水资源保护，节水，科技，教育和文化以及其他
	主题导向	主题导向被划分为"经济发展导向型"、"环境保护导向型"和"其他"3 类

　　编码指标体系共包括 4 个类型 17 个指标。第一类主要是关于每条政策的背景信息，

包括政策的发布时间、发布机构、实施机构、政策类型和法律基础。第二类涉及每条政策的基本内容,描述通过什么样的工具/措施使哪些区域/水体达到怎样的目标。第三类是关于政策所涉及的水治理方面的指标,包括财政来源、协调能力、问责制、信息/知识和培训/能力 5 个指标。第三类是关于政策的主题信息,主要包括主题和主题导向两个指标。为了与水文化进行对比,我们将主题的类型和主题导向的类型设置为与水文化的一致。

14.2.3 统 计 分 析

基于上述编码指标体系,对所有的政策文本进行统计分析,分析的具体内容包括基于政策主题的水资源管理阶段分析、不同类型政策的政策工具(由政府掌握的、可应用的、达成政策意图的手段和措施)演化分析和政策主体(是指参与或影响公共政策的制定、执行、评估的个人、团体或组织)演化分析。

14.3 研 究 结 果

14.3.1 我国水资源管理政策的基本特点

1. 政策数量

我国水政策的颁布具有明显的阶段性,大致可划分为 4 个阶段:1949~1965 年,新中国成立初期,国家的首要任务是恢复生产、安定社会。新中国成立初期,我国水旱灾害频发,严重影响国民经济生产。因此,防治水害、兴修水利成为水利工作的主要任务。同时,这一时期也是我国人民法制社会建设的初期,为了促进水利工作的发展,政务院(国务院)、水利部和农业部等颁布了相应的法规政策。1966~1976 年,是我国的"文化大革命"时期,由于整个国家工作重心的转移,国家的法制建设也处于停滞状态,水资源管理方面的法规政策也大幅度减少。1977~2000 年,是我国法治社会建设的恢复期,我国的水管理也开始步入法制轨道,水政策数量呈缓慢增长态势。2001 年以后,随着新《中华人民共和国水法》的出台和法律制度的日益完善,我国的水政策数量开始大幅增长(图 14-1)。

2. 政策的发布机构

尽管本研究中的所有水政策都是由国务院部委以上权力机构发布的,但是通常会联合其他一些机构共同发布,包括国有银行、国家电网公司、行业协会等,因此,水政策的发布机构一共涉及 47 个,政策发布数量在 10 条以上的有 8 个(图 14-2)。水利部发布的政策最多(571 条),其次是国务院(134 条)。

从各部委发布水政策的时间来看,1966 年之前("文化大革命"之前)和"文化大革命"至 1986 年间,发布机构以国务院、水利部和农业部为主;1987 年以后,水利部和国家发展和改革委员会(简称发改委)发布的水政策显著增加;环境保护部发布的水政策在 2000 年以后显著增加，2007 年以后增幅较大（图 14-3）。

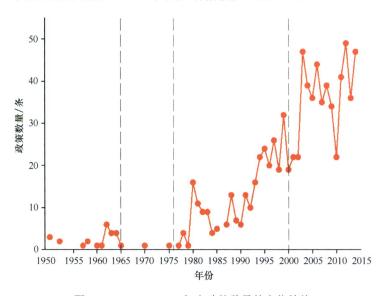

图 14-1　1949～2014 年水政策数量的变化趋势

Fig. 14-1　Changes in the number of water policies from 1949 to 2014

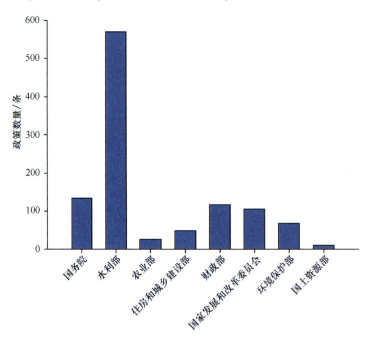

图 14-2　1949～2014 年水政策的主要发布机构

Fig. 14-2　Main institutions issuing water policies from 1949 to 2014

3. 政策的实施机构

从水政策的实施机构来看，主要包括国务院各部委、地方各级政府及其职能部门、流域管理机构、各级防汛抗旱指挥部、水利工程管理机构、银行、企业、工程建设单位、中央新闻机构等多个层面、不同类型的机构。整体而言，地方各级职能部门（包括水利机构、发改委、财政部门、环保部门等）（578 条政策）是最主要的政策执行者，其次是国务院各部委（304 条政策）和流域管理机构（274 条政策）（图 14-4）。

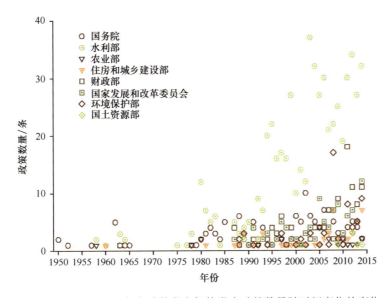

图 14-3　　1949～2014 年水政策发布机构发布政策数量随时间变化的变化

Fig.14-3　　The number of water policies issued by main ministries during 1949～2014

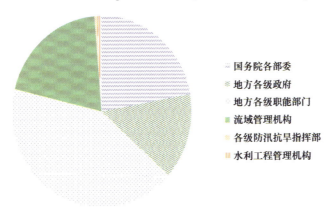

图 14-4　　1949～2014 年水政策的主要实施机构

Fig. 14-4　　Main implementation institutions of water policies during1949～2014

在整个研究期，主要的实施机构也具有阶段性特点。1949～1966 年，水政策的实施机构主要以地方各级政府和地方各级职能部门为主，而且地方各级政府略占主导地位。1967～1976 年，即"文化大革命"时期，颁布的水政策较少，涉及的实施机构也较少。1977 年至 20 世纪 90 年代初期，政策的实施机构开始出现多元化的趋势，地方各级职能部门开始发挥主导作用，国务院各部委和流域管理机构在政策实施中也开始发挥其作用。这是因为，改革开放以后，我国经济社会获得了长足发展，但水资源短缺、水体污染等问题也逐步显露出来。面对新的水资源形势，水利部门初步确立了水是资源、水是商品的理

念，开始加强对水资源的管理和保护。1979~1984 年开展了第一次全国水资源评价，1983
年颁布了《中华人民共和国水污染防治法》，1985 年中央政府批准黄河水量分配方案。20
世纪 90 年代初期至今，地方各级职能部门、国务院部委和流域管理机构已成为水政策执
行的主要机构，而且国务院各部委的作用日益突出。这是因为 90 年代以后，全国水资
源供需矛盾更加突出，一些重要江河湖泊发生严重污染事件，引起中央和全社会高度重视。
1993 年国务院颁布《取水许可制度实施办法》，开始用取水许可制度管理水资源；各大流
域相继成立水资源保护机构，把"三河三湖"作为水污染治理的重点。水利工程管理机构
作为实施机构主要出现在"文化大革命"之前和 20 世纪 80 年代初期（图 14-5）。

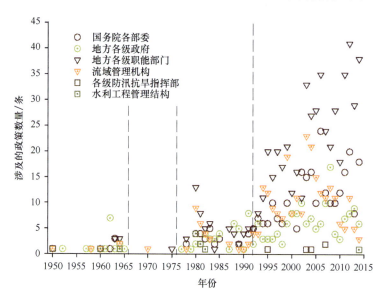

图 14-5　1949~2014 年水政策主要实施机构随时间的变化

Fig. 14-5　Main implementation institutions of water policies during 1949~2014

4. 政策类型

根据《中华人民共和国立法法》，我国法律法规的效力等级由其制定颁布机构决定。
在国家层面，全国人民代表大会（简称人大）及其常务委员会（简称人大常委会）制定
颁布的法律具有最高的法律效力；国务院制定的行政法规居于法律效力等级的第二等
级，效力仅次于法律；国务院各部委制定的部门规章的法律效力低于前两者。不同机构
所颁布的法律法规类型不同（表 14-2）。

在表 14-2 分类的基础上，根据实际收集到的水政策，我们将水政策分为 10 类（图 14-6）。
意见和通知类的政策所占比例较大，约占总数的 57.4%，法律、条例、规定等具有较强法
律效力的水政策较少，仅占 14.8%，尤其是法律比较少，仅有 4 条，占 0.5%。

5. 政策制定的法律基础

公共政策的制定是依法进行的，政策的内容主要以宪法和法律法规、国情状况和国
际环境为依据。在我国的水资源管理政策中，以宪法和法律法规为制定依据的政策共 385

表 14-2　不同权力机关制定颁布的法律法规类型与名称
Table 14-2　Types and names of laws and regulations made and issued by authorities

法律类型	制定主体	法律法规名称	定义
法律	全国人大及其常委会	法律[1]	全国人大及其常委会制定和颁布的规范性文件
行政法规	国务院	条例[1]	国务院对某一方面的行政工作比较全面系统的规定
		规定[1]	国家行政机关对某一方面的行政工作的部分规定
		办法[1]	国家行政机关对某一项行政工作比较具体的规定
部门规章	国务院各部委	规定[1]	国家行政机关对某一方面的行政工作的部分规定
		办法[1]	国家行政机关对某一项行政工作比较具体的规定
		意见[2]	对重要问题提出见解和处理办法
		细则	有关规章、制度、措施、办法等的详细的规则
		方案	进行工作的具体计划或对某一问题制定的规划
		通知[2]	发布、传达要求下级机关执行和有关单位周知或者执行的事项，批转、转发公文
		通告[1]	在一定范围内公布应当遵守或周知的事项的文件
行政规范性文件	国务院及其各部委	导则	用于规范工程咨询与设计的手段和方法
		通则	普遍适用的规章或法则
		报告[2]	向上级机关汇报工作、反映情况，回复上级机关的询问
		决定[2]	对重要事项作出决策和部署、奖惩有关单位和人员、变更或者撤销下级机关不适当的决定事项
		通令[1]	国家机关向所属各有关单位或有关人员发布的带有普通型的命令
		章程[1]	用书面形式规定法人的组织及其他重要事项的文件

注：关于法律法规的定义，1 来源于甄玉金，彭志远（主编）.1998. 新编实用法律辞典. 北京：中国检查出版社：65-67；2 来源于 2012 年 4 月 6 日，中共中央办公厅、国务院办公厅联合印发的《党政机关公文处理工作条例》；其他来源于汉语词典。行政法规、部门规章和行政规范性文件的名称分别由《行政法规制定程序条例》、《规章制定程序条例》和《党政机关公文处理工作条例》规定。

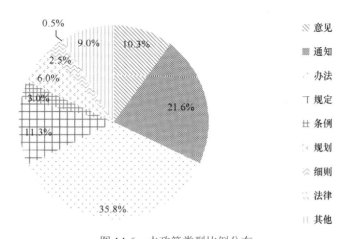

图 14-6　水政策类型比例分布
Fig. 14-6　Types of water policies

条，占政策总量的 46.2%。共有 268 条法律法规被作为政策制定的法律依据，出现的次数达到 700 次。与水相关的法律和条例是其他水资源管理政策制定的主要法律依据，其中以《中华人民共和国水法》(87 次)和《中华人民共和国防洪法》(41 次)为最(表 14-3)。《中华人民共和国水法》是我国水的基本法律,是我国加强水资源管理,促进水资源合理开发利用的法律依据。《中华人民共和国水法》与《中华人民共和国水土保持法》、《中华人民共和国水污染防治法》和《中华人民共和国防洪法》等是我国依法治水的基础。

表 14-3 出现次数在 10 次以上的法律依据
Table 14-3 Legal basis appearing 10 times and above

政策题目	次数
《中华人民共和国水法》	87
《中华人民共和国防洪法》	41
《中华人民共和国水污染防治法》	22
《中华人民共和国水土保持法》	21
《中华人民共和国河道管理条例》	19
《中华人民共和国预算法》	16
《取水许可制度实施办法》	15
《水库大坝安全管理条例》	12

14.3.2 我国水资源管理政策的基本内容

1. 政策目标

公共政策的目标是政府为了解决有关公共政策问题而采取行动所达到的目的、指标和效果。一方面,它能为制定政策方案提供方向性指导;另一方面,它能为政策方案的规划和实施提供核心的评估标准。从水资源管理政策的目标来看,共有 156 条政策提出了发展的目标,仅占政策总数的 18.7%。关于政策分类,存在多种分类方法,如元目标(如公平、效率、自由、安全)和次目标、长期政策目标和近期政策目标等。根据我国水资源管理政策的特点,我们将政策目标分为定量目标、定性目标及定性与定量相结合的目标 3 种类型。提出定量目标、定性目标及定性与定量相结合目标的政策数量分别为70 条、54 条和 32 条,分别占制定目标政策总数的 44.9%、34.6%和 20.5%。

我们将水政策的主题划分为防洪抗旱,农田水利,城乡供水,水资源管理,水利工程建设,水质管理,水资源保护,节水,科技、教育和文化以及其他,共 10 类。不同的政策主题,其目标类型不大相同。水资源保护、防洪抗旱和农田水利方面的政策主要以定量目标为主,因为这些主题更偏重于经济和社会发展,定量的目标易于衡量,更能考核政策的实现程度;而偏重管理主题的政策,因发展目标难以定量化,所以以定性目标为主(图 14-7)。

2. 政策影响的行政区域

从水资源管理政策影响的区域来看,由于我们的数据来源是国家层面的水政策,因此,其绝大多数的影响区域是全国,但也有一些水资源管理政策是针对特定的地区来制定。从省域的角度来看(图 14-8),水资源管理政策影响了我国除台湾省,香港、澳门特别行政区

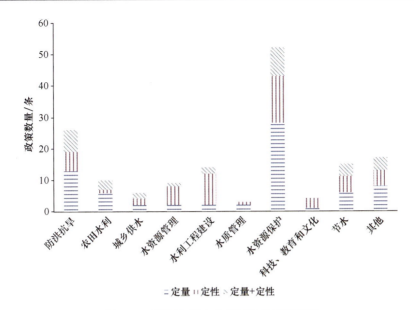

图 14-7　不同主题水政策制定的目标类型

Fig. 14-7　Target types of water policies with different themes

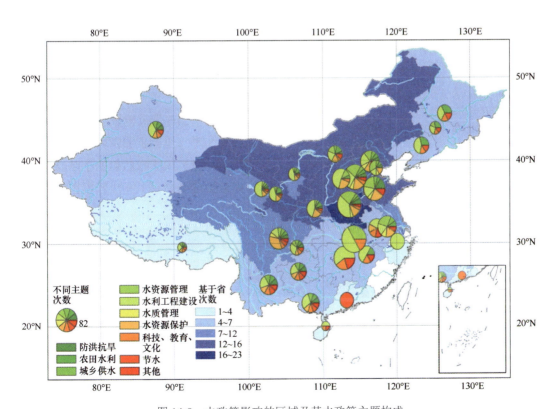

图 14-8　水政策影响的区域及其水政策主题构成

Fig. 14-8　Regions affected by water policies and its themes

外的 31 个省（自治区、直辖市），北方省份是政策的主要影响区域，尤其是河南、河北和山西三省，分别涉及 23 条、16 条和 16 条政策；水资源管理政策对东南沿海省份的影响较少，未有专门的政策针对上海和福建，影响广东和浙江的政策数量也分别仅为 1 条和 2 条。

从影响区域的主题来看，除了黑龙江（农田水利）、天津（水资源管理）、江苏（水资源管理）和广东（节水），水利工程建设是政策在大多数省份关注的重点。

3. 政策影响的水体

与水文化相似，水资源管理政策影响的水体（主要包括河流、湖泊和水库）达到 50 个，其中七大流域和七大湖泊是水资源管理政策影响的主要水体，涉及这些水体的政策条数频次达到 220 次，约占涉及水体政策的总频次的 40%。影响西北内陆水体的政策较少，仅提及黑河（2 条）、塔里木河（1 条）和渭河（1 条）。

在水资源管理政策影响的七大流域中，影响最多的是黄河流域（31 条），其次是淮河流域（30 条）；在政策影响的七大湖泊中，影响最多的是太湖（26 条），其次是巢湖（12 条）。

从影响水体的主题来看，除珠江流域外（其重点主题是防洪抗旱），水资源保护是政策在大部分水体的主要关注点（图 14-9）。与湖泊相比，流域的主题比较广泛，其中长江流域的主题覆盖度最广，包括了所有的主题类型，而七大湖泊的主题比较单一（除了太湖），都是水资源保护。

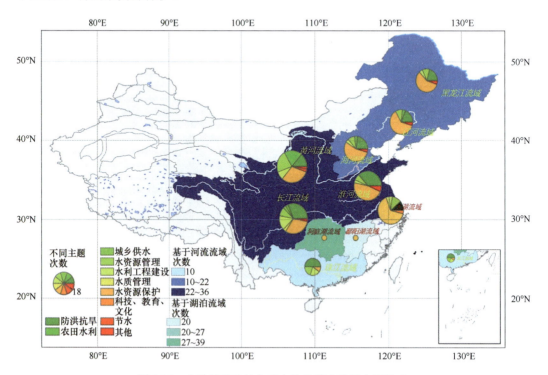

图 14-9　水政策影响的主要水体及其水政策主题构成

Fig. 14-9　Main water bodies affected by water policies and its themes

4. 主要的政策工具

政策工具是政府将政策目标转化成具体行动的机制，适当的选择与使用政策工具是落实政策目标的关键。许多政策学家都研究讨论过政策工具的分类，但是由于研究的目标和分类的标准不一，关于政策工具的分类，"迄今尚未有一种分类能够达到穷尽且互斥的"（彼得斯·冯尼斯潘，2007）。根据我国水资源管理政策内容的特点，我们将其政策工具分为行政命令、经济、工程、科技和法律 5 种类型。每种类型作为单一的政策工具出现的政策数量分别为 569 条、32 条、4 条、2 条和 4 条，其总量约占水资源管理政策总数的 73.4%。以政策工具组合形式出现的政策数量为 222 条，其中以行政命令为主的政策工具组合为主，其比例高达 99.1%（图 14-10）。

图 14-10　水资源管理政策工具的类型分布
Fig. 14-10　Types of water policy tools

Peters（2005）认为，政策工具的选择依赖于国家与社会彼此的能力情况，在社会能力较弱而国家能力较强的情况下，政府倾向于应用"强制"或"命令与控制"等政策工具。法律性政策工具被西方学者认为是一种强制性政策工具，在我国其强制性和权威性特点更加显著。我国水资源管理政策的分析结果证实了这一观点。从我国水资源管理政策工具的分析结果来看，行政命令类政策工具、法律类政策工具及以这两类为主的政策工具组合（其比例高达 95.4%）是我国水资源管理政策的主要政策工具。

14.3.3　我国水政策实施演化分析

1. 财政来源

1997 年国务院《水利产业政策》将水利项目及筹资方式划分为公益性为主的甲类项目和经营性为主的乙类项目，明确了筹资主渠道，划分了中央和地方分级管理的范围和筹资来源。据此，我们将政策执行的财政来源分为中央财政、地方财政和其他 3 种类型，其中其他类型投资包括社会投资和企业投资。在水资源管理政策中，共有 258 条政策明确提出政策实施的来源，仅占政策总数的 30.9%。其中，以中央财政、地方财政和其他投入为来源的政策数量分别为 167 条、74 条和 17 条，可以看出我国的水治理投入主要还是来源于国家，社会投资和企业投资仅占少数。

从水治理投入来源的演化阶段来看，可以划分为 1949~1966 年、1967~1976 年、1977~1990 年、1991 年至现在 4 个阶段（图 14-11）。在 1949~1966 年，计划经济决定了我国水利投资方式单一，国家成为水利投入的主要来源，而且投入较少。这是因为新中国成立初期，百废待兴，这一时期国家经济发展的重点是工业，而且新中国作为一支重要力量步入国际社会，加入到东西方"冷战"之中，不但参加了朝鲜战争，还经受了两次"台海危机"，因此，尽管国家在防洪抗旱和农田水利建设方面进行了投入，水利发展的重要性不是特别突出。1967~1976 年，即在"文化大革命"期间，由于整个社会经济发展基本处于停滞阶段，所以没有水利投入。改革开放之后，我国水利投融资体制也开始实施改革。20 世纪 80 年代初，由于国家实行"调整、改革、整顿、提高"的政策，全面压缩基本建设规模，国家在水利建设的投资总量出现较大回落。为了破解水利建设资金短缺的难题，提高基本建设项目的投资效益，国家开始全面实行"拨改贷"，之后国家又颁布《关于改进计划体制的若干暂行规定》，将国家农业开发资金、商品粮基地建设资金、以工代赈等专项资金中相当一部分用于水利建设，大大拓宽了资金来源渠道。因此，在 1977~1990 年，我国水利投入在以国家投入为主的情况下，开始出现了其他投入方式。20 世纪 90 年代以后，国家进一步明确了水利建设筹资的主渠道，即中央和地方为筹资的主要来源。另外，1998 年长江、嫩江、松花江大水之后，在国家实施积极财政政策的背景下，中央水利投资大幅度增加。因此，90 年代中后期开始，中央和地方财政成为我国水利投入的主体，并且呈现上升的趋势。此外，不断深化的国家投资体制改革进一步明确了企业在投资活动中的主体地位，因此在这一阶段，其他方式的投入也开始增多。

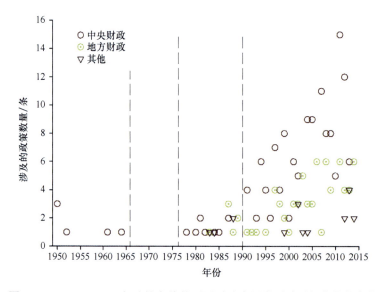

图 14-11 1949~2014 年政策实施的不同财政来源类型随时间变化的变化

Fig. 14-11 Types of different financial sources in water policies during 1949~2014

2. 协调能力

权力的分散使得水政策得以符合各地实际，并便于管理，但同时也提出了水管理协调方面的挑战。OECD（2015）水治理原则的第一条就有关协调能力，指出要达到该原则的要求就是在法律和制度框架中，明确政府各层面、水相关机构的角色和责任，并且通过在各级政府层面上以及各层面之间进行有效协调，找出并解决职责空白、重叠以及利益冲突。

在我国的水资源管理政策中，提及各级政府之间相互协调的政策不多，只有 50 条，约占水资源管理政策总数的 6.0%。从其发展的过程来看（图 14-12），我国水治理的协调能力方面存在 3 个发展阶段：改革开放前、改革开放至 2001 年、2002 年至现在。在改革开放前，由于用水量不大、水污染也不严重、用水矛盾也不太突出，因此，我国的水资源管理制度还处于"只管工程不管资源的非正式资源管理阶段"（贾绍凤和张杰，2011），水资源管理实际上从属于水利工程管理，不需要综合管理，因此，也就没有水政策提及部门之间的协调机制。改革开放以后，水资源管理的复杂性问题开始出现，国家也提出了综合管理的要求，因此，有少量的政策提及了部门之间的协调。2002 年《中华人民共和国水法》的修订和实施使我国依法治水、管水进入了一个新的发展阶段。新《中华人民共和国水法》更加强调水资源的综合管理，因此，从 2002 年开始，我国水资源管理政策开始强调协调机制的建立。

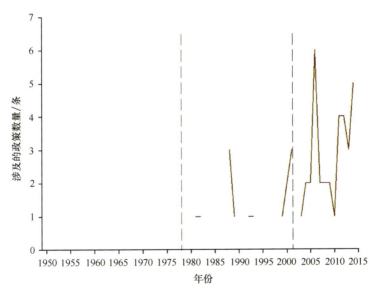

图 14-12　1949~2014 年涉及协调能力的水政策数量随时间变化的变化

Fig. 14-12　The number of water policies with coordination during 1949~2014

3. 问责制

良好的水治理要求每个政策执行过程中的角色必须能够对其行为进行解释和负责。建立明确的问责和管控机制可以提高水政策制定和实施的透明度。

1949 年以来，在我国的水资源管理政策中，提及问责制的政策数量为 176 条，约占政策总量的 21.1%，远高于提及协调机制的政策数量，但是提及问责制的政策首次出现是在 1980 年，要早于协调机制出现的时间。从我国水资源管理政策中问责制的发展历程来看，主要分为 20 世纪 80 年代之前、20 世纪 80 年代至 2002 年、2003 年至今 3 个阶段（图 14-13）。从新中国成立至 80 年代中期之前，无水资源管理政策提及问责制。随着改革开放后我国民主政治的发展，问责制逐渐开始受到关注。自 1987 年水政策中提及问责制以来，越来越多的政策开始提及问责制。但是问责制受到广泛关注则是从 2003 年开始。这是因为，自 2003 年"非典"开始，我国从中央到地方开始进行行政问责，并相继追究了在重大安全事故、环境污染事件等方面存在失职、渎职或负有重要责任的行政官员。在水资源管理方面，自 2011 年中央一号文件实施以来，问责制更是在国家层面受到重视，尤其是自 2013 年国务院发布实施《实行最严格水资源管理制度考核办法》以来，水利部等十部门不断加强最严格水资源管理考核问责制。

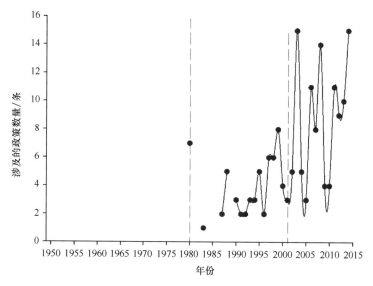

图 14-13　1949～2014 年提及问责制的水政策数量随时间变化的变化

Fig. 14-13　The number of water policies invovling accountbality during 1949～2014

4. 信息/知识

信息/知识是促进水治理高效性的重要方面。通过生产、更新、及时分享一致且具有比较性的水政策的数据和信息，可以使水治理更加高效。在水资源管理政策中，明确提及信息或知识方面的内容的政策非常少，仅有 32 条，占政策总数的比例 3.84%。最早提及信息或知识的政策出现在 20 世纪 90 年代初期（1991 年），但是在 2010 年之前，相关的政策数量偏少，除了 2008 年。2010 年之后，提及信息或知识的水政策数量开始呈现增长趋势（图 14-14）。

从提及信息/知识的水政策主题来看，水资源保护方面的政策提及的次数最多，高达 25 次，其次是防洪抗旱（5 次）和水利工程建设（4 次）。水资源保护方面的政策是指大量的环境监测以及监测数据的发布和共享，这也是近年来公众关注的重点，因此，相比于其他类型主题来说，水资源保护方面的政策会更多地提及信息/知识方面的内容。

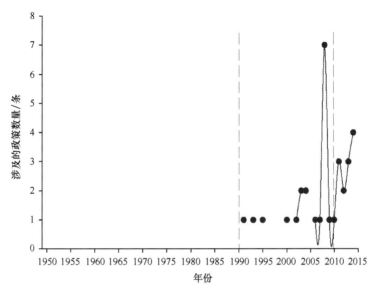

图 14-14　1949～2014 年提及信息/知识的水政策数量随时间变化的变化

Fig. 14-14　The number of water policies involving information/knowledge sharing during 1949～2014

5. 培训/能力

通过加强对水领域专业人士的教育和培训，强化水有关机构、利益相关方的能力建设，促进相互配合和知识共享，有助于提高水治理的有效性。在我国水资源管理政策中，提及培训/能力建设的政策共 72 条，约占政策总数的 8.6%。从其发展的历程来看，可以分为 3 个阶段：1978 年之前、1978～2000 年、2001 年至今（图 14-15）。改革开放之前，没有政策提及培训/能力建设方面的内容。改革开放之后到 2000 年，有少数政策提及培训/能力。2000 年之后，我国的水资源管理政策开始重视人员的培训和能力的提升，提及培训/能力建设的水政策数量显著增加。

从提及培训/能力建设的水政策的主题来看，依然是水资源保护方面的政策数量较多。随着人们环境意识的提升，在水资源保护方面需要开展大量的能力建设和人员培训，如水环境监测能力的建设、水污染事故应急处理能力的建设、水政监察人员的培训、技术人员的技能培训等，从而提升水资源管理水平。

14.3.4　水资源管理政策主题及导向的演化分析

1. 政策主题的演变过程

我们将水政策的主题分为十大类：防洪抗旱，农田水利，城乡供水，水资源管理（主要是管理制度），水利工程建设，水质管理，水资源保护，节水，科技、教育和文化以及其他。从各主题涉及的政策频次来看，水利工程建设类政策最多（245 次），其次是水资源保护（192 次）。

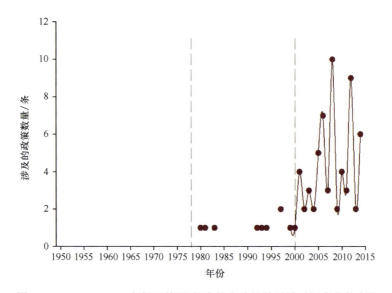

图 14-15　1949～2014 年提及培训/能力的水政策数量随时间变化的变化

Fig. 14-15　The number of water policies invovling training/capacity building during 1949～2014

　　从不同主题政策的政策类型来看（图 14-16），除了《中华人民共和国水法》这一条法律涉及各个领域外，不是所有的领域都有各自的法律；办法和通知是各类主题政策的主要政策类型；防洪抗旱和水资源保护主题的政策有大部分是以规划的形式发布。

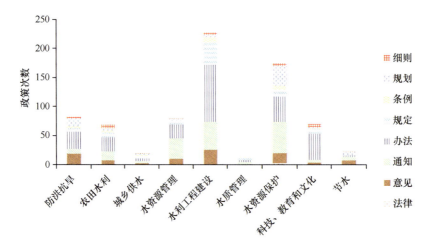

图 14-16　不同水资源管理政策主题的法律类型

Fig. 14-16　The types of law in different themes of water policies

　　从我国水资源管理政策主题的演变过程来看，可以划分为 3 个阶段：1949～1965 年、1966～1976 年、1977 年至今（图 14-17）。

　　在 1966 年之前，水资源管理政策数量较少，涉及的主题主要以农田水利、水利工程建设和防洪抗旱为主。毛泽东曾指出"水利是农业的命脉"，因此，新中国成立以后，国家开始兴修水利发展农业。在"一五"期间和"二五"期间，水利部及相关部委就制定了多项有关农田水利的政策。从新中国成立开始，国家就开始大力推行水土保持方面的水利工程建设工作。在防洪抗旱方面，由于 1950 年淮河流域的特大洪水造成了严重水灾，因此，新中国成立后不久，国家就开始实施治河工程，如荆江分洪工程、淮河治理工程等。1966～1976 年，由于"文化大革命"，所有的社会经济活动基本处于停滞，所以制定的水政策较少，仅出台了两条政策，其主题分别为水资源管理和水利工程建设。1977 年以后，水资源管理政策数量开始增加，并自 20 世纪 90 年代开始呈现显著增长趋势。水利工程建设类政策贯彻在整个时期，并且占据主导地位。水利投资的增加使得对水利投资管理的需求增加，因此，关于水利工程建设的政策数量也就显著增加。在水资源保护方面的政策自 20 世纪 80 年代初期出现以来，增长趋势明显，尤其是在 2000 年以后，甚至成为水资源管理政策的核心主题。

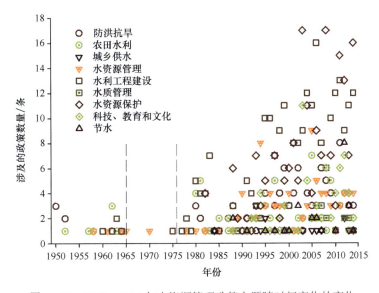

图 14-17　1949～2014 年水资源管理政策主题随时间变化的变化

Fig. 14-17　The change in themes of water policies during 1949～2014

2. 导向的演化分析

从政策的导向来看，为了与水文化进行对比，我们仍然将政策导向分为经济发展导向型和环境保护导向型两类。经济发展导向型的政策共有 451 条，环境保护导向型的政策仅有 153 条，其他类型政策共 229 条。从整个研究时期来看，经济发展导向型政策一直处于主导地位，尽管环境保护导向型政策自 20 世纪 80 年代才开始出现，但是自 2000 年以后开始呈现显著增长趋势（图 14-18）。这表明我国的水政策更加注重经济的发展。

经济发展导向型政策在演化的过程中（图 14-19），以 20 世纪 80 年代中期为节点，在此之前，政策类型较单一，主要以农田水利、水利工程、防洪抗旱和水资源管理为主，之后政策类型逐渐丰富。水利工程建设方面的政策始终占据优势；农田水利建设方面的政策在新中国成立初期和 70 年代末期至 80 年代中期比较突出；90 年代之后，国家已经意识到可持续发展的重要性，节水和保护性的政策开始出现。

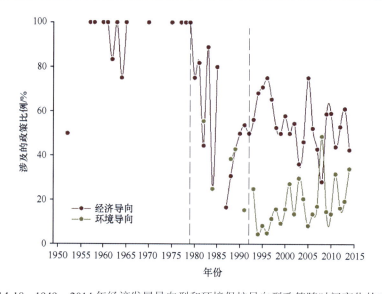

图 14-18　1949～2014 年经济发展导向型和环境保护导向型政策随时间变化的变化

Fig. 14-18　Change in economy-driven and environment-driven tones covered in the water policies during 1949～2014

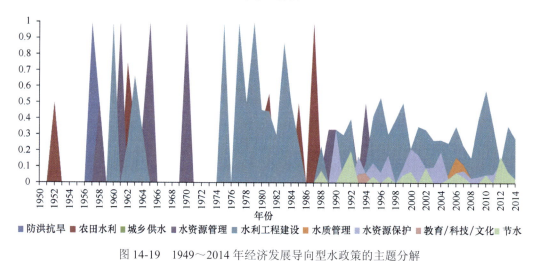

■ 防洪抗旱　■ 农田水利　■ 城乡供水　■ 水资源管理　■ 水利工程建设　■ 水质管理　■ 水资源保护　■ 教育/科技/文化　■ 节水

图 14-19　1949～2014 年经济发展导向型水政策的主题分解

Fig. 14-19　Theme decomposition of economy-driven tones covered in water policies during 1949～2014

　　环境保护导向型政策在演化的过程中（图 14-20），20 世纪 80 年代初期，国家开始颁布相关政策，并且涉及多个领域，包括城乡供水、水质管理、水资源管理和防洪抗旱。水资源保护方面的政策一直占据主导地位，近年来水质管理方面的政策开始凸显。

14.3.5　水政策按政策主题进行阶段划分及其特点

　　根据政策主题（包括导向）随时间变化的变化情况，将我国的水政策主题的阶段划分为 1978 年之前、1978 年至 20 世纪 90 年代初期、90 年代初期至 2014 年 3 个阶段。

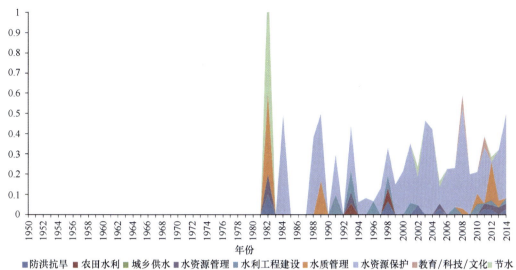

图 14-20　1949～2014 年环境保护导向型水政策的主题分解

Fig. 14-20　Theme decomposition of environment-driven tones covered in water policies during 1949～2014

　　1978 年之前，我国的水资源管理基本处于无法可依的状态，大多数的水政策都是以"通知"的形式发布，法律效力较低。在此阶段，尤其是"一五"和"二五"，我国发展国民经济的基本任务是进行以重工业为中心的工业建设和以农业为主的社会主义改造。因此，我国水政策的导向主要以农业为主的经济导向，水政策的主题也就主要体现在面向农业发展的农田水利和水利工程建设（主要是水土保持）。

　　随着十一届三中全会之后党中央提出"健全社会主义民主，加强社会主义法制"的目标和"有法可依，有法必依，执法必严，违法必究"的社会主义法制建设方针之后，水利法制建设作为国家法制建设的重要组成部分也开始受到重视。但是，1978～1987年只是我国水利法制建设的起步阶段，条例、规定类型的政策数量开始增多，相关领域的法律开始制定，如 1984 年颁布实施了《中华人民共和国水污染防治法》，初步实现了有法可依。这一时期也处于我国的"五五"计划末期和"六五"计划时期，国家开始加大对农业基本建设的投资和水电的发展，如建成引滦输水工程、水库建设（如潘家口水库、大黑汀水库等）、重要流域（如鄱阳湖地区和南洞庭湖地区）和灌区（如安徽淠史航灌区）商品粮基地的建设、大型水电站的建设以及水土流失治理等。因此，这一阶段水政策的导向仍然以经济导向为主，重点主题是水利工程建设和农田水利领域；尽管环境导向的水政策开始出现，但其主题主要体现在节水和水质管理领域，与水污染相关的水资源保护主题类政策较少。

　　20 世纪 90 年代以后，随着《中华人民共和国水法》的颁布和实施，我国开始不断完善水法规体系，加强水资源的合理开发与利用、节约和保护，防治水害，实现水资源的可持续利用，是我国水利法制建设快速发展和不断完善的阶段。水政策的主题也呈现出多元化的特点，包含了开发利用（农田水利、水利工程建设、城乡供水和水质）、节约和保护（节水和水资源保护）、防治水害（防洪抗旱）、高效管理（水资源管理及科技、教育和文化）。2002 年新《中华人民共和国水法》的颁布和实施后，我国的水利法制建设迈向了新的高度,一系列的行政法规和部门规章进行了重新修订和出台,为我国从传统水利向现代、可持续发展水利转变提供了有力的法律保障。在整个阶段,经济发展导向为主的水政策占政策总数的比例开始下降,但主题更加丰富,除了水利工程建设主题外,节水和水资源保护主题的政策占比也较大。环境保护导向为主的水政策实现了由少到多、由松到紧的发展,水资源保护类主题已成为环境保护导向政策的主体。

14.4　讨论和结论

本章基于内容分析法,对 1949 年以来我国国家层面颁布的水资源管理政策进行内容挖掘,分析了我国水资源管理政策的特点、重要内容(如政策主体、政策工具、政策主题、政策的实施)及其变迁过程。

研究表明,在我国具有较高法律效力的水资源管理政策(如以法的形式颁布的政策)较少,水利部和国务院是我国水资源管理政策的颁布主体,流域管理机构和地方政府则是政策的主要实施机构;我国的水资源管理政策更多地针对于水资源相对短缺的北方地区;水政策工具以行政命令为主,反映了我国自上而下的水资源管理体制。

我国的水政策的实施以国家投入为主,社会投资和企业投资较少;水政策实施所涉及的主要内容包括协调机制、问责制、信息和知识的生产与共享以及培训和能力建设都是自 2000 年以来才有所加强;表明我国的水治理能力还有上升的空间。未来应朝着政策主体更加多元化、政策工具更加完备、协调机制更加完善、问责制更加健全的方向发展。

我国水资源管理政策的演化可以分为 1978 年之前(无法可依阶段)、1978 年至 20世纪 90 年代初期(起步阶段)和 90 年代初期至 2014 年(快速发展和完善阶段)3 个阶段。在整个演化时期,经济发展导向的水管理政策占主导地位;环境保护导向的水管理政策自 80 年代中后期以来实现了由无到有、由少到多、由松到紧的发展过程。

参 考 文 献

彼得斯·冯尼斯潘. 2007. 公共政策工具. 顾建华译. 北京: 中国人民大学出版社.

陈明忠. 2014. 最严格水资源管理制度考核将于今年 3 月启动. http: //news.xinhuanet.com/energy/ 2014-02/06/c_126091874.htm. 2014-2-6.

范沧海, 唐德善. 2009. 中国水资源制度变迁与动因分析. 干旱区资源与环境, 23(1): 98~103.

贾绍凤, 张杰. 2011. 变革中的中国水资源管理. 中国人口·资源与环境, 20(10): 102~106.

刘建国, 陈文江, 徐中民. 2012. 干旱区流域水制度绩效及影响因素分析. 中国人口·资源与环境, 22(10): 13~18.

吕晓, 牛善栋, 张全景, 等. 2015. 基于内容分析法的集体建设用地流转政策演进分析. 中国土地科学, 29(4): 25~33.

宁立波, 靳孟贵. 2004. 我国古代水权制度变迁分析. 水利经济, 22(6): 8~11.

秦泗阳, 常云昆. 2005a. 中国古代黄河流域水权制度变迁(上). 水利经济, (5): 4~7.

秦泗阳, 常云昆. 2005b. 中国古代黄河流域水权制度变迁(下). 水利经济, (6): 1~4.

世界银行. 2009. 解决中国水稀缺: 关于水资源管理若干问题的建议. http: //www.shihang.org/zh/news/

press-release/009/01/12/china-needs-reform-strengthen-water-resource-management-framework-address-water-scarcity-says-world-bank.2009-01-12.

宋国君, 谭炳卿. 2007. 中国淮河流域水环境保护政策评估. 北京: 中国人民大学出版社.

孙蕊, 孙萍, 张景奇, 等. 2015. 内容分析方法在公共政策研究中的应用——以耕地占补平衡政策为例. 广东农业科学, (4): 196~200.

涂端午. 2007. 中国高等教育政策制定的宏观图景——基于 1979—1998 年高等教育政策文本的定量分析. 北京大学教育评论, (4): 53~65.

王亚华, 胡鞍钢. 2001. 水权制度的重大创新——利用制度变迁理论对东阳-义乌水权交易的考察. 水利发展研究, (1): 5~8.

吴舜泽. 2013. "水污染防治管理政策集成与综合示范研究"课题成果简介(2009ZX07631-003). http://nwpcp.mep.gov.cn/cgzl/zl/201312/t20131219_265234.html.2013-12-19.

肖国兴. 2004. 论中国水权交易及其制度变迁. 管理世界, (4): 51~60.

徐志刚, 王金霞, 黄季焜, 等. 2004. 水资源管理制度改革、激励机制与用水效率——黄河流域灌区农业用水管理制度改革的实证研究. 中国农业经济评论, 2(4): 415~426.

张翠云, 王昭. 2014. 黑河流域人类活动强度的定量评价. 地球科学进展, 19(增刊): 386~390.

郑方辉, 毕紫薇, 孟凡颖. 2009. 取水许可与水资源费征收政策执行绩效评价. 华南农业大学学报(社会科学版), 9(1): 57~63.

De Stefano L, Pedraza G J, Gil F V. 2010. A methodology for the evaluation of water policies in European Countries. Environmental Management, 45: 1363~1377.

Hardin G. 1968. The tragedy of the commons. Science, 162: 1243~1248.

Hooper B P. 2006. Key performance indicators of river basin organizations. http: //www.iwr.usace.army.mil/Portals/70/docs/iwrreports/2006-VSP-01.pdf. 2014-01-06.

Mamouney L. 2014. Environmental policy-making in New South Wales 1979—2010: A quantitative analysis. Australasian Journal of Environmental Management, 21(3): 241~252.

Mermet L, Bille R, Leroy M. 2010. Concern-focused evaluation for ambiguous and conflicting policies: An approach from the environmental field. American Journal of Evaluation, 31(2): 180~198.

OECD. 2015. 经合组织水治理原则. http: //www.oecd.org/gov/regional-policy/OECD- Principles-Water-Chinese.pdf. 2015-7-1.

Pal S K, Adeloye A J, Babel M S, et al. 2011. Evaluation of the effectiveness of water management policies in Bangladesh. International Journal of Water Resources Development, 27(2): 401~417.

Peters B G. 2005. Policy instruments and policy capacity. In: Painter M, Pierre J. Challenges to State Policy Capacity. Houndmills: Palgrave Macmillan.

Riffe D, Lacy S, Fico F. 2005. Analyzing media messages: Using quantitative content analysis in research. 2. Mahwah, NJ: Lawrence Erlbaum Associates.

Schad T M. 1991. Do we have a national water policy. Journal of Soil and Water Conservation, 46(1): 14~16.

UNESCO. 2006. Water, a shared responsibility——The united nations world water development report 2. http: //unesdoc.unesco.org/images/0014/001444/144409e.pdf.2006-03-22.

Zardo P, Collie A.2014. Measuring use of research evidence in public health policy: A policy content analysis. BMC Public Health, 14: 496~505.

第 15 章 黑河流域节水型
社会建设绩效评价*

本章概要: 以张掖市作为研究实例,在实地调研和问卷调查的基础上,构建由宏观协调发展评价和微观协调发展评价两大系统组成的节水型社会评价指标体系,并利用层次分析法确定各项指标的权重,建立模糊综合评价模型,对张掖市节水型社会发展水平进行量化综合评价。结果表明,2001 年张掖市未建设节水型社会之前社会发展指数为 0.2060,2005 年、2011 年节水型社会发展指数分别为 0.2995 和 0.3537,呈良性发展趋势,但仍需进一步提高。

Abstract: The paper takes Zhangye City as a case study, on the base of on-site investigation and questionnaires, an index evaluation system on water-saving society building structure is determined by the help of analytic hierarchy prcess(AHP). The developing level of a water-saving can be assessed in a quantitatively comprehensive way on the model of AHP-fuzzy comprehensive evaluation. Such an evaluation model is composed of two systems: macroscopic evaluation system of coordinated development and microscopic evaluation system. Makes a study on comprehensive evaluation of a water-saving society.According to the research results and findings, in 2001, the social progress index of Zhangye City was 0.2060 and its water-saving society developing index reached to 0.2995 and 0.3537 respectively in the year of 2005 and 2011. In spite of its good burgeoning trend, the space for a further progress and improvement is still available.

15.1 引 言

节水技术的发展和节水模式的建立已成为解决水资源短缺问题最直接、最经济,也是最有效的途径。对于水资源本身就十分缺乏的干旱与半干旱地区来讲,通过制度建设和对生产关系的变革,形成以经济手段为主的节水机制有着重要的战略意义。但由于我国节水型社会的建设仍处于初步阶段,因此依据区域实际,提出较为完整的节水型社会建设的评价指标体系及标准,对在水资源缺乏地区找到一条资源高效利用与社会经济协调发展的节水型社会建设模式,具有现实意义(郭晓冬等,2013)。

建立节水型社会是水资源管理的重头戏,对于节水型社会建设状况进行评价是对其实

---

*本章改编自:赵海莉、张志强、尉永平发表的《节水型社会建设绩效评估——以黑河流域张掖市为例》(西北师范大学学报(自然科学版),2015,51(1):108-113)。

施效果的有效检验。目前，国内外学者已经对单项节水技术的基础理论和评价方法进行了广泛而深入的研究，取得了显著的效果。但关于开展全面节水型社会建设方面，相关系统的文献较少（Mccartney et al.，2007；Zoebl，2006）。现有评价指标体系多是针对特定区域/特定流域的经济社会发展水平、水资源开发利用程度、区域用水水平和水资源承载力等建立的，没有将水资源节约放在整个资源-经济-生态耦合的系统中去考虑，忽视了它们之间的相互作用。因此，关于对节水型社会进行定量评价的指标体系还未有效建立。基于节水型社会是资源-生态-经济系统中的重要环节这一认识，构建适合干旱与半干旱区实际情况的节水型社会建设评价的指标体系，建立层次评价模型对节水型社会发展水平进行综合评价，并以张掖市为例，进行实例研究（王修贵等，2012；陈爱娟2011；王丽等，2007）。

15.2　节水型社会建设的指标体系构建

15.2.1　评价指标体系建立的原则

构建科学合理的节水型社会评价指标体系，是客观反映水资源节约水平的重要依据。而节水型社会指标体系的确定，必须从社会发展的各个方面进行评估，干旱与半干旱区节水型社会建设绩效评估评价指标体系的建立，不仅要考虑到其区域特殊的地理位置和资源状况的影响，又要考虑到其受到经济社会发展的限制和科技水平低的制约。因此，在建立节水型社会建设绩效评估指标体系时，应遵循以下原则（张世江，2010）：

1. 系统性原则

评价指标的选定应以节水型社会的大系统为背景，充分联系涉及其中的经济社会系统、水资源系统以及生态环境系统，既保证指标体系的完整性，又要避免个别重要指标遗漏或重复。

2. 科学性原则

评价指标应在客观、现实的基础上反映节水型社会的内涵，体现节水型社会的特征，能够较为科学地对节水型社会建设成效作出评估。

3. 全面性原则

评价指标应该尽可能全面而完整反映节水型社会建设的整体面貌，并可以在不同角度分析节水型社会建设及发展状况。此外，需要考虑建设过程中可能出现的动态变化，具有代表性的评价指标更应能够体现节水型社会建设的变化情况及发展趋势。

4. 实用性原则

评价指标应简明易懂，便于计算、分析、评价及监测，并且可以实际指导最终结果的判断，具有较高的可操作性。数据的采集应在准确性基础上，以尽量小的投入获得尽量多的信息量（安鑫，2009）。

15.2.2　评价指标的选择及内涵

绩效评价最初是来自于企业对其本身及员工工作情况的评价,其结果有助于企业制定发展战略、判断应当对员工作出何种晋升或工资方面的决策。后来该方式也被应用到政府层面,用于考核政府政策的有效性。节水型社会建设作为一项国策,其运行绩效亦可通过建立一定的指标体系进行评价。

一套完整的节水型社会评价的指标体系由目标层、准则层、领域层和指标层组成。目标层是对节水型社会建设进行评价,准则层从宏观协调发展评价和微观协调发展评价两个角度进行,对节水型社会的宏观评价是节水型社会评价的原则和方法,而微观评价是对节水型社会建设的具体内容进行深入细致的具体分析与评估,对节水型社会进行科学、全面的评价应是宏、微观评价的有机结合。第三层为领域层,从宏观角度讲,整个社会用水系统节水水平的提高是经济、社会、生态协调发展的共同结果,一方面用水效率的提高创造了更高的经济和社会效益,另一方面节水型社会的经济发展也将更好地促进用水系统的合理化。基于此,本研究构建了社会发展评价、经济发展评价、生态发展评价和资源状况评价4个3级子系统作为节水型社会宏观评价子系统。其指标层共12个指标,社会发展评价包括人口自然增长率、人均用水量、农民用水者协会组建数;经济发展评价包括人均GDP增长率、万元GDP用水量递减率、地方财政收入;生态发展评价包括城市绿化覆盖率和水土流失治理率;资源状况评价主要是指水资源,包括水资源开发利用率、人均水资源量、水资源缺失率、耕地率等。

从微观角度看,节水型社会评价体系的核心内容是节水水平的高低,因此该系统包括农业节水、工业节水、生活节水及生态节水4个3级领域,其指标层有10个指标。农业节水包括农业年节水量、节水灌溉工程面积率、灌溉水有效利用系数;工业节水包括工业年节水量、工业用水重复利用率;生活节水包括生活年节水量、城镇居民人均生活用水量、节水普及率;生态节水包括生态用水比例和生态用水保证率(表15-1)(陈莹等,2004a)。

表 15-1　张掖市节水型社会效果评价指标与权重
Table 15-1　The index weighting of Zhangye City's water-saving effect evaluation

目标层	准则层	领域层	指标层		单位
节水型社会建设评价	宏观协调发展评价	社会发展 0.0367	人口自然增长率	0.0175	%
			人均用水量	0.0459	m^3/a
			农民用水者协会组建数	0.0100	个
		经济发展 0.1217	人均GDP增长率	0.0942	%
			万元GDP用水量递减率	0.0412	%
			地方财政收入	0.1079	万元
		生态发展 0.1023	城镇绿化覆盖率	0.1364	%
			水土流失治理率	0.0682	%
		资源状况 0.2393	水资源开发利用率	0.2320	%
			人均水资源量	0.0796	m^3/a
			水资源缺失率	0.1048	%
			耕地率	0.0623	%

目标层	准则层	领域层	指标层		单位
节水型社会建设评价	微观协调发展评价	农业节水 0.2526	农业年节水量	0.0856	万 m³/a
			节水灌溉工程面积率	0.2239	%
			灌溉水有效利用系数	0.1956	m³/m³
		工业节水 0.0783	工业年节水量	0.1044	万 m³/a
			工业用水重复利用率	0.0522	%
		生活节水 0.0465	生活年节水量	0.0553	万 m³/a
			城镇居民人均生活用水量	0.0146	t/a
			节水普及率	0.0232	%
		生态用水 0.1226	生态用水比例	0.0613	%
			生态用水保证率	0.1839	%

15.3 节水型社会建设的评价方法

绩效评估涉及多因素综合评级的问题，各个因素的影响程度根据人的主观判断确定。此种评价方法的缺陷是带有结论上的模糊性。如果要提高绩效评估的可靠性，更恰当的方法是 AHP 模糊综合评价法，它能够处理多因素、模糊性及主观判断等带来的问题，是基于科学的数学原理和精确数学计算的方法。由于本研究评价的是特定节水型社会在不同时间段的发展指数，这些指数反映了节水型政策执行的效果，并不需要进行横向比较和排序，因此用简化的 AHP 法计算就可得到结果。

15.4 节水型社会评价实例——张掖市节水型社会评价

15.4.1 研究区概况

张掖市位于甘肃省河西走廊中段，东邻武威市和镍都金昌市，西连酒泉市和钢城嘉峪关市，南与青海省毗邻，北和内蒙古自治区接壤，为古丝绸之路要塞，也是欧亚大陆桥必经之地。黑河流域耕地的 95%、人口的 91% 和国内生产总值的 89% 均集中于此，是依靠黑河水滋养的一片绿洲，也是国家重要的商品粮基地和蔬菜生产基地。近几年人均水资源占有量仅 1250m³，比全国人均水资源占有量少 1150m³。20 世纪末，经济社会的大发展和人口的增加使得张掖市用水量大幅度增长，导致下游的水量急剧减少，生态环境严重恶化。2002 年张掖市成为全国第一批节水型社会建设试点区域。对张掖市节水社会建设绩效进行评价是对其进行有效的水资源管理的重要内容，重要性是不言而喻的。

15.4.2 张掖市节水型社会评价结果

1. 评价步骤

①使用相关统计资料，并根据已经建立的指标体系对因子的实际值进行统计；②判

断矩阵的建构；③计算各个层次指标的权重；④将因子的实际值进行标准化处理；⑤综合指数计算（金菊良等，2004；郭巧玲等，2007）。

2. 数据获取

除年鉴与政府报告中的数据外，黑河流域水文化变迁课题组于 2012 年 8～11 月开展了针对张掖市所辖区县居民的调查，问卷内容包括受访者社会经济特征、水资源认知、节水意识和节水措施、对节水政策感知、参与意愿 5 个部分。采取了随机抽样的方法入户调查，共发放问卷 300 份，回收有效问卷 286 份，回收率 95.33%。虽然样本量较少，但由于黑河中游地区内部差异小，因而所取样本具有一定的代表性。

3. 评价结果

根据上述方法，利用从统计年鉴、政府报告及问卷调查等资料中获取的张掖市 2001年、2005 年和 2011 年数据进行张掖市节水型社会建设水平的测算，得到各不同阶段的节水型社会发展指数。从计算结果可知，影响节水型社会建设的 4 个宏观因子指数都有不同程度的上升，社会发展指数从 0.0582 上升到了 0.0731，上升了 25.6%，经济发展指数从 0.1922 上升到 0.2335，上升了 21.5%，生态发展指数从 0.1217 上升到 0.2046，上升了 68.1%，资源改善的增幅为 28.4%。

对微观协调发展评价的 4 个因子进行分析可以得出，对张掖市节水效果贡献率最大的当属农业节水，其因子增幅超过了 100%，工业节水的贡献率增幅为 72.8%，生态节水的贡献率增强为 71.5%，而生活节水的效果并不理想，其因子的增幅仅为54.9%（表 15-2）（陈莹等，2004a）。

表 15-2　张掖市节水型社会建设发展效果分指标指数
Table 15-2　The single index-based effect of Zhangye water-saving society construction

准则层	领域层	指标层	发展指数			综合发展指数		
			2001 年	2005 年	2011 年	2001 年	2005 年	2011 年
宏观协调发展评价	社会发展	人口自然增长率	0.0582	0.0676	0.0731	0.0840	0.1014	0.1101
		人均用水量						
		农民用水者协会组建数						
	经济发展	人均 GDP 增长率	0.1922	0.2146	0.2335			
		万元 GDP 用水量递减率						
		地方财政收入						
	生态发展	城镇绿化覆盖率	0.1217	0.1689	0.2046			
		水土流失治理率						
	资源状况	水资源开发利用率	0.3680	0.4438	0.4726			
		人均水资源量						
		水资源缺失率						
		耕地率						

续表

准则层	领域层	指标层	发展指数			综合发展指数		
			2001 年	2005 年	2011 年	2001 年	2005 年	2011 年
微观协调发展评价	农业节水	农业年节水量	0.6164	1.0172	1.2628	0.1220	0.1981	0.2436
		节水灌溉工程覆盖率						
		灌溉水有效利用系数						
	工业节水	工业年节水量	0.0906	0.1214	0.1566			
		工业用水重复利用率						
	生活节水	生活年节水量	0.0588	0.0717	0.0911			
		城镇居民人均生活用水量						
		节水器普及率						
	生态节水	生态用水比例	0.1430	0.2248	0.2452			
		生态用水保证率						

15.5　结论与建议

从表 15-2 可以看出，影响节水型社会建设的 4 个因子均有不同程度的发展，说明张掖市节水社会建设的 10 年间，对生态环境的改善取得了相对显著的成效，而其社会与经济的发展、资源状况依旧制约着节水型社会总体效果，应加快区域经济结构转型，促进经济结构调整，推动区域经济的持续快速发展。坚持"以节水定产业、以节水调结构、以节水增总量、以节水促发展"的发展思路，建立与水资源承载力相适应的经济结构体系是建设节水型社会的根本。

微观方面，民众的节水意愿对于其节水行为的落实起着指导性的作用，其重要性不言而喻。张掖市节水社会建设的 10 年间，居民生活节水效果并不十分显著。因此，必须着力提高全社会的节水意识、水资源意识、水危机意识，积极开展全民节水教育，营造良好的人文环境。只有唤起全社会珍惜水资源、节约用水的强烈意识，把节水型社会实践转变为全社会共同的奋斗目标，建设节水型社会才会有广泛而良好的基础（郭巧玲等，2008）。

从表 15-3 可以看出，张掖市节水型社会建设效果总指数呈现上升趋势，说明节水型社会建设试点总体上比较成功。但如果只考虑其中单一因子的发展，其结果却不容乐观。水资源-资源环境-社会经济是一个耦合的大系统，三个因素相互影响与制约，节水型社会的建设需要社会经济的发展、生态资源状况的好转与节水效果的进步共同推进，缺一不可（石剑锋，2004）。

表 15-3　张掖市节水型社会建设发展效果综合指数
Table 15-3　The integrated effect of Zhangye water-saving society construction

综合指数	2001 年	2005 年	2011 年
宏观发展效果	0.0840	0.1014	0.1101
微观发展效果	0.1220	0.1981	0.2436
节水型社会建设发展效果	0.2060	0.2995	0.3537

参 考 文 献

安鑫. 2009.西安市节水型社会建设的水资源优化配置及评价研究. 西安: 长安大学硕士学位论文.

陈爱娟, 程雪, 韩玥. 2011.资源节约型社会评价指标体系研究综述. 价值工程, (29): 292~293.

陈莹, 赵勇, 刘昌明. 2004a.节水型社会的内涵及评价指标体系研究初探. 干旱区研究, 21(2): 125~129.

陈莹, 赵勇, 刘昌明. 2004b.节水型社会评价研究. 资源科学, 26(6): 83~89.

郭巧玲, 杨云松, 冯起. 2007.张掖市节水型社会建设实践探讨. 见: 骆向新, 尚宏琦. 第三届黄河国际
    论坛论文集. 郑州: 黄河水利出版社, 337~343.

郭巧玲, 杨云松. 2008.节水型社会建设评价——以张掖市为例. 中国农村水利水电, (5): 25~30.

郭晓冬, 陆大道, 刘卫东, 等. 2013. 节水型社会建设背景下区域节水措施及其节水效果分析——以甘
    肃省河西地区为例. 干旱区资源与环境, (7): 1~7.

金菊良, 魏一鸣, 丁晶. 2004.基于改进层次分析法的模糊综合评价模型. 水利学报, (3): 65~69.

石剑锋. 2004.张掖市建设节水型社会的几点思考. 河西学院学报(文理综合版), (5): 36~40.

史俊, 文俊. 2006.节水型社会及其评价指标的应用. 水科学与工程技术, (5): 54~56.

王丽, 左其亭, 高军省. 2007. 资源节约型社会的内涵及评价指标体系研究. 地理科学进展, (4): 86~92.

王修贵, 陈丽娟, 陈述奇, 等. 2012. 节水型社会建设试点后评价研究.水利经济, (2): 6~9.

吴晓军. 2005.建设节水型社会的理论与实践评述. 甘肃理论学刊, (5): 64~66.

张世江. 2010.内蒙古自治区节水型社会建设研究. 呼和浩特: 内蒙古大学硕士学位论文.

Mccartney M P, lankford B A, Mahoo H. 2007.Agricultural Water Managementin a Water Stressed
    Catchment: Lessons from the RIPARWIN Project. Co-lomnbo: IWMI, Sri Lanka: 46.

Zoebl D. 2006.Is water productivity a useful concept in agricultural water man-agement. Agricultural Water
    Management, 84: 265~273.

第 16 章 澳大利亚水资源 管理制度变迁研究

本章概要： 澳大利亚的水资源管理实行流域管理和区域管理相结合的管理体系，管理机构分为联邦政府、州政府和地方政府三级。作为联邦制国家，澳大利亚各州和地区政府对水资源管理承担主要责任。本章概述了澳大利亚流域的基本状况，从水资源管理的发展、政策和机构的变化，水资源管理体系等几个方面，讲述了澳大利亚水资源管理的发展简史。墨累河和达令河是澳大利亚最长的两条河流，这两个河流系统形成墨累-达令流域盆地（Murray-Darling Basin），本章主要以墨累-达令流域为例，分析了澳大利亚墨累-达令流域的水资源管理实践经历了从单纯的将水资源作为一个系统进行水量管理的阶段，到注重水资源的生态环境保护的综合水资源管理阶段的发展变化，其中包括 3 个主要的管理体制转变时期，即从 1850～1983 年的"国家建设"管理体制，发展到 1983～2007 年的"合作治理"体制的水治理制度变化，到从 2007 年至今的水资源"中央集权"的管理体制。

Abstract： This chapter starts with basic information about the Australian watershed involving some of the key areas (including the development of water resource management, institutional change in multi-scalar water governance regimes, water-related policy, and water managing system) for the sake of providing an outline history of water resource management in Australia. Murray River and Darling River are the two longest rivers in Australia, Murray-Darling Basin is comprised by them, and this famous Murray-Darling Basin is also the case study chosen by this research. The research aims to demonstrate the water resource management in the Murray-Darling Basin has gone through a long period of the reformation process. Briefly, it was from the stage of governing and managing water usage scientifically at the beginning to the stage of giving priority to the conservation of the ecological environment of the water resource. Three major transition periods appeared in the nested set of water governance regimes at national, state and regional were identified. One is a state-led and engineering-focused "national-building" regime from 1850 to 1983, and followed by a regionally-focused and people-led cooperative governance regime (1983～2007), and then to a "centralized authority" regime (since 2007).

从全球范围来看，人类面临的水危机从根本上说是水资源管理危机。在全球水危机日益严重的背景下，加强流域的水资源可持续管理是应对水危机的根本措施。澳大利亚在水资源管理方面不断改革和创新，形成了许多可供借鉴的有益经验。特别是，墨累-

达令流域的一体化综合水资源管理，成为世界流域管理的典范（夏军等，2009）。观察澳大利亚水资源管理制度创新的变化过程，可以发现，其水资源管理是一个从自然水文理念管理向社会水文理念管理发展演变的过程。

16.1　澳大利亚流域概述

澳大利亚国土面积 768 万 km^2，是全球最干燥的大陆，国土面积的 2/3 为干旱半干旱区，降水主要集中在东部山脉、台地和谷地相接的狭长地带。饮用水主要是自然降水，并依赖大坝蓄水来供水。澳大利亚的水资源总量为 3430 亿 m^3。水资源的基本特点是，总量少人均多、地区分布不均、年内年际分配不均。这种降水不均匀的时空分布决定了澳大利亚必须通过建设水利工程来保障经济社会发展对水资源的需求。澳大利亚有建成的水库近 400 多座，总库容达 80 亿 m^3 以上，具有很强的蓄水能力。

澳大利亚境内的 6 条河流多为季节性河流，也分布于降水集中地带。艾尔湖是靠近大陆中心一个极大的盐湖，面积超过 9000km^2，但长期呈干涸状态。墨累河和达令河是澳大利亚最长的两条河流，最长河流墨累河（Murray River）长度达 2589km。这两个河流系统形成墨累-达令流域盆地（Murray-Darling Basin），是澳大利亚最大的流域，也是世界上最大的流域之一，位于澳大利亚东南部，以亚热带大陆性干旱与半干旱气候为主，流域全长 3750km，面积 106 万 km^2，区域范围包括新南威尔士州、维多利亚州、昆士兰州、南澳大利亚州和首都直辖区（图 16-1）（安正韬和 Wei，2016）。澳大利亚水资源

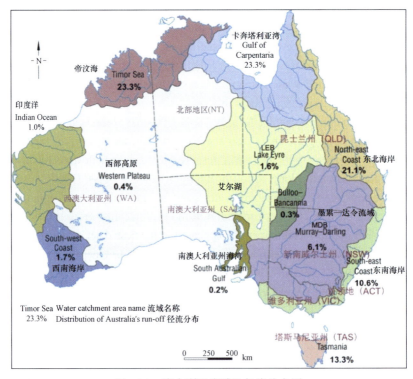

图 16-1　澳大利亚流域及径流分布图

Fig.16-1　Distribution of Australia's River Basins and Run-off

及流域的状况，决定了水资源管理在水资源开发利用中发挥着重要作用。

16.2　澳大利亚水资源管理简史

澳大利亚水资源属于州政府所有，管理权限主要在州地方政府，传统的水权是附着在土地上一并属于私有的。19 世纪末发生在人口主要聚居区域的干旱灾害和引水冲突促成了澳大利亚历史上第一个分水协议的签署。在 1901 年成立的澳大利亚联邦政府（中央政府）的协调下，墨累河流域的维多利亚州、南澳大利亚州、新南威尔士州达成了分享水资源的协议，河水连同取水的权利从州到城镇、灌区、农户，被一层层分配，开启了澳大利亚水资源管理的历史。

20 世纪 50 年代以后，随着人口的增长、经济的发展，墨累-达令流域曾面临土地盐碱化、河流健康状况恶化、农田和湿地退化等一系列问题。经过半个世纪的探索，墨累-达令流域逐步形成了独特的流域管理模式，实现了按流域一体化统一管理水资源的目标和成功模式。可以说，墨累-达令流域的水资源管理是澳大利亚水资源管理的同义词。

迄今，澳大利亚的水资源管理形成了区域管理和流域管理相结合的管理体系，管理机构主要分为联邦政府、州政府和地方政府 3 级。其中，州政府在澳大利亚水资源管理体制中居于中心地位，水资源管理体制权责明确、适度统一、运行有效。1994 年以后，各州和地区先后废除了传统上的重点在于保护私权的水法制度，基于可持续发展理念对水资源管理法律进行了彻底的改革，对水资源实行统一集中管理。

16.2.1　水资源管理发展简史

最初墨累-达令流域实行的是围绕水资源利用展开的州际协作管理，随着水问题的出现，1914 年由澳大利亚联邦政府、新南威尔士州、维多利亚州以及南澳大利亚州共同签署并于 1915 年通过了《墨累河协议》。到了 20 世纪 80 年代，随着水质的恶化和土壤盐碱化，迫切需要加强政府间合作的力度以寻求新政策。1987 年 10 月，原缔约四方政府经过重新协商，签订了《墨累-达令流域协议》，该协议最初被认为是墨累河水协议的终极方案，但随着新的水问题的出现，1992 年签订了新的《墨累-达令流域协议》，并完全取代了《墨累河协议》。1992 年签订的协议在一定程度上促进了水资源的高效利用，解决了部分水资源问题，但是用水量的不断增加引发的水资源问题还在增加，为此，墨累-达令流域于 1995 年建立了地表水取水量的"封顶"措施。取水量"封顶"制度是为保证河流和生态的健康、可持续发展，在确定总供水量时对用水量进行上限限制。1997 年开始实施水限额管理，通过建立一个在全流域内共享水资源的"新框架"，来确保水资源的有效和可持续利用（马建琴，2009）。2004 年，在澳大利亚政府委员会（COAG）会议上，通过了《国家水行动计划》，原本希望该计划的通过可以快速引起水改革，但后来各州未能贯彻实施，于是又推出了 2007 年的《水法》，并于 2008 年出台了《水法》修正案（康奈尔等，2012）。2012 年 11 月，澳大利亚联邦政府发布了《墨累-达令流域规划》（MDBA，2012）（熊永兰等，2013）。墨累-达令流域水资源管理的重要事件如表 16-1 所示。

表 16-1 墨累-达令流域水资源管理的重要事件

Table 16-1 Major events of water resources management in Murray-Darling River Basin

时间	重要事件
1914 年	签订《墨累河协议》
1987 年	签订《墨累-达令流域协议》
1992 年	签订新的《墨累-达令流域协议》
1995 年	建立了地表水取水量的"封顶"措施
1997 年	实施水限额管理
2004 年	通过《国家水行动计划》
2007 年	出台《2007 年水法》
2008 年	出台《2008 年修定水法》
2012 年	发布《墨累-达令流域规划》

16.2.2 水资源管理从单纯的水量管理发展 到水量与水环境综合管理

墨累-达令流域的水资源管理实践经历了从单纯的将水资源作为一个系统进行水量管理的阶段，到注重水资源生态环境保护的综合水资源管理阶段。墨累-达令流域最初主要通过新建大型水库、修建灌溉渠，建设调水工程来调节水资源，进行水资源管理。单纯进行以水资源利用为主的水量管理造成了一系列生态环境问题，如水质恶化、土壤盐碱化、水土流失、湿地破坏、生物多样性减少等，迫使墨累-达令流域的水资源管理向综合水资源管理发展。1987 年澳大利亚联邦政府与新南威尔士州、维多利亚州以及南澳大利亚州签订的《墨累-达令流域协议》的宗旨是"促进和协调行之有效的计划和管理活动，以实现对墨累-达令流域的水、土地以及环境资源的公平、富有效率并且可持续的利用"。1996 年，流域上游昆士兰州政府、1998 年首都领地政府也正式成为签约方。根据协议，墨累-达令流域建立了部长委员会、流域委员会和社区咨询委员会。这一管理体制的变革在流域综合管理方面有两点明显进步：一是管理内容扩大到水污染和盐碱化等环境问题，以及其他自然资源的保护；二是合作明显加强，各州政府主权有所让渡、联邦政府协调能力增加，上下游、联邦与地方合作加强（朱玫，2011）。

16.2.3 墨累-达令流域管理的新规划

墨累-达令流域管理局（MDBA）2009 年开始编制流域规划，为政府提供一个综合的、可持续的全流域水资源管理战略计划。2012 年 11 月，澳大利亚发布了《墨累-达令流域规划》。规划的主要内容包括，调整"可持续的分水限制"（SDLs）、"环境用水规划"、"水质与盐度管理规划"和"水权交易规则"四大部分（熊永兰和张志强等，2013）。

SDLs 从整体上限制地表水和地下水的开采量，也限制流域内特定地区水资源规划范围内的水资源开采量。SDLs 会根据当年的预期入流量、地下水及其补给水平、截流量、气候变化等情况对水资源开采量进行调整。SDLs 政策实施后将取代之前实行的取水限制（the Cap）。

《环境用水规划》的目的是恢复和维持湿地和流域其他环境资源，保护流域的生物多样性。环境用水规划的内容包括与水相关生态系统的全部环境目标，衡量这些环境目标进展的指标，环境管理框架，确定环境资产和生态系统功能及环境用水需求的方法，以及确定环境用水优先权的原则与方法。

《水质与盐度管理规划》的目的是改善水质和减小流域盐度对环境的影响。规划为流域水资源设定了水质目标，包括与水相关的生态系统目标、供人类消耗的需要处理的原水质目标、灌溉水质目标、娱乐休闲水质目标、保证水质目标以及盐分输出目标。规划还提出了衡量水质的指标，如 pH、温度、溶解氧、浊度、输沙量、可溶性有机碳、重金属、各种营养素和蓝绿藻水平等。

规划制定了《水权交易的规则》，以提高流域整体的水权交易水平，从而提高水资源利用效率。水权交易规则主要用于消除水权交易障碍；确定水权交易的条件和程序、水行业管理的方式；为水权交易提供信息等。

16.2.4　澳大利亚水资源管理体制

澳大利亚的水管理系统是一个多级嵌套、多空间尺度的水治理体制（Wallis and Ison，2011，2012）（图 16-2），包括联邦政府的制度安排、跨辖区和部门的政策和实践、州的水管理政策和实践、区域流域管理，以及地方土地和水管理者等。在这其中，只有联邦政府和州政府拥有立法权利，这种立法权利影响着水与自然资源的法律责任，以及在区域与地方管理层面实施这些法律权力。

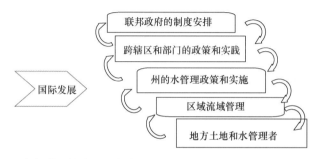

图 16-2　澳大利亚的多级嵌套式水资源管理体制（Wallis and Ison，2011）

Fig. 16-2　Nested water managing regimes in the Australian water managing system

16.3　澳大利亚多层级水治理的制度变迁：墨累-达令流域案例

16.3.1　水治理制度变化概述

以维多利亚州为典型，澳大利亚的农村水资源管理系统的发展是与从 1850 年到 20 世纪初的淘金热、土地定居等的发展压力演变同步进行的。在国家河流和供水委员会（SRWSC）于 1905 年出台《1905 年水法》（*Water Act 1905*）后（维多利亚州），维多利亚州开始投入灌溉基础设施建设以推动发展。1915 年新南威尔士州、维多利亚州和南澳大利亚州通过了《墨累河协议》（*The River Murray Agreement*），奠定了墨累河水资源的共享制度安排的基础。

制度变迁是过去近百年澳大利亚墨累-达令流域管理的一个显著特征，这主要是为了响应环境退化以及水资源过度分配导致的水短缺问题，这种变化是随着长期干旱、管理中用户发挥作用的合理性、运行和维护水利设施的年限增加和成本上升等发生的。纵观澳大利亚的水管理制度历史，可以明显划分出 3 个管理阶段和 2 个主要的制度转变时期："国家建设"管理体制阶段（1850～1983 年）；流域内"合作治理"体制阶段（1983～2007 年）；"中央集权"管理体制阶段（从 2007 年至今）。第一个阶段是长期的水资源管理制度稳定阶段，特点是没有限制的水资源开发利用阶段；后两个阶段是水资源管理制度明显转变的阶段，水资源的开发利用受到越来越多的限制和约束（Wallis and Ison，2011，2012）。

下面以墨累-达令流域为例，概括从 20 世纪 80 年代以后，在联邦政府层面（墨累-达令流域尺度）、州层面（维多利亚州尺度）、区域层面（Goulburn-Murray 灌溉区域尺度）以及当地（Shepparton 灌溉区尺度）层面，水资源管理制度变化的格局和特点（Wallis and Ison，2011，2012）。

16.3.2　第一次转变：走向深入合作的治理阶段（1983～2007 年）

下面所列举的关于地区、州和国家的 3 个例子，详细地描述了从"国家建设"体制向"合作治理"体制转变中，水资源治理体制变化的关键特点。

1. 地区流域水治理的试验

澳大利亚的水资源管理一直由州政府负责（如维多利亚州），州政府负责管理着水权，包括使用者们的水权以及河流与溪流里的水流。在维多利亚州，由 1886 年《灌溉法》，然后变更为《1905 年水法》（维多利亚州），最终变为现在的《1989 年水法》（维多利亚州）。从 1905～1984 年，国家河流和供水委员会（SRWSC）主要负责维多利亚州乡村水资源管理，当时主要采用了以工程为主的方法来操作和管理河流，以及灌溉网络。Crase 等指出了两个主要以工程为主的方法导致政治衰败的趋势：①从 20 世纪 60 年代开始，逐渐增强的对环境退化的意识开始逐渐取代了一成不变的河流管理系统;②在 20 世纪 80 年代经济理性主义开始被提上政府日程。在这一阶段转变时期,这两点现象越加明显。

人们对于环境恶化尤其是盐碱化问题的忧虑,以及需要私人土地拥有者更多地参与到保护工作中来,导致了关于社区决策重要性的管理实验。社会与社区是解决大部分私有土地盐度问题的主导者,而不是仅仅设立新的具有法定权限的机构,或者集权控制各级政府机构就可以解决的问题,因此政府展开了试验性"先导"框架,主要涉及一些当地社区人员、政府机构员工,直接由部长级的特别小组来管理。

1994 年《流域与土地保护法》(*The Catchment and Land Protection Act 1994*)(维多利亚州)建立在长达十年的流域管理实验基础上。这项法律的设立,促成了维多利亚流域与土地保护委员会(之后的维多利亚流域管理委员会)与一系列的区域流域与土地保护理事会(之后的流域管理局)的建立,使得流域范围的活动与社区参与间的协作更加正式。

2. 维多利亚州水管理政策的变化——综合水资源管理

在 20 世纪 80 年代,维多利亚州政府议程中关于公共设施改革条例是以使用者付费的经济理性主义为主要原则的。国有的电力、水利以及公共交通网络设施都开始逐渐从国家经营中分离出来,变为企业化与私人化。例如,在 1984 年国家河流和供水委员会(SRWSC)变更为乡村水资源委员会(Rural Water Commission),以及从 1994 年开始,变为区域自治水利局,主要职责是向水资源部(Department of Water Resources)(现在为维多利亚州可持续发展与环境部水资源办公室)提出水管理政策改革的建议。

在 20 世纪 90 年代初水资源利用的状态是,"维多利亚州目前使用了可利用水资源总量的 53%。按目前的用水增长率计算,预计到 2025 年维多利亚州将用尽所有的可利用的地表与地下水资源"。这反映了水资源的开发仍处于上升的发展趋势,远未能满足需求量。面对水资源的巨大压力,澳大利亚国家水政策的改革始于 1994 年澳大利亚政府(Council of Australia Governments)的水改革(COAG,1994)。这些改革承认需要采取一些必要行动来控制各州大范围的自然资源退化,并认为可持续的供水对澳大利亚的经济、环境和社会发展至关重要。水管理政策改革的主要内容是进行"水预算",开始考虑水量、能源和资本的投入与产出效益。这一新的管理理念也可以被认为是一种"综合水管理"(integrated water management)理念。然而,这种"一体化"的观念是在当时的那个年代形成的,还缺乏强烈的环境保护意识,直到 2010 年在发布了《流域规划指南》(*Guide to the Proposed Basin Plan*)之后,一些环境问题开始变得明显起来,忽略了与社会进程的相关性。在这个意义上来说,在只关注"技术"的初期的"一体化"阶段之后出现了很多意外的结果。

从 20 世纪 90 年代开始的改革,使维多利亚州的城市水管理政策由原来的"供给导向"管理转变为"需求导向"管理,具体包括减少水资源需求量、探索可替代的供水方案,以及将现有的供水系统相互连接起来以在城市与乡村供水系统之间更有效地分配有限的水量。这一改革方案颁布在 2004 年出台的水政策文件中——《我们的水、我们的未来》(*Our Water Our Future*),其中界定了该州供水情况面临的重大挑战,包括在满足环境需要的同时确保维多利亚州家庭农场及工业用水的可靠供应。这一规划提出了应对这些挑战的倡议，并对可能取得的成果进行了预测。该政策的关键倡议包括：确保维多利亚州的未来用水；水资源分配；为子孙后代恢复江河及地下蓄水层；更合理地使用灌溉用水及城镇用水；可持续性用水定价以及建立一个创新的负责任的水管理部门等。提出的综合的水资源管理政策目标被分为 4 个主题——饮用水供给目标、重新利用及回收目标、废水管理目标、城市径流管理目标等（Government of Victoria，2007）。

尽管着重强调了水资源保护与用水效率的提高，但由于墨尔本地区持续的水短缺问题，在这一政策正式发布后，政府实施了日益严格的用水约束。在这个例子中，关键的改革是由供给主导型政策朝着需求主导型政策的转变，主要是基于公认的观点：水资源保护是最经济实惠也是最简单的平衡水资源供需的方法。从人均水储存量来看，这也使得墨尔本成为世界上水供应做得最好的城市之一。从转型的角度来看，也可理解为这是一种改革的途径，为应对水资源供需局面变化而改变了水资源管理体制。在这个例子里，确定了负外部性的问题，作为解决负外部性问题，采用了经济理性主义方法。

3. 联邦政府层面的墨累-达令流域的合作治理模式

1915 年州政府签署了《墨累河协议》（*The River Murray Water Agreement*），并在随后的时间里做了一些修订，在 1987 年再次进行了修改，并签署了《墨累-达令流域协议》（*Murray-Darling Basin Agreement*），在 1992 年此项协议完全取代了原协议。墨累-达令流域委员会（MDBC）建立于 1988 年，取代了原有的墨累河委员会（Murray River Commission）。1987 年的新的协议明确认识到独立的州政府是没有能力去有效地解决环境退化问题的，包括土地盐碱化与水质盐化问题。

1992 年建立的由澳大利亚联邦政府与各州政府组成的政府委员会（COAG），也是为了更好地去协调跨辖区的事务以实现国家利益，其中就包括要管理好墨累-达令流域水资源配置和相关的水生态环境管理事务。从 1994 年开始，澳大利亚政府对水资源管理制度开始进行持续性的改革。COAG 于 1994 年通过了《水资源改革框架》（*Water Reform Framework*），该改革框架的主要内容是水价改革、水权改革和水资源管理体制改革，以期通过强化水资源的合作管理机制，加强水资源优化配置，提高水资源利用效率，以实现水资源的可持续利用。《水资源改革框架》不仅赋予用水者一定的权利，也要求其承担一定的义务；同时，明确政府有责任以环境可持续的方式合理配置和利用水资源，以实现社会经济可持续发展目标。《水资源改革框架》的目标是通过构建联邦政府与州政府以及用水者之间的合作管理模式，以有效解决流域水量过量分配的问题，从用水者的角度去观察已建立的水市场和认识环境问题。

为了让墨累河获得更多的环境用水，政府于 2002 年启动了一项关于墨累-达令流域河流环境修复的合作项目"墨累生命之河"（Living Murray Program）项目，该项目的目的是通过回购农业用水以及升级水利灌溉基础设施，以初步地恢复 500 GL[①]（0.5km³）环境水量，这是维持"河流健康运行"即维持流域生态完整性的临界水量。此项目旨在改善墨累河沿岸的 6 个关键生态资产。该流域生态环境修复项目包括 3 个阶段：①通知以及吸引利益相关者从事与保护墨累河的未来发展相关的活动；②提出使河流可以应对

---

① 1GL=0.001km³。

社会与生态改变的行动建议；③实施多方主体通过的流域治理的提案。墨累-达令流域部长理事会（Murray-Darling Basin Ministerial Council）明确指出所有的提案应该以社区的价值与愿景为基础。该项目为河流修复的合作行动创造出一个有效的行动范例。

以《水资源改革框架》为基础，COAG 于 2004 年 6 月又出台了《国家水行动计划》（National Water Initiative），进一步表明了联邦政府和各州政府对于水资源管理分配制度改革的承诺，即提高供水能力和用水效率需要持续的国家行动，需要为城市社区和乡村提供用水服务，需要确保河流系统和地下水资源系统的健康。《国家水行动计划》描绘了水改革的蓝图，即建立一个全国性的水市场，对乡村和城市利用地表水和地下水资源进行综合管理和规划，以使水资源的经济、社会和环境效益最大化。《国家水行动计划》明确提出了要解决当前水资源超额分配与过度利用的制度问题，强调需要对水资源分配制度变革可能带来的风险及早做出防范性安排，要重视水资源量的管理与风险评估，特别是在气候变化和河流断流方面。不过，不是所有州都于 2004 年加入该协议，塔斯马尼亚州和西澳大利亚州分别于 2005 年 6 月和 2006 年 4 月才加入该协议。

《水资源改革框架》和《国家水行动计划》两份水资源管理的政策文件，目的都是进一步加强国家层面的水资源统一协调和和合作管理，以应对澳大利亚面临的水资源不足和与气候变化有关的风险挑战，实现水资源的可持续利用。

16.3.3　第二次转变：走向中央集权治理阶段（2007 年以后）

在 20 世纪 80～90 年代，盐碱化是澳大利流域的主要的环境问题。但澳大利亚东南大陆 1997～2009 年出现的长期干旱，使人们担忧的优先问题转变为城市与乡村地区的供水安全问题。有史以来最长时间的干旱期也潜在预示着气候变化可能会影响澳大利亚东南大陆的地表水资源量，可能还会出现更多的极端事件包括洪水与干旱。墨累-达令流域长期的水权过量分配问题逐渐变为一个介于流域各州与联邦政府间的严肃的政治问题。基于州和联邦政府在解决水资源过度分配问题上有着共同的合作意愿，澳大利亚政府委员会（COAG）在 2004 年签署了《国家水行动计划》。此后，联邦政府发布了一个针对墨累-达令流域的实质性的水改革文件——《未来之水》。这代表着联邦政府第一次全面涉足水管理。联邦政府在 2007 年制定发布了联邦《2007 年水法》（Water Act，2007），旨在协助实施《国家水行动计划》，其有关墨累-达令流域的水资源管理的主要目标是优化该流域水资源的分配、利用和管理，要求为流域内各州设立一个"可持续的封顶"制度，促使协议各方积极行动起来以确保各种用水需求之间保持平衡，《2007 年水法》于 2008 年 3 月开始实施。

《2007 年水法》的主要管理机制包括，设立新的墨累-达令流域管理局（MDBA），代替了流域内各州的"合作管理"体制；完善规划制度，发布新的流域水管理计划；完善水权制度和水价，培育水市场和促进水交易；促进水资源综合管理；推进城市供水改革；普及用水知识和能力建设；促进社会参与等。其中，墨累-达令流域管理局（MDBA）是一个以专家为核心的独立机构，旨在为流域水资源的综合、持续管理制定流域战略规划，并将首次从流域整体角度监督流域规划的实施，并对保障人类的用水需求做出适当安排。该法案再次强调通过深化水市场改革和水价改革等强化市场竞争机制在该流域水资源持续管理中的作用。为了缓解干旱以及气候变化的这些管理和政策举动，使得所有的管理层朝着集中权限的模式而发展。下面用几个案例进行分析。

1. 在墨累-达令流域行使治理职权

"墨累生命之河"项目的成功，完成了给墨累河返还 500 GL（0.5km^3）环境用水的承诺。联邦政府为了更有效地利用水资源，可持续地管理河流流量，开始着手制定整个墨累-达令流域的水管理计划——流域规划。流域规划的主要焦点之一是新的墨累-达令流域管理局的管理职能。图 16-3 和图 16-4 显示了机构的内部结构从墨累-达令流域委员会（MDBC）到墨累-达令流域管理局（MDBA）的前后变化。一些关键的河流运行职能以及特别的自然资源管理项目，包括"墨累生命之河"，都予以保留。流域的规划部是流域管理局的关键部门，其职能是按照《2007 年水法》所要求的制订流域尺度的管理计划。

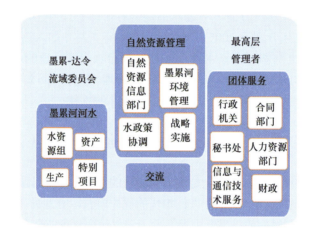

图 16-3　2005 年墨累-达令流域委员会（MDBC）的组织结构

Fig. 16-3　Organizational structure of the Murray-Darling Basin Commission（MDBC），as at 2005

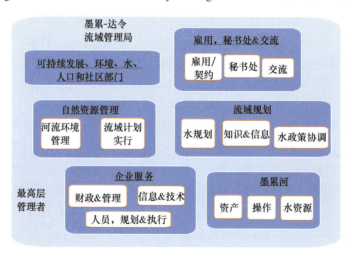

图 16-4　2009 年 5 月的墨累-达令流域管理局（MDBA）

Fig. 16-4　Murray-Darling Basin Authority（MDBA），May 2009

《流域规划指南》（*Guide to the Proposed Basin Plan*）发布后于 2011 年 3 月进行了机构重组，
导致了利益相关者参与职能被转移到流域规划部门，秘书处转变为"企业服务"（图 16-5）。
随后发布了《墨累-达令流域规划》（草稿），在 2011 年 12 月宣布了进一步地调整计划
（图 16-6），一同宣布的还有流域规划部门（Basin Plan division）的重新组成，其更名为"政
策与规划"部门，新成立的还有"信息与审核"部门。最新的部门结构反映了墨累-达令流
域管理机构（MDBA）在流域规划中完成其主要任务方面的监督与评估的新角色。

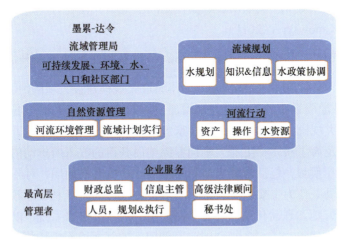

图 16-5　2011 年 3 月的墨累-达令流域管理局（MDBA）

Fig. 16-5　MDBA，March 2011

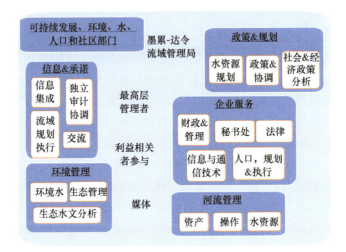

图 16-6　2011 年 12 月的墨累-达令流域管理局（MDBA）

Fig. 16-6　MDBA，December 2011

资料来源：依据 mdba.gov.au，www2.mdbc.gov.au 网站的有关信息制作

　　从 1985 年成立墨累-达令流域部长理事会（Murray-Darling Basin Ministerial Council，
MDBMC），并将随后成立的墨累-达令流域委员会（Murray-Darling Basin Commission，
MDBC）作为其工作执行机构。依照规定应当每年至少召开一次的 MDBMC 会议其实只

是一个政治性论坛，MDBMC 虽然有权对该流域的整体性问题作出决议，但决议需要全票通过，因此，其对流域水资源管理的整体事务的管理和决策能力其实有限。《2007 年水法》赋予新成立的墨累-达令流域管理局（MDBA）开展流域规划制定和监督执行的权利，其关键部门"流域规划部"从"流域规划部"到"政策与规划部"的不断调整，反映了不断加强流域规划和管理政策的职能。水资源管理的权力已经从区域的流域级别，转移到了州级和联邦政府层面，如墨累-达令流域管理局（MDBA）。这也表明澳大利亚自然资源管理（NRM）和水治理方面发生的中央集权化趋势，特别是在 2007~2011 年（Robins and Kanowski，2011）。

2. 国家现代化（Nation-modernization）：维多利亚州的灌溉升级

在维多利亚州，从 20 世纪 50 年代开始，通过大规模建设大坝的河流管理调控方式，使墨累-达令流域灌溉系统的蓄水量大幅增加，由约 5000 GL（5 km^3）增加到了 30000GL（30 km^3）。这一大规模水资源利用的"国家建设"阶段的出现，是为了应对干旱引起的水资源短缺，以及为了获得羊毛而大量饲养绵羊而获得的收入所推动的。到了 80 年代，环境问题开始变得明显，包括灌溉土地和旱地的含盐度升高问题，对墨累河下游的用水户造成了长期威胁。作为主要负责整个州的水资源管理的维多利亚州政府认为，要在流域盆地范围内很好地治理盐化问题，需要提供新的适当的供水系统，以及需要开展流域补给区域的植被重建等，需要各级别的政府部门间的互相协作、更好的社区参与等。

维多利亚州政府文件《我们的水，我们的未来》规定从 2007 年起维多利亚州的灌溉网络再次获得大规模的政府投资。包括了价值 10 亿澳元的北方灌溉区（该州的"饭碗"）的基础灌溉设施升级——一个针对墨尔本的大范围的脱盐计划、连接北方河流与墨尔本市的管道连接工作。灌溉升级工作由名为"维多利亚北部灌溉更新项目"（NVIRP）的新的法定项目执行，该计划的主要目的是安装世界上最先进的端到端明渠灌溉自动化控制系统，以确保灌溉农业水资源的可持续供应。潞碧垦水利（Rubicon Water）等十几家企业和承包商参与了澳大利亚"维多利亚北部灌溉更新项目"（NVIRP），该机构也是主管全国最大的、占地面积达 34 万 hm^2 的古尔本·默里灌区（GMID）灌溉现代化工程的州立机构。

潞碧垦水利（Rubicon Water）早在 1995 年就开始设计、开发和安装世界上最先进的端到端明渠灌溉自动化控制系统，这是一种自动化的、一体化的和遥控操作的灌溉系统，可以将灌溉水从堤坝输送到田地过程中的效率提高到 90%，大大提高灌溉系统的自动化程度。该灌溉控制系统安装了覆盖整个灌区渠道网络的太阳能驱动遥控表和流量控制阀门，自动阀门对水位和流量的精确控制确保了输水时间和流量的精确性，提高了灌溉的稳定性和可靠性，还配有融合了多项渠道力学控制和模型领域重大突破的管理软件。

凭借该技术，管理人员可以获得农民所需灌溉水量的最新信息，对灌区进行前所未有的精准控制，帮助灌区管理人员提高效率和改进服务，最终对农业生产力产生重要影响。农民可以通过电话或网络订水，并且在短短 1 小时后就可以进行灌溉。整个输水过程采用先进软件进行管理和控制，包括验证农户的用水权、指导农户在规定的服务时间打开和关闭阀门、输送所需流量的水、测量水的用量并为农民提供高效用水方面的建议。这种新的灌溉系统不仅可以通过获得实时信息提高灌溉管理和规划效率，还符合政府出台的水流计量和报告法规。

据预测，古尔本·默里灌区（GMID）每年约有 0.9 km^3 灌溉水由于系统缺乏效率而通过泄漏、渗漏和蒸发等方式流失。在古尔本·默里灌区（GMID）安装了新系统的区域，灌溉用水效率从原来的 70%大幅度提高到 85%，水务部门因此可以在 10 年持续干旱造成的严重缺水压力下将部分水返还到河流的生态用水。古尔本·默里灌区（GMID）六大区域之一的谢珀顿安装了新设施之后，统计结果显示输水效率从 70%提高到 90%，实现了年节水量 0.039 km^3，其中 0.029 km^3 用于改善河流生态环境。安装潞碧垦水利（Rubicon Water）的全渠道控制系统，使古尔本·默里灌区（GMID）经历了百年历史上的重大变革。

16.4　结　　语

制度创新对管理而言具有根本性的意义。通过增加新的制度安排，或者能够解决新出现的问题，或者会增加制度的复杂性而影响管理工作的流畅性和效率。

水资源管理的制度创新对水资源管理具有普遍意义。澳大利亚的水资源管理体制是一个多层次嵌套的水管理系统，涉及从联邦政府到州政府、区域、地方等多个层次。自 1901 年澳大利亚联邦政府成立以来，澳大利亚在水资源管理的体制机制上，进行了一系列的制度创新和变革。墨累-达令流域作为澳大利亚的主要流域，其水资源管理基本上就是澳大利亚水资源管理的代名词。从澳大利亚联邦政府与墨累-达令流域所在区域的相关州政府签署并于 1915 年通过的《墨累河协议》开始，墨累-达令流域的水资源管理的政策文件不断修订，水资源管理和水资源配置的有关政策机制不断完善和日益严格，到 2007 年的《2007 年水法》，达到了水治理的顶峰。而驱动水治理不断升级、水管理政策不断严格的根本因素是流域水资源的日益短缺、水环境日益恶化、水质日益盐碱化等，从根本上说也表现为水资源自然系统与经济社会系统之间的矛盾和冲突日益加剧。在水资源管理制度的发展变化阶段上，可以较为清晰地划分出 3 个阶段："国家建设"管理体制阶段（1850～1983 年）；"合作治理"模式阶段（1983～2007 年）；向着"中央集权"的治理模式转变阶段（2007 年以后）。后两个阶段是澳大利亚水资源管理制度明显转变的阶段，这与水资源日益短缺、水环境日益恶化的大背景密切相关，随着需要协调的水问题的复杂性加大促使水管理制度向着合作管理模式、向着更高层次的集中管理模式发展。

澳大利亚水治理的制度创新过程中，一个显著的特点是，利益相关方的积极参与和充分发挥作用，建立了水治理的对话社会，这也与其政治体制密切相关（Rubenstein et al.，2016）。当然，在水治理的制度设计和实施上，也存在着制度复杂性等明显影响制度实施效果的情形。澳大利亚水资源管理的制度创新为其他国家的水资源管理提供了有借鉴意义的成功经验。

参 考 文 献

安正韬, Wei Y P. 2016. 澳大利亚湿地水环境管理和技术的有机结合. 地球科学进展, 31(2): 213~224.

康奈尔 D, 邬全丰, 山松. 2012. 墨累-达令流域的水改革和联邦体制. 水利水电快报, (9): 1~4.

马建琴, 刘杰, 夏军, 等. 2009. 黄河流域与澳大利亚墨累-达令流域水管理对比分析. 河南农业科学, (7): 69~73.

夏军, 刘晓洁, 李浩, 等. 2009. 海河流域与墨累-达令流域管理比较研究. 资源科学, (9): 1454~1460.

熊永兰, 张志强, 尉永平, 等. 2013. 流域水资源管理研究国际发展态势分析. 见: 张晓林, 张志强. 国际科学技术前沿报告 2013. 北京: 科学出版社.

朱玫. 2011. 墨累-达令流域管理对太湖治理的启示. 环境经济, (8): 43~48.

Australian Government. About us. Retrieved from Australian Government Bureau of Meteorology. http: // www.bom.gov.au/inside/index.shtml. 2016-11-20.

GOAG Council of Australian Government Communique 25 June 2004. 2004. www. coag. gov.au/coay_meeting_outcomes/2004-06-25/index.cfm.2017-06-16.

Government of Victoria. 2007. Our Water Our Future. State of Government of Victoria. Melbourne. http: //www.ourwater.vic.gov.au. 2016-11-20.

Cnase L, O'keefe S, Dollery B. 2009. The fluctuating political appeal of water engineering in Australia. Water Alternatires, 2(3): 267-277.

MDBA. 2012. Murry-Darling River Basin Plan. MDBA, http: //www.mdba.gov.au/basin-plan. 2012-11-22.

Robins L, Kanowski P. 2011. "Cring for our Country": eight ways in which "Caring for our Country" has undermined Australia's regional model for natural resource management. Australasian Journal of Environmental Mangement, 18(2): 88-108.

Rubenstein N, Wallis P J, Ison R L, Godden L. 2016. Critical reflections on building a community of conversation about water governance in Australia. Water Alternatives, 9(1): 81~98.

Wallis　P J, Ison R L. 2011. Appreciating institutional complexity in water governance dynamics. Water Resources Management, 25: 4081~4097.

Wallis　P J, Ison R L. 2012. Institutional change in multi-scalar water governance regimes a case from Victoria. The Journal of Water Law Published by the Lawtext Limited: 85~94.

第 17 章 墨累-达令流域
水资源管理制度评价

本章概要：流域生态系统的退化源于失败的水资源治理。但是，对于回答"怎么样才是一个好的流域治理？"的问题却缺乏知识基础。本研究旨在根据已发表的文章，利用一个定量的指标评估系统，对墨累-达令流域的水资源治理制度进行历史视角的评价。结果表明，对于良好的流域治理而言，治理目标、问题辨识与工作完成情况、利益相关者的信息可获得性、共识性决策过程、流域管理机构的管理权限以及国家已有的土地和水政策相关的指标是非常重要的。墨累-达令（MDB）流域的管理工作成效很好，表现在协调水资源管理的不同部门、在一致性基础上的决策过程，以及政策的发展。但是，也有做得不够好的方面，主要包括水资源管理的法律行动、目标转变以及工作规划的完成等方面。在墨累-达令流域管理的 4 个阶段里，1915～1986 年指标组的整体表现可以说是最差的，1987～1993 年、1994～2006 年以及 2007～2011 年，很难判定 3 个时间段中哪一个阶段表现得更好一些。将来需要更多地研究各指标间的关系，以及各指标特性与流域治理实践之间的关系。

Abstract：The degradation of ecological systems in river basin is ascribed to failures of water governance. However, there is a quite inadequate knowledge base on answering the question "what is good river basin governance?" This study aims to provide an historical assessment of water governance institutions in the Murray-Darling Basin from the published work with a quantitative indicator assessment system. The results show that indicators relevant to the target of governance, problem identification and work completion, information availability to stakeholders, consensus decision making process, authority given to river basin organizations and existence of national land and water policies are considered important for good river basin governance. The river basin governance of the MDB performed well in the coordination of different sections of water governance, consensus-based decision making process and development of policy, but did not do well in legal actions of water governance, goal shift and completion of planning. Among the four stages of river basin governance of the MDB the overall performance of the indicator group during 1915 and 1986 was considered the poorest, although it is difficult to identify which stage performs better among the periods 1987～1993, 1994～2006 and 2007～2011. There needs to be more understanding of the linkages among the indicators and the linkages between the performance of indicators and the practices of river basin governance.

17.1 引　　言

流域管理可以追溯到 5000 年以前。在当前以及在未来气候与经济社会变化的情况下，全世界淡水资源压力显著地提高了需要更好的流域管理的迫切性（Wei et al.，2011）。在澳大利亚，两个世纪的欧洲移民改变了澳大利亚的河流。澳大利亚最大的墨累-达令流域的地表水流水量明显减少，流入到墨累河河口的水量从 1890 年的 12000GL/a 锐减到了现在的 4 700GL/a。在 2007 年的可持续河流评价中，23 条支流中只有 1 条的生态状况被评定为"优良"（Pittock and Connell，2010）。墨累-达令流域的生态过程退化被认为是由河流流域的管理失败导致的，因此，急需对正在进行的管理过程及其应对未来政策挑战的能力进行分析评估（Fisher，2006；Wei et al.，2012）。

当前，水资源治理正取代水资源管理。治理涉及多层级的、多中心的治理，是多利益相关者参与的行动。治理也包括正式与非正式的制度（Pahl-Wostl et al.，2008）。一个流域可以被理解为是一个具有完整水文循环的半封闭的生态和经济系统，在该系统中，任何决策和行动间都有互相依赖的生态、社会和经济影响（Bellamy，2002）。因此，综合的或者系统的流域治理是一个值得推崇的概念，即使在实践中还有很大的提升空间（Ingram，2008）。

近几十年来，学者、水管理者以及国际有关机构一直就"什么是好的流域治理？"进行讨论。指标，就像路标一样，常用作改善流域管理系统的一个重要的工具。根据 De Stefano（2010）的分析，有两类评价流域管理的指标。第一类是量化指标，通常基于科学信息，也被认为是可以更好地评价管理的影响。这些数字指标包括由经济合作与发展组织（OECD）、欧洲环境署（EEA）、世界银行（World Bank）和联合国教科文组织（UNESCO）等开发的指标。第二类指标提供定性评估，更适合于回答"什么是好的流域治理"这样的问题，更适合去分析政策的制定以及实施过程。这类指标，包括欧洲水框架指令（WFD）、千年发展目标（Millennium Development Goals）、全球水伙伴计划（Global Water Partnership，GWP）以及世界自然基金会（World Wide Fund for Nature）等发展的指标。

由不同组织和学者发展的定性评价指标包括丰富的内容。世界银行列举了 5 个关于好的治理的组成要素。据 Pahl-Wostl 等（2008）研究，好的治理应该包括"治理的质量，透明度，合法性，公众参与，公平，效率，和没有腐败存在"。Marchall 等（2010）提出了 13 条良好的流域治理的实践原则，包括"协调相关问题""承认成就""适应性管理""恰当的决策过程""适当的参与策略""沟通与分享""冲突管理""有效地利用现有的论坛""效率""注重过程""明确定义的角色和职责""空间尺度的考虑""时间尺度的考虑"。Hooper（2006）总结了水资源综合管理的现有的定性指标，从水治理的 10 个方面为流域治理评估开发了有 115 个指标的指标体系，这是文献中迄今最为全面的流域治理评价系统。

尽管这些现有的评估系统列举出了良好的流域管理应该包括的重要方面，但也同样存在问题。研究人员通常只关注流域管理的一到两类的绩效指标而忽略了其他的指标。他们得出关于流域治理的不同结论，是因为他们实际上在讨论不同的方面。另外，若有些研究常用的一般性和过于简单的方法探寻成功的流域治理的一般规律，往往不能充分阐明具体流域的治理机制的复杂性；而详细的案例分析研究可以揭示治理机制的复杂性和内容特殊性，但又会出现知识基础碎片化，以及难以推导出更加一般性的认识的风险，这就存在着两难境地。此外，很多定性评估系统用定性的方式呈现他们的研究结果，这使得比较不同治理制度的绩效变得格外困难。最后，治理机制指的是一个管理系统的相互依赖的、长期的和结构性的特征。因此，了解长期的治理机制对流域社会生态的影响是评估管理制度的先决条件。然而，几乎没有发现在长时间尺度观察治理机制动态变化的研究工作。

基于这种背景，本章的目的是回答：什么是良好的流域治理必备的要素？这个问题是由理论和实践的现实需求所引出的。选取有着创新水管理历史的澳大利亚的墨累-达令流域作为案例分析区域，为理解和实践管理绩效评估提供了一个"学习的实验室"。

17.2　研　究　方　法

17.2.1　案例研究区域：墨累-达令流域

墨累-达令流域（MDB）位于澳大利亚东南部（图 17-1）。流域占地面积 100 万 km²，占澳大利亚国土面积的 14%左右，是澳大利亚最大的流域。MDB 在澳大利亚的重要性被广泛认可。对于当地的土著人来说，它有着 4000 年的传统和特殊意义。在经济上，通过对小麦、羊毛和肉的出口，它支撑着澳大利亚早期的经济发展。从环境上来看，它是已被国际公认的广泛生物多样性以及湿地保护的代表。最后，作为一个跨越了多个行政管辖区的地区，它是国家的核心利益所在，也是在澳大利亚联邦宪法框架下集成管理的一个永恒挑战（Connell and Grafton，2011）。

MDB 是澳大利亚水改革的焦点和领跑者。澳大利亚水资源管理创新的历史开始于 1901 年成立的联邦政府。许多制度改革已经重塑了澳大利亚的水资源管理，并实现了更有效和更可持续的水资源利用。这些制度包括 1915 年的《墨累河协议》（*River Murray Waters Agreement*）、1987 年的《墨累-达令流域协议》（*Murray-Darling Basin Agreement*）、1994 年的《水资源改革框架》（*COAG Water Reforms Framework*），1996 的《取水上限》（*The Cap*），2004 年的《国家水行动计划》（*National Water Initiative*），2007 年的《2007 年水法》（*the Commonwealth Water Act*）和 2012 年公布的《墨累-达令流域规划》（the Murray Darling Basin Plan）。处在社会经济与气候变化"高压锅"内的澳大利亚流域治理的"实验"，为分析和评估流域治理研究提供了一个具有国际意义的研究案例（Wallis and Ison，2011）。

17.2.2　本研究中所评估的 MDB 的主要管理制度

本研究选择了 23 个自 1901 年起在墨累-达令流域实施的主要的流域层面或国家层面的管理制度（表 17-1）。这些制度包括综合管理协议、法律、政策、管理策略以及项目和计划，它们反映了 MDB 水治理机制的特点。应该指出的是，由于《墨累河协议》在 1982 年进行了重大的修改，本研究考虑它为两种不同的管理制度。

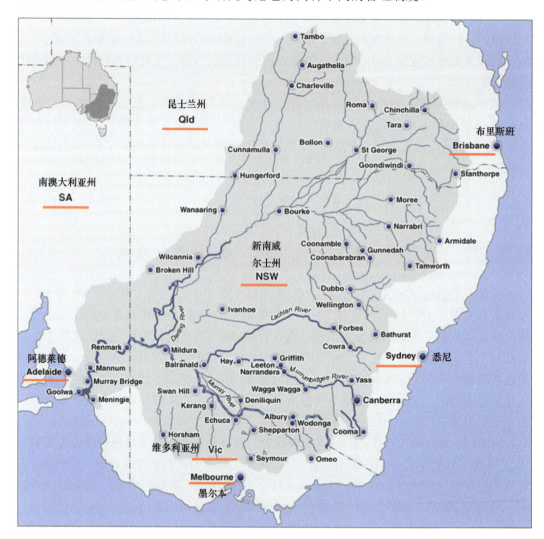

图 17-1　墨累-达令流域

Fig.17-1　The Murray-Darling Basin

资料来源：http://www.abc.net.au/news/rural/specials/murray-darling-basin-plan/

我们将这些管理制度基于 MDB 的重大水改革分为四组，以便比较不同时期 MDB 的治理状况。第一阶段，从 1915 年开始，是《墨累河协议》签署以及第一个流域组织"墨累河委员会"成立的时期。在 1986 年，新的《墨累-达令流域协议》签署，在该协议下成

表 17-1　研究中所分析的自 1901 年以来墨累-达令流域实施的管理制度
Table17-1　Governance institutions operating in the MDB since 1901 analyzed in this study

时间	时间阶段	管理制度
1901～1986 年	1915～1981 年	《墨累河协议》（River Murray Waters Agreement）
	1982～1987 年	《墨累河协议（修订）》（River Murray Waters Agreement（Amended））
	1917～1987 年	墨累河委员会（River Murray Commission）
1987～1994 年	1987～2007 年	《墨累-达令流域协议》（Murray-Darling Basin Agreement）
	1985～2007 年	墨累-达令流域部级理事会（Murray-Darling Basin Ministerial Council，MDBMC）
	1987～2007 年	流域管理委员会（Catchment Management Committee，CMC）
		墨累-达令流域委员会（Murray-Darling Basin Commission，MDBC）
	1987～1994 年	自然资源管理战略（Natural Resource Management Strategy，NRMS）
	1989～2001 年	墨累-达令流域盐度与排水战略［Murray-Darling Basin Salinity and Drainage Strategy（S&D Strategy）］
	1992～2000 年	Barmah-Millewa 森林水资源管理计划［Barmah-Millewa Forest Water Management Plan（BM Forest Water Management Plan）］
1994～2006 年	1994～2004 年	墨累-达令流域海藻管理战略（Algal Management Strategy for the Murray-Darling Basin）
		澳大利亚政府委员会改革框架（COAG Reform Framework）
	1995 年至今	《取水上限》（The Cap）
	1998～2006 年	州际水交易先导项目（The Interstate Water Trading Pilot Project（Pilot Project））
	2000～2008 年	国家盐度与水质行动计划（National Action Plan for Salinity and Water Quality，NAP）
	2001～2010 年	综合流域管理政策（Integrated Catchment Management Policy，ICM）
	2001～2015 年	流域盐度管理战略（Basin Salinity Management Strategy）
	2003～2013 年	土著鱼保护战略（Native Fish Strategy）
	2004 年至今	"墨累生命之河"计划（The Living Murray Initiative）
	2004 年	《国家水行动计划》（National Water Initiative，NWI）
2007～2012 年	2007 年	《2007 年水法》（Water Act）
	2007 年	墨累-达令流域局（Murray-Darling Basin Authorityss，MDBA）
	2012 年	墨累-达令流域规划（Murray-Darling Basin Plan）

立了一个新的流域机构，其管理职权向流域综合管理扩展（Crabb，1988），这是第二个阶段。1994 年澳大利亚政府委员会《COAG 改革框架》的实施被认为是 MDB 管理从供水管理向需水管理转变的一个重要节点，例如，1995 年的《取水上限》（The Cap）是第一次在流域水量分配问题上设置总体限制（Crabb，2001），这是第三阶段。2007 年《2007 年水法》第一次为新成立的联邦政府层面的墨累-达令流域委员会（Murray-Darling Basin Authority，MDBA）提供法律上的支持，授权委员会发展和实施新的流域规划。此项法案将流域规划职责从州政府（州政府从 1901 年的宪法获得了这项权利）转移到了流域委员会。该法案 2011 年公布，它开启了对环境需水与气候变化问题的考虑，这是第四个阶段。

17.2.3 评估 MDB 流域治理的指标系统

本研究采用了由 Hooper（2006）发展的基于指标的评估系统，以评估 MDB 流域治理实践，特别是评估 17.2.2 节的主要管理制度。该基于指标的评估系统共包括 115 个指标，被分为 10 个指标组和 37 个子组。这 10 个指标组包括：协调决策；响应决策；目标，目标转变和目标完成；财务可持续性；组织设计；法律的作用；培训和能力建设；信息和研究；问责制和监督；以及私人和公共部门的角色（表 17-2）。如上所述，该指标体系是迄今为止文献中最为全面的流域治理评价体系。它的开发基于以下信息来源，包括已发表的文献、河流管理实践、评估工具，以及与流域管理的其他专家和参与者的讨论与磋商。它旨在适用于发展中国家和发达国家，以及适用于不同组织的特定目标，包括国际和国家的援助机构、非政府组织、国家研究机构等。

表 17-2 Hooper（2006）发展的基于指标的流域治理评估系统
Table17-2 Indicator-based river basin governance assessment system developed by Hooper（2006）

指标组	指标子组	编码
Coordinated Decision-making 协调决策	CROSS-SECTION	coo1
	COORDINATION	coo2
	CONSENSUS	coo3
	INFORMAL-WATER	coo4
	PROTOAUTH	coo5
	LOCALTOOL	coo6
	PUBSECTOOL	coo7
Responsive Decision-making 响应决策	ADAPTOOL	res1
	BESTPRACTOOL	res2
	DIALOGTOOL	res3
	EFFICIENCY	res4
	VERTICALINKS	res5
Goals，Goal Shift and Goal Completion 目标，目标转变和目标完成	GOALSHIFT	goa1
	GOALSPEC /PLANNING/COMPLETE	goa2
Financial Sustainability 财务可持续性	COSTSHARETOOL	fin1
	FINANCE-AVALIABLE	fin2
	FINANCETOOL	fin3
	PRICINGTOOL	fin4
Organizational Design 组织设计	DEMOCRACY	org1
	INTERNATNL	org2
	POLICY	org3
	BOUNDARIES	org4
	REALISM	org5
	ORGANIZSTYLE	org6
	STABLEINST	org7

续表

指标组	指标亚组	编码
Role of Law 法律的作用	LAW	rol1
	LEGALACTION	rol2
Training and Capacity Building 培训和能力建设	BUILDCAPAC	tra1
	TRAINING	tra2
Information and Research 信息和研究	INFOEXCHANGE	inf1
	INFOPROTOOL	inf2
	INFOTOOL	inf3
	RESEARCHTOOL	inf4
Accountability & Monitoring 问责制和监督	ACCOUNTABILITY	acc1
	MONITORTOOL	acc2
Private and Public Sector Roles 私人和公共部门的角色	PARTICIPTOOL	pri1
	PRIVSECTOOL	pri2

17.2.4 用于指标绩效评价的数据

本研究查阅了有关 17.2.2 节 MDB 的重要管理制度的已发表的所有论文。检索的数据库包括 ISI Web of Knowledge/Web of Science，JSTOR，SCOPUS-V.4，Wiley 在线图书馆，Taylor & Francis 在线（网站），Academic Search Complete（EBSCO）和 Google Scholar。文章选取的标准是，文章中至少有一段内容评价墨累-达令流域某一特定管理制度。文献的时间段不受限制。文章的类型包括学术期刊论文、会议论文和图书章节。本节采用了用于分析和捕捉文本含义的内容分析法，针对 Hooper 系统里每一项指标，将所有作者对 MDB 流域的主要治理制度的评估进行编码。

17.2.5 评估结果的定量分析–评分系统

在这项研究中，对每一个指标，一定的"分数"被附加在了论文作者对主要流域管理制度的绩效的评估结果上，以使评估结果变得有可比较性。评分系统如表 17-3 所描述。

表 17-3 评价指标体系的评分系统
Table17-3 Scoring system for quantifying the assessment of performance indicators

分数	详细描述
2	作者提供了一个针对指标的治理制度的绩效评估判断，其中的指标是与 Hooper 系统中的指标描述完全一致（是指正面描述，即赞同）
1	作者提供了一个针对指标的治理制度的绩效评估判断，其中的指标是与 Hooper 系统中的指标描述部分一致（是指正面描述）
0	作者针对指标提出了一些相反意见，或者仅给出了治理制度相关指标的描述
−1	作者提供了一个针对指标的治理制度的绩效评估判断，其中的指标是与 Hooper 系统中的指标描述部分不一致
−2	作者提供一个针对指标的治理制度的绩效评估判断，其中的指标是与 Hopper 系统中的指标描述完全不相符

有了这个评分系统，就可以评估和比较不同治理制度的同一指标、不同管理制度，以及 MDB 流域管理不同时段的绩效。

17.3 结   果

17.3.1 信息来源

检索到符合标准的论文 70 篇。图 17-2 显示了这些文章发布的时间分布。在所选数据中最早的文章发表于 1971 年，但评估 MDB 流域治理机制的大部分文章发表于 2000 年以后。

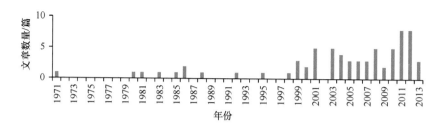

图 17-2   所分析文献的发表时间分布
Fig.17-2   Distribution of the publication time of the literature analyzed

在分析的 70 篇文章中，57 篇是期刊文章，10 篇是会议论文，5 篇是著作中的章节。这些类型的出版物是学者表达研究成果和论点的主要方法。70 篇文章中 71%的第一作者来自于大学或者研究机构（CSIRO）（表 17-4）。

表 17-4   论文第一作者所属机构类型分布
Table17-4   Distribution of type of organizations of the first author

第一作者所属机构类型	第一作者数量
大学和 CSIRO（University and CSIRO）	50
河流管理机构（River Basin Organization）	8
联邦政府与州管理部门（Federal and State Department）	9
私人公司（Private Company）	3

17.3.2 信息的可获得性

虽然本研究未假定每个作者用每一个指标对每个管理制度进行评估。但是令人惊讶的是，本研究分析的文章，作者只评估了非常有限的指标。从表 17-5 中可以看出，115 个指标中有 73 个指标在文章中很少被提到。只有 4 个指标引起了超过 30%作者的注意。

表 17-5 70 篇文章中单个指标出现的频次分析
Table17-5 Frequency of individual indicators analyzed in these 70 articles

指标比例/%	0~5	5~10	10~20	20~30	30~40	40~50
指标的数量	73	17	18	3	1	3

对于文章作者重要的指标是："水资源综合管理（IWRM）方法被用作土地及水资源管理的基础性证据"；"水和自然资源规划的存在和应用"；"资源可利用性约束流域管理计划发展选择的证据"；以及"利益相关者可以获得信息的证据"。这些指标中的 3 个归于 GOALSHIFT 和 GOALSPEC/ PLANNING/COMPLETE 子组。另一个指标归于"信息与研究"子组。相反，来自 INFORMAL-WATER，LOCALTOOL，BESTPRACTOOL，DIALOGTOOL，VERTICALINKS，FINANCETOOL，DEMOCRACY，INTERNATNL，TRAINING，INFOEXCHANGE 和 PRIVSECTOOL 等子组中的指标，很少被这些论文作者评估。它们分别属于协调决策、响应决策、组织设计、培训与能力建设、信息和研究、私人和公共部门的角色等指标子组。

17.3.3 评估结果的一致性

不同论文作者对特定管理制度的同一指标作出了评估。为了说明评估结果的一致性，我们提供了 6 个以上作者用同一指标对一个管理制度进行评估的结果的总结，详见图 17-3。有一个例外是，用指标 34 对"取水上线"制度的评估。

评估结果的一致性也反映在这些相同的作者对不同年份的管理制度用相同指标的评估结果上（图 17-4）。大多数作者在他们的不同的论文中，用某一指标对某一管理制度的不同评估持有相同意见。

17.3.4 主要指标、主要治理制度和不同阶段的治理绩效

我们的目标是基于专家的评估，通过综合评估后给出的相应分数，来衡量主要的治

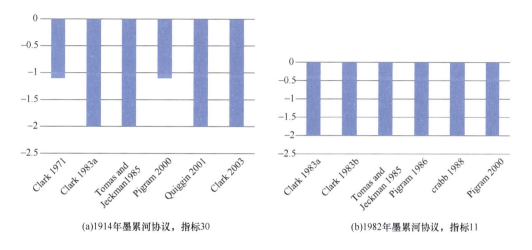

(a)1914年墨累河协议，指标30   (b)1982年墨累河协议，指标11

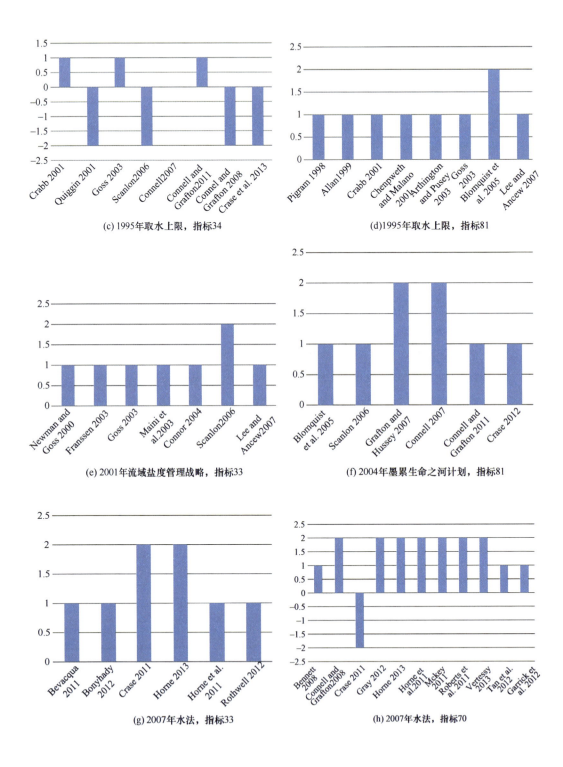

(c) 1995年取水上限，指标34

(d)1995年取水上限，指标81

(e) 2001年流域盐度管理战略，指标33

(f) 2004年墨累生命之河计划，指标81

(g) 2007年水法，指标33

(h) 2007年水法，指标70

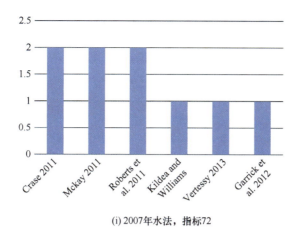

(i) 2007年水法，指标72

图 17-3　不同作者用同一指标对同一流域治理制度的评估

Fig.17-3　Assessment of different authors on the same indicators of the same governance institutions

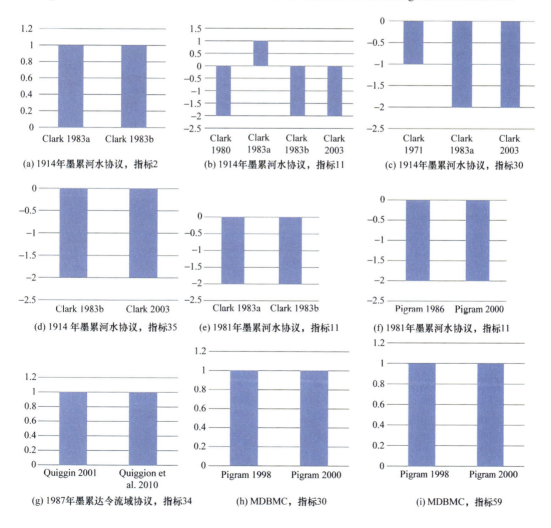

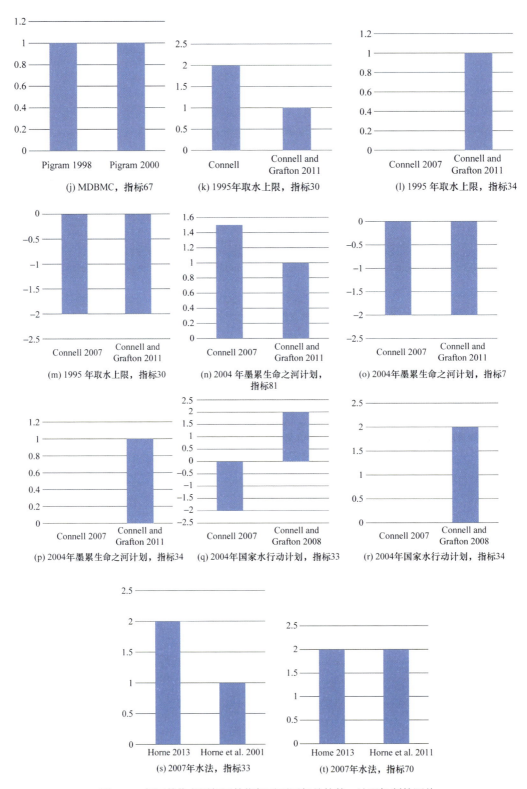

图 17-4 相同的作者用相同的指标对不同年份的某一治理机制的评估

Fig.17-4 Assessment by the same authors on the same indicators of a governance institution in different year

理制度与指标子组的绩效。然而，由于不同治理制度及不同的指标的信息可获得性有限，在整个评估过程中，使用获得负面评估的治理制度数量的比例与一个指定的指标子组，来评价治理制度与指标群的绩效。这里只给出了通过评估的一半以上的治理制度的指标子组（表 17-6）。

表 17-6　超过半数管理制度评估中使用的指标子组的评价
Table 17-6　Assessment of indicator sub-groups in which over half of governance institutions have been assessed

指标子组	获负面评价的管理办法个数	被评估的管理机制总数	负面评价比
POLICY	0	14	0.00
CONSENSUS	2	15	0.13
CROSS-SEC	2	13	0.15
BOUNDARIES	2	12	0.17
INFOPROTOOL	5	18	0.28
PARTICIPTOOL	4	12	0.33
GOALSPEC /PLANNING /COMPLETE	7	20	0.35
GOALSHIFT	6	17	0.35
LEGALACTION	6	12	0.50

在所有的 37 个指标子组中，有 9 个指标子组有着超过半数的管理制度经过评估。LEGALACTION 被认为是指标子组中绩效最差的。其次是 GOALSHIFT，被用来确定流域管理的目标是否与河流综合管理目标相符；然后是 GOALSPEC/PLANNING/COMP-LETE，这项指标子组主要是关于"明确问题和论述问题的工作情况的"等。表现好的指标子组是 POLICY，它是分析国家的政策背景以及政策在流域管理中的作用；还有 CONSENSUS，主要是基于共识的协议；CROSS-SEC，主要是关于河流管理的集成行动。

同样地，我们使用了在整个评估中对每个管理制度负面评价的数量的比例，以评估管理制度的表现（表 17-7）。在所有的管理制度中，一些管理制度被认为表现得很好，如 1989 年《可持续发展战略》，2001 年《流域盐分管理战略》（2001 *Basin Salinity Management Strategy*）以及 2004 年《土著鱼战略》（2004 *Native Fish Strategy*），就是所有指标子组评定为正面结果的制度。有 3 个管理制度获得了最高的负面评估百分数，分别为 1917 年"墨累河委员会"（1917 River Murray Commission），1981 年《墨累河协议（修订）》（1981 *River Murray Waters Agreement*—Amended），以及 1995 年《取水上限》（*The Cap*）（表 17-7），这三项获得最负面评价的管理制度中有两项制度是处在 1915～1986 年。应该注意的是，CMC，ICM 和《墨累-达令流域藻类管理战略》仅有几个子组指标参与了评估。

通过对不同阶段的主要管理制度的不同指标得分值累加计算，评估了不同阶段MDB 流域治理的整体行为。可以看出，从 1915～1986 年的很多指标子组被评估为负数（图 17-5，图 17-6）。这意味着，大多数作者判定该期间指标组的整体表现为负数。其他 3 个时间段，只有几个指标子组被评估为表现不好，在这些时间段 MDB 的治理改善并没有一个明确的趋势。

表 17-7　MDB 的主要管理制度评估

Table17-7　Assessment of major governance institutions at MDB

管理制度	负面评估	总评估	负面评估比率
River Murray Water Agreement 1914	5	9	0.56
River Murray Commission 1917	8	11	0.73
River Murray Water Agreement 1981	7	9	0.78
1987 Murray-Darling Basin Agreement	1	12	0.08
Murray-Darling Basin Ministerial Council	3	15	0.20
Murray-Darling Basin Commission	4	10	0.40
Catchment Management Committee	0	2	0.00
National Resource Management Strategy	2	11	0.18
89 Salinity and Drainage	0	11	0.00
1992 BM Forest management plan	1	4	0.25
1994 Council of Australia Government reform	1	11	0.09
Algal management strategy	0	3	0.00
1995 Water cap	10	17	0.59
1998 Pilot Project	1	8	0.13
2000 National Action Plan	8	15	0.53
2001 Integrated Catchment Management	0	5	0.00
2001 Basin Salinity Management	0	12	0.00
Living Murray Initiative	3	17	0.18
2004 Native Fish Strategy	0	18	0.00
2004 National Water Initiative	6	17	0.35
2007 Water Act	1	19	0.05
Murray-Darling Basin Authority	2	11	0.18
Basin plan	4	14	0.29

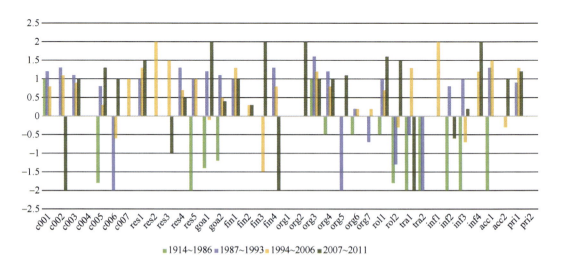

图 17-5　对四个阶段（1914~1986, 1987~1993, 1994~2006，2007~2011）
流域管理的 37 个指标子组的评估

Fig.17-5　Assessment of 37 indicator sub-groups on river basin governance in four periods

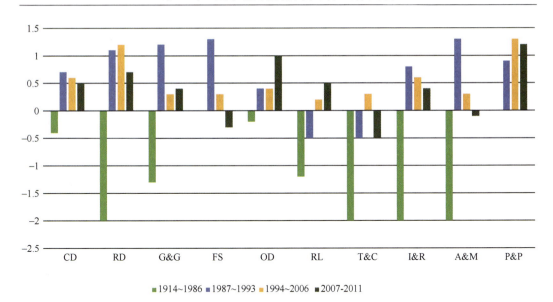

图 17-6　对四个阶段流域治理的 10 个指标子组的评估

Fig.17-6　Assessment of 10 indicator groups on river basin governance in four periods

17.4　讨论与结论

　　本研究旨在根据已发表的论文，用一个定量指标评估系统，提供一个关于墨累-达令流域水管理制度的历史评估，以提高对一个好的流域治理所需要素的更广泛的理解。

　　首先，我们用指标子组、主要管理制度和不同阶段，讨论了 MDB 流域管理的绩效。评估最好的三个指标子组分别是 CROSS-SEC，CONSENSUS 和 POLICY。CROSS-SEC 指的是水资源管理各部门的协调。MDB 河流管理的协调工作始于 1914 年。从 1987 年开始，河流管理的协调工作涉及政府、委员会和社区团体（MacDonald and Young，2001）。"国家盐碱与水资源安全行动计划"（National Action Plan for Salinity and Water Safety）协调不同等级的机构以共同应对澳大利亚的盐碱问题（Bloquist，2005）。CONSESUS 强调以共识为基础的决策制定过程。Murray-Darling Basin Ministerial Council 的决策制定过程就是建立在共识过程上的（Boully，2004）。与代表着几个不同州利益的部长一起工作，Murray-Darling Basin Commission 协调不同的部门。在不同的州，MDBC 要求州政府提供区域管理规划（MacDonald and Young，2001）。《2007 年水法》（*Water Act* 2007）要求流域规划应该包括州以下的规划以突出州的需求（Connel，2011）。本章中分析的很多管理机制都是关于 POLICY 的，包括水资源共享、盐度以及渔业管理。所有的 3 个方面在联邦系统 MDB 管理中心都处于中心地位。LEGALACTION，GOALSHIFT 和 GOALSPEC/PLANNING/COMPLETE 有最差的评价。LEGALACTION 主要是针对水资源管理的法律行动，自 1901 年以来 MDB 流域治理一直都是一个问题。从联邦政府建立伊始，就设置了水权以预防联邦政府从州级机构剥夺这些权利。但它没有明确州之间对水的解释权（Skinner and Langford，2013）。在 1914 年的《墨累河协议》里，基本没有提及不同州对河流所有权的问题，尤其是没有明确提及水质问题（Clark，2003；Pigram and Musgrave，1998）。1987 年以后，墨累-达令流域委员会有着比前墨累河委员会更大的权利。然而，其权利并没有有力的法律支持（Clark，2003）。1994 年的澳大利亚政府委员会（COAG）"水改革"，需要为水权提供法律的共识保障使得水交易得以成功（Quiggin，2001；Allan et al.，2009）。《2007 年水法》可以看作是一个转折点，为综合水资源管理提供了法律手段。GOALSHIFT 是另一个表现不好的指标子组。在 1981 年之前，MDB 河流管理的目标主要是管理"灌溉和通航"（Quiggin，2001）。管理被限制在 MDB 的主河道上面（Clark，1983）。彼时，水质没有被考虑在目标中（Thomas and Jakeman，1985）。1981 年之后，水质才开始逐渐成为管理的因素。1987 年《墨累-达令流域协议》（1987 *Murray-Darling Basin Agreement*）设立促进自然资源可持续利用的目标（Clark，2003），但是仍然不够完善。例如，《取水上限》并没有包括地下水（Crabb，2001；Connell and Grafton，2011）。

GOALSPEC/PLANNING/COMPLETE 子组是关于完成流域管理规划的。例如，National Action Plan for Saliuity and Water Quality 要求当地管理机构提供明确的目标，然而，尽管制定了目标，政府并没有考虑其可实现性（Pannell and Robert，2010）。National Water Initiative 的目标被批评野心太大而不能在有限的时间里完成（Connell，2007）。在《2007 年水法》中，考虑到了气候变化因素（Horne，2013）。然而，没有提出如何去适应气候变化的具体要求（Bevacqua，2011）。这些都是在未来应该予以改善的关键方面。

在主要管理制度的绩效方面，1901 年以来 MDB 23 个主要管理制度中，1989 年的《可持续发展战略》，2001 年的《流域盐度管理战略》以及 2004 年的《土著鱼战略》没有收到任何负评价。3 个得到最高负面评价比例的管理制度，分别是 1917 年的"墨累河委员会"，1981 年《墨累河协议》（修订），以及 1995 年的《取水上限》。这些历史上的流域管理制度的负面绩效为未来 MDB 制度安排设计提供经验及教训。

在 MDB 流域治理的 4 个阶段中，1915～1986 年的指标子组的整体绩效被认为是最低的，由于大多数子组都被评估为负面的。在联邦政府成立之后的最初时间里，关于河流管理的目标主要是发展当地灌溉农业以及促进当地社区的繁荣。即使在第二次世界大战之后，当地的水管理者仍然有着最大的权利，能够管理水资源以便进行他们各自的经济发展，州之间也缺乏合作。例如，在维多利亚州，水的定价体系鼓励使用多于所需的水。这一时期的管理导致了水量过度分配问题以及包括盐碱化在内的环境问题（Harris，2011）。在墨累-达令流域，23 个管理制度中的 20 个出台在 1987～1993 年、1994～2006 年、2007～2011 年 3 个时段，这反映出日益增加的制度复杂性（Wallis and Ison，2011a）。从当代的视角来看，MDB 流域管理制度的重塑，可以被理解为为特定的社会目的设计的流域治理"实验"。

要为任何流域治理设计完全且通用指标系统是极不可能的。就 MDB 而言，在 Hopper 系统中仅有 4 个指标评估大于 30%，涉及管理的目标、问题识别和工作完成、信息对于利益相关者的可利用性等，这些指标对于良好的流域治理来说应该是最重要的元素。被 20%～30% 的作者评估其他的指标，也被认为是重要的，它们关系到基于共识的决策制定过程，流域机构被赋予的权威，以及土地和水资源政策的存在。还有一些应该被视为重要的指标在学术论文中没有得到重视。例如，很多关系到地方层级管理的指标子组就被忽略了，具体包括了 INFORMAL-WATER，是有关地方层级的非正式水部门（如草根组织）；LOCALTOOL，是有关地方治理的流域管理指导；VERTICALINKS，涉及不同层级的政府；以及 PRIVSECTOOL，是有关私营部门参与到水管理的指标。当地政府和其他非政府组织在流域管理中扮演着重要角色，尤其是涉及管理的实施时。因此，这些指标被认为是良好的流域管理的必需要素。一些指标没有较多提及可能是被认为与MDB 关系不密切。以 DEMOCRARCY 指标子组为例，澳大利亚作为一个联邦制政府，有着稳定的民主政治，因此该指标没有被讨论是可以理解的。INTERNATNL 是关于国际合作指标子组，这个指标子组可能被认为是不属于墨累-达令流域的情况。因此，这些指标被认为是不适合 MDB 流域管理的情景。也有一些要素被发现对 MDB 河流治理非常重要，但没有被包括在 Hooper 的评估系统中。一个好的例子就是水市场。MDB 的"水市场"已经被世界公认为是一个通向成功的流域治理的重要工具（Quiggin，2008；Connell and Grafton，2011； Scanlon，2006）。然而，在 Hooper 的系统中，最紧密相关的指标是成本补偿机制和水定价工具，但这两者没有一个能充分反映 MDB 水市场的重要性。在未来，应把"建立水市场"作为一个指标加入评估系统中。

本章初步研究开展了流域治理的定量评估，还存在一些限制。例如，从文章内容中抽取评估文字，以及为这些被抽取的评估内容分配分值等。更重要的是，应该开展基于专家调查的 MDB 流域治理评估，以对该研究结果进行补充和修改，尤其是应寻求解释，为什么在已发表的文章中只有非常有限的指标被进行了评估。此外，有必要去更深入地去了解指标间的联系，以及减少指标的数量（Pahl-Wostl et al.，2013）。最后，应该应用该定量评价方法，开展世界不同流域比较研究，增加流域治理评估的普适性。

参 考 文 献

Allan C, Watts R, Commens S, et al. 2009. Using adaptive management to meet multiple goals for flows along the Mitta Mitta River in South-Eastern Australia. In: Allan C, Stankey G. Adaptive Environmental Management. Springer Netherlands: 59～71.

APSC(2007)Tackling Wicked Problems. A Public Policy Perspective. Canberra, Australian Government/ Australian Public Service Commission.

Bakri D A, Wickham J, Chowdhury M. 1999. Biophysical demand and sustainable water resources management: An Australian perspective. Hydrological Sciences Journal, 44(4): 517～528.

Barrett J. 2004. Introducing the murray-darling basin native fish strategy and initial steps towards demonstration reaches. Ecological Management & Restoration, 5(1): 15～23.

Bellamy J, Ross H, Ewing S, et al. 2002. Integrated catchment management: Learning from the Australian experience for the Murray-Darling Basin. Final Report. January 2002. A Report for the Murray Darling Basin Commission, CSIRO Sustainable Ecosystems, Brisbane, http: //www.mdbc.gov.au/naturalresources/icm/icm_aus_x_overview.html. 2017-06-16.

Bevacqua J. 2011. Uncertainties in the Australian water availability risk assignment framework: Implications for environmental water reserve managers. Economic Papers: A Journal of Applied Economics and Policy, 30(2), 185～194.

Blomquist W. 2005. Institutional and policy analysis of river basin management: The Murray Darling River Basin, Australia(Vol. 3527). http://www. doc88. com/p-7788903050496. html.

Botterill L C. 2007. Managing intergovernmental relations in Australia: The case of agricultural policy cooperation. The Australian Journal of Public Administration, 66(2): 186～197.

Boully L. 2004. Participatory Governance: Intra and Inter Governmental Consultation and Community Engagement in the Murray-Darling Basin Initiative. Paper presented at the Seventh Annual Corporate Governance in the Public Sector Conference, Canberra.

Clark S D. 1971. River Murray question: Part II-federation, agreement and future alternatives. The Melb. UL Rev., 8: 215.

Clark S D. 1983a. River Murray waters agreement: Peace in our time. The Adel. L. Rev., 9: 108.

Clark S D. 1983b. Inter-governmental quangos: the River Murray commission. Australian Journal of Public Administration, 42(1), 154～172.

Clark S D. 2003. Murray-Darling Basin: Divided power, co-operative solutions. The Australian Resources & Energy, 22.

Connell D, Grafton R Q. 2011. Water reform in the Murray‐Darling Basin. Water Resources Research, 47(12).

Connell D. 2007. Contrasting approaches to water management in the Murray-Darling Basin. Australasian Journal of Environmental Management, 14(1), 6～13.

Connell D. 2011. Water reform and the federal system in the Murray-Darling Basin. Water Resources Management, 25(15): 3993～4003.

Crabb P. 1988. Managing the Murray-Darling Basin. The Australian Geographer: 19(1): 64～88.

Crabb P. 2001. Australia's Murray-Darling Basin initiative-Correcting the record. Water International, 26(3): 444～447.

Crase L, O'Keefe S, Dollery B. 2012. Presumptions of linearity and faith in the power of centralised decision-making: Two challenges to the efficient management of environmental water in Australia. Australian Journal of Agricultural and Resource Economics, 56(3): 426～437.

Crase L, O'Keefe S, Dollery B. 2013. Talk is cheap, or is it? The cost of consulting about uncertain reallocation of water in the Murray–Darling Basin, Australia. Ecological Economics, 206～213.

Crase L. 2012. How holistic should economic measurement be? A cautionary note on valuing ecosystem services as part of the Murray-Darling Basin Plan. Economic Papers: A Journal of Applied Economics and Policy, 31(2): 182～191.

De Stefano L, de Pedraza Gilsanz J, Gil F V. 2010. A methodology for the evaluation of water policies in European countries. Environmental Management, 45(6): 1363～1377.

De Stefano L. 2010. International initiatives for water policy assessment: A review. Water Resources Management, 24(11): 2449～2466.

Fisher D E. 2006. Water resources governance and the law. Australasian Journal of Natural Resources Law & Policy, 11(1): 1～41.

Foerster A. 2011. Developing purposeful and adaptive institutions for effective environmental water governance. Water Resources Management, 25(15): 4005～4018.

Godden L, Kung A. 2011. Water law and planning frameworks under climate change variability: systemic and adaptive management of flood risk. Water Resources Management, 25(15): 4051～4068.

Grafton R Q, Hussey K. 2007. Buying back the living Murray: At what price. Australasian Journal of Environmental Management, 14(2): 74～81.

Harris E. 2011. The impact of institutional path dependence on water market efficiency in Victoria, Australia. Water Resources Management, 25(15): 4069～4080.

Horne A, Freebairn J, O'Donnell E. 2011. Establishment of environmental water in the Murray-Darling basin: An analysis of two key policy initiatives. Australian Journal of Water Resources, 15(1): 7.

Horne J. 2013. Australian water policy in a climate change context: Some reflections. International Journal of Water Resources Development, 29(2): 137～151.

Hussey K, Dovers S. 2006. Trajectories in Australian water policy. Journal of Contemporary Water Research & Education, 135(1): 36~50.

Ingram H. 2008. Beyond universal remedies for good water governance: A political and contextual approach. Paper presented at the Sixth Biennial Rosenberg Water Policy Forum on "Water for Food: Quantity and Quality in a Changing World", Zaragoza, Spain. URL: http: //rosenberg.ucanr.org/documents/ V%20Ingram.pdf. 2017-06-16.

Ison R L, Blackmore C P, Iaquinto B. 2013. Towards systemic and adaptive governance: Exploring the revealing and concealing aspects of contemporary social-learning metaphors. Ecological Economics, 87: 34~42.

Kelly F. 2013. PM makes final pitch at COAG for school funding reform [radio], Radio National Breakfast. Australian Broadcasting Corporation. Retrieved from http: //www.abc.net.au/radionational/programs/ breakfast/pm-makes-final-pitch-at-coag-for-school-funding-reform/4636246.2013-4-18.

MacDonald D H, Young M. 2001. Institutional arrangements in the Murray-Darling river basin. Integrated Water-Resources Management in a River-Basin Context: 245.

Marshall K, Blackstock K, Dunglinson J. 2010. A contextual framework for understanding good practice in integrated catchment management. Journal of Environmental Planning and Management, 53(1): 63~89.

Milly P, Betancourt J, Falkenmark M, et al. 2008. Stationarity is dead: Whither water management.　Science, 319: 573~574.

Nevill C J. 2009. Managing cumulative impacts: groundwater reform in the Murray-Darling basin, Australia. Water Resources Management: 23(13): 2605~2631.

Pahl-Wostl C, Conca K, Kramer A, et al. 2013. Missing links in global water governance: A processes-oriented analysis. Ecology and Society, 18(2): 33.

Pahl-Wostl C, Gupta J, Petry D. 2008. Governance and the global water system: A theoretical exploration. Global Governance: A Review of Multilateralism and International Organizations, 14(4): 419~435.

Pannell D J, Roberts A M. 2010. Australia's national action plan for salinity and water quality: A retrospective assessment. Australian Journal of Agricultural and Resource Economics, 54(4): 437~456.

Pigram J J, Musgrave W F. 1998. Sharing the waters of the Murray-Darling Basin: Cooperative federalism under test in Australia conflict and cooperation on trans-boundary water resources. Berlin Springer: 131~151.

Pittock J, Connell D. 2010. Australia demonstrates the planet's future: water and climate in the Murray-Darling Basin. Water Resources Development: 26(4): 561~578.

Quiggin J. 2001. Environmental economics and the Murray–Darling river system. Australian Journal of Agricultural and Resource Economics, 45(1): 67~94.

Quiggin J. 2008. Managing the Murray-Darling Basin: some implications for climate change policy. Economic Papers: A Journal of Applied Economics and Policy, 27(2): 160~166.

Roberts A M, Seymour E J, Pannell D J. 2011. The role of regional organisations in managing environmental water in the murray–Darling Basin, Australia. Economic Papers: A Journal of Applied Economics and Policy, 30(2): 147~156.

Rothwell D R. 2012. International law and the Murray-Darling Basin Plan. Environmental and Planning Law Journal, 29(4): 268.

Scanlon J. 2006. A hundred years of negotiations with no end in sight: Where is the Murray Darling Basin Initiative leading us? Environmental and Planning Law Journal, 23(5): 386.

Sedgwick S. 2010. Australian Public Service reform: The past, the present and the future. http: //www.apsc. gov.au/publications-and-media/speeches/2010/australian-public-service-reform-the-past, -the-present-and-the-future. 2013. 11~7.

Skinner D, Langford J. 2013. Legislating for Sustainnable basin management the Story of Australia's Water Act (2007). Water Policy, 15(6): 871~894.

Taylor M, Blackmore D. 1999. Sustainable Water & Land Management-An Australian Approach to a Key

Global Issue. Presented at the UN-FIG Conference on land tenure and Codastral In frastructures for Sustainable Development, Melbourne, Australia.

Thomas G, Jakeman A. 1985. Management of salinity in the River Murray basin. Land Use Policy, 2(2): 87～102.

Wallis P J, Godden L C, Ison R L, et al. 2012. Building a community of conversation about water governance in Australia. Practical Responses to Climate Change National Conference 2012: Water and Climate: Policy Implementation Challenges, 1-3 May, National Convention Centre, Canberra.

Wallis P J, Ison R L. 2011. Appreciating institutional complexity in water governance dynamics: A case from the Murray-Darling Basin, Australia. Water Resources Management, 25(15): 4081～4097.

Wallis P. Ison R L. 2011a. Appreciating institutional complexity in water governance dynamics: A case from the Murray-Darling Basin, Australia, Water Resources Management, 25(15): 4081.

Wallis P J. Ison R L. 2011b. Institutional change in multi-scalar water governance regimes: A case from Victoria, Australia. Journal of Water Law, 22(2/3): 85～94.

Wei Y P, Ison R L, Colvin J, et al. 2012. Reframing water management in an over-engineered catchment in China. Journal of Environmental Planning and Management, 55: 297～318.

Wei Y P, Langford J, Willett I, et al. 2011. Is irrigated agriculture in the Murray Darling Basin well prepared to deal with reductions in water availability? Global Environmental Change, 21(3): 906～916.

第 18 章　黑河流域水资源
压力变化定量评价[*]

本章概要：为了支持黑河流域水资源可持续利用管理与规划，从流域水资源开发利用条件、经济发展与用水以及流域水环境压力 3 个角度出发选取了 6 个指标构建水资源综合压力指数，对 2000～2010 年黑河流域的水资源压力状况进行分析。结果表明：黑河流域近 11 年来水资源综合压力指数较高，但总体上呈下降态势，从 2000 年的 0.58 逐步降到 2010 年的 0.28。多年来黑河流域的综合治理包括节水型社会建设等措施卓有成效，但地下水位不断下降、生态环境缺水严重、农业用水比例过高等问题仍未缓解。所以，今后仍继续加强节水型社会建设，促进水资源高效利用，压缩农业用水量。另外，今后亟须加强干旱半干旱地区长时间序列的水资源压力状况评价，建立相应的指标数据体系，为生态用水科学评价提供可靠的数据资料。

Abstract: The water resources press indicators system was developed from the following three aspects: water resources quantity pressure, water resources economic pressure and water environmental pressure. Then, this indicator system was used for calculating water resources pressure index in the Heihe River from 2000 to 2010. Results showed that water resource pressure index in the Heihe River was high but generally was decreasing over years. The index of water pressure has fallen from 0.58 in 2000 to 0.28 in 2010. This was attributed to the integrated river basin management including the water-saving society construction. However, further measures are still needed to decrease water use in agriculture and increase ecological water use. In addition, strengthening the on assessment on water stress in arid and semiarid regions for a long timeframe is needed in future to provide reliable data for the scientific evaluation of ecological water use.

随着人口增长和经济发展，全球水资源供需矛盾十分突出，水资源短缺已成为制约经济社会发展的重要因素之一。在一定的自然地理背景和时空尺度下，人类满足自身需求以及维持整个社会经济活动而对其赖以生存和发展的水资源和水生态环境产生的影响和冲击，简称水资源压力。水资源压力的大小受到自然条件、人口规模、生活质量、

---

　　* 本章改编自：唐霞、张志强、尉永平等发表的《黑河流域水资源压力定量评价》（水土保持通报，2014，34（6）：219-224）。

经济总量、经济结构、技术条件、污染程度等多重因素影响（中国科学院可持续发展战略研究组，2007）。

国内外学者已经应用 Falkenmarke 指数（Falkenmark，1989）评价了不同区域的水资源压力现状，并预测了未来水资源供应安全（Robert and Pamela，1993；Downs and Mazari-Hiriart，2000；贾绍凤等，2002）；也有很多学者从水资源与人口、经济、环境等协调发展的角度，通过构建水资源压力指标体系对全国各省级行政区以及部分城市的水资源压力状况进行了探讨（韩宇平和阮本清，2002；吴佩林，2005；刘玉龙和杨丽，2009；朱法君和邬扬明，2010；廖乐等，2012）。然而已有的对区域水资源压力的研究，多数从人口和经济的角度分析区域水资源的承载能力，而对生态环境需水与水资源利用的动态关系重视不足，不能客观地反映水资源是否能够维护生态环境安全的需求。另外，水资源压力的研究尚不完善，依据现有的研究经验选取的指标体系或单一或缺乏可比性和通用性，因此需要开展更加深入的研究。

新中国成立以来，黑河中游地区大规模垦荒种粮，每年出口粮食达 20 万～30 万 t，成为西北地区主要的商品粮基地（程国栋，2009）。据统计 2010 年，该流域人口约为 197.3 万人，耕地面积占 32.09 万 hm²。中游过度用水已导致下游额济纳绿洲的生态环境急剧恶化，同时水事纠纷不断发生、流域内省际水事矛盾也日益突出。黑河流域水资源和生态环境问题已经危及全流域的社会经济发展。本章从流域水资源开发利用条件、经济发展与用水以及流域水环境压力出发构建水资源综合压力指数，通过定量分析水资源压力状况随着时间变化的变化规律，为流域水资源可持续利用管理与规划提供量化动态指导。

18.1 流域水资源状况

黑河流域地表水系水文时空分布，主要受祁连山大气降水和冰雪融水的时空分布及祁连山水文气象特征影响（程国栋，2009）。据统计，属黑河流域的冰川共有 428 条，冰川面积 420.55km²，冰川储量 136.7 亿 m³，冰雪年融水约为 3 亿 m³，占流域出山地表水资源的 8.1%。上游有冰川分布，河道长 303km，流域面积 1 万 km²，是黑河流域的产流区和水源地；中游地处河西走廊，为平原盆地区，河道长 185km，是黑河流域的径流耗水区；下游属阿拉善高原区，除沿河两岸和居延绿洲外，大部分为荒漠、沙漠和戈壁，河道长 333km，属极度干旱区，为径流消失区。

黑河流域内有 35 条小支流，但是随着水利工程的建设和用水量的不断增加，部分支流逐渐与干流失去地表水力联系，形成了东、中、西 3 个独立的子水系，并在山区形成的地表径流总量为 37.55 亿 m³：东部子水系面积 11.6 万 km²，出山径流量 24.75 亿 m³，主要包括黑河莺落峡、梨园河及东起山丹瓷窑口、西至高台黑大板河的 20 多条沿山支流；中部水系面积约 0.6 万 km²，包括马营河、丰乐河诸小河水系，归宿于明花、高台盐池盆地；西部水系为洪水河、讨赖河水系，归宿于金塔盆地，面积 2.1 万 km²（程国栋，2009）。

黑河流域以冰雪融水和降水为主要水源，河川径流年际变化不大，但是径流的年内分布不均。年径流量最大值与最小值之比为 2.1，年径流变差系数 CV 值为 0.2。从图 18-1 可以看出，以 10 年为周期统计各河流的径流量变化规律（程国栋，2009），大致经历了偏丰期（20 世纪 50 年代）→偏枯期（20 世纪 60～70 年代）→平水偏丰期（20 世纪 80 年代）→以偏枯期为主（20 世纪 90 年代）→以偏丰为主（21 世纪前 10 年）。

　　总之，从径流量年代际变化来看（图 18-1），流域各河流出山径流量变化受诸多因素影响，其中黑河干流莺落峡径流量基本呈上升趋势，其他河流变化过程有升有降。但升降的趋势并不显著，变化率均小于 0.022 亿 m³/a。

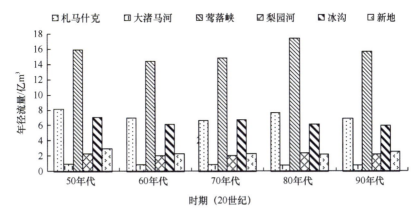

图 18-1　近 50 年来黑河各河流径流量年代际变化

Fig.18-1　Changes in mountain runoff in the past 50 years in the Heihe river basin

　　从图 18-2 可见，从 20 世纪 50 年代至今，黑河干流的出山径流量（莺落峡站）多年径流量在其平均值 15.8 亿 m³ 上下波动。随着莺落峡—正义峡的区间耗水量不断增加，呈现出明显的"喇叭口"形，年径流量在 50 年间减少了约 40%。这也反映了中游地区的用水量逐年增多，导致正义峡以下干流成为季节性河流，地表径流一半都在狼心山（下游站点）之前耗尽。

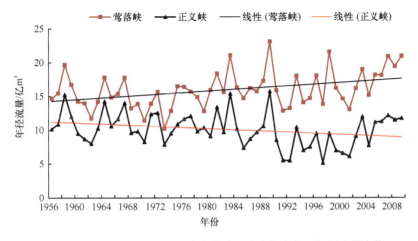

图 18-2　1956～2009 年黑河干流中游地区地表径流与区间耗水量变化

Fig.18-2　The streamflow and water consumption quantity changes in the middle reaches of the Mainstream of Heihe River

　　黑河流域由一系列大小不等的盆地组成，由于地质地貌条件的差异性导致地下水与地表水转换频繁，形成有规律的、大量的重复转化过程。从出山口流入山前冲积扇，大多地表径流通过供水系统和灌溉渠系拦截，消耗于农林牧灌溉、生活饮水和工业用水，其余则沿河床下泄并补给地下水。用于灌溉的河水，除田间作物蒸散发、渠系无效蒸发外，相当一部分以土壤水的形式入渗补给地下水。地下水在下面的低洼地以泉水的形式出露、回归河流或重新引灌，水资源在多次转换并重复利用的同时，也增加了无效消耗的次数和数量。

18.2　水资源压力分析的理论基础

18.2.1　水资源评价的指标体系

　　水资源评价是对区域/流域水资源的数量、质量、时空分布特征和开发利用条件进行全面分析和评估的过程，其稀缺性是推动水资源评价发展的主要动力（王浩等，2006）。由表 18-1 可以看出，过去的 20 年里，相关研究者相继提出了定量评价水资源脆弱性、水资源压力、水资源紧缺性的指标（Norman et al.，2013），用于科学表征区域水资源的稀缺性。Falkenmark 和 Lundqvist（1998）最早呼吁人们关注全球水资源短缺问题，并提出"水资源压力指数"（WSI）作为区分气候和人类活动导致水短缺的一种手段。Gleick（1996）首次量化了人类日均需水量（BWR）为 50 L（不包括食物生产）。Raskin（1997）将水资源可靠性和社会经济支撑能力纳入区域水资源脆弱性评价指标中。Sullivan（2002）应用矩阵方法计算"水资源贫困指数"（WPI），引入了生态系统服务、社会福利、人类健康和经济福利等指标。这些水资源评价指标（指数）因研究内容、评价空间尺度而异，其中水资源压力指数能够直观、简单易行地定量评价流域水资源状况与该区域人口经济环境状况的关系是否协调而被更多研究采纳。

表 18-1　国际上有关水资源状况的评价指标体系
Table 18-1　Widely cited international water assessment indicators

指标（指数）	英文表达	空间尺度	研究者
水资源压力指数	water stress indicator	国家	Falkenmarke（1989），Falkenmark 和 Lundqvist（1998）
供水系统的脆弱性	vulnerability of water systems	流域	Gleick（1990）
基本生态需水量	basic human needs index	国家	Gleick（1996）
水资源脆弱性指数	indicator of water scarcity	国家	Raskin（1997）
水资源稀缺指标	water resources vulnerability index	国家、地区	Heap 等（1998）
水资源可获取性指数	water availability index	地区	Meigh 等（1998）
水资源稀缺指数	index of water scarcity	国家、地区	经济合作与发展组织（OECD，2002）
水资源贫困指数	water poverty index	国家、地区	Sullivan（2002）
流域指示生物指数	index of watershed indicators	流域	美国环境保护署（EPA）（2002）
相对水资源压力指数	relative water stress index	国家	水系统分析研究小组（WSAG，2005）
流域可持续发展指数	the watershed sustainability index	流域	Chavez 等（2007）

18.2.2　水资源压力指数的内涵与研究进展

目前，国际上广泛接受的宏观衡量水资源压力的指标有 3 个，如表 18-2 所示：一是区域人均水资源量（Falkenmark，1989），二是水资源开发利用程度（贾绍凤等，2002），三是水资源承载力（朱一中等，2000）。1989 年，瑞典水文学家 Falkenmark 定义人均水资源量为水资源压力指数（water stress index），以衡量区域水资源稀缺程度。

表 18-2　水资源压力指数/指标的 3 种评价方法
Table 18-2　Three methods for the evaluation of water resources pressure index

指数（指标）	内涵	计算方法	特征分析	阈值
人均水资源量	按用水主体人口来平均水资源量	水资源总量与人口数量之比	指标简明易用，方便数据获取；但未考虑生态用水的差异、水资源需求对水安全的影响、水资源的质量	<1700 m³ 出现水资源压力；<1000 m³ 慢性水资源短缺；<500 m³ 出现严重缺水
水资源开发利用程度	流域/区域用水量占水资源可利用量的比率	年取用淡水资源量占可更新淡水总量的百分率	隐含考虑了生态用水；但水资源开发利用程度与缺乏程度不完全对应；无法全面反映水资源开发利用强度的时空差异；资料数据要求较高不易获取	<10% 时为低水资源压力；10%～20%时为中低水资源压力；20%～40%时为中高水资源压力；>40%时为高水资源压力
水资源承载力	水资源对社会经济发展和生态环境的综合承载能力，具时空属性	趋势法、综合评价法、系统动力学法、多目标分析法	综合表征区域"水-生态-社会经济"的关系；但多学科交叉，约束因素较多，数据的获取与分析处理较难，具有高度复杂性与不确定性	阈值集合——水资源阈值、生态健康阈值、水环境阈值以及社会经济阈值

1993 年国际人口行动组织（PAI）确定的水资源紧缺评价指标的标准与 Falkenmark 指数相似。近年来部分国内学者在水资源压力的概念、内涵、定量评估方法等方面做了有益的探索。贾绍凤等（2002）基于水资源压力指数概念建立了水资源安全评价指标体系。韩宇平和阮本清（2002）提出了"水资源综合压力指数"，着重从水资源需求角度考虑，包括水资源数量压力、经济用水压力和水环境压力。吴佩林（2005）通过计算人口压力指数、生态压力指数、经济发展压力指数和紧缺指数，划分出我国水资源紧缺的不同类型区。刘玉龙和杨丽（2009）、朱法君和邬扬明（2010）及廖乐等（2012）分析评价了不同城市的水资源利用压力。

然而，这些水资源压力指数或指标存在 3 个方面的问题：①生态问题考虑不足，水资源压力评价过程中仅考虑社会经济方面的水资源量供应指标，未考虑生态环境需水方面的指标；②缺乏长时间系列的数据，国内的研究仅采用个别年份资料评价中国各省份的水资源压力，不能给出各区域水资源压力的动态变化值曲线，从而难以定量预测未来水资源压力的变化趋势；③国内流域水资源压力定量评价研究相对较少，之前研究者已构建的指标体系能否直接应用于流域水资源压力评价还有待探讨。

18.3　黑河水资源压力指标体系构建方法

18.3.1　指标体系的构建

为了对黑河流域的水资源压力进行全面分析，现从流域水资源开发利用程度、经济发展与用水以及流域水环境所面临压力的角度出发，选取 6 个指标作为评价黑河流域水资源综合压力的分项指标（表 18-3）。

表 18-3 黑河流域水资源压力指标体系

Table 18-3 The index system of water resource stress evaluation in Heihe River

指标类型	具体指标
水资源开发利用程度	人均水资源占有量/（m³/人）
	地均水资源占有量/（m³/km²）
区域经济发展用水程度	万元 GDP 用水量/（m³/万元）
	单位粮食产量用水量/（m³/万 t）
水环境压力	废污水排放量/亿 t
	地下水水位平均变幅/m

其中，人均水资源占有量、地均水资源占有量用来衡量区域发展的水资源条件。在经济方面，选取万元 GDP 用水量来反映水资源对区域经济发展的支撑能力；同时，为了量化农业用水效率反映黑河水资源节水水平，选取单位粮食产量用水量作为评价指标。在水环境压力方面，由于资料所限，选取废污水排放量和地下水水位的平均变幅来表示水资源所承受的压力。

用上述 6 个指标计算水资源压力时，为了便于比较所有指标都以下述公式进行标准化处理：如果是正向指标，即属性值越大水资源压力越小，则使用式（18-1），如人均水资源量；若为逆向指标，对于属性值越大水资源压力越大的指标，则使用式（18-2），如万元 GDP 用水量、单位粮食产量用水量等。

$$E_{ij} = (y_{j\max} - y_{ij}) / (y_{j\max} - y_{j\min}) \tag{18-1}$$

$$E_{ij} = (y_{ij} - y_{j\min}) / (y_{j\max} - y_{j\min}) \tag{18-2}$$

式中，y_{ij} 为各指标的具体值；E_{ij} 为各指标的量化值；$y_{j\max}$，$y_{j\min}$ 分别为指标的最大、最小值；i 为指标序列；j 为时间序列。

18.3.2 指标权重的确定及水资源综合压力指数的推求

权重赋值方法可分为主观赋权法和客观赋权法两大类。主观赋权法包括层次分析法、德尔菲法、判断矩阵分析法等，主要依据专家学者的知识和经验来确定权重因而客观性较差；客观赋权法是根据原始数据应用统计方法计算获得权重，其客观性较强，其中均方差法主要反映属性值的离散程度，一致性较高（王明涛，1999；何倩等，2013；袁子勇等，2009）。本研究采用均方差法确定各指标权重。假设各单项为 x_j，再按照以下步骤计算 x_j 的权重：

$$\mu(x_j) = \frac{1}{n} \sum_{i=1}^{n} E_{ij}$$

$$\sigma(x_j) = \sqrt{\sum_{i=1}^{n} \left[E_{ij} - \mu(x_j) \right]^2}$$

$$\omega_j = \frac{\sigma(x_i)}{\sum\limits_{j=1}^{m}\sigma(x_j)}$$

式中，E_{ij} 为指标 x_j 均值；$\sigma(x_j)$ 为指标 x_j 的均方差；ω_j 为指标 x_j 的权重。

有了指标权重后再对各单项指数按式（18-3）进行计算得到水资源综合压力指数。

$$S = \sum_{k=1}^{11} E_{ij}\omega_j \qquad (18\text{-}3)$$

式中，S 为区域水资源综合压力指数；ω_j 为各因素的权重分配；E_{ij} 为区域水资源分项压力指标的量化值。

18.4　黑河流域水资源压力分析

根据上述流域水资源压力计算方法，基于《甘肃省水资源公报》（2000～2010 年）历时 11 年的数据计算了黑河流域各项水资源压力指数，然后计算出各指标的权重系数（表 18-4），最终获取了水资源综合压力指数（图 18-3）。

表 18-4　黑河流域水资源压力指数标准化计算

Table 18-4　Calculation of water resource pressure indexes in Heihe River

年份	人均水资源量压力指数	地均水资源占有量压力指数	万元 GDP 用水量压力指数	单位粮食产量用水量压力指数	废污水排放量压力指数	地下水水位平均变幅压力指数
2000	0.1342	0.2565	0.9748	0.7802	0.8113	0.3907
2001	1.0000	1.0000	1.0000	1.0000	0.0000	0.5512
2002	0.3298	0.4044	0.5730	0.9654	1.0000	0.9884
2003	0.6057	0.6438	0.5652	0.8981	0.3268	1.0000
2004	0.6989	0.7199	0.3233	0.8747	0.8176	0.5755
2005	0.2200	0.2950	0.3192	0.6631	0.3614	0.3052
2006	0.2418	0.2769	0.1691	0.5997	0.8342	0.2598
2007	0.0000	0.0000	0.0928	0.6222	0.9670	0.0000
2008	0.3227	0.3383	0.0613	0.5856	0.9854	0.4752
2009	0.1337	0.1419	0.0255	0.5200	0.9875	0.3485
2010	0.0731	0.1149	0.0000	0.0000	0.9891	0.4118
权重	0.1619	0.1570	0.1923	0.1487	0.1825	0.1576

注：人口、经济、水资源等原始数据来源于《甘肃省水资源公报》（2000~2010 年）。

为了更直观地进行水资源压力的评价，参照 Rasi Nezami（2013）在 Maharlou-Bakhtegan 流域所做的研究，对水资源综合压力指数进行定量化分级（表 18-5）。从图 18-3 可看出，黑河流域近 11 年的水资源综合压力指数均在 0.2 以上，属于高的级别。这说明当地人口与经济发展严重挤占了流域的生态需水，仍存在水资源危机。刘争胜（2011）已研究得出 2000～2008 年黑河地表水开发率为 90.9%，中游部分地区已严重超采。总体而言，2000～2010 年水资源综合压力指数呈下降态势，从 2000 年的 0.58 逐步降到 2010 年的 0.28。

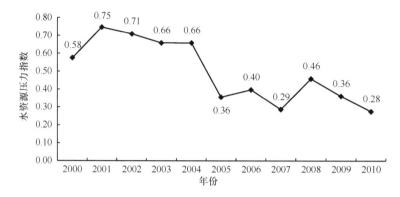

图 18-3　2000～2010 年黑河流域水资源综合压力指数动态

Fig.18-3　The variation of water resource stress index in Heihe River

表 18-5　水资源综合压力指数分级

Table 18-5　Criteria of water resource pressure classification

S	压力类型	具体特征
0～0.2	压力低	水资源与经济环境发展较均衡
0.2～0.4	压力中等	水资源短期内可以支持人口与经济发展并能够保证生态需水
0.4～1.0	压力高	人口与经济发展挤占生态需水，环境日益恶化，水资源危机严重

从总的趋势来看，黑河流域水资源综合压力指数大幅下降，过去 11 年黑河流域水资源综合压力有所减缓。这也说明了 2001 年国务院批复《黑河流域近期治理规划》和近 10 年的黑河干流水量统一调度，有效改善了流域水资源配置、生态保护和社会经济协调发展，也与 2002 年 3 月国家水利部批准张掖地区开展节水型社会建设试点工作密切相关。主要包括以下几个方面：

1. 黑河中游地区优化种植结构，开展灌区节水改造

近年来，张掖绿洲逐渐成为黑河流域水资源管理的焦点之一：一方面，黑河中游对水资源的开发利用严重影响下游地区的可用水资源量；另一方面，在黑河分水方案下，中游地区可用水量减少，水资源供需矛盾日益尖锐，这要求张掖市以水资源管理的空间规划为核心，科学谋划社会经济系统的发展，减轻其对生态环境的负面影响。目前，张掖将粮、经、饲种植结构调整为 70∶25∶5，在 2003 年全部取消 10 万亩高耗水的水稻的种植（张掖市水务局，2004）。特别是 2012 年全市制种玉米、啤酒大麦、马铃薯、牧草、中草药等低耗水作物的种植面积已达到 13.33 万 hm^2，年节水可达 1.6 亿～2.4 亿 m^3，有效缓解了水资源压力（郭晓东等，2013）。其中，2000 年和 2005 年全流域的水资源总量相当，均到达了 25 亿 m^3，但是与 2000 年相比，2005 年水资源综合压力指数下降了 38%。加之，自 2000 年以来黑河流域中游地区通过推广喷滴灌、微灌、低压管灌、渠道防渗等节水技术，不断增加节水灌溉面积。2008 年之后，张掖和酒泉地区的节水灌溉面积增加至 160 多万亩。

2. 工业节水措施逐步加强，初显节水成效

张掖市集中了黑河流域 80%以上的人工绿洲、92%的人口、83%的 GDP 和 95%的耕地。随着"工业强市"战略的实施，张掖水务、环保和资源管理部门通过加强对企业用水量的严格考核和对水污染治理采取强制性措施；多渠道增加节水投入，引进先进的技术和设备，争取水重复利用率达到 65%。对重点行业（化工、建材、造纸、冶金等）的单位产品实行用水定额管理。在用水效率上，近 11 年来黑河流域各行政区单位产值用水量持续降低，用水效率逐年提高。2000～2010 年，黑河流域万元 GDP 用水量减少了 1153.7m³。

节水型社会建设试点对于缓解黑河分水后张掖市的水资源紧张起到了一定的积极作用。但是从全流域的用水情况来看，黑河流域用水结构仍然不合理（图 18-4）。农业用水排第一，近 11 年来农业用水比例略有些减少，但多年平均用水量高达 84.7%；生态用水居于末位仅为 0.8%。虽近几年略有增加，但是黑河流域留给生态用水的比例还较低，这些水量对于中下游生态恢复还远远不够，应该从更长远角度综合考虑生态安全，严格控制农业用水需求，将农业挤占的水量归还给流域生态环境，实现生态和社会经济协调发展的目标。

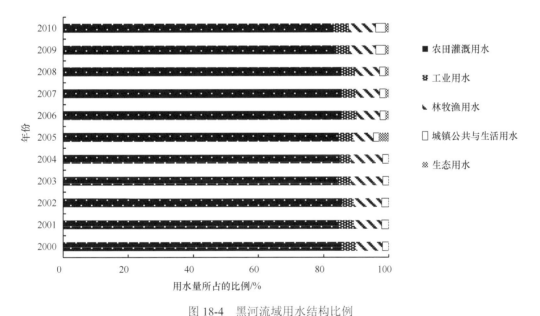

图 18-4　黑河流域用水结构比例

Fig.18-4　The proportion of water consumption structure in Heihe River Basin

2001 年黑河中游地区遭受了 60 年一遇的特大干旱，全流域的水资源总量仅为 14.2 亿 m³，可利用的水量骤减，此时水资源综合压力指数达到 11 年来的最大值 0.75。可见极端天气事件等对年度评价指标有较大影响，今后的研究应考虑这些噪声的影响。本研究也未考虑流域水资源分布不均的特点，将来在评价过程中应考虑流域内部的空间变异性，以确定水资源压力热点地区。最后本章提出的水资源压力评价指标若能与水文生态模型进行集成，就能定量分析不同情景条件下通过调控关键因子将水资源的压力分项指标以及综合压力指数调整到期望的状态，指导流域管理调控的方向和措施。

18.5　结　语

　　针对目前广泛采用的评价指数不能够全面客观地反映水资源压力，以及所构建的指标体系在应用过程中存在重区域轻流域、重经济轻生态的问题，选取了 6 个指标对 2000～2010 年黑河流域水资源综合压力指数定量分析，其中 2000～2004 年水资源压力较高；但通过流域治理、节水、调水等一系列措施，水资源综合压力指数逐年下降，整体情况尚好。所以，今后仍继续加强节水型社会建设，促进水资源高效利用，压缩农业用水量。另外，今后亟须加强干旱半干旱地区长时间序列的水资源压力状况评价，建立相应的指标数据体系，为生态用水科学评价提供可靠的数据资料。

参 考 文 献

程国栋. 2009. 黑河流域水-生态-经济系统综合管理研究. 北京: 科学出版社.

郭晓东, 陆大道, 刘卫东, 等. 2013. 节水型社会建设背景下区域节水措施及其节水效果分析——以甘肃省河西地区为例. 干旱区资源与环境, 27(7): 1～7.

韩宇平, 阮本清. 2002. 中国区域发展的水资源压力及空间分布. 四川师范学院学报(自然科学版), (3): 119～224.

何倩, 顾洪, 郭晓晶, 等. 2013. 多种赋权方法联合应用制定科技实力评价指标权重. 中国卫生统计, 30(1), 27～30.

贾绍凤, 张军岩, 张士锋. 2002. 区域水资源压力指数与水资源安全评价指标体系. 地理科学进展, (6): 538～545.

廖乐, 吴宜进, 毕旭. 2012. 湖北省各主要地市水资源压力指数评价. 环境保护科学, 38(3): 82～86.

刘玉龙, 杨丽. 2009. 区域水资源利用压力分析评价. 水利水电技术, (11): 1～4.

刘争胜, 贾新平, 赵银亮. 2011. 西北诸河水资源开发利用调查评价. 人民黄河, 33(11): 85～87.

王浩, 王建华, 秦大庸, 等. 2006. 基于二元水循环模式的水资源评价理论方法 .水利学报, 37(12): 1496～1502.

王明涛. 1999. 多指标综合评价中权数确定的离差、均方差决策方法. 中国软科学, 8(8): 100～107.

吴佩林. 2005. 我国区域发展的水资源压力分析. 西北农林科技大学学报(自然科学版), 33(10): 143～149.

袁子勇, 梁虹, 罗书文. 2009. 基于指标权重的喀斯特地区水资源承载力评价. 水资源与水工程学报, 20(1), 85～87.

张掖市水务局. 2004. 张掖市节水型社会试点建设制度汇编. 北京: 中国水利水电出版社.

中国科学院可持续发展战略研究组. 2007. 2007 中国可持续发展战略报告——水治理与创新. 北京: 科学出版社.

朱法君, 邬扬明. 2010. 浙江省各地市水资源压力指数评价. 长江科学院院报, (9): 14～16.

朱一中, 夏军, 谈戈, 等. 2000. 关于水资源承载力理论与方法的研究. 地理科学进展, 21(2): 180～188.

Chaves, Henrique M. L, Suzana Alipaz. 2007. An integrated indicator based on basin hydrology, environment, life, and policy: The watershed sustainability index. Water Resources Management, 21: 883～895.

Downs T, Mazari-Hiriart M. 2000. Sustainability of least cost policies form meeting Mexico City's future water demand . Water Resources Research, 36(8): 2321～2339.

Norman E S, Dunn G, Bakker K, et al. 2013. Water security assessment: Integrating governance and freshwater indicators . Water Resources Management, (27): 535–551.

Falkenmark M, Lundqvist J. 1998. Towards water security: Political determination and human adaptation crucial . Natural Resources Forum, 22(1): 37~51.

Falkenmark M. 1989. The massive water scarcity now threatening Africa: Why isn't it being addressed. Ambio, 18(2): 112~118.

Gleick P H. 1990. Vulnerability of water systems. In: Waggoner P E. Climate Change and US Water Resources. New York: Wiley.

Gleick P H. 1996. Basic water requirements for human activities: Meeting basic needs . Water International, 21: 83~92.

Heap C, Kemp-Benedict E, Raskin P. 1998. Conventional worlds technical description of bending the curve scenarios. Boston: Stockholm Environmental Institute.

Meigh J, McKenzie A, Austin B, et al. 1998. Assessment of global water resources—phase II, Estimates of present and future water availability in Eastern and Southern Africa. DFID Report 98/4, Wallingford: Institute of Hydrology.

Organisation of Economic Cooperation and Development(OECD). 2002. Aggregated environmental indices: Review of aggregation methodologies in use. Paris: Organisation of Economic Cooperation and Development.

Rasi Nezami S, Nazariha M, Moridi A, et al. 2013. Environmentally sound water resources management in catchment level using DPSIR model and scenario analysis. International Journal of Environmental Research 7, (3): 569~580.

Raskin P. 1997. Water futures: Assessment of long-range patterns and problems background document to the comprehensive assessment of the freshwater resources of the world report. Stockholm: Stockholm Environmental Institute.

Robert E, Pamela L. 1993. Sustainable Water: Population and the Future of Renewable Water supplies. Washington D C: Population Action International.

Sullivan C. 2002. Calculating a water poverty index . World Development, 30(7): 1195~1210.

United States Environmental Protection Agency(US EPA). 2002. Index of watershed indicators: An overview. Washington: Office of Wetlands, Oceans and Watersheds.

Water Systems Analysis Group(WSAG). 2005. Relative Water Stress Index. Durham: University of New Hampshire.

第 19 章 黑河流域中下游农业发展与生态可持续性权衡分析[*]

本章概要: 以 1965 年、1975 年、1990 年、2000 年、2005 年和 2010 年 6 期黑河流域张掖盆地和额济纳盆地的绿洲数据分别代表这两个区域 1957~1969 年、1970~1979 年、1980~1995 年、1996~2002 年、2003~2007 年和 2008~2012 年各个阶段的土地利用情况,综合新中国成立以来流域的水文气象和社会经济等资料,利用改进的基于 Budyko 假设的 Top-down 方法,估算中游土地利用变化情况下的蒸散发,然后构建水量平衡并对其进行验证。分离耕地和植被的蒸散发量,将其分别视为人类用水和生态耗水,并进一步分析中游耕地扩张的水文效应及其对下游来水的影响;采用生态服务价值估算方法分析下游绿洲变化所引起的生态服务价值变化;结合新中国成立以来的中游粮食产量,构建中游粮食产量与下游生态服务价值之间的权衡关系。在过去 50 年间,黑河中游张掖盆地的农业发展和下游生态环境之间的权衡关系表现为两个阶段:2000 年以前,中游农业发展以牺牲下游的生态可持续性为代价;2000 年后,受分水计划影响,中游地表水受到一定的限制,从而进行作物种植结构调整和节水灌溉推广,保证了下游来水量,下游生态环境开始好转,但过度开采地下水及其补给减少严重影响中游地下水系统,成为农业发展的一个新的负作用。此外,过去 50 年黑河中游农业在科技发展的作用下,农业用水效率提高,一定程度上降低了农业发展的生态成本,保护了生态环境。

Abstract: Land use data obtained for six periods by remote-sensing including 1965 aerial photographs, 1975 Landsat MSS, 1990, 2000, 2005, and 2010 satellite TM and ETM+ data were used to represent the vegetation status of the basin in six periods (1957~1969, 1970~1979, 1980~1995, 1996~2002, 2003~2007, and 2008~2012), respectively, then were used as the scenarios for hydrological simulation. The hydrological response to land use change was analyzed with the improved Top-down method based on Budyko hypothesis, then the evapotranspiration for cultivated land and natural vegetation was separated and viewed as the human and ecological water consumption respectively. The ecosystem service value caused by oases changes was estimated with the ecological service value estimation

---

　　* 本章改编自: Lu Zhixiang、Wei Yongping 等发表的 Trade-offs between midstream agricultural production and downstream ecological sustainability in the Heihe River basin in the past half century.(*Agricultural Water Management*,2015,152:233~242)。

method, finally, combining the observational data, social and economic statistics data, the trade-off between agricultural development in Zhangye catchment and environmental sustainability in Ejina oases was constructed. During the past 50 years, there are two distinct trade-offs between agricultural development in Zhangye catchment and ecological environment of Ejina oases in downstream of Heihe River basin: before 2000 years, the agricultural development midstream was at the expense of the downstream ecological sustainability; after 2000 years, due to water reallocation between middle stream and down stream, the damage of agricultural development in the midstream on the ecological environment in downstream was reduced but the overexploitation of groundwater became a new negative effects. In addition, over the past 50 years, with the development of science and technology, agricultural water efficiency has greatly improved which largely increased the cereal production meanwhile reduced the ecological cost to a certain extent.

19.1　引　　言

流域作为一个半封闭的生态和经济系统，代表一个水循环的管理单元，流域内所有关于水土资源管理的决定和措施均具有生态、社会和经济意义。土地开发和水资源利用是流域内互相伴随的两种管理实践。降水到达地面后，转变成河川径流和地下水补给，而此过程受到地形、土壤、植被、水文地质和降雨特征的影响。土地利用变化对流域尺度上的水通量起着主要作用，包括水汽和热量的对流变化，净辐射和蒸发/蒸腾的变化等，导致循环和对流变化，并因此改变流域水循环过程。确定流域上游经济目标和下游生态目标之间的权衡关系不是一个简单实践，要求在流域尺度上理解土地利用、水文循环、生态可持续性和经济发展之间的动态相互作用（Lu et al.，2015）。

过去半个世纪全球农业的飞速发展带来了持续增长的粮食供给，但也伴随着对环境的破坏（Tilman et al.，2002）。流域上游基于水土资源的农业生产，极大地改变了流域的水文循环过程，并且对下游的经济发展和生态系统可持续性产生负面作用（De Fraiture et al.，2010）。在干旱区，水是区域生态系统和经济发展最重要的限制因子，下游系统尤其容易受到上游水资源管理变化的影响。因此，确定流域内竞争的经济和环境目标之间的权衡关系，对流域集成管理和可持续发展极为重要（De Fraiture et al.，2010；Kalbus et al.，2012）。

新中国成立以来，黑河流域中游基于水土资源的农业发展，带来了粮食产量的飞速增长，同时导致耗水量急剧增加、土地覆被明显变化以及水量调度与地下水开采等人类干扰加强。由于气候变化的不确定性增加，如日益增多的极端天气和全球变暖等，更需要研究如何权衡经济发展与生态健康方面的得失。本章基于过去 50 年中游张掖盆地的粮食生产、土地利用变化和农业耗水，下游的绿洲规模和生态服务价值变化，对中游农业发展与下游生态环境进行权衡分析。

19.2 中游农业发展的水文响应

以 1965 年、1975 年、1990 年、2000 年、2005 年和 2010 年 6 期黑河流域张掖盆地和额济纳盆地的绿洲数据（图 19-1），分别代表这两个区域 1957～1969 年、1970～1979 年、1980～1995 年、1996～2002 年、2003～2007 年和 2008～2012 年各个阶段的土地利用情况，即近 50 年来，张掖盆地耕地面积一直在增加，耕地呈扩张趋势。考虑到不同类型林地和草地对地下水蒸散发的影响，以及灌溉随着种植结构变化而变化的情况，将 270mm 作为林地对地下水蒸散发强度的近似值，有林地、灌木林地、疏林地和其他林

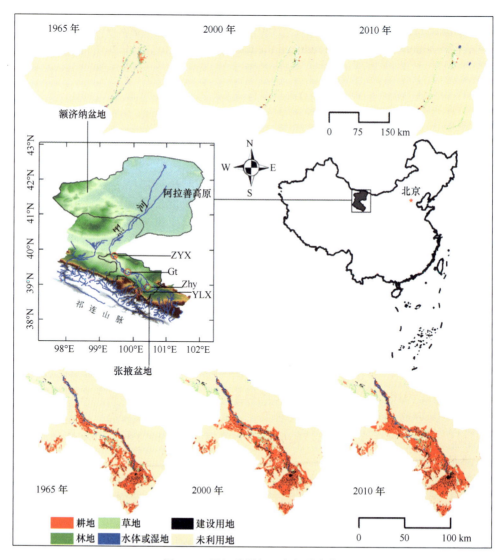

图 19-1　黑河流域概况与绿洲变化

Fig. 19-1　Location and changes in oases in the Heihe River Basin（HRB）

地对地下水的蒸散发强度在平均值的基础上乘以相应的系数，分别为 2、1.5、1 和 0.5；覆盖度大于 70%的平原区高覆盖草地对潜水的蒸散发强度被认为与作物相同，中覆盖草地和低覆盖草地的影响分别设置为高覆盖草地的 0.5 和 0.2（Zhang et al.，2001）；灌溉变化以 1985 年为界，前后的净灌溉定额分别为 500mm 和 650mm（王根绪等，2005）。潜在蒸散发采用 Penman-Monteith 方法估算，最终采用基于 Budyko 假设的 Top-down 方法分别计算出各种地类的蒸散发量和流域总的蒸散发量（Lu et al.，2015），并利用流域近 50 年实测的降水和径流资料，计算区域的蒸散发量，作为"实测值"，以供验证（Yang et al.，2007）。

　　利用改进的基于 Budyko 假设的 Top-down 方法和水量平衡方程估算的张掖盆地年蒸散发量的拟合和相关情况如图 19-2 所示。区域蒸散发量模拟值与实测值拟合好，误差小，其中平均绝对误差（MAE）、均方根误差（RMSE）和相对误差（RE）分别为 2.8mm、9.9mm 和–1.96%，纳西效率系数（NSE）达到 0.95。另外，两者相关性较好，斜率接近 1，相关系数超过 0.95。由此可见，张掖盆地年蒸散发量模拟值与实测值基本一致。另外，就各种地类而言，林地、草地和未利用地的多年蒸散发平均为 618mm、295mm 和 138mm，而耕地的蒸散发量介于 500～750mm，与程玉菲等（2007）、李传哲等（2009）、赵丽雯和吉喜斌（2010）、Zhao 等（2010）及田伟等（2012）利用遥感技术、模型方法和实测手段获取的结果相当。

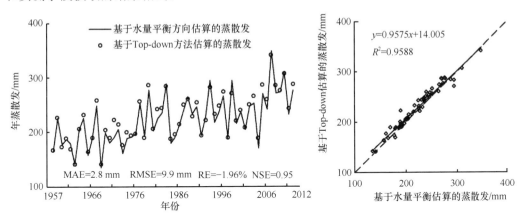

图 19-2　基于水量平衡方程和 Top-down 方法估算的蒸散发

Fig. 19-2　Comparisons of annual values of evapotranspiration between those estimated with a Top-down method and those derived from the water balance in the Zhangye catchment

　　基于模拟的各种地类的蒸散发量，结合过去 50 余年区域的气温、降水（以张掖站和高台站为代表）以及入境径流（莺落峡水文站）和出境径流（正义峡水文站）变化，揭示耕地扩张对区域水文过程的影响。图 19-3(a)和 19-3(b)分别为张掖盆地内张掖站和高台站记录的降水和气温变化，其中降水呈波动变化，而气温在 1985 年以前同样呈波动变化，其后呈增温趋势，增幅不到 2℃。图 19-3(d)为莺落峡和正义峡水文站实测的径流变化，从图中可看出，大致在 1980 年以前，两站实测的径流变化基本一致，即径流流经张掖盆地过程耗损量基本维持不变；1980 年以后，两站径流的变化曲线差异明显，两站的径流差日趋增大，直至 2000 年后逐渐趋同，表示从 1980～2000 年，张掖盆地利用损耗的径流量越来越大。这期间温度增加有一定的影响，可能增加蒸散发，但是由于该区域降水量少，潜在蒸发量大，降水基本不产流（康尔泗等，1999），所以温度增加对径流量损耗的贡献不大。灌溉农业是张掖盆地的主要支柱产业，过去 50 年来随着耕地扩张，农业用水量日益增加 [图 19-3（c）]。如图 19-3（c）所示，张掖盆地总蒸散发量和耕地蒸散发量呈基本相同的增加趋势，表示流域蒸散发的变化主要由耕地的蒸散发决定；另外一方面流域总蒸散发量的逐年变化幅度大于耕地，主要是降水的影响。从图 19-3（a）可以看出，降水波动较大，而该区域降水基本不产流，全部用于蒸散发。随着耕地面积增加，加之由于种植结构从单一的小麦为主转变为以玉米制种和小麦两种作物为主，灌水定额增加，使得近期耕地的总蒸散发量与初始时期相比，翻了一番，对盆地总蒸散发量的贡献比例也从最初的不到 40% 增加到 54% [图 19-3（c）]。

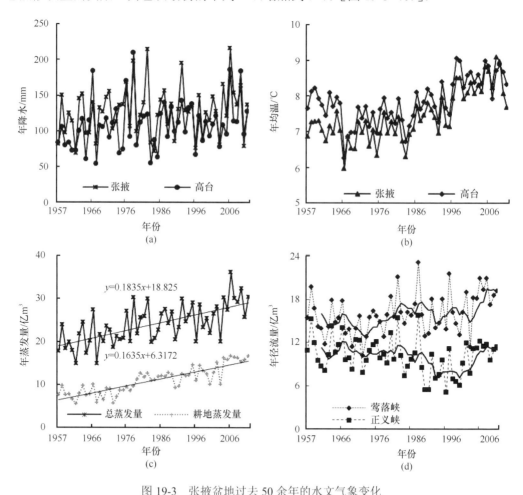

图 19-3　张掖盆地过去 50 余年的水文气象变化

Fig. 19-3　Annual variation in precipitation，temperature，ET and runoff at Zhangye Catchment in the past half century

　　2000 年后，张掖盆地耕地持续扩张，耗水呈增加趋势 [图 19-3（c）]，而流入下游的径流量逐渐增加并维持在 10 亿 m³ 左右，与上游的径流差也相对稳定 [图 19-3（d）]，主要是由于：①分水计划的实行，保证了正义峡的下泄径流量；②上游出山径流较为充沛；③节水措施的实行，2002 年张掖市作为国家节水型社会的试点城市，通过衬砌等手段改善渠系工程，引进先进的灌溉技术，如喷灌和滴灌技术等；④中游地下水的开采增加。从 2000～2005 年，张掖地区地表水的使用量减少了近 3 亿 m^3，但是地下水的使用量增加了 2 亿 m^3（王根绪等，2005；李传哲等，2009）。另外，灌溉利用率的提高一定程度上减少了地表水对地下水的补给，最终导致中游地下水位的下降（王金凤和常学向，2013；闫云霞等，2013）。

由张掖盆地耕地扩张引起耗水增加，不仅影响正义峡的年际径流变化，也改变了其年内分配，莺落峡和正义峡月径流分布差别明显（任建华等，2002）。从图 19-4 可以看出，莺落峡的径流年内分布与张掖和高台两站的年内降水分布基本一致：5～10 月为丰水期，11 月到翌年 4 月为枯水期，而正义峡的年内径流分布呈现两个明显的高峰期，但均低于莺落峡的峰值：7～10 月和 12 月到翌年 3 月，主要是因为 4～9 月为中游春小麦和玉米关键灌溉阶段（春小麦和玉米的生长周期分别为 3 月上旬至 7 月中旬与 4 月中旬至 9 月下旬），中游的灌溉用水削弱了正义峡 7～10 月的峰值，而冬季作物均已收割，中游用水较少，从而下泄水量较多。

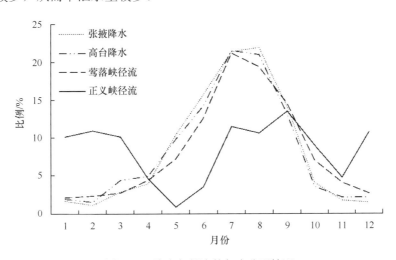

图 19-4 降水与径流的年内分配情况

Fig. 19-4 The distributions of annual precipitation and runoff

19.3 下游生态退化

黑河下游额济纳盆地的绿洲生态系统完全依赖于正义峡的下泄水量。随着张掖盆地耕地的迅速扩张，下泄水量急剧减少，下游额济纳绿洲面积也随之变化（表 19-1），根据粟晓玲等（2006）改进的各种土地利用类型的单位生态服务价值：耕地、有林地、灌木林、疏林地、高覆盖草地、中覆盖草地、低覆盖草地和水域分别为 92 美元/hm^2、453 美元/hm^2、332 美元/hm^2、211 美元/hm^2、348 美元/hm^2、232 美元/hm^2、116 美元/hm^2 和 8489 美元/hm^2，折合人民币分别为 61640 元/hm^2、303510 元/hm^2、222440 元/hm^2、

141370 元/hm²、233160 元/hm²、155440 元/hm²、77720 元/hm² 和 5687630 元/km²（2016年美元兑人民币汇率为 6.45～6.95，以中间价 6.7 计算），最后得到额济纳绿洲各阶段的生态服务价值。以额济纳 1965 年绿洲规模和正义峡 1960～1964 年的平均下泄水量为基准值，经过对比发现，额济纳绿洲的规模明显受中游下泄水量的影响（表 19-2）。

表 19-1　1965～2010 年额济纳绿洲面积变化　　　　　　　（单位：km²）

Table 19-1　Landuse changes in Ejina oasis from 1965 to 2010　　（unit：km²）

类型	1965 年	1975 年	1990 年	2000 年	2005 年	2010 年
耕地	164.0	166.6	167.1	38.2	40.5	41.7
有林地	3.0	2.3	2.3	5.2	5.2	5.2
灌木林	37.7	37.6	38.2	163.3	163.4	163.4
疏林地	21.9	16.3	21.6	14.8	14.8	14.8
高覆盖草地	16.5	16.2	28.4	5.5	7.4	16.9
中覆盖草地	176.0	185.9	226.2	124.3	141.9	149.8
低覆盖草地	544.6	535.5	651.5	318.1	471.1	472.9
水域	134.9	122.2	149.1	107.4	137.1	163.2
建设用地	3.5	8.5	10.7	13.5	13.5	20.4
总计	1102.0	1091.0	1295.1	790.2	995.0	1048.4

表 19-2　张掖盆地耕地、正义峡下泄水量以及额济纳绿洲的变化（1960～1964）

Table 19-2　Changes of cultivated land in midstream and oasis area and ecosystem service values in downstream and runoff at ZYX compared with them in 1965 and in first period（1960～1964）

径流变化	正义峡径流量/10⁶ m³	土地利用变化	张掖盆地 耕地/km²	额济纳绿洲 面积/km²	额济纳绿洲 生态服务价值/百万元
1960～1964 年平均	1018	1965	1483.6	1102	864.3
1960～1964 年到 1970～1974 年	42	1965～1975	152.1	−11	−72.36
1960～1964 年到 1985～1989 年	47	1965～1990	239.1	193.1	99.83
1960～1964 年到 1995～1999 年	−228	1965～2000	477.2	−311.8	−165.49
1960～1964 年到 2000～2004 年	−95	1965～2005	684.0	−107	19.43
1960～1964 年到 2005～2009 年	109	1965～2010	721.5	−53.6	171.52

与 1960～1964 年相比，1970～1974 年阶段正义峡平均下泄径流微弱增加，而额济纳绿洲 1975 年的城镇用地和耕地较 1965 年有所增加，水域（水体或湿地）与自然植被均有所减少，中覆盖草地除外。在 1985～1989 年阶段，平均下泄径流增加了 0.47 亿 m³，其中 1989 年的径流量是有记录以来的最大值，使得额济纳绿洲所有地类的面积均有所增大，而草地增加更为明显。从 1995～1999 年，平均下泄水量减少 2.28 亿 m³，相当于 1960～1964 年阶段下泄径流的 22%，致使额济纳绿洲迅速萎缩，纵使这期间由于退耕还林还草政策大片耕地转变为林地，另外草地和水域面积分别减少了 39% 和 24%，大片胡杨死亡（张小由等，2005）。从 1965～2000 年，额济纳的绿洲面积减少了 311.8km²，相当于 1965 年时期的 30%。2000 年后，随着黑河流域分水计划的实行，正义峡的下泄水量开始增加，额济纳绿洲逐渐恢复。从 2000～2010 年的 10 年间，增加的草地和水域面积分别占 1965 的 26% 和 41%，其中 2010 年的水域面积甚至比 1965 年多 30km²，

但是绿洲总面积仍旧没有恢复到 1965 年时的规模。

此外，计算的额济纳绿洲的生态服务价值也与正义峡下泄水量的变化基本一致：从 1965～2000 年，1990 年的生态服务价值最高，达到 9.6 亿美元，2000 年的最低，仅为 7 亿美元。与张志强等（2001）的估算结果相比，本节结果偏低，主要原因是在张志强等的研究中，林地和草地类型没有细分，单价分别为 302 美元/hm² 和 232 美元/hm²（折合 202340 元/km² 和 155440 元/km²），而本研究在计算过程中将林地和草地分别细分为有林地、灌木林、疏林地与高覆盖草地、中覆盖草地、低覆盖草地，并乘以相应的系数：1.5、1.1、0.7 与 1.5、1、0.5，而该区内林地主要以灌木林和疏林地为主，草地以低覆盖草地为主，占草地总面积的 65%左右。

19.4 中下游生态经济权衡关系

为了更加清楚地理解黑河中游农业发展对下游生态系统的影响，本部分构建张掖盆地粮食产量与正义峡下泄径流以及下游生态服务价值的权衡关系。图 19-5 展示了以 1960～1964 年的平均值及 1965 年的值为基准值，张掖盆地的耕地面积、年蒸散发量和粮食产量及正义峡的径流量、额济纳绿洲的面积和生态服务价值等在 1965～2010 年的变化。在 1965～2000 年这个无限制的发展阶段，张掖盆地的耕地、蒸散发量和粮食产量分别增加了 477km²、4.27 亿 m³ 和 43.8 万 t；而正义峡的径流量和额济纳绿洲的生态服务价值分别减少了 2.28 亿 m³ 和 1.65 亿元 [图 19-5(a)]。2000 年以后，流域进入了一个较为可持续性发展阶段，在此期间张掖盆地的耕地先增加然后保持稳定，蒸散发量和粮食产量也呈增加趋势；而正义峡的径流量和额济纳绿洲的生态服务价值分别增加了 3.37 亿 m³ 和 3.37 亿元 [图 19-5(a)]。

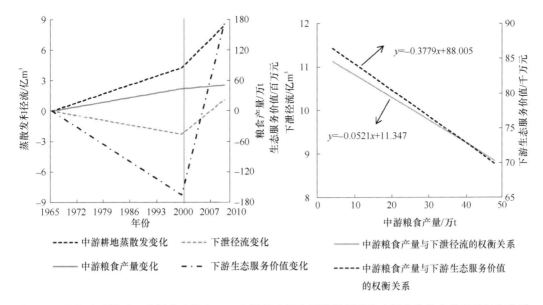

图 19-5 张掖盆地耕地、蒸散发和粮食及正义峡径流量和额济纳绿洲生态服务价值变化及其权衡关系

Fig. 19-5 Trade-off relationships between the midstream agricultural development and downstream ecosystem sustainability

　　图 19-5（b）展示了 1965～2000 年阶段张掖盆地粮食产量分别与正义峡径流量和额济纳绿洲生态服务价值之间的权衡关系。在此期间，粮食产量增加，而下泄径流量和生态服务价值减少。张掖盆地每增加 1000t 粮食，下泄水量减少 52 万 m³，而额济纳的生态服务价值减少 37.79 万元。

　　根据图 19-5（b）中张掖粮食产量和额济纳绿洲生态服务价值变化之间的关系，即粮食增加越多，下游生态服务价值损失越大，而保证下游生态服务价值较高时，中游粮食产量较少。经计算，两者之间存在一个"利益最大化"的临界值，即为图中 19-6 所示，当中游粮食产量增加 116.4 万 t 时，下游生态服务价值减少约 4.4 亿元。

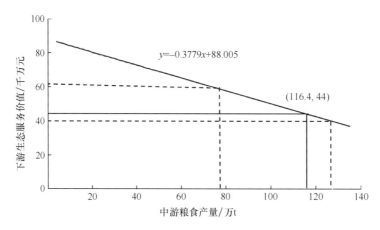

图 19-6　张掖盆地粮食和额济纳绿洲生态服务价值变化临界值
Fig. 19-6　The threshold for the tradeoff between cereal production in Zhangye catchment and ecosystem service values of Ejina oasis

　　对于内陆河灌溉农业来说，水资源有限，农业水效率（单方水的粮食产量，即粮食总产量除以耕地蒸散发量）的提高无疑对区域农业发展和生态可持续性至关重要。从 1957～2012 年，张掖盆地粮食产量飞速增加，从最初的不足 3 万 t 增加到 70 万 t，伴随的是耕地扩张 [图 19-7（a）]。但是，国家粮食安全政策下的耕地增加只是粮食产量增长的部分原因；主要原因是改进的灌溉技术、高产量的农作物、化肥和农药的使用以及机械化的普及，促使单位面积的粮食产量增加，尤其是在改革开放后（张遇春，2008）。作物生产力的提高和生产方式的改善促使农业用水效率，从最初不到 0.1kg/m³ 增加到现在的 0.6kg/m³ 左右，翻了六番。此外，值得注意的是水分效率的变化存在飞跃和波动的过程，如 1960 年前后的 3 年间，河西干旱导致粮食减产；1978 年改革开放后，粮食产量飞速增长，用水效率大幅度提高；2000 年后的几年间，粮食产量和用水效率均呈波动变化，主要原因是分水计划刚刚实行，采取"全线闭口，集中下泄"的措施，一定程度上对中游的可用地表水资源进行压缩，加上种植结构来不及调整，节水措施还没有完全应用，致使部分耕地得不到有效灌溉，粮食产量受到影响（李启森等，2006）。

　　图 19-7（b）展示了在 1960 年初和当前的农业用水效率下，张掖盆地粮食产量与耕地耗水之间权衡关系的变化过程。假若用水效率仍停留在最初水平，那么生产出当前规

模的粮食，将需要 6 倍的耕地和水量，这样下游的绿洲将完全消失。因此，农业技术的改善在一定程度上降低了农业发展对生态环境的负面作用。

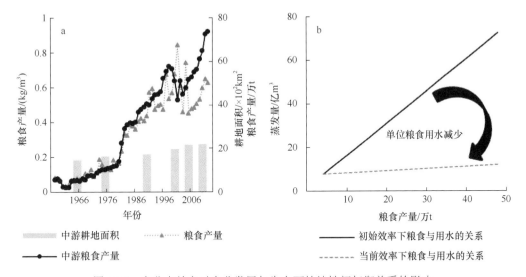

图 19-7　农业水效率对农业发展与生态可持续性间权衡关系的影响

Fig. 19-7　Impacts of agricultural development on water consumption in midstream

19.5　结　　论

综合新中国成立后翔实的水文气象、社会经济和绿洲等资料，利用改进的基于 Budyko 假设的 Top-down 方法，估算中游土地利用变化情况下的蒸散发，然后构建水量平衡并对其进行验证，其中平均绝对误差、均方根误差和相对误差分别为 2.8mm、9.9mm 和−1.96%，纳西效率系数达到 0.95，表明区域蒸散发量模拟值与实测值拟合好，误差小，改进后的 Top-down 方法能够较好地刻画流域绿洲变化的水文响应过程。基于模拟结果分离耕地和植被的蒸散发量，将其分别视为人类用水和生态耗水，并进一步分析中游耕地扩张的水文效应及其对下游来水的影响；同时采用生态服务价值估算方法分析下游绿洲变化所引起的生态服务价值变化；并结合新中国成立以来的中游粮食产量，构建中游粮食产量与下游生态服务价值之间的权衡关系。结果表明在过去 50 年间，黑河中游张掖盆地的农业发展和下游生态环境之间的权衡关系表现为两个阶段：2000 年以前，中游农业发展以牺牲下游的生态可持续性为代价；2000 年后，受分水计划影响，中游地表水受到一定的限制，从而进行作物种植结构调整和节水灌溉推广，保证了下游来水量，下游生态环境开始好转，但过度开采地下水及补给减少严重影响中游地下水系统，成为农业发展的一个新的负作用。此外，科技发展提高农业用水效率，从而在一定程度上降低了农业发展的生态成本，保护了生态环境。此权衡分析方法科学地揭示了流域上下游经济发展与生态保护之间的冲突，但流域集成管理可以减缓该冲突，并使经济和生态目标最优化。

参 考 文 献

程玉菲, 王根绪, 席海洋, 等. 2007. 近 35a 来黑河干流中游平原区陆面蒸散发的变化研究. 冰川冻土, 29(3): 406~412.

康尔泗, 程国栋, 蓝永超, 等. 1999. 西北干旱区内陆河流域出山径流变化趋势对气候变化响应模型. 中国科学(D 辑), 29(增刊 1): 47~54.

李传哲, 于福亮, 刘佳. 2009. 分水后黑河干流中游地区景观动态变化及驱动力. 生态学报, 29(11): 5832~5842.

李启森, 赵文智, 冯起. 2006. 黑河流域水资源动态变化与绿洲发育及发展演变的关系. 干旱区地理, 29(1): 21~28.

任建华, 李万寿, 张婕. 2002. 黑河干流中游地区耗水量变化的历史分析. 干旱区研究, 19(01): 18~22.

粟晓玲, 康绍忠, 佟玲. 2006. 内陆河流域生态系统服务价值的动态估算方法与应用——以甘肃河西走廊石羊河流域为例. 生态学报, 26(6): 2011~2019.

田伟, 李新, 程国栋, 等. 2012. 基于地下水陆面过程耦合模型的黑河干流中游耗水分析. 冰川冻土, 34(3): 668~679.

王根绪, 杨玲媛, 陈玲, 等. 2005. 黑河流域土地利用变化对地下水资源的影响. 地理学报, 60(03): 456~466.

王金凤, 常学向. 2013. 近 30a 黑河流域中游临泽县地下水变化趋势. 干旱区研究, 30(4): 594~602.

闫云霞, 王随继, 颜明, 等. 2013. 黑河中游甘州区地下水埋深变化的时空分异. 干旱区研究, 30(3): 412~418.

张小由, 龚家栋, 赵雪, 等. 2005. 额济纳绿洲近 20 年来土地覆被变化. 地球科学进展, 20(12): 1300~1305.

张遇春. 2008. 干旱区绿洲耕地资源态势与粮食安全研究——以张掖市为例. 兰州: 西北师范大学硕士学位论文.

张志强, 徐中民, 王建, 等. 2001. 黑河流域生态系统服务的价值. 冰川冻土, 23(4): 360~367.

赵丽雯, 吉喜斌. 2010. 基于 FAO-56 双作物系数法估算农田作物蒸腾和土壤蒸发研究——以西北干旱区黑河流域中游绿洲农田为例. 中国农业科学, 43(19): 4016~4026.

De Fraiture C, Molden D, Wichelns D. 2010. Investing in water for food, ecosystems, and livelihoods: An overview of the comprehensive assessment of water management in agriculture. Agricultural Water Management, 97(4): 495~501.

Kalbus E, Kalbacher T, Kolditz O, et al. 2012. Integrated water resources management under different hydrological, climatic and socio-economic conditions. Environmental Earth Sciences, 65(5): 1363~1366.

Lu Z X, Wei Y P, Xiao H L, et al. 2015. Trade-offs between midstream agricultural production and downstream ecological sustainability in the Heihe River basin in the past half century. Agricultural Water Management, 152: 233~242.

Tilman D, Cassman K G, Matson P A, et al. 2002. Agricultural sustainability and intensive production practices. Nature, 418(6898): 671~677.

Yang D W, Sun F B, Liu Z Y, et al. 2007. Analyzing spatial and temporal variability of annual water‐energy balance in nonhumid regions of China using the Budyko hypothesis. Water Resources Research, 43(4), W04426.

Zhang L, Dawes W R, Walker G R. 2001. Response of mean annual evapotranspiration to vegetation changes at catchment scale. Water Resources Research, 37(3): 701~708.

Zhao W Z, Liu B, Zhang Z H. 2010. Water requirements of maize in the middle Heihe River basin, China. Agricultural Water Management, 97(2): 215~223.

第 20 章　黑河流域绿洲演变分析[*]

本章概要：基于历史文献资料、树木年轮、湖泊沉积的研究结论，以绿洲格局演变和土地荒漠化过程为主线，分析了黑河流域历史时期土地利用/覆被变化及其驱动机制。结果表明：黑河流域历经西汉、唐、明清、新中国成立后4次大规模的移民拓荒高潮，历史时期土地利用变化的总体特征是人工灌溉农业逐步取代原始植被；明清之前，自然因素对土地利用变化的影响起着主导性的作用；而现代土地利用主要受人为因素控制。从而由自然力起主导作用的天然绿洲格局在很大的程度上被以灌溉农业为中心并与草原畜牧相结合的人工绿洲所代替。在空间上，人工绿洲逐步向中上游迁移，使得流域下游水资源量迅速减少，荒漠化土地逐渐增加。

Abstract：Based on historical archives, lake sediment records and tree-ring data, the spatial-temporal distribution of the Oasis of Heihe river and its historical desertification processes were explored in this chapter. Then, the mechanism for the land use/cover change in the history of this area was discussed. The results showed that ①four processes of migration occurred in West-Han dynasty, Tang dynasty, Ming and Qing dynasty, and 1949 to present, respectively, have greatly changed the land cover, and, as a whole, the natural vegetation of this region was gradually replaced by irrigated agriculture; ②the land use/cover change was dominated by natural processes before the Ming and Qing dynasty, nevertheless, current land use has been totally impacted by human beings. Thus natural oasis pattern driven by the natural forces was replaced by the artificial oasis in which irrigated agriculture played a leading role in combination with grassland livestock. In special scale, artificial oasis moved gradually to the middle stream, which made the downstream water resources in the basin to rapidly decline and increase desertification.

　　联合国在《21 世纪议程》中明确提出将加强 LUCC 研究作为 21 世纪工作重点（刘纪远和邓祥征，2009），而历史时期的土地利用变化是其重要组成部分。2000 年 3 月，LUCC 和过去全球变化（PAGES）两个国际研究计划联合发起 BIOME300 项目，旨在重建过去 300 年全球历史土地覆盖数据库（Lambin and Geist，2013）。历史时期 LUCC 的研究有助于正确认识历史进程中人地关系的实质及人与环境和谐发展的机制（胡宁科和

---
　　* 本章改编自：唐霞、冯起发表的《黑河流域历史时期土地利用变化及其驱动机制研究进展》（水土保持研究，2015，22（3）：336-340）。

李新，2012）。世界历史上多个古国文明起源于生态较为脆弱的干旱、半干旱区，而人类长期不合理利用土地资源，导致干旱、荒漠化、尘暴、水土流失等，成为困扰该区域经济社会发展的严重问题（黄春长，1998）。

　　绿洲是干旱区人类生产生活的基地和人类文明的载体。绿洲的兴衰进退直接关系到整个干旱区的演化和发展，也关系到人类未来生存空间的保证程度。人类活动对绿洲演变的影响是一把双刃剑：它既能创造绿洲辉煌，但也有可能断送绿洲的未来。人类活动出现之前，绿洲是结构与功能单一、自我调控力较弱的自然生态系统。继而，随着人工调节功能的增强，有效调控了绿洲灌溉系统、改善了绿洲水肥气热状况、健全了绿洲防护林体系，绿洲的结构与功能得以更加稳定、生产潜力更强。纵观绿洲开发历程，实质是人类对自然系统施加负荷的过程，该负荷的大小、强度和空间演变对于研究生态脆弱区环境的影响尤为重要。绿洲在形成、发展过程中，经历了面积由小到大、古代到现代、自然到人工、沿河由下游转移到中上游，绿洲演变过程具有明显的时间变迁性和空间迁移性。绿洲经过人类的干预不断变动迁移，尤其是经历几次技术革命，不仅在数量和分布上发生了巨大变化，更主要的是在绿洲的形态上、内涵上有了质的飞跃。

　　黑河流域生态系统经历了荒漠变绿洲的辉煌，也面临着沙漠化和沙尘暴的尴尬（程国栋，2009），历史时期开发的大片绿洲已经被沙漠吞噬。流域内土地利用的剧烈变化，已造成生态环境的恶化，因此亟待开展流域历史时期绿洲变化的研究，分析绿洲演变的驱动因素，对调整优化流域的土地利用结构，促进区域社会经济发展、生态安全具有重要意义。

　　为此，本章主要结合《张掖市志》《张掖地区水利志》等文献资料和已有的研究成果，收集了流域近 2000 年的人口、耕地面积、灌渠数量、城镇变化、荒漠化等相关数据，通过树木年轮、湖泊沉积、冰芯记录和历史文献等不同类型的资料分析，参考历史地理研究的理论和方法，提取数千年来流域土地利用演化历史过程中气候、水文变化和人类活动信息，揭示历史时期流域绿洲演变的驱动机制。

20.1　黑河流域绿洲演变的历史轨迹

　　黑河流域开发历史悠久，由于游牧民族和农耕民族在生活和生产方式的差异，导致土地利用历经多次农牧转换（甘肃省张掖市志编修委员会，1995）。历史时期土地利用方式的转变具体表现在城池聚落变迁、绿洲兴废、水系变迁等方面。历代王朝为了巩固边防，土地的开发利用多以屯垦（田）方式进行，但是对于流域内草地、林地等天然植被的变化情况记载很少。所以只能从耕地、城镇居民地为代表的人工绿洲及土地荒漠化的时空演变入手，开展历史时期绿洲演变的研究。

20.1.1　绿洲格局演变

　　绿洲是干旱、半干旱区人类繁衍生息的场所，充足稳定的水资源供给是绿洲存在的基本条件。黑河流域绿洲系统在地质历史时期和现代发生了明显的变化，古绿洲除张掖"黑水国"分布于黑河中游绿洲腹地外，均分布在河流尾闾干三角洲上（李并成，1998）；古绿洲面积呈现由北向南递减（李静和桑广书，2009）。从黑河流域古绿洲和现代绿洲分布格局看，流域绿洲的演变形式为：在河流下游尾闾三角洲形成古绿洲，然后溯源上迁稳定于中上游的冲积洪积扇，并不断向四周扩展（肖生春和肖洪浪，2003）。兰州大学的颉耀文研究团队以历史文献、20 世纪 60 年代地形图和遥感影像为基础（www.heihedata.org/heihe），结合居民点、灌渠等地物重建的黑河流域汉代到民国时期古绿洲分布范围（图 20-1）和面积数据重建的人工绿洲数据如表 20-1 所示。

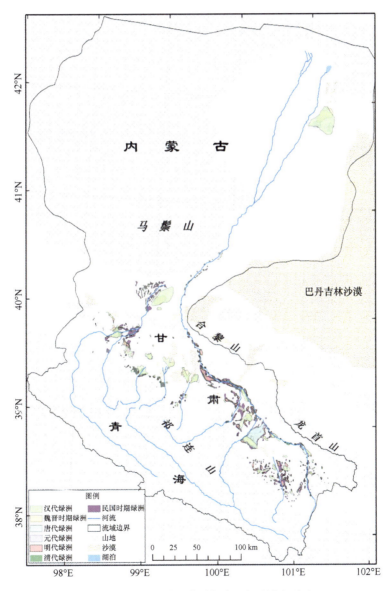

图 20-1　黑河流域历史时期人工绿洲空间分布
Fig. 20-1　Spatial distribution of artificial oasis in Heihe River Basin
该图来源于颉耀文，黑河流域历史时期垦殖绿洲空间分布数据集，黑河计划数据管理中心，2013

表 20-1　历史时期黑河流域人工绿洲重建的时间和规模
Table 20-1　Reconstruction of historic period and scales for artificial oases in the Heihe River basin

朝代	时间	人工绿洲面积/km^2
汉代	公元元年	1755.48
魏晋时期	3 世纪末	690.86
唐代	8 世纪中期	574.13
元代	13 世纪末	379.28
明代	16 世纪上半叶	963.28
清代	18 世纪上半叶	1204.89
民国	20 世纪 40 年代	1917.17

1. 历史时期耕地面积的变化

西汉之前，居住在流域的少数民族处于"逐水草而居"的游牧状态。自汉武帝起开始了大规模的兴置屯田，采取徙民实边、屯田管理组织、大兴水利等措施，耕地面积迅速扩大；据卫星照片和实地踏勘测算，当时居延屯田面积达 60 多万亩（梁东元，1999）。进入隋唐时期，农业开发在前代的基础上获得较大的发展。明清时期是黑河绿洲历史上第三次大规模开发时期（程国栋，2009）。

对流域内耕地面积进行重建，不同学者的研究结果存在较大的差异（表 20-2），主要因为黑河流域作为西北边陲，相关的文献记载极其有限且多为定性描述，而各时期整个流域的人口数量、人均占有原粮、粮食单产等数据的估算都存在一定误差。其中，程弘毅（2007）估算了河西整个地区的耕地规模并按照"以人定地"的方法获得流域内的耕地面积，但结果因小于沙漠化耕地面积而不合理；汪桂生等（2013）通过人均耕地面积和粮食产量两种途径重建了明代以前耕地面积，进行对比认为以人口为基础的重建结果具有一定可靠性。但仍需深入考证各时期军屯规模与人口变化，在今后的研究中有待进一步提高耕地面积的重建工作。

表 20-2　黑河流域重建耕地面积的不同研究结果
Table 20-2　Different reconstruction results of cultivated land area in Heihe River Basin

朝代	程弘毅	汪桂生	
	根据人口/万 hm^2	根据人口/万 hm^2	根据产量/万 hm^2
西汉	4.03	16.30	19.49
东汉	3.22	9.57	11.80
唐	1.88	3.93	3.59
元	—	—	3.19
明	6.88	—	—
清	11.60	—	—

2. 城镇聚落演变规律

流域现有 60 多座城镇，绝大多数城镇集中分布在绿洲上，城镇-绿洲在流域各单元中高度耦合。通过历代行政沿革的梳理（甘肃省张掖市志编修委员会，1995；王录仓等，

2005），对各时期设置的郡县数量进行对比分析，可以看出城镇演变呈波浪形曲线向前发展：两汉时期的奠基期、魏晋时期的发展期、南北朝时期的衰落期、隋唐时期的逐渐恢复期、中唐—元朝的再次衰落期、明清以后的复苏期、新中国成立后的快速发展期（图20-2）。该变化过程也反映出在特定地理环境和民族分布格局下，对优势生存空间的争夺（王录仓等，2005）。

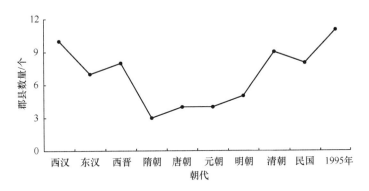

图 20-2　黑河流域历代城镇发展演变

Fig.20-2　The history process and developing of the cities in the Heihe River Basin

从空间分布来看，城镇聚落围绕绿洲农业区依次分布。因为水资源是干旱区内陆河流域的生命线，农业开发最早主要分布在下游三角洲地区、中游冲积平原和洪积扇缘地带（表 20-3）。通过绿洲的溯源迁移和下游绿洲古城的兴衰关系分析证明，由于中游绿洲面积的扩大和人类活动的加剧，打破了天然水资源条件下荒漠-绿洲动态平衡关系和空间格局（李并成，2003）。王录仓等（2005）研究表明城镇由于失去了最基本的生态屏障和经济基础而逐渐衰退，伴随着绿洲的溯源迁移，城镇分布的重心也从下位绿洲向上位绿洲迁移。

表 20-3　黑河流域古城分布情况

Table 20-3　The distribution of ancient cities in Heihe River Basin

所处位置	沙漠化绿洲	面积/km²	绿洲古城
黑河下游	居延古绿洲	1200	K710 城，雅布赖城（K688）、乌兰德勒布井城（F84）、破城子（A8）、温都格特日格城（K749）、绿城、马圈城（K789）、黑城（K799）
黑河中游	西城驿沙窝古绿洲	30	黑水国南、北城
童子坝河下游	民乐李寨菊花地	180	古城子
马营河、摆浪河下游	明海古绿洲	450	骆驼城、骆驼城东北遗址、许三湾城、新墩子城、草沟井城、明海子城、下河清紫禁城、深沟城、莲花寺、双丰城
北大河下游	金塔东沙窝古绿洲	550	西三角、西古城、一堵城、金塔三角城、下长城、破城子、黄鸭墩城（银耳子城）、三个锅桩、下破城、北三角城、之石滩古城、西窑破庄

3. 下游水域面积的变化

在黑河绿洲的长期土地开发中，人类活动强烈地干预了自然绿洲的水文循环过程，造成许多湖泊的逐渐萎缩干涸和河流的改道迁徙（李并成，1998）。其中，黑河下游水系和尾闾湖泊变迁有以下过程：唐代以前，水系以东河、哨马营—古日乃古河道为主，古居延泽为主要尾闾湖；西夏时期水系分为东、西两支，苏古、嘎顺淖尔两湖连为一体，古居延泽萎缩；元朝河水重新注入古居延泽，苏泊、嘎顺淖尔两湖分离并缩小；元末明初以后，西河成为主要过水河道，东河下游注入古居延泽的河道干涸，以向北流入苏泊淖尔的河道为主，古居延泽逐渐萎缩干涸，苏泊、嘎顺淖尔成为主要尾闾湖（肖生春等，2004）。

额济纳地区历史时期的水系存在从东向西的迁移和萎缩过程（马燕等，2010）。据记载，额济纳旗的古居延海是西北最大的湖泊之一。秦汉时期，居延泽湖面积达到726km^2（张光辉等，2005），1927～1934年和1944～1949年西居延海（嘎顺淖尔）湖面面积分别为350 km^{2}和276km^2，1951～1960年降至180km^2，1961年干涸；东居延海（苏泊淖尔)湖面面积分别从1927～1934年的150km^{2}缩减至1961～1970年的35.5km^2，在1963～1983年曾干涸过5次，最后1983年也完全干涸（杜海斌，2003）。从2000年7月开始，实施了黑河下游应急生态输水工程，水流于2002年7月17日流进黑河尾闾端的东、西居延海。

20.1.2 土地荒漠化过程

黑河下游北部的汉代垦区最先出现沙漠化，紧接着位于南部的唐代、西夏、元代垦区发生荒漠化，从三角洲下部向中上部推进，其中黑城地区的沙漠化发生在明朝中叶以后（景爱，2002）。沙漠化的主要作用方式有就地起沙、风蚀绿洲、流沙入侵、洪积物掩埋绿洲4种（程弘毅等，2005）。从空间来看，历史时期沙漠化土地大多位于河流的下游（表20-4）。程弘毅（2007）通过沙漠古城的废弃时代推测出河西地区三次沙漠化过程主要集中在魏晋南北朝、唐末五代、明清两朝，沙化面积分别是：南北朝1030km^2、唐末五代1000km^2、明清4075km^2，共计6105km^2。这几次明显的沙漠化过程恰好与该地区历史时期大规模的土地开发活动相吻合，说明土地利用的开发强度越大，在没有充足的人力物力以及水资源量维系农业生产时，绿洲废弃的可能性也就越高。

表 20-4 黑河流域主要的沙漠化区域
Table 20-4 The main desertification area of Heihe River Basin

区域	地理位置	面积/km^2	景观特征
额济纳居延海及古居延绿洲	101°04′～101°34′ E, 41°37′～410°57′ N	1150	新月形、盾状、片状沙丘及风蚀戈壁、风蚀劣地为主
金塔东沙窝、条湖	98°58′～99°27′ E, 39°55′～40°19′ N	570	风蚀劣地为主，西北部以流动沙梁和片状流沙地为主
高台、肃南、肃州、明海沙漠和高台盐池	98°43′～99°38′ E, 39°20′～39°48′ N	2200	以风蚀劣地为主，分布新月形沙丘、片状流沙地以及半固定白刺灌丛沙丘
张掖甘州西城蜂沙窝	100°18′～100°22′ E, 38°59′～39°05′ N	25	新月形沙丘、盾状沙丘为主，丘间分布风蚀劣地，现多已被开垦为耕地
民乐李寨菊花地	38°30′～38°42′ E, 100°38′～100°45′ N	160	风蚀劣地为主，白刺灌丛沙丘以及片状流沙地也有分布

纵观黑河流域绿洲演变的历史轨迹，可以看出，由于各民族之间对绿洲生存空间的争夺和大规模屯垦，原始地带的森林或森林灌丛草地遭到了彻底破坏，即原始植被的动态消长直至逐步被人工的灌溉农业所取代是历史时期绿洲演变的总体特征。

20.2　黑河流域人工绿洲演变的定性分析

流域拥有 2000 多年的绿洲开发史，是干旱区绿洲化、荒漠化最直接的表现。流域历史时期的绿洲演变研究主要表现在土地利用方式转变，以及城池聚落、耕地兴废等方面，历经多次农牧交替受人类的影响逐步加大。利用遥感、GIS 手段对历史时期绿洲演变特征的研究较为缺乏，其中最具代表性的是汪桂生等（2013）基于多源数据，综合运用"3S"技术及多学科研究手段，重建了流域近 2000 年高时空分辨率的绿洲演化序列并探讨其时空过程。目前，大部分研究根据史料以及前人研究成果，主要在屯垦戍边发展、社会经济变化、土地利用方式转换等方面对黑河流域历史时期绿洲演变进行了定性描述（表 20-5）。程弘毅（2007）通过沙漠古城的废弃时代推测出河西地区三次沙漠化过程主要集中在魏晋南北朝、唐末五代、明清两朝，并对流域不同时期的沙漠化面积进行了估算（表 20-5）。

表 20-5　黑河流域历史时期绿洲演变研究

Table 20-5　Research of oasis evolutionin in historical periods of Heihe river basin

朝代	起止年代	绿洲演变趋势（定性描述）	沙漠化面积/km²
两汉时期	公元前 202 年～公元 220 年	实行戍卒和田卒，人口快增，耕地比例增加，铁犁、牛耕、代田法加速绿洲屯垦规模（人工绿洲在中下游都有大面积分布）；居延屯田、酒泉和鱳得田	—
魏晋南北朝	公元 220～589 年	战乱不断、人口减少、农牧业更替频繁，农业总体处于停滞甚至倒退阶段，人工绿洲萎缩、废弃，部分垦区初现荒漠化	1030
隋唐时期	公元 589～907 年	屯田规模达西汉之后的第二个顶峰时期，主要是甘州屯田和肃州屯田；相比汉代，屯田区域有从下游向上游迁移的趋势（甘州、肃州、骆驼城等周围地区，较小规模绿洲分布于肃州的酒泉县及甘州山丹县等地）；唐安史之乱后转为牧业	1000
宋元（西夏）时期	公元 960～1368 年	下游屯垦主要在黑城（建于西夏时期）周边地区，屯田规模较汉唐时期大为缩小（城镇周围分布，张掖地区规模较大），农牧并重	—
明清时期	1368～1911 年	下游额济纳居延-黑河绿洲逐步萎缩，大量移民、农作技术的进步扩大了耕地面积（山前地区及沿河地区绿洲扩展明显），大规模兴修农田水利形成四通八达的灌溉网络，人口压力陡增，屯田面积也扩张迅速（绿洲向外围、南部山前扩展；金塔地区绿洲自魏晋废弃后再度出现），耕地比例也大幅上升	4075
民国时期	1912～1949 年	绿洲在清代基础上进一步向周围地区扩展；资源过度利用，生态环境恶化，耕地面积和林地面积均大幅减少，如金塔县因沙埋而弃耕地达 54 万 hm²	—

基于历史研究考证并分析流域不同时期的人工绿洲的开发情况，研究主要集中于汉代、魏晋、隋唐、元、明清、中华民国（1912～1949 年）。这些研究探讨了各时期人工

绿洲的开发情况以及大规模开渠屯田制度的推行，从不同的角度定性分析了各时期绿洲演变的历程，具体来看大致分为以下 4 个发展时期：西汉开启移民屯田→魏晋到元代出现部分屯田区荒漠化→明清大兴屯田之举→民国时期为满足人口之需开发绿洲。

20.3 黑河流域绿洲变化驱动机制分析

绿洲演变是各种驱动因素综合作用的结果，包括气候、土壤、水文等自然系统驱动因素和人口变化、贫富状况、技术进步、经济增长等社会系统的驱动力（摆万奇和赵士洞，2001）。在农耕时代，气候、水、土和生物等自然环境条件是人们开发利用绿洲资源时所考虑的主要因素。

20.3.1 自然环境的变化是绿洲演变的客观因素

自然环境的变化主要表现在气候变化和出山口径流量。姚檀栋等（2001）通过对比分析古里雅冰芯和祁连山树轮高分辨率气候变化记录，结果表明树轮和冰芯明显地记录了小冰期的 3 次冷期，其出现的时间基本上一致。张振克等（1998）根据黑河尾闾额济纳旗东居延海 2700 年来的湖泊沉积记录的环境变化，发现冷湿→暖湿、冷干→暖干→冷湿的规律。在对比流域古城废弃的年代与气候波动的变化时，发现古城废弃的时期都是气候明显偏干冷的时期。

近 2000 年以来，该地区耕地总体呈现不断增加趋势，历史时期黑河流域 3 次大规模的农业开发（两汉时期、隋至盛唐、明清时期）都发生在出山口径流量较大的时期（肖生春和肖洪浪，2008）。根据树轮重建的自公元 680 年以来黑河出山口年径流量不同水平年统计表明，唐代（统计自680～907年）的丰水年份为98年，占整个统计时段的43.2%；明、清两代分别为 66 年，占 23.9%和 82 年，占 30.7%（康兴成等，2002）。所以说，水资源的丰枯是黑河流域绿洲农业开发的基础和保障。

20.3.2 社会的稳定与人口变化是绿洲演变的主导因素

历史上河西走廊是屏蔽关陇的门户、沟通东西方的交通要道和中原王朝势力强盛之时经略西北的边防要地，作为整个西北地区的战略支撑点，是地理位置显要的商贸集市和粮食生产供应地。黑河扼河西走廊咽喉，北抵蒙古大漠，南达青藏高原，东联中原大地，西通新疆、中亚，有"塞上锁钥"之称，是兵家必争、商旅必经之地。流域重要的军事地理位置、政权更迭、复杂的民族关系及频繁的战乱造就了绿洲开发具有满足国防军事战略需求和军事组织管理的特点。

由于历史时期黑河地区政权的更迭性、复杂的民族关系，直接导致农牧业生产方式出现了几次较大的更替：汉武帝以前、西晋至唐初（约 400 年）、唐安史之乱后至元朝（约 600 年）为畜牧业生产占优势的时期，西汉武帝至西晋（约 400 年）、唐初至安史之乱（约 100 年）、明清（约 600 年）以来为农业生产为主的时期。农、牧业土地开发的方式不同,体现了对自然资源利用的手段、程度等方面的差异,同时也使得自然界对人类开发活动的反馈效应亦有区别。牧业经济直接依赖于草场,一般无须大规模破坏地表,对绿洲自然环境的改造较为有限。而农业生产必须破坏地表,铲除草被,还需要修挖渠道引水灌溉,导致土地盐渍化,一旦弃耕极易引起风蚀,发生荒漠化。

历代中央王朝及若干地方割据政权都十分重视河西走廊的开发和经营,采取了各种恢复农业生产的措施,鼓励内地移民不断涌入内陆河流域开荒种地。从屯田制—占田制—均田制—更名田制以及府兵制与均田制的结合,都说明了政策的优化组合极大地提高了人们垦荒种植的积极性。历史时期人口的周期性动荡,反映出战乱、自然灾害的侵袭,也导致绿洲开发利用强度和广度在各时段上的明显差异,但更重要的是突出了该地区严峻的土地生态承载能力问题。据《甘肃新通志》记载,清光绪三十二年(1906 年)耕地面积为 16.9 万 hm^2。随着 1978 年农村经济体制改革以来,人口急剧增加,到 1995 年中游的人口达到 163.7 万,掀起了新的一轮扩大耕地面积的热潮,1995 年土地变更调查耕地达 37.1 万 hm^2(张勃和石惠春,2004)。目前,天然绿洲已基本演变为灌溉渠网、防护林网和农田广布的人工绿洲,绿洲内道路网密布、建筑物林立,人口密度高达 60 人/km^2 左右。黑河流域延续了 2000 多年的屯田制,农业栽培作物大量取代了原始植被,大片的绿洲草场、牧场、荒野逐渐开辟为田畴,不断地修建渠系引水灌田。由自然力起主导作用的绿洲生态系统在很大的程度上被人工建立的以灌溉农业为中心并与草原畜牧业相结合的生态系统所代替。

为了获取优质的绿洲资源,河西走廊俨然成为中原王朝和部分民族政权反复争夺的战略要地。在魏晋南北朝、隋唐时期与明清时期,各民族之间为了争夺优质的生存空间、强化防御统一边疆、少数民族起义等因素战乱频发。黑河流域由于战争等因素导致的屯垦废弃,则往往导致沙漠化发生,绿洲在屯垦废弃区域表现为绿洲的萎缩。纵观流域绿洲开发史,在中原王朝强有力的控制下,在相对稳定的社会环境,依靠强盛的国力,人工绿洲的发展平稳有序,绿洲面积呈扩大趋势;而政权割据时期,社会动荡,战乱不断,农田水利设施遭到破坏,曾出现"州县萧条,户口鲜少,十室九空,数郡萧然"的荒凉景象,百姓流离失所,生产力倒退,被迫废弃人工绿洲。例如,明洪武年间,大将冯胜率兵进攻黑城,战乱中黑城被烧、居民逃走、垦区废弃,可见战争对黑城废弃具有直接的影响。

随着人口增长和水土资源的开发,流域的过垦、滥垦、毁林造田等行为,使得森林植被受到了破坏,生态环境日益恶化,也加剧了水土流失,易发生旱涝灾害。据文献记载清代河西植被破坏之恶果:"①河西积雪减少,各大小河流水源不旺,盈枯不时;②河水少灌溉不足,致成旱灾;③空气干燥,雨量减少;④塞外流沙南侵,沙埋水源、风沙肆虐"。可见不合理的开发人工绿洲,导致水资源量骤减、自然灾害频繁、土地沙化加速、农业损失严重。

20.3.3　农业生产与水资源开发利用技术提升是绿洲演变的动力

河西地区的水、土资源决定了"有水即有地"的格局。由于绿洲灌溉农业的特点,水资源开发与利用程度是绿洲耕地面积增加的主要动力。西汉时期流域屯垦业非常发达，张掖郡的屯田很发达，有觻得屯田、番禾屯田、居延屯田等。《汉书·地理志》记载"千金渠西至乐涫，入泽中，羌谷水出羌中，东北至居延入海，过郡二，行二千二百里[①]"；唐朝中期修建的水渠可灌田约 3.1 万 hm²；明清时期大规模开垦荒地，相继开凿了大量灌溉渠道，逐步形成内陆河流灌区。新中国成立后，黑河流域建立了完整的农田水利体系，并形成了黑河中游人工水文循环过程。据 1944 年甘肃省建设厅统计，黑河中游地区已有耕地 16.5 万 hm²，其中水浇地 13.6 万 hm²；20 世纪 90 年代灌溉耕地面积达到了 17.13 万 hm²。最初的垦区大多位于地势低洼处，经过数百年灌溉技术和农业生产技术的提高，人类可以利用人工渠道开垦山区平原，如酒泉地区的山前绿洲开始出现。

先进耕作技术与工具的应用，进一步提高了人工绿洲的生产效率。汉代在黑河流域实施大规模的移民屯田后，从事屯田军民大多来自于中原地区，将内地先进的农田管理实践引入到黑河流域，特别是铁犁牛耕技术的出现和推广，极大地提高了农耕效率。黑河流域的屯垦区在作物种植模式、田间管理等方面吸纳了内地的管理模式，也突出反映了我国古代农业生产技术的主要特点——精耕细作。例如，西汉后期的"代田法"→魏晋时期的"治石田"→宋代（西夏）时期的"一人一犁，二牛抬杠"等耕作方法的应用，大大加强了人类耕作活动对绿洲影响的广度和深度，农耕技术的提高在一定程度上也促使人工绿洲面积的扩大。

经过上述的分析得出以下结论：黑河流域绿洲演变的主要特征为随着西汉、唐、明清、新中国成立后四次大规模的移民拓荒高潮，绿洲开发的强度不断增大，城镇规模和耕地面积急速扩展而草场、林地面积日益退缩，过垦、滥垦、战争等也加剧了土地退化、沙漠化的进程。它是不同时空尺度上自然因素与流域人类活动耦合作用的结果，明清之前，自然因素占主导地位；现代流域的绿洲演变几乎完全受到人为控制，从而由自然力起主导作用的天然绿洲格局在很大的程度上被以灌溉农业为中心并与草原畜牧相结合的人工绿洲所代替。在空间上，人工绿洲逐步向中上游迁移，使得流域下游水资源量迅速减少，荒漠化土地逐渐增加。

参 考 文 献

摆万奇, 赵士洞. 2001. 土地利用变化驱动力系统分析. 资源科学, 23(3): 39~41.

程国栋. 2009. 黑河流域水-生态-经济系统综合管理研究. 北京: 科学出版社.

程弘毅, 王乃昂, 李育, 等. 2005. 河西地区沙漠古城及其环境指示意义. 见: 陕西师范大学西北历史环境与经济社会发展研究中心.历史环境与文明演进.北京: 商务印书馆: 122~135.

程弘毅. 2007. 河西地区历史时期沙漠化研究. 兰州: 兰州大学博士学位论文: 76~85.

杜海斌. 2003. 居延二千年历史环境的变迁. 中国历史地理论丛, 18(1): 123~131.

甘肃省张掖市志编修委员会. 1995. 张掖市志. 兰州: 甘肃人民出版社: 38~40.

胡宁科, 李新. 2012. 历史时期土地利用变化研究方法综述. 地球科学进展, 27(7): 758~768.

黄春长. 1998. 环境变迁. 北京: 科学出版社: 16.

景爱. 2002. 沙漠考古通论. 北京: 紫禁城出版社 : 21~25.

---

① 注：1 里=500m。

康兴成, 程国栋, 康尔泗, 等. 2002. 利用树轮资料重建黑河近千年来出山口径流量.中国科学(D), 32(8): 675~685.

李并成. 1998. 河西走廊汉唐古绿洲沙漠化的调查研究. 地理学报, 53(2): 106~115.

李并成. 2003. 河西走廊历史时期沙漠化研究 .北京: 科学出版社.

李静, 桑广书. 2009. 黑河流域生态环境演变研究综述.水土保持研究, 16(6): 210~214, 219.

梁东元. 1999. 额济纳笔记. 北京: 国际文化出版公司: 69.

刘纪远, 邓祥征. 2009.LUCC 时空过程研究的方法进展. 科学通报, 54: 3251~3258.

马燕, 李志萍, 曹希强. 2010. 近 200 年来额济纳绿洲土地荒漠化进程及其驱动机制.水土保持研究, 17(5): 158~162.

汪桂生, 颉耀文, 王学强, 等. 2013. 明代以前黑河流域耕地面积重建 .资源科学, 35(2): 362~369.

王录仓, 程国栋, 赵雪雁. 2005. 内陆河流域城镇发展的历史过程和机制——以黑河流域为例 .冰川冻土, 27(4): 598~607.

肖生春, 肖洪浪. 2003. 黑河流域环境演变因素研究.中国沙漠, 23(4): 385~390.

肖生春, 肖洪浪. 2008. 两千年来黑河流域水资源平衡估算与下游水环境演变驱动分析.冰川冻土, 30(5): 733~739.

肖生春, 肖洪浪, 宋耀选, 等. 2004. 2000 年来黑河流域中下游水土资源利用与下游环境演变.中国沙漠, 24(4): 405~408.

姚檀栋, 杨梅学, 康兴成. 2001. 从古里雅冰芯与祁连山树轮记录看过去 2000 年气候变化.第四纪研究, 21(6): 514~519.

张勃, 石惠春.2004. 河西地区绿洲资源优化配置研究. 北京: 科学出版社.

张光辉, 刘少玉, 谢悦波, 等. 2005. 西北内陆黑河流域水循环与地下水形成演化模式. 北京: 地质出版社: 58.

张振克, 吴瑞金, 王苏民, 等. 1998. 近 2600 年来内蒙古居延海湖泊沉积记录的环境变迁.湖泊科学, 10(2): 44~51.

Lambin E F, Geist H J. 2013. 土地利用与土地覆盖变化——局部变化过程和全球影响研究. 马骏, 刘龙庆, 狄艳艳, 等译. 北京: 中国水利水电出版社: 2~5.

第 21 章 黑河流域人水关系变迁研究[*]

本章概要： 通过研究流域人、水关系变迁过程，可以更好地理解社会与水文过程互馈机制以及控制机制的临界点，也是保证未来水资源可持续利用和人-环境系统弹性的水文研究的关键。选择黑河流域过去 2000 年的人水关系变迁作为研究对象；利用基于现有的水文气象资料、下垫面数据、社会经济数据、中国历史地图册以及相关的代用资料，如树木年轮、湖泊沉积、冰芯、孢粉等，通过历史分析和水文重建方法，重建黑河流域过去 2000 年的上游成水环境、中下游用水环境和水成环境的变迁过程，包括重建黑河流域中下游降水量、上游山区的出山径流，重建中下游的土地利用，采用改进的基于 Budyko 假设的 Top-down 方法，估算基于流域土地利用变化的蒸散发，然后构建水量平衡并对其进行验证。综合人口以及基于水量平衡方程剥离出的人类用水量、天然绿洲和垦殖绿洲面积等因子的变化，应用转变理论将人水关系演变过程划分为相应的 4 个阶段：①预发展（公元前 206 年～公元 1368 年），人水关系较为和谐；②起飞阶段（1368～1949 年），人水矛盾加剧；③加速阶段（1949～2000 年），人水矛盾尖锐；④重新平衡期（2000 年后），人水关系重新达到较为和谐的状态。

Abstract: Studying the evolutional processes of human-water relationship, can help to understand the feedback mechanism between the society and hydrological processes and its critical point, and also ensure future sustainable utilization of water resources and is the key of hydrological research about the elastic human-environment system. We aim to quantitatively analyze the evolution of human–water relationships in the Heihe River Basin of northern China over the past 2000 years. Based on the meteorological and hydrological data, underlying surface data, social and economic data, Chinese historical atlas and related proxy data, e.g. tree rings, lake sedimentary, ice cores, pollen, etc., we reconstruct the change processes of water production environment in upstream, water utilization in the middle reach and water influence environment in lower reach in the past 2000 years using historical analysis and hydrological reconstruction methods, including the reconstruction of the runoff of mountain area, the precipitation, the land use in the middle and lower reaches of Heihe River Basin. Then we estimate the evaporation with the land use change using the improved Top - down method based on Budyko assumptions, and build water balance and validate. Synthesizing the changes of population, human water consumption based on water balance equation, natural

---

    * 本章改编自：Lu Zhixiang、Wei Yongping 等发表的 Evolution of the human–water relationships in Heihe River basin in the past 2000 years (*Hydrology and Earth System Sciences*，2015，(19)：2261~2273.)。

oasis and cultivated oasis area, the evolutional processes of human-water relationship in Heihe River Bain can be divided into four stages according to the transfer theory to: relationship is divided into four stages:①the early stage of the development (206 BC～1368 AD), a harmony relationship between people and water; ②developing stage (1368～1949), the sharpening contradictions between the people and water; ③accelerated phase (1949～2000), the acuity contradiction between human water and ④rebalancing period (after 2000 years), human-water relationship achieves a harmonious state.

21.1 引 言

水影响着许多古文明的产生、演化及消亡过程。千百年来西北内陆河地区水环境在干湿交替中不断退化，当水资源利用率接近临界生产力时，流域水环境、水循环和水平衡状态在还没有被人类认识时，就已经进入新的状态（竺可桢，1973；肖洪浪和程国栋，2006）。为了有目的地调控人水关系，以实现人水关系和谐及经济-社会-生态环境的可持续发展，唯有充分阐明流域水环境变迁及其与人类活动的互馈机制（肖生春和肖洪浪，2008a）。因此，通过研究社会与水文过程在历史时期如何协同进化，以便更好地理解控制该循环过程的机制及其临界点或者阈值，是保证未来水资源可持续利用和人-环境系统弹性的水文研究的关键（Montanari et al.，2013；Sivapalan et al.，2012）。本章研究黑河流域人水关系演变，将为黑河流域水资源可持续利用提供新的思考视角和参考。

人与水系统和水环境之间的作用和影响是相互的，人类通过劳动来利用和改进水系统和水环境，使其更好地为人类所用，同时水系统则会反作用于人类，影响人类的生活生产，甚至会关乎文明的存亡，促进或阻碍社会发展。人水关系演变是指人文系统与水系统之间的相互作用关系随着人类社会的发展以及自然环境的变化而变化，人水关系的研究涉及水、社会、经济、政策与生态等诸多领域，是一项跨学科的研究，需要在包含与水相关的多个方面及其相互作用的复杂大系统中进行研究，如社会、经济、地理、生态、环境和资源等（左其亭和张云，2009）。

针对黑河流域的人水关系等方面的研究，肖生春和肖洪浪（2004a）综合额济纳地区历史时期的农牧业更替、水系变迁、绿洲环境演变以及人类活动中心转移等方面，将该地区人地关系演进分为 4 个阶段：汉代以前"自然和谐"、两汉至元代"矛盾加剧"、明清"矛盾缓和"和近代"矛盾尖锐"阶段。随后肖生春和肖洪浪（2004b，2008a，b）又系统地论述了黑河流域近百年和过去 2000 年的水环境变化及其驱动机制，人类活动的影响越来越强烈。

关于人水关系的描述及其演变研究，在国内外已经开展了很多，取得了丰硕的研究成果。但目前绝大数研究停留在定性描述层面，缺乏具体的理论和明确的研究方法用于描述和表征。本章通过建立人水关系评判指标，并利用历史分析和水文重建方法，重建出黑河流域涉及人水关系的近 2000 年的生态、水文和社会变量序列以及流域水量平衡。最终根据各个指标的变化情况，并基于转变理论刻画流域近 2000 年的人水关系演变过程。

21.2 研 究 方 法

21.2.1 流 域 概 况

黑河流域位于亚欧大陆中心部位，远离海洋，上游为青藏高原东北边缘的祁连山脉，中游为宽广的河西走廊区，下游为内蒙古高原。由于人类活动主要集中在中下游的绿洲区，上游山区人类活动较弱，因此以中下游人水关系演变为主要研究对象，上游作为流域的产流区，上游与中游的边界以出山口的水文台站作为划分依据，同时考虑荒漠和绿洲的分布情况（图 21-1）。黑河流域除了黑河干流外，还有众多小支流，但是随着水利工程的建设和用水的不断增加，部分支流逐渐与干流失去地表水力联系，形成东、中、西 3 个独立的子水系。山区地表径流明显受降水和气温的影响，其年内分配与降水和气温的季节变化基本一致。黑河干流进入走廊平原后，随着人为干扰作用的加剧，径流年内分配明显发生变化。

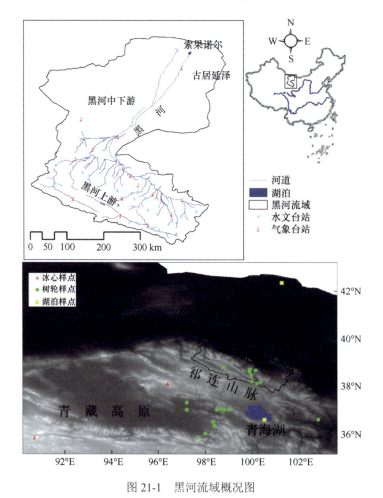

图 21-1 黑河流域概况图

Fig. 21-1 The overview diagram of Heihe River Basin

21.2.2 历史流域水量平衡的模拟

1. 水量平衡方程

水量平衡概念为研究流域水文过程提供了一个框架，对于一个流域，其水量平衡方程（Zhang et al.，2001，2004）可以表示为

$$P = \text{ET} + R + \Delta W \tag{21-1}$$

式中，P 为降水；ET 为实际蒸散发；R 为径流量；ΔW 为流域水量储存变化。

就干旱区内陆河流域而言，中游灌溉绿洲带开发利用出山径流后，中游的下泄径流于下游荒漠绿洲带被耗散，因此流域上、中和下游的水量平衡组成也存在差异。上、中和下游 3 个不同而又相互联系的水量平衡方程组成整个流域的水量平衡方程（康尔泗等，2007）：

$$\text{上游山区：} \quad R_{\text{出山}} = P_{\text{上游}} - \text{ET}_{\text{上游}} + \Delta W_{\text{上游}} \tag{21-2}$$

$$\text{中游：} \quad R_{\text{中游流出}} = R_{\text{出山}} + P_{\text{中游}} - \text{ET}_{\text{中游}} + \Delta W_{\text{中游}} \tag{21-3}$$

$$\text{下游：} \quad \text{ET}_{\text{下游}} = R_{\text{中游流出}} + P_{\text{下游}} + \Delta W_{\text{下游}} \tag{21-4}$$

式中，$R_{\text{出山}}$ 为出山径流量；$P_{\text{上游}}$ 为上游山区的降水量；$\text{ET}_{\text{上游}}$ 为上游山区的蒸散发量；$\Delta W_{\text{上游}}$ 为上游山区水量的储存变化；$R_{\text{中游流出}}$ 为中游流入下游的径流量；$P_{\text{中游}}$ 为中游区域的降水量；$\text{ET}_{\text{中游}}$ 为中游区域的蒸散发量；$\Delta W_{\text{中游}}$ 为中游区域水量的储存变化；$\text{ET}_{\text{下游}}$ 为下游区域的蒸散发；$P_{\text{下游}}$ 为下游区域的降水量；$\Delta W_{\text{下游}}$ 为下游区域水量的储存变化。式（21-2）～式（21-4）是基于目前出山径流的情况，另外流域中下游区域存在地表水与地下水交换，在历史时期人类主要利用地表水，流域地下水系统基本处于稳定的状态，因此上、中和下游之间地下水水力联系可暂不予以考虑（康尔泗等，2007）。

若将中下游用水区作为一个整体，其水量平衡方程可表示为

$$\text{中下游：} \quad \text{ET}_{\text{中下游}} = R_{\text{出山}} + P_{\text{中下游}} + \Delta W_{\text{中下游}} \tag{21-5}$$

式中，$\text{ET}_{\text{中下游}}$ 为中下游区域的蒸散发量；$R_{\text{出山}}$ 为出山径流量；$P_{\text{中下游}}$ 为中下游区域的降水量；$\Delta W_{\text{中下游}}$ 为中下游区域的水量储存变化。

在干旱区，流域中下游地区蒸发强烈，降水量很少，几乎全部消耗于当地蒸散发（康尔泗等，1999），式（21-2）～式（21-5）表示，上游出山径流量决定了内陆河流域的水资源量，也决定了山前灌溉绿洲区所能获得的水资源量，而出山径流量的多少和中游地区对水资源量的开发利用共同决定了下游的水资源量。一旦流域经济结构不合理以及对水资源的开发利用不当，影响了中下游水资源量的合理分配，就会破坏流域生态环境系统（康尔泗等，2007）。

2. 基于 Budyko 假设的 Top-down 方法及改进

相比对流域降水和径流的监测，蒸散发测量要困难得多，主要由于地表蒸散发受很多因素的影响，包括地形、下垫面、风速和湿度等。所以，对于流域长时间尺度的蒸散发量一般采用水量平衡方程和基于物理机制或者经验的方法进行估算，前者只能得到区

域整体的蒸散发量，而后者可以得到不同下垫面的蒸散发值。就目前来说，即使植被影响水文效应的过程得到了很好的阐释，但还是很难利用物理模型估算流域的蒸散发。这主要是因为数据难以达到模型的要求，无法表达和反映流域的真实情况。因此，开发一个基于流域属性且具有实际应用的简单模型成为必然需求（Zhang et al.，2004）。

纵使蒸散发过程复杂，但长久以来基本得到一个共识：可获取的热量和水是影响蒸散发速率的主要因子（Budyko et al.，1958）。根据多年的平均情况，在极为干旱的情景中实际蒸散发接近降水量；而在湿润的环境下，实际蒸散发逐渐接近潜在蒸散发。基于这些考虑，Budyko 在 1974 年总结出一个描述年平均蒸散发的经验关系（Budyko et al.，1974）。Schreiber（1904）和傅抱璞（1981）提出一系列相似的关系。Choudhury（1999）通过引进一个调整参数生成关系式。Zhang 等（2001）开发了一个模型，其中包含一个参数，该参数受土壤水控制，其值因植被类型不同而异。这个模型为评价土地利用变化对水文的影响提供了一个方法。这些针对年平均蒸散发量的关系式只考虑一阶因子，在一些流域获得良好的预测效果，这些流域的蒸散发主要受降水和潜在蒸散发的影响。

这里重点介绍傅抱璞 1981 年提出的公式。基于水量平衡的规律考虑，傅抱璞（1981）假设在年平均尺度上，对于一个特定的潜在蒸散发（E_0），流域蒸散发相对于降水的变化速率（$\partial E/\partial P$）随剩余的潜在蒸散发（E_0-E）增加，而随降水量（P）减少。近似地，对于一个特定的降水量（P），实际蒸散发相对于潜在蒸散发的变化速率（$\partial E/\partial E_0$）随剩余降水量（$P-E$）增加，而随潜在蒸散发（E_0）减少（傅抱璞，1981）。

数学上，这些关系可以表示为

$$\frac{\partial E}{\partial P} = f(E_0 - E, P) \tag{21-6}$$

$$\frac{\partial E}{\partial E_0} = \varphi(P - E, E_0) \tag{21-7}$$

其中 f 和 φ 为公式，经过一些求导和转换（具体可参考傅抱璞的"论陆面蒸发的计算"，1981），可以得到下列结果

$$\frac{E}{P} = 1 + \frac{E_0}{P} - [1 + (\frac{E_0}{P})^w]^{1/w} \tag{21-8}$$

$$\frac{E}{E_0} = 1 + \frac{P}{E_0} - [1 + (\frac{P}{E_0})^w]^{1/w} \tag{21-9}$$

式中，w 为模型参数，决定特定 E_0/P 下的蒸散发速率（E/P）。w 越大，蒸散发速率越高，反之亦然。在地势平坦、土壤水分下渗能力强和植被好的地方，地表产流量小，w 则大，反之则小（傅抱璞，1981）。鉴于干旱区内陆河流域的特殊环境，其地表蒸散发的水源除降水外，还有地下水，另外耕地作为绿洲区的主要土地利用类型，其灌溉量远大于降水。因此需对基于 Budyko 假设的 Top-down 方法进行改进，针对不同土地利用类型，将其利用的地下水量和灌溉量视为降水，叠加到自然降水中，得到综合"降水"（P'），改进后的方程如下所示：

$$\frac{E}{E_0} = 1 + \frac{P'}{E_0} - [1 + (\frac{P'}{E_0})^w]^{1/w} \tag{21-10}$$

$$\frac{E}{P'} = 1 + \frac{E_0}{P'} - [1 + (\frac{E_0}{P'})^w]^{1/w} \tag{21-11}$$

不同的土地利用类型,其综合"降水"可表示为

$$耕地: \quad P' = P + I \tag{21-12}$$

$$林地: \quad P' = P + G_{林地} \tag{21-13}$$

$$草地: \quad P' = P + G_{草地} \tag{21-14}$$

$$未利用地: \quad P' = P + G_{未利用地} \tag{21-15}$$

式中, I 及 $G_{林地}$、$G_{草地}$、$G_{未利用地}$ 分别为耕地的灌溉量及林地、草地和未利用地的地下水利用量。并且灌溉量随着种植结构的变化而变化,林地和草地利用的地下水量因类型不同而异。流域总的蒸散发量 $Q_{总}$ 计算公式如下:

$$Q_{总} = \sum_{l=1}^{6} E_l \times S_l \tag{21-16}$$

式中, l(取值 1~6)为土地利用的类型数,包括耕地、林地、草地、未利用地、水域湿地和建设用地; E_l 为土地类型 l 的蒸散发量; S_l 为土地类型 l 的面积。

可以利用通过式(21-1)~式(21-5)等计算出的蒸散发量进行验证。相关研究表明,当流域内的储水量的年际变化极小时,进而利用观测的降水量和径流量计算得到的蒸散发量即可认为是"实测"的蒸散发量(Yang et al., 2006)。另外,可以利用野外台站的观测数据和遥感数据对各种土地利用类型和流域的蒸散发进行验证。

3. 黑河流域社会水文变量重建

流域社会水平衡重建包括流域来水量:出山径流和降水;以及用水和耗水方式和数量:社会用水和生态用水,主要涉及土地利用重建。采用第 7 章中描述的水文重建方法,重建上游出山径流、中下游的降水量,以及历史时期的土地利用资料,进而估算实际蒸散发量。

1)降水 $P_{古}$ 重建结果

通过近期的器测资料和历史时期的气候变化趋势估计历史时期的降水。任朝霞等(2010)根据全流域的旱涝灾害记录序列重建了全流域过去 2000 年来的年降水量。本研究中,将 1956~1995 年中下游近 14 个台站各自的平均降水量进行插值,得到黑河流域中游过去 40 年的降水量,将其作为基准值 P_{40},乘以相应的系数 α_i,即可得到历史时期黑河中下游的降水量 $P_{古, i}$,该系数为任朝霞等(2010)所重建的降水序列中历史时期的降水 $P_{任, i}$ 与近代降水量 $P_{任, 近}$ 的比值。其关系可表示为

$$P_{40} = I(P_1, P_n) \tag{21-17}$$

$$P_{古, i} = P_{40} \times \alpha_i \tag{21-18}$$

$$\alpha_i = P_{任, i} / P_{任, 近} \tag{21-19}$$

式中, P_{40} 为通过黑河流域中下游近 14 个台站 1956~1995 年的实测数据插值所得降水量; P_n 为中下游第 n 个台站 1956~1995 年的平均年降水量, $n=1$,…,14; I 为插值方

法；$P_{古,i}$ 为重建出的黑河中下游历史时期第 i 时段的降水量，i 为研究中历史时期所选择的几个时段，$i=1,\cdots,7$；$P_{任,i}$ 为任朝霞等（2010）所重建的降水序列中第 i 时期的降水量；$P_{任,近}$ 为任朝霞等（2010）所重建的降水序列中近代的降水量；α_i 为 $P_{任,i}$（$i=1,\cdots,7$）与 $P_{任,近}$ 的比值。

对应垦殖绿洲的时段（颉耀文，2013），获取任朝霞等重建的各时段降水量，并计算其与过去 40 年黑河流域平均降水的比值，依次为 0.7、0.95、1、0.9、1、0.98 和 0.96。然后将黑河中下游 14 个气象台站（表 21-1）过去 40 年的平均降水量均乘以上述系数，即可得到黑河流域历史时期各时段的降水量，并将其进行插值，进而得到中下游的降水量，如图 21-2 所示。

表 21-1　黑河中下游及其周边气象台站

Table 21-1　The meteorological stations around the mid- and lower reaches of Heihe River Basin

站名	经度/(°)	纬度/(°)	海拔/m	数据年限
山丹	38.79	101.07	1765.9	60
张掖	38.93	100.43	1482.7	62
高台	39.36	99.82	1332.9	60
永昌	38.22	101.97	1976.5	54
酒泉	39.77	98.49	1478.2	62
鼎新	40.31	99.50	1178.6	58
阿拉善右旗	39.23	101.69	1511.5	53
阿拉善左旗	38.50	105.39	1311	60
额济纳旗	41.95	101.07	941.3	53
吉诃德	41.93	99.90	961	28
马鬃山	41.35	96.52	1961	55
梧桐沟	40.72	98.62	1591.7	47
玉门镇	40.28	97.02	1527	60
拐子湖	41.37	102.37	960	53

2）出山径流 $R_{古}$ 重建

在祁连山区，已有很多基于树轮分析技术的径流重建研究，重建成果中最长的径流序列为 1400 多年（Yang et al.，2012）。为了重建黑河流域过去 2000 年的上游出山径流，需要基于以上已重建好的径流序列往前延展。由于学者所用方法和所选树芯样本不同，其重建的径流结果存在差异，甚至相反。所以在延展过程中，首先需要对以上 3 个径流序列进行一致性检验，除了 3 个径流序列之间相互比较外，还参考区域内及周围的其他代用资料所反映的历史时期的水文气象状态，包括青海湖的湖泊沉积、敦德冰芯中的花粉、粉尘和同位素信息等。选择两个效果较好的径流序列，其中短时间序列用于扩展历史时期的径流，而长时间序列用于验证二者相差时段的扩展序列。由于以上重建结果均为黑河干流出山径流，因此为了获取黑河上游汇入中游的径流，需在干流的基础上乘以相应的系数，即可得到黑河上游历史时期的出山径流 $R_{古}$，该系数为黑河流域有器测资料以来的所有台站的多年平均出山径流总量（$R_{总}$）与干流径流（莺落峡水文站控制，$R_{莺落峡}$）的比值。

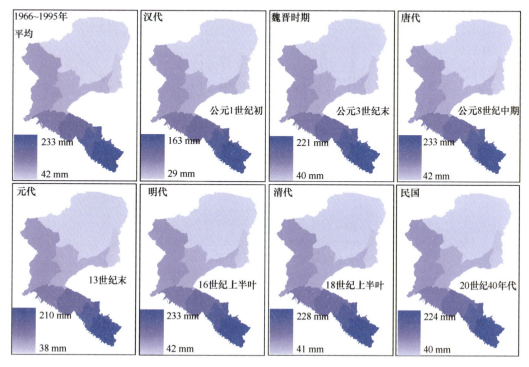

图 21-2　黑河中下游历史时期不同时段的降水量分布
Fig. 21-2　The distribution of precipitation in the mid-and lower reaches of
Heihe River Basin in historical periods

当前已重建的较长黑河干流出山径流序列包括：Qin 等（2010）重建的 1000 年、康兴成等（2002）重建的 1300 年和 Yang 等（2012）重建的 1400 年的径流序列，通过对比和一致性分析后，选择 Qin 等（2010）和 Yang 等（2012）重建的径流序列分别用于径流前推和验证。

作为径流前推依据的数据为 Yang 等（2014）重建的青藏高原东北部长达 3500 年的降水序列，其在建立树木轮宽与降水相关关系时，降水资料大多为祁连山区的气象台站。通过对比发现，过去近 50 年祁连山区的平均年降水量与莺落峡的年径流呈显著相关（图 21-3）。同时，通过对比 Qin 等（2010）和 Yang 等（2012）重建的径流序列与 Yang 等（2014）重建的降水序列，其变化趋势相同。因此基于 Yang 等（2014）重建的降水序列与 Qin 等（2010）重建的径流序列，构建相关关系（$R_{Qin 等（2010）}=0.2771 \times P_{Yang 等（2014）}+80.632$），并据此将 Qin 等（2010）重建的径流序列重建公元 0～1000 年的出山径流（图 21-4）。最后利用 Yang 等（2012）重建的径流序列验证根据降水重建的公元 575～1000 年阶段的径流序列，效果良好。另外，重建的径流序列与任朝霞等（2010）根据文献史料构建的旱涝等级序列具有很好的对应关系，主要是历史时期城镇位于中下游沿河附近，上游来水量对当地百姓生产生活的影响极大：由于当时人类抵御自然灾害的能力较低，上游来水过多或者过少时，在中下游表现为洪涝和干旱灾害。

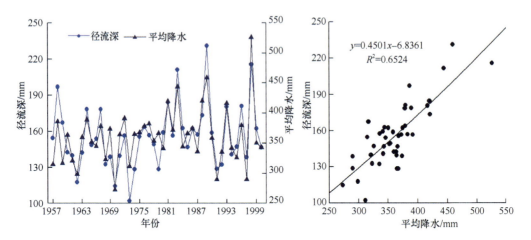

图 21-3　过去 50 年祁连山区平均年降水与莺落峡年径流拟合情况

Fig. 21-3　The fitness between the average precipitation in the Qilian Mountains and the annual streamflow at Yingluoxia

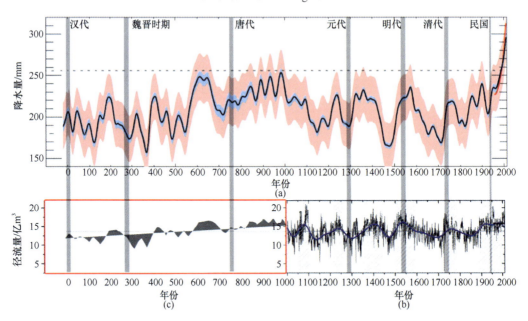

图 21-4　根据降水序列和径流序列重建的出山径流量

（a）Yang 等（2014）重建的青藏高原东北部年降水量；（b）Qin 等（2010）重建的黑河干流年出山径流量；（c）根据上述两条序列的相关关系重建的径流量

Fig. 21-4　The reconstructed streamflow based on the precipitation and streamflow series

(a) Yang et al.'s (2014) annual precipitation reconstruction for the Qilian Mountains over the last 2000 years, with 50 year smoothing. (b) Qin et al.'s (2010) annual streamflow reconstruction spanning the last millennium with 50 year smoothing at YLX. (c) Our extension of the streamflow from 0 to AD1000 based on the Yang et al. (2014) precipitation reconstruction and the Qin et al. (2010) streamflow reconstruction

对于整个中下游而言，上游来水还包括其他支流。根据黑河流域上游水文台站（表

21-2）过去近 50 年的水文观测资料，黑河整个山区的平均出山径流为 37.83 亿 m³，其中黑河干流出山径流量为 15.8 亿 m³。假设历史时期干支流出山径流变化一致，将重建的干流径流量乘以 2.4，即为黑河上游山区的产流量。莺落峡历史时期几个阶段的重建出山径流量为 13.5 亿～16.2 亿 m³，整个出山径流量为 30 亿～37 亿 m³。

表 21-2 黑河流域水文台站
Table 21-2 The hydrological gauges in Heihe River Basin

子水系	水文台站
东部子水系	李家桥站、双树寺站、酥油口站、瓦房城站、莺落峡站、祁连站、札马什克站、正义峡站、肃南站、梨园堡站
中部子水系	丰乐站、红沙河站
西部子水系	新地站、冰沟站

3）土地利用重建

随着"3S"技术和计算机水平的提高，利用遥感影像和解译方法监测和评价区域土地利用与土地覆被变化逐渐普遍。本研究中应用的近期遥感解译数据包括黑河流域近 40 年的土地利用空间数据库（1975 年、2000 年、2010 年）和绿洲数据库（1965 年、1975 年、1990 年、2000 年、2005 年、2010 年）。然而，黑河流域历史时期的土地利用资料极为稀缺。颉耀文（2013a，b）、汪桂生等（2013a，b）、石亮（2010）基于遥感影像和流域自然条件，并综合历史文献、古遗迹和历史地图等资料，重建了黑河流域历史时期 7 个时段的垦殖绿洲规模和分布。但是对黑河流域历史时期天然绿洲的分布情况以及重建方法却知之甚少，本研究尝试利用近期的土地利用数据和颉耀文于 2013 年重建的垦殖绿洲资料（www.heihedata.org/heihe），重建历史时期的天然绿洲面积。黑河流域天然绿洲面积重建方法如下：

首先，对比利用遥感数据解译出的黑河流域近 50 年的土地利用资料，发现绿洲中的耕地比例一直呈增加趋势，另外 1975 年后，黑河流域新增的耕地绝大多数源自未利用地，因此将 1975 年的耕地规模作为流域按照传统的耕地开垦方法所达到的最大规模。根据李并成（1998）和吴晓军（2000）的观点，黑河流域历史时期的耕地开垦具有以下特点：①人们选择天然绿洲区域（草地、林地和水域等）开垦，而不是沙漠等未利用地，因为相比之下，天然绿洲区域的水土条件更好，这是决定历史时期干旱区农业的重要因素；②一旦弃耕，将转变为沙漠等未利用地。古代丝绸之路沿线众多消失的城市就是很好的证明，如楼兰古城、尼雅古城、黑城了等，在汉代时为绿洲国家或者城市，现在都成了沙漠（沈卫荣等，2007）。因此，将历史时期所有的垦殖绿洲面积与 1975 年的绿洲面积进行叠加处理，即黑河流域最大的绿洲规模。最后，从最大的绿洲规模中扣除各时段的垦殖绿洲以及前面所有时段弃耕的区域（第 1 阶段不考虑此部分），即可得到各个时段的天然绿洲。另外在处理过程中，结合谭其骧（1996）的中国历史地图集和相关文献，充分考虑水系变迁对绿洲的影响。利用颉耀文（2013）重建的垦殖绿洲以及根据以上方法重建的天然绿洲，即可获得流域历史时期未利用地的分布和规模。

其中 1975 年、2000 年和 2010 年三期土地利用数据是利用遥感影像解译所得，并对相关类型进行了合并处理：由于城乡、工矿和居民用地较少，将其与耕地合并为垦殖绿洲，将林地、草地和水域合并为天然绿洲，其余为未利用地。此外，通过转移矩阵分析发现，1975 年后新增的耕地大多源自未利用地，而在传统的耕地开垦方法中，通常选择水土条件较好的林草地开垦，故将 1975 年的土地利用状况作为按照传统方法开垦的最终情形。然后将颉耀文（2013）重建的 7 期垦殖绿洲数据与 1975 年的绿洲数据叠加，得到黑河中下游的潜在绿洲规模。然后综合考虑黑河流域历史时期的水系演变、中国历史地图集（谭其骧，1996）和史料记载（沈卫荣等，2007），如明代冯胜大军在攻打下游的黑城时，采取了建沙坝截水断流的办法迫使守军投降，从而可能导致后来的河流改道，等等；中国历史时期的地图册也反映了河道的变化。最后从最大的绿洲规模中扣除各时段的垦殖绿洲以及前面所有时段弃耕的区域（第 1 阶段不考虑此部分），得到各个时段的天然绿洲面积。最终重建的历史时期土地利用如图 21-5 所示，包括垦殖绿洲、天然绿洲和未利用地 3 类。

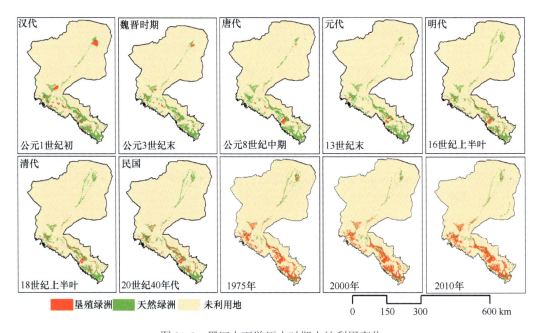

图 21-5　黑河中下游历史时期土地利用变化

Fig. 21-5　The land use changes in the mid-and lower reaches of Heihe River Basin in historical periods

4）蒸散发估算

利用改进的基于 Budyko 假设的 Top-down 方法（Lu et al., 2015a, b），估算流域的蒸散发量 E。首先计算公式中涉及的变量，包括降水量 P、E_0、w、I、$G_{林地}$、$G_{草地}$ 和 $G_{未利用地}$。其中，实际降水 P 采用重建出的降水量。众多研究表明，Penman-Monteith 法在黑河流域具有较高的估算精度（赵丽雯和吉喜斌，2010）。本研究采用 Penman-Monteith 法估算本流域的潜在蒸散发 E_0，采用的数据包括中下游 14 个气象台站的日降水、最高气温、最低气温、平均气温、风速、湿度和日照时数等。最终中下游的潜在蒸散发为 1050~2500mm/a（图 21-6）。对于历史时期，除了部分研究通过树轮和冰心所反映出的气温波动变化外，缺乏必需的器测数据。根据该区域历史时期的气温变化和有器测资料以来多年潜在蒸散发的变化情况：①郑景云和王绍武（2005）总结了在过去 2000 年中国气候变化研究方面的成果，得到过去 2000 年冷暖交替变化，气温波动在 2℃左右。②根据情景模拟分析，保持其他因素不变，温度升高或降低 2℃，潜在蒸散发量增加或者减小不到 9%，实际蒸散发量变化在 5mm以内；张兰影等（2014）在河西走廊古浪河流域的研究结果表明：温度增加 2℃最高引起月蒸散发量增加 1.16mm。③潜在蒸散发计算极为复杂，影响因素很多，气温上升不一定会引起潜在蒸散发的增加，这一现象在黑河流域存在，已被赵捷等（2013）证实：黑河流域 15 个站点年平均气温在 1959~1999 年呈明显上升趋势，但多数站点的潜在蒸散发呈现下降趋势。基于以上三方面的考虑，本研究作出以下假设：将利用器测资料计算出的多年平均潜在蒸散发作为过去的潜在蒸散发。

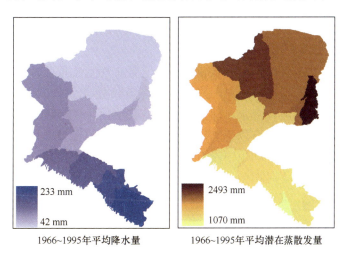

图 21-6　黑河中下游过去 30 年平均降水量和潜在蒸散发量
Fig. 21-6　The average annual precipitation and potential evapotranspiration in the past 30 years in mid- and lower reaches of Heihe River Basin

　　对于灌溉量 I，根据肖生春和肖洪浪（2008b）的研究，中国北方自汉代到近现代的灌溉方式一直是大水漫灌和串灌；同时结合王元第（2003）对黑河水系农田水利开发史的研究，基于作物品种、水利设施条件、灌溉方式、耕作条件和复种情况等因素的考虑，古代农田灌溉定额与近现代接近。在 1970~1985 年，黑河中游灌溉农业发展迅速，并且灌溉方式和技术都有了一定的改变和提高，表现在小地块的畦灌和沟灌以及小规模喷灌和滴灌等现代节水灌溉技术的出现（肖生春和肖洪浪，2008b；王根绪等，2005）。根据张掖市统计年鉴数据，各县（区）灌溉定额差异较大，毛灌溉定额平均在 7872~17356.5m³/hm²。考虑到从 20 世纪 90 年代中期以来，单一小麦为主的种植结构逐渐被玉米制种和小麦两种主要作物取代，后期的灌水定额相对前期有所提高，因此净灌溉定额在 1985 年前取毛定额的 50%，在 1986 年以后取 65%，区域平均净灌溉定额在前后两个阶段分别为 5000 m³/hm² 和 6500 m³/hm² 左右。根据王根绪等（2005）和田伟等（2012）

的研究结果，林地对地下水的蒸散发强度达到 2700 m³/hm²；而草地因覆盖度不同而异，最终根据高覆盖度、中覆盖度和低覆盖度草地的权重，草地对地下水的蒸散发强度为 2000 m³/hm²；对于未利用地，由于地下水埋深大，其对地下水的影响可以忽略。历史时期土地利用资料只分为垦殖绿洲、天然绿洲和未利用地，将垦殖绿洲的灌溉量和地下水对天然绿洲的供给量分别设为 500mm 和 225mm。

w 是模型一个重要参数，由地形、土壤和植被等决定。关于 w 值在中国不同地区的确定问题，Yang 等（2007）开展过系统的研究，在黄土高原地区的众多流域（$E/P>0.8$），w 值大于 3，最高为 4.4；在内陆河上游区（E/P 为 0.5~0.8），w 值大多数在 1.5 以上。相比黄土高原和内陆河上游区域，黑河中下游地势更加平坦，气候更加干燥，土壤下渗能力较强，并且考虑到不同的地表覆盖的影响，如耕地、草地和林地，将耕地的 w 值设置为 3.5，而草地和林地分别为 3.2 和 3.8，对于历史时期的垦殖绿洲、天然绿洲和未利用地，其 w 值分别为 3.5、3.5 和 3（Zhang et al.，2001）。确定以上变量后，即可计算各种土地利用的实际蒸散发，最终得到整个区域的蒸散发量。

5）黑河流域社会水平衡重建

基于重建的水文变量模拟流域水量平衡并验证，然后提取耕地的蒸散发作为社会用水量。根据重建的土地利用资料、降水和潜在蒸散发，计算得到流域的实际蒸散发量。结合重建的出山径流和降水，即可根据公式得到区域的储水量变化。对于历史时期的黑河流域，地下水开采可以忽略，那么中下游的储水量变化即为尾闾湖的水量变化。由于在历史时期，土地利用中没有准确刻画湖泊等地物类型，而是将其视为天然绿洲的一部分，因此历史时期中下游水量的储存变化即为汇入尾闾湖的径流量变化。对于近期的黑河流域，可以准确划分各种地物类型，计算的结果即为中下游水量的储存变化。

水量平衡模型最关键的一环就是验证。湖泊是流域地表物质运移的主要载体，气候和环境变化共同控制着湖泊演变过程，因此湖泊沉积物连续且敏感地记录了区域及全球的气候和环境变化（张洪等，2004）。由于历史时期尚未建设大型的水利工程，如水库和水坝等，那么黑河中下游入湖流量变化主要表现为尾闾湖变化，包括水面、水位和水量变化以及迁移。尾闾湖的水面大小、水位深浅和水量及迁移影响着湖泊沉积过程，因此通过湖泊沉积物可以很好地反演尾闾湖的演变过程。已有众多研究利用黑河流域尾闾湖的湖泊沉积物反演了湖泊的演变历史，所用指标包括湖泊沉积物粒度、元素含量及其比值、盐度、古色素、磁化率等。利用其反演出的流域沉积环境可以较好地对基于水量平衡计算出的入湖流量进行验证。另外，河岸林的树木轮宽同样可以反映出河道的过水环境和湖泊的演变情况（Xiao et al.，2005）。虽然相比尾闾湖的湖泊沉积物，当地树木年轮反演的时间尺度短暂得多，但其分辨率更高，对历史时期的特殊水文事件捕捉能力更强。

在黑河流域已经积累了大量成果。表 21-3 为通过水文重建和水量平衡方程计算出的汇入尾闾湖的水量变化，以及前人利用湖泊沉积物反演出的湖泊演化过程和气候环境。

表 21-3　历史时期入湖流量变化以及尾闾湖演变

Table 21-3　The changes of the streamflow into the terminal lake and its
evolutions in historical periods

阶段	入湖流量（储水量变化） /（亿 m³/a）	尾闾湖演变
汉代	7.5	东居延海湖泊萎缩（张振克等，1998），沉积物剖面中的细磁性矿物达到峰值（张振克等，1998；翟文川等，2000）。这可能受到低入湖水量和尾闾湖周边剧烈的人类活动影响
魏晋时期	9.2	东居延海湖泊仍然处于萎缩过程，湖泊初级生产力低，如颤藻黄素、蓝藻叶绿素和衍生物总含量少（张振克等，1998；翟文川等，2000）。这可能是低入湖水量和因战争等因素开垦减弱的影响
唐代	18.1	东居延海沉积物中高含量的淤泥和黏土，以及较少的粗颗粒反映出湖泊水动力稳定，大湖面和高湖水位（靳鹤龄等，2005；Jin et al.，2004）。这反映出该阶段入湖流量大
元代	14.9	同上
明代	18.9	东居延海湖水盐度降低，湖面扩大（张振克等，1998）。这反映出入湖流量大
清代	11.8	同上
民国后期	15.4	东居延海湖泊保持较大的面积（肖生春和肖洪浪，2004b；张振克等，1998）
1975 年	2.0	西居延海干涸，东居延海扩张和萎缩相间（肖生春和肖洪浪，2004b；张振克等，1998）。这是由于中游剧烈开垦，径流减少且不稳定
2000 年	-2.8	东居延海干涸，地下水位下降（肖生春和肖洪浪，2004b；Xiao et al，2004）。这是由于中游剧烈开垦，流域地下水过度开采
2010 年	-0.5	东居延海和天鹅湖湖面恢复

根据廖杰等（2015）对黑河调水以来额济纳盆地湖泊蒸发量的估算，湖泊水面多年平均蒸发量约为 2100mm；另外据肖生春和肖洪浪（2008b）对历史时期黑河尾闾湖湖面蒸发耗水量的估算结果：年均蒸发量约为 2250mm。另外黑河尾闾湖经历了不同阶段，其湖面面积也差异明显：古居延泽湖面达 882km²；东西居延海相连时，湖面达 1200km²，西居延海最大时达 804km²，后来减少到 1960 年的 213km² 直至干涸；东居延海最大时达 400km²，后来逐渐减小甚至间歇性干涸，现在又恢复了湖面（肖生春和肖洪浪，2008b；刘亚传，1992；陈隆亨和肖洪浪，1990）。根据尾闾湖的面积和估算出的年均蒸发量，即可得到维持湖面不变的最少入湖水量，结合湖泊演变过程，发现表 21-3 中的结果较为合理，在所选的汉代和魏晋时期，入湖水量明显小于湖面年蒸发量，故湖泊呈现一个萎缩的状态，这一些现象在湖泊沉积物中得以记录（张振克等，1998；翟文川等，2000），而在唐代、元代、明代、清代期间所选的几个时段以及民国末期，入湖水量有所增加，加之湖泊规模有所减少，所以入湖水量可以维持湖面甚至促使湖面扩大，而到新中国成立后，农业飞速发展，水资源更加紧张，正义峡以下河道很多地方被筑坝引水，入湖水量急剧减少，致使西居延海干涸，东居延海也间歇性干涸。2000 年后，国家调水工程的实施，保证了一定的入湖流量，但中游地下水又呈现亏缺状态（王金凤和常学向，2013；闫云霞等，2013），表 21-3 中所计算出的负值正源于此。

21.2.3　人水文关系评价指标选取以及阶段划分

流域是一个协同进化的社会-生态系统，在该系统中，水管理决策影响着环境的产出，而这一切又由社会条件决定。对于流域尺度上的人水关系演变，应用社会学领域的转变理论（transition theory），选取评判流域人水关系演变的相应指标，基于指标的变化，确定和阐释黑河流域人水关系演变过程的关键状态。

一般来说，转变可以理解成系统从动态平衡的一个阶段转变成另一个阶段的变化过程。虽然这样的演变模式是非线性的，并且受众多互相关联的因子的影响，但是 Rotmans（2005）仍将转变过程划分为 4 个不同的阶段：预发展期、起飞期、加速期和稳定期。在发展前期，已有的机制和权力现状不会明显地变化，但是到了起飞期后，快速的社会变化过程开始，直到进入另一种状态。转变受到内部或者外部因子的激励。转变可以利用一组系统指标监测和评价。这些指标是具有实际物理意义的变量或者它们的替代参数。在本研究中，采用与流域人类活动和水资源密切相关的因子理解黑河流域过去 2000 余年来人水关系的演变过程。鉴于黑河流域自汉朝以来，大多时期以农业为主体经济，另外根据数据的可获取性，选择的具体指标如下：

1. 人口

人类作为各种社会经济活动的主体，不仅是执行者，也是受益者。黑河流域内，社会经济活动将水资源、绿洲和城镇聚落连接起来，水资源分配、社会经济活动方式以及生态环境与人口的空间分布和人口数量紧密相关，人口规模决定着水土资源的压力（李静，2010；张翠云和王昭，2004）。因此，人口是衡量人水关系最基本的参数。

2. 耕地面积

人类通过生产生活改变流域下垫面条件，直接或间接地影响水循环各要素，从而影响整个水循环过程。耕地是农业绿洲最重要的土地利用类型，耕地面积增加，使灌溉用水量增加，引起作物蒸散发量加大。因此，耕地面积是反映人水关系的重要指标之一（张强和胡隐樵，2002）。

3. 人类用水量

黑河流域自从汉代屯田开地开始，用于灌溉耕地的水量占据流域人类用水量的绝大部分，以张掖盆地为例，当前的农业耗水仍旧占到流域用水量的 90% 以上。考虑到历史时期关于人类生活用水数据的缺乏，且所占比例小，此处的人类用水即为耕地的蒸散发量（Lu et al.，2015a）。考虑到黑河中下游区域降水量小，降雨基本不产流，因此对于历史时期的人类用水主要是指耕地的蒸散发与降水量之差，反映了人类社会发展对水循环的影响（康尔泗等，2007；李静，2010）。

4. 天然绿洲面积

由于中下游基本不产流，其出山径流除了主要用于人类活动（如农业灌溉）外，剩余部分用于维持一定的天然绿洲，包括湖泊、湿地、林地和草地等。当人类用水过多时，用于维持天然绿洲的水量就被压缩，导致天然绿洲的退化（李静，2010）。因此，天然绿洲面积是反映供给环境的水资源量和人水关系的重要指标。

最后根据以上指标的变化速率和变化趋势，利用转变理论对黑河流域过去 2000 年的人水关系变化过程进行划分。

21.3　流域过去 2000 年人水关系变迁

在民国以前，汉代的垦殖绿洲规模最大，随后垦殖规模减少，明清时代又有所恢复，到 20 世纪 50 年代基本上恢复到汉代的水平，新中国成立后耕地面积飞速增加，2010 年耕地规模超过 6000km^2。对于天然绿洲，从汉代到元代天然绿洲缓慢减少，明代到清代减少较为明显，在 20 世纪下半叶天然绿洲急剧减少，公元 2000 年后天然绿洲面积有微弱增加。黑河流域的人口变化大致为，从汉代到元代人口变化不大，明清时代人口增加明显，在清朝鼎盛时期黑河流域人口规模超过 100 万，但清代后期和民国阶段有所减少，新中国成立后人口迅速增加，2010 年人口达 197.3 万。人类用水量变化在新中国成立以前与垦殖绿洲的变化趋势一致，新中国成立后的人类用水量和耕地面积一样一直增加，但变化趋势不完全一致，主要是考虑了作物的种植结构变化，灌溉制度有所调整，而在历史时期所设置的灌溉定额保持不变。对于汇入尾闾湖的水量，其影响因素众多，包括上游山区的出山径流、中下游降水、人类活动，如开垦耕地等。由于汉代垦殖绿洲规模较大，加之所选时段出山径流偏低，汇入尾闾湖的水量较少，其后，垦殖绿洲规模减小，汇入尾闾湖的水量有所增加，但波动较大；清代垦殖绿洲规模有所恢复，汇入尾闾湖水量再次减少。新中国成立后 50 年，随着耕地面积的急剧增加，汇入尾闾湖的水量急剧减少。2000 年后，汇入尾闾湖的水量微弱增加，一是得利于近十年上游山区的相对丰富的出山径流，二是节水措施和种植结构调整的效果（图 21-7）。

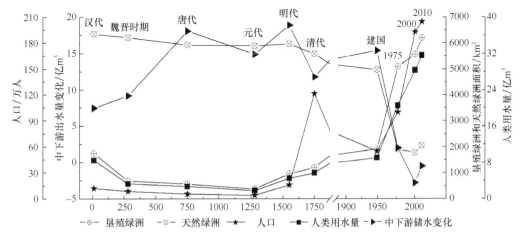

图 21-7　过去 2000 余年黑河流域人水关系评价指标的变化

Fig. 21-7　Changes of the evaluation index of human-water relationships in the past 2000 years in Heihe River Basin

以上 5 个因子变化可分为两类：一类是水-生态系统相关的因子，包括天然绿洲和汇入尾闾湖的水量，大致呈现出汉代到元代的波动变化或者微弱减小，明代到清代缓慢减少，20 世纪 50 年代到 2000 年急剧减少，2000 年后有所增加；另一类是人类社会系统相关的因子，包括人口、垦殖绿洲或耕地规模以及人类用水量，其变化大致表现为汉代到元代的平缓变化，明代到清代垦殖绿洲和人类用水量缓慢增加，而人口增加明显，50 年代以后急剧增加。

基于天然绿洲和人类用水量的变化速率和变化趋势(k)，另外考虑到朝代的起始时间，将人水关系演变划分为 4 个阶段：①预发展期（公元前 206 年至公元 1368 年）；②起飞期（1368～1949 年）；③加速期（1949～2000 年）；④稳定期（2000 年以后）（图 21-8）。

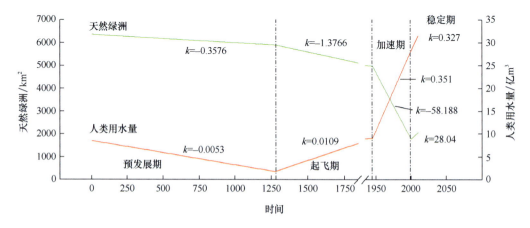

图 21-8　黑河流域过去 2000 余年人水关系变化过程

Fig. 21-8　The development stages of evolutionary processes of human-water relationships in the past 2000 years in Heihe River Basin

21.3.1　预发展期（公元前 206 年～公元 1368 年）

人水关系和谐期始于汉代。汉代之前，月氏、乌孙和羌人等部落在河西地区进行游牧，后来被匈奴占领，但这期间均以游牧生产方式为主，逐水而居，社会经济活动不发展，对环境影响较小（程弘毅等，2011）。自从汉武帝开拓河西以后，先后在这里设置了酒泉、张掖、敦煌和武威四郡，为了巩固边防，实行屯田政策，在古居延三角洲中上部大规模屯田，耕地面积得到了空前的发展，生产方式由游牧业转变为农业。公元 140 年居延有 1560 户，人口 4733 人，从地面渠道遗迹推算，耕地面积约 370km^2（龚家栋等，2002；胡春元等，2000）。然而到了东汉晚期，由于前期长期的战争，黑河流域人口流失、农田水利遭到破坏，农业生产受到一定影响。在南北朝和元代期间，除了唐代维持较为稳定的社会环境外，其余时段战争频发，大量农田弃耕，并且游牧业自从东汉被重视后，与农业兼营。在这 1500 余年间（公元前 206 年～公元 1368 年），人口波动变化，没有增长，垦殖绿洲和天然绿洲变化较小，除了汉代人类用水量较多外，其他几个时段人类用水量在 5 亿 m^3 左右，汇入尾闾湖的水量整体较为充足，大多时候维持着较大湖面（靳鹤龄等，2005；Jin et al.，2005）。整体来说，该阶段人类活动对水系统影响较小，人水关系和谐。

21.3.2　起飞期（1368～1949 年）

人水关系紧张期包括明清两代和民国时段，张掖农业发展加快，用水矛盾逐渐生成。明代在张掖各卫所均设有军屯和民屯，并令各卫所以三分成守、七分屯田，做到中央王朝重视、地方官吏尽职（王元第，2003）。这一时期屯田数目大，分布范围广，屯田力量增加，成就比较显著。另外水利兴修规模大，河渠工程众多，虽然大多数为明代所开，但也有部分是在前朝废旧淤塞的基础上进行疏浚。然而明清之际的张掖社会和生产情况出现停滞甚至倒退，主要原因有：战乱频繁；水灾严重；板结土地及盐碱地较多；此时虽然用水不是特别紧张，但是用水浪费多，到了集中灌溉时候仍产生较多水事纠纷。然而此时已有了珍惜水资源和保护水源涵养林的意识，这对后期的节水和分水等举措的实行具有一定帮助（王元第，2003）。

在清政府统一新疆后，张掖被作为一个军事、政治和经济重镇，为了巩固清朝在西北地区的统治，采取一些措施恢复张掖的农业经济。这些措施涉及人口、用水和开地等方面，使得张掖境内的农业经济得到恢复和发展：①开垦大量荒地，扩大耕地面积；②人口迅速增长；③水利设施改善（王元第，2003）。从清朝道光二十年（公元 1840 年）到 1949 年，中国处于半殖民地半封建社会，这期间张掖与全中国一样，社会状况十分混乱，农田水利受到巨大影响，农业经济呈凋敝衰落状态。在 20 世纪初期，黑河流域水系仍然完整，支流基本上与干流黑河还保持着地表水力联系，下游的湿地面积约 2500km²，其中，古日乃约为 1500km²，拐子湖约为 600km²，西居延海约为 267km²，木吉湖约为 80km²，东居延海约为 35.5km²（高前兆和李福兴，1991；龚家栋等，2002；李静等，2009）。所以从这个角度来看，民国后期的农业发展得到了一定保证。

从明代到 1949 年，共 580 余年，人口在清代达到峰值后又减少，整体呈增加趋势；垦殖绿洲面积增大，并从黑河下游向中游迁移；人类用水量以 $1.09 \times 10^6 \mathrm{m}^3/\mathrm{a}$ 的速率增加；入湖水量呈减少趋势，天然绿洲以 1.38km²/a 的速率减少。这期间，水事纠纷开始增多，促使分水用水规章的出现（程弘毅等，2011；王元第，2003）。综合来讲，该阶段人水关系处于起飞状态，人水矛盾开始出现。

21.3.3　加速期（1949～2000 年）

新中国成立后的 50 年为黑河流域人水关系的恶化阶段。在这近 50 年内的很长时期，人类活动程度剧烈且无序，主要可以分为 3 个阶段：①第一阶段为 20 世纪 50 年代。新中国刚刚成立，一系列的政策提高了百姓的积极性，如 1950～1952 年的土地改革，使农民在经济上做了主人，新的生产关系极大地促进了生产力的发展，人类活动增强，特别是在 50 年代末期，受全民抗旱、农业合作化运动和"大跃进"的驱动，各种人类活动达到高潮。②第二阶段为 20 世纪 60～70 年代。60 年代受自然灾害和"文化大革命"的影响，农业生产受到影响，农业活动基本荒废，人类活动较弱；70 年代因干旱和有关会议精神的鼓舞，广泛建设水库、渠道、机井等水利设施，抵御干旱，加大中游和下游上段农业开发规模，人类活动又一次出现高潮。③第三阶段为 20 世纪 80～90 年代，改革开放以后，商品粮基地的建设和垦荒造田活动的进行，增加大量耕地，促使修浚和完善各类水利工程（张翠云和王昭，2004）。

这 50 年剧烈的农业活动改变了流域中下游的水系分布格局和水资源分配，尤其是从 20 世纪 80 年代起，农业灌溉引水量剧增，导致流域内众多支流与干流失去地表水力联系，下泄水量大幅度减少（陈隆亨，1996；龚家栋等，1998；王根绪和程国栋，1998）。额济纳旗年入境水量由 40～50 年代的 10 亿 m^3 减少至 2000 年前后的 2 亿～3 亿 m^3，河道断流期也从 100 天左右增加到 200 多天。西居延海和东居延海相继于 1961 年和 1992 年干涸，湖盆不久就变成戈壁和盐漠，曾经"湍湍不息"的居延海从此成为历史。由于得不到地表水的补给，地下水位下降，水质恶化。原先成片分布的芨芨草甸和芦苇沼泽消失殆尽；东、西居延海地区荒漠化迅速发展；生物多样性减少，原有的 130 多种植物种，减少种类超过 70%（龚家栋等，2002）。

在这短短的 50 年间，人口、耕地面积和人类用水量飞速增加，人口增加了 2.5 倍，耕地增加了 2 倍，人类用水量从 10 亿 m^3 增加到近 30 亿 m^3，增加速率达 0.35 亿 m^3/a，主要是 20 世纪 60 年代全球的绿色革命和中国 1978 年改革开放的推动作用，加速了农业的发展和人口的增加。然而，随着流域耕地面积和用水量的增加，汇入尾闾湖的水量减少，使得湖泊萎缩甚至干涸，地下水位下降和地下水储水减少等；天然绿洲面积同样急剧减少，减少速率达 58 km^2/a，主要原因有：一方面部分林地和草地等被开垦成耕地，另一方面由于流域生态用水被人类生产生活挤占，造成湖泊萎缩以及草地退化等。这一阶段，人类活动对水系统的影响达到顶峰，环境退化严重，表现为河道和湖泊相继干涸、天然绿洲面积减少、荒漠化迅速发展、沙尘暴频发。在此阶段，人水矛盾尖锐。

21.3.4　稳定期（2000 年以后）

为了遏制黑河流域生态环境继续恶化，国家和地方采取了一系列措施，如 2001 年起的天然林保护工程，"三北"防护林工程，2002～2004 年的退耕还林还草工程，2002 年张掖市作为国家节水型社会的试点城市，这些措施在一定程度上保证和提高了生态用水，保护了流域的生态系统。此外，2000 年开始实施的分水工程成为流域水资源重新分配的举措，也是恢复下游生态系统的关键。当莺落峡正常年份来水（多年平均）15.8 亿 m^3 时，正义峡下泄水量达到 9.8 亿 m^3，全流域生态用水达到 7.3 亿 m^3（唐德善和蒋晓辉，2009）。从 2000～2010 年，11 年间共计实施"全线闭口、集中下泄"措施 35 次、700 天。累计为下游额济纳调入水量 57.6 亿 m^3，累计灌溉绿洲面积 471.4 万亩，浸润灌溉 19 条支流 1105km 的河道，保护了两岸濒临枯死的胡杨和柽柳。2002 年，东居延海自 1992 年干涸后首次进水，除了后来经历过短暂的干涸外，整体上水面不断增大，年内存在变化。2004 年，东居延海水面增加到 35.7 km^2，达到 1958 年以来的最大水面；2005 年，东居延海首次保持连年不干；2006 年，东居延海首次出现春季进水；2007 年东居延海水域面积最大为 39 km^2，为 2002 年补水以来的最大值，也是 20 世纪 50 年代后期有水文记录以来的最大值；2008 年，首次实现了春季输水入西居延海。2009 年、2010 年，西河连续实现春季全干流过水。

另外，经过多年的黑河水量调度和黑河流域综合治理，下游生态急剧恶化的趋势得到有效遏制，并正在逐步恢复和好转。随着下游生态环境的改善，沙尘暴次数减少；大风日数和扬沙日数减少近一半，年均风速从 3.6m/s 降为 2.8m/s。随着进入下游水量的增加，下游河道断流天数减少。黑河下游狼心山断面断流天数在实施统一调度后急剧减少，从 1995～1999 年的 230～250 天减少为 90 天。地下水位持续下降的趋势得到初步遏制，2006 年地下水位达到或接近 1995 年以来的历史最高值；与 2002 年的地下水位相比，2006 年东河地区、西河地区和东居延海周边地区平均分别回升了 0.48m、0.36m 和 0.48m。黑河下游地区地下水的上升，加之下游灌溉的影响，极大地改善了土壤水分条件，促进了绿洲植被的生长。绿洲面积增大的同时，局部地区林草覆盖度逐年提高，数据显示：额济纳绿洲植被平均覆盖度和产草量指标逐年增加，2003 年比 2002 年分别提高了 9.77% 和 170%，2004 年比 2003 年分别提高了 8.57% 和 172%，随着植被覆盖度的增加，水土保持功能增强，每年减少土壤侵蚀量 7.73 万 t，有力地保护了西北地区这一重要的生态屏障。

在这个阶段，人口持续增加，耕地面积和人类用水量同样增加，但天然绿洲和汇入尾闾湖的水量相比 2000 年有所增加，其中天然绿洲面积增加速率为 28 km²/a。这表示 2000 年后黑河流域人水关系达到了一个新的平衡期。

21.4　结　　论

利用现有的水文气象资料、下垫面数据、社会经济数据、中国历史地图册以及相关的代用资料，如树木年轮、湖泊沉积、冰芯、孢粉等，通过历史分析和水文重建方法，重建出黑河流域过去 2000 年系统的上游成水环境、中下游用水环境和水成环境的变迁过程，包括黑河流域中下游降水量、上游山区的出山径流、中下游的土地利用变化。采用改进的基于 Budyko 假设的 Top-down 方法以及水量平衡方程，估算得到基于流域土地利用变化的蒸散发，并模拟和验证流域水量平衡。成功地重建出黑河流域 2000 年的生态-水文-社会变量数据集和水量平衡，为揭示流域千年尺度的人水关系演变提供了数据基础。综合人口以及基于水量平衡方程剥离出的人类用水量、天然绿洲和垦殖绿洲面积等因子的变化，应用制度变迁理论将黑河流域人水关系演变过程划分为相应的 4 个阶段：①预发展期（公元前 206 年～公元 1368 年），人水关系较为和谐；②起飞阶段（1368～1949 年），人水矛盾加剧；③加速阶段（1949～2000 年），人水矛盾尖锐；④稳定期（2000 年后），人水关系重新达到较为和谐的状态。所揭示出的黑河流域过去 2000 余年人水关系演变过程，为流域当今合理开发治理和未来规划提供借鉴和参考。集成水文重建方法、水文模型和社会理论，从千年尺度刻画流域生态-水文-社会的相互作用与反馈机制，为社会水文学研究提供了一个典范，另外也弥补了传统水文学和生态水文研究中社会驱动和响应研究的不足。

参 考 文 献

陈隆亨, 肖洪浪. 1990. 我国西北干旱地区内陆河流域下游土地荒漠化及其对策. 干旱区资源与环境, 4(4): 36～44.

陈隆亨. 1996. 黑河下游地区土地荒漠化及其治理. 自然资源, (02): 35～43.

程弘毅, 黄银洲, 赵力强. 2011. 河西走廊历史时期的人类活动. 中国科技论文在线, 1-7.

傅抱璞. 1981. 论陆面蒸发的计算. 大气科学, 5(1): 23～31.

高前兆, 李福兴. 1991. 黑河流域水资源合理开发利用. 兰州: 甘肃科学技术出版社.

龚家栋, 程国栋, 张小由, 等. 2002. 黑河下游额济纳地区的环境演变. 地球科学进展, 17(4): 491～496.

龚家栋, 董光荣, 李森, 等. 1998. 黑河下游额济纳绿洲环境退化及综合治理. 中国沙漠, 18(1): 44～50.

胡春元, 李玉宝, 高永. 2000. 黑河下游生态环境变化及其与人类活动的关系. 干旱区资源与环境, 14(增刊): 10～14.

颉耀文. 2013. 黑河流域历史时期垦殖绿洲空间分布数据集. 黑河计划数据管理中心. doi: 10.3972/heihe.092.2013.db.

颉耀文, 王学强, 汪桂生, 等. 2013a. 基于网格化模型的黑河流域中游历史时期耕地分布模拟. 地球科学进展, 28(1): 71～78.

颉耀文, 余林, 汪桂生, 等. 2013b. 黑河流域汉代垦殖绿洲空间分布重建. 兰州大学学报(自然科学版), 49(3): 306～312.

靳鹤龄, 肖洪浪, 张洪, 等. 2005. 粒度和元素证据指示的居延海 1.5kaBP 来环境演化. 冰川冻土, 27(2): 233～240.

康尔泗, 陈仁升, 张智慧, 等. 2007. 内陆河流域水文过程研究的一些科学问题. 地球科学进展, 22(9): 940～953.

康尔泗, 程国栋, 蓝永超, 等. 1999. 西北干旱区内陆河流域出山径流变化趋势对气候变化响应模型. 中国科学(D 辑), 29(增刊 1): 47～54.

康兴成, 程国栋, 康尔泗, 等. 2002. 利用树轮资料重建黑河近千年来出山口径流量. 中国科学(D 辑), 32(8): 675～685.

李并成. 1998. 河西走廊汉唐古绿洲沙漠化的调查研究. 地理学报, 53(02): 106～115.

李静. 2010. 黑河流域生态环境历史演变研究. 金华: 浙江师范大学硕士学位论文.

李静, 桑广书, 刘小燕. 2009. 黑河流域生态环境演变研究综述. 水土保持学报, 16(6): 210～215.

廖杰, 王涛, 薛娴. 2015. 黑河调水以来额济纳盆地湖泊蒸发量. 中国沙漠, 35(1): 0228～0232.

刘亚传. 1992. 居延海的演变与环境变迁. 干旱区资源与环境, 6(2): 9～18.

任朝霞, 陆玉麒, 杨达源. 2010. 黑河流域近 2000 年的旱涝与降水量序列重建. 干旱区资源与环境, 24(6): 91～95.

沈卫荣, 中伟正义, 史金波. 2007. 黑水城人文与环境研究. 见: 环境研究: 黑水城人文与环境国际学术讨论会文集. 北京: 中国人民大学出版社.

石亮. 2010. 明清及民国时期黑河流域中游地区绿洲化荒漠化时空过程研究. 兰州: 兰州大学硕士学位论文.

谭其骧. 1996. 中国历史地图集. 北京: 中国地图出版社.

唐德善, 蒋晓辉. 2009. 黑河调水及近期治理后评估. 北京: 中国水利水电出版社.

田伟, 李新, 程国栋, 等. 2012. 基于地下水陆面过程耦合模型的黑河干流中游耗水分析. 冰川冻土, 34(3): 668～679.

汪桂生, 颉耀文, 王学强, 等. 2013b. 明代以前黑河流域耕地面积重建. 资源科学, 35(2): 362～369.

汪桂生, 颉耀文, 王学强. 2013a. 黑河中游历史时期人类活动强度定量评价——以明、清及民国时期为例. 中国沙漠, 33(4): 1225～1234.

王根绪, 程国栋. 1998. 近 50a 来黑河流域水文及生态环境的变化. 中国沙漠, 18(3): 233～238.

王根绪, 杨玲媛, 陈玲, 等. 2005. 黑河流域土地利用变化对地下水资源的影响. 地理学报, 60(03): 456～466.

王金凤, 常学向. 2013. 近 30a 黑河流域中游临泽县地下水变化趋势. 干旱区研究, 30(4): 594～602.

王元第. 2003. 黑河水系农田水利开发史. 兰州: 甘肃民族出版社.

吴晓军. 2000. 河西走廊内陆河流域生态环境的历史变迁. 兰州大学学报(社会科学版), 28(4): 46～49.

肖洪浪, 程国栋. 2006. 黑河流域水问题与水管理的初步研究. 中国沙漠, 26(1): 1～5.

肖生春, 肖洪浪. 2004a. 额济纳地区历史时期的农牧业变迁与人地关系演进. 中国沙漠, 24(4): 448～450.

肖生春, 肖洪浪. 2004b. 近百年来人类活动对黑河流域水环境的影响. 干旱区资源与环境, 18(3): 57～62.

肖生春, 肖洪浪. 2008a. 黑河流域水环境演变及其驱动机制研究进展. 地球科学进展, 23(7): 748～755.

肖生春, 肖洪浪. 2008b. 两千年来黑河流域水资源平衡估算与下游水环境演变驱动分析. 冰川冻土, 30(5): 733～739.

闫云霞, 王随继, 颜明, 等. 2013. 黑河中游甘州区地下水埋深变化的时空分异. 干旱区研究, 30(3): 412～418.

翟文川, 吴瑞金, 王苏民, 等. 2000. 近 2600 年来内蒙古居延海湖泊沉积物的色素含量及环境意义. 沉积学报, 18(1): 13～17.

张翠云, 王昭. 2004. 黑河流域人类活动强度的定量评价. 地球科学进展, 19(增刊): 386～390.

张洪, 靳鹤龄, 肖洪浪, 等. 2004. 东居延海易溶盐沉积与古气候环境变化. 中国沙漠, 24(4): 409～415.

张兰影, 庞博, 徐宗学, 等. 2014. 古浪河流域气候变化与土地利用变化的水文效应. 南水北调与水利科技, 12(1): 42～46.

张强, 胡隐樵. 2002. 绿洲地理特征及其气候效应. 地球科学进展, 17(4): 477～486.

张振克, 吴瑞金, 王苏民, 等. 1998. 近 2600 年来内蒙古居延海湖泊沉积记录的环境变迁. 湖泊科学, 10(2): 44～51.

赵捷, 徐宗学, 左德鹏. 2013. 黑河流域潜在蒸散发量时空变化特征分析. 北京师范大学学报(自然科学版), 49(2/3): 164～169.

赵丽雯, 吉喜斌. 2010. 基于 FAO-56 双作物系数法估算农田作物蒸腾和土壤蒸发研究——以西北干旱区黑河流域中游绿洲农田为例. 中国农业科学, 43(19): 4016～4026.

郑景云, 王绍武. 2005. 中国过去 2000 年气候变化的评估. 地理学报, 60(1): 21～31.

竺可桢. 1973. 中国近五千年来气候变迁的初步研究. 中国科学(B 辑), (2): 168~189.

左其亭, 张云. 2009. 人水和谐量化研究方法及应用. 北京: 中国水利水电出版社.

Alberto M, Young G, Savenije G H H, et al. 2013. Panta Rhei-Everything Flows: Change in hydrology and society—The IAHS Scientific Decade 2013～2022. Hydrological Sciences Journal, 58(6): 1256～1275.

Budyko M I. 1958. The Hcat Balance of the Earth's Sur face. US Weather Bureau translation.

Budyko M I. 1974. Climate and Life. San Diego, Calif: Academic: 72～191.

Choudhury B. 1999. Valuation of an empirical equation for annual evaporationusing field observations and results from a biophysical model. Journal of Hydrology, 216: 99～110.

Jin H L, Xiao H L, Sun L Y, et al. 2004. Vicissitude of Sogo Nur and environmental-climatic change during last 1500 years. Science in China Series D: Earth Sciences, 47(1): 61～70.

Jin H L, Xiao H L, Zhang H, et al. 2005. Evolution and climate changes of the Juyan Lake revealed from grain size and geochemistry element since 1500a BP. Journal of Glaciology and Geocryology, 27(2): 233～240.

Lu Z X, Wei Y P, Xiao H L, et al. 2015a. Evolution of the human–water relationships in Heihe River basin in the past 2000 years. Hydrology and Earth System Sciences, (19): 2261~2273.

Lu Z X, Wei Y P, Xiao H L, et al. 2015b. Trade-offs between midstream agricultural production and downstream ecological sustainability in the Heihe River basin in the past half century. Agricultural Water Management, 152: 233~242.

Qin C, Yang B, Burchardt I, et al. 2010. Intensified pluvial conditions during the twentieth century in the inland Heihe River Basin in arid northwestern China over the past millennium. Global and Planetary Change, 72(3): 192~200.

Rotmans J. 2005. Societal Innovation: Between Dream and Reality Lies Complexity. DRIFT Research Working Paper, Erasmus Research Institute of Management(ERIM), Rotterdam, the Netherlands, doi: 10.2139/ssrn.878564.

Schreiber P. 1904. On the relationship between precipitation and the runoff of rivers in Central Europe. Z Meteorol. 21: 441~452.

Sivapalan M, Savenije G H H, Blöschl G. 2012. Socio-hydrology: A new science of people and water. Hydrological Processes, 26(8): 1270~1276.

Xiao S C, Xiao H L, Si J H, et al. 2005. Lake level changes recorded by tree rings of lakeshore shrubs: a case study at the Lake West-Juyan, Inner Mongolia, China. Journal of Integrative Plant Biology(Formerly Acta Botanica Sinica), 47(11): 1303~1314.

Xiao S C, Xiao H L, Zhou M X, et al. 2004. Water level change of the west Juyan Lake in the past 100 years recorded in the tree ring of the shrubs in the lake banks. Journal of Glaciology and Geocryology, 26(5): 557~562.

Yang B, Qin C, Shi F, et al. 2012. Tree ring-based annual streamflow reconstruction for the Heihe River in arid northwestern China from AD 575 and its implications for water resource management. The Holocene, 22(7): 773~784.

Yang B, Qin C, Wang J L, et al. 2014. A 3500-year tree-ring record of annual precipitation on the northeastern Tibetan Plateau. Proceedings of the National Academy of Sciences, 111(8): 2903~2908.

Yang D W, Sun F B, Liu Z Y, et al. 2007. Analyzing spatial and temporal variability of annual water‐energy balance in nonhumid regions of China using the Budyko hypothesis. Water Resources Research, 43, W04426, doi: 10.1029/2006WR005224.

Zhang L, Dawes W R, Walker G R. 2001. Response of mean annual evapotranspiration to vegetation changes at catchment scale. Water Resources Research, 37(3): 701~708.

Zhang L, Hickel K, Dawes W R, et al. 2004. A rational function approach for estimating mean annual evapotranspiration. Water Resources Research, 40: W02502.

第 22 章　墨累-达令流域人水关系研究[*]

本章概要：合理分配流域水资源以满足人类社会和环境用水的需求，是当今世界面临的全球性挑战。本章提出社会水文学水平衡研究框架，将 1901～2010 年墨累-达令流域总蒸发量区分为社会系统蒸发和生态系统蒸发，以建立起流域水平衡变化，及其社会驱动力与生态环境变化之间的联系。基于社会水文学水平衡分析，墨累-达令流域 100 多年的流域管理历史可以划分为 4 个阶段：阶段一（1900～1956 年），流域社会系统水土资源扩张期；阶段二（1956～1978 年），流域社会系统水土资源最大化；阶段三（1978～2002 年），流域社会系统径流取水最大化；阶段四（2002 年至今），流域社会-生态系统水土资源再平衡。墨累-达令流域的社会水平衡变化是被动响应的，因此，要建立起流域社会系统和生态系统之间水资源分配的预分析方法。社会水文学水平衡框架可以作为流域水资源分配的理论基础，以分析流域社会系统和生态系统的动态平衡。

Abstract：Rebalancing water allocation between human consumptive uses and the environment in water catchments is a global challenge. This paper proposes a socio-hydrological water balance framework by partitioning catchment total ET into ET for society and ET for natural ecological systems, and establishing the linkage between the changes of water balance and its social drivers and resulting environmental consequences in the Murray-Darling Basin(MDB), Australia, over the period 1900～2010. The results show that the more than 100-year period of water management in the MDB could be divided into four periods corresponding to major changes in basin management within the socio-hydrological water balance framework: period 1(1900～1956)expansion of water and land use for the societal system, period 2(1956～1978)maximization of water and land use for the societal system, period 3(1978～2002)maximization of water use for the societal system from water diversion, and period 4(2002～present)rebalancing of water and land use between the societal and ecological systems. Most of management changes in the MDB were passive and responsive. A precautionary approach to water allocation between societal and ecological systems should be developed. The socio-hydrological water balance framework could serve as a theoretical foundation for water allocation to evaluate the dynamic balance between the societal and ecological systems in catchments.

---

　*本章改编自：Zhou Sha、Wei Yongping 等发表的 Socio-hydrological water balance for water allocation between human and environmental purposes in catchments（*Hydrology and Earth System Sciences*，2015，19，3715–3726）。

22.1　引　　言

在全球范围内,人类过度开发利用水资源,导致了严重的生态环境问题。如何合理分配人类社会用水和生态环境用水,成为流域管理者面临的巨大挑战,尤其是在气候变化和社会经济快速发展的地区。当前,流域管理依然致力于寻求水资源的优化配置,在保证水资源供需平衡的基础上,满足社会经济快速发展的要求(马莉,2011;李新攀,2012)。当社会经济需水量快速增长,生态环境用水被严重挤压,传统水资源配置方法难以指导流域水资源管理。因此,有必要建立流域水资源管理的新理论、新方法,以支撑流域水资源管理决策。本研究提出社会水文学水平衡框架,并将其应用于分析墨累-达令流域社会-生态耦合系统的协同演化历史。通过分析1901~2010年墨累-达令河的人水关系的历史演化进程,为流域未来管理决策提供支持。

22.2　社会水文学流域水平衡研究方法

22.2.1　社会水文学水平衡概念框架

基于质量守恒定律的水量平衡原理,是研究水文现象和水文过程的基础,(刘长荣等,2010)。流域水平衡公式,为研究流域水文循环及其对气候和土地利用变化的响应提供了重要工具(张淑兰,2011)。基于流域水量收支情况,可以建立水平衡公式如下:

$$P = \mathrm{ET} + R + \mathrm{d}G/\mathrm{d}t + \mathrm{d}S/\mathrm{d}t \tag{22-1}$$

式中,P 为流域降水量;ET 和 R 分别为流域蒸发量和径流量;$\mathrm{d}G/\mathrm{d}t$ 和 $\mathrm{d}S/\mathrm{d}t$ 分别为地下水和土壤蓄水量的变化。流域降水、蒸发、径流、地下水和土壤蓄水量变化,是流域水文循环和水量平衡的基本要素。

流域传统水平衡公式,被广泛应用于水资源供需平衡研究及流域水资源优化配置(王霞,2006;何英,2010;姚俊强,2015)。基于流域水平衡公式,本章提出社会水文学水平衡,以满足流域社会和生态系统之间水资源配置的平衡。在各水平衡要素中,降雨表示流域水分收入,主要通过蒸发和径流支出。对于干旱半干旱流域,水分主要通过蒸发消耗,包括降雨直接蒸发和径流转化蒸发(汤万龙,2007)。因此,流域社会和生态系统用水量可以用系统蒸发水量来表示。社会水文学水平衡表达如下:

$$P = \mathrm{ET}_s + \mathrm{ET}_e + R_{\mathrm{out}} + \mathrm{d}G/\mathrm{d}t + \mathrm{d}S/\mathrm{d}t \tag{22-2}$$

$$\mathrm{ET}_e = \mathrm{ET}_{eP} + \mathrm{ET}_{eR} + \mathrm{ET}_{eG} \tag{22-3}$$

$$\mathrm{ET}_s = \mathrm{ET}_{aP} + \mathrm{ET}_{aI} + \mathrm{ET}_H + \mathrm{ET}_{\mathrm{oth}} \tag{22-4}$$

$$D_R + D_G = \mathrm{ET}_{aI} + \mathrm{ET}_H + \mathrm{ET}_{\mathrm{oth}} \tag{22-5}$$

式中,ET_s 和 ET_e 分别表示流域社会系统和生态系统蒸发量,R_{out} 为入海径流量。社会系统和生态系统蒸发量主要通过土地利用进行区分。生态系统主要是指维持流域生态功能的自然植被覆盖区，而社会系统主要包括农牧业区和城镇等人类活动区。生态系统蒸发主要包括生态系统降水直接蒸发（ET_{eP}）、径流转化蒸发（ET_{eR}）和地下水转化蒸发（ET_{eG}）。社会系统蒸发包括农牧区降水直接蒸发（ET_{aP}）及灌溉用水蒸发（ET_{aI}），生活用水蒸发（ET_H），以及工业用水等其他蒸发项（ET_{oth}）。其中，灌溉用水蒸发、生活用水蒸发，以及工业用水蒸发等主要来源于流域地表径流（D_R）和地下水（D_G）。其他的地表径流，主要满足流域生态功能需求，如生态系统环境流（ET_{eR}）和入海径流（R_{out}）。

22.2.2　社会水文学水平衡变化对流域社会-生态系统的影响

基于人与环境之间水资源分配的变化，流域社会和生态系统紧密耦合在一起。很多指标可以用来评估社会水文学水平衡变化对流域社会-生态系统的影响。例如，河流某特定断面的基流指数可以用来量化对河岸林生态系统的影响，单位用水农业产值和人均可利用水资源量可以表征对流域社会系统的影响。对于墨累-达令流域等以农业用水为主的半干旱流域，居民生活和工业耗水量所占比例很小，可重点分析水资源分配对自然植被和农田、草地等系统的影响。因此，采用流域总初级生产力（Gross Primary Productivity，GPP）作为指标，评估社会和生态系统之间水资源分配对流域社会和生态系统的影响。

22.2.3　基于社会水文学水平衡的人水关系演化历史

社会水文学水平衡公式的建立，旨在分析流域可利用水资源在社会系统和生态系统之间的历史分配过程。气候条件和人类活动极大地影响了流域社会和生态系统的水资源配置。近几十年来，土地退化、植树造林和城市化等人类活动导致的土地利用变化对水文循环的影响可以看作是社会系统政策和投资所带来的结果。人口作为重要的社会经济变量之一，可以作为反映社会发展程度的驱动力。技术发展水平也是影响人类与生态环境之间关系的重要因素。作为影响流域水资源调蓄能力的关键因素，流域蓄水能力和调水能力是反映技术发展水平对流域社会水文学水平衡影响的重要指标。

在流域人水关系发展的每个阶段，通过分析气候条件、人口、流域蓄水和调水能力等驱动力的变化，及其对流域社会和生态系统的影响，可以了解流域自然和社会驱动力是如何相互作用，共同推动流域社会水文学水平衡变化，并对生态环境产生影响。

22.3　社会水文学流域水平衡研究在墨累-达令流域的应用

22.3.1　墨累-达令流域概况

墨累-达令流域位于澳大利亚东南部，流域面积 105.9 万 km²，占澳大利亚国土面积的 14%，拥有澳大利亚 65% 的耕地和 39% 的农业产值，是澳大利亚最大的流域和重要的农业生产区（MDBA，2010）。墨累-达令流域涵盖了 3/4 的新南威尔士州，50%以上的维多利亚州，昆士兰州和南澳大利亚州的部分地区，以及首都直辖区（图 22-1）。流域内气候多变，自然景观高度多样化，从北方的亚热带气候，到东部的湿冷高地、雪山和高山草甸，东南部的温带气候和炎热干旱或半干旱的西部平原。墨累-达令流域大多数地区干旱少雨，降水年际变化大，水资源时空分布不均，且农业用水比例大。流域年平均降水量 472mm（300～1400mm），2/3 集中于冬春两季，年均径流量 238 亿 m^3，用水量超过 117 亿 m^3，水资源利用率达 85%以上，其中农业用水量占总用水的 83%。

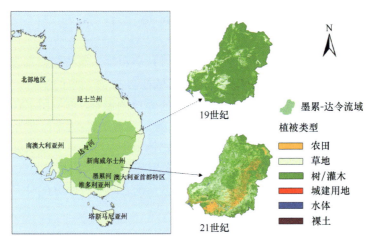

图 22-1　墨累-达令流域地理位置及植被变化

Fig. 22-1　Location map and land cover changes of the Murray–Darling Basin

从 19 世纪起，欧洲人在墨累-达令流域进行大量农业开发活动，约 50%的原始森林和 65%的原始灌木被砍伐，流域地表径流锐减。19 世纪 90 年代，墨累河入海口径流为 29000 GL/a，到 21 世纪初，减少到仅 4700 GL/a（Pittock and Connell，2010）。两个世纪以来，流域内水土资源的大量开发和水利工程的发展，支撑了发达的灌溉农业，农业产值不断增长。自 20 世纪 20 年代，随着澳大利亚经济的发展，流域用水量剧增、区域用水矛盾突出、生态用水被严重挤占，导致下游河道径流减少乃至干涸、湿地退化、地下水位下降等问题（Wei et al.，2011）。为了解决水危机，澳大利亚联邦政府自 20 世纪 80 年代起进行了一系水资源管理改革，其先进的生态文化、管水理念以及以"水市场"为核心的水权政策有效地支撑了流域的可持续发展（Connell，2015）。

22.3.2　研究数据及方法

1. 墨累-达令流域研究数据

墨累-达令流域水平衡数据来源于澳大利亚可利用水项目（Australian Water Availability Project，AWAP），包括降水、蒸发、径流、地下水及土壤水变化等水平衡要素。AWAP 采用模型-数据融合的方法，将水文观测数据和模型预测数据相结合，通过开发简单有效的水平衡模型，模拟澳大利亚国土范围内的地表水平衡过程（Raupach et al.，

2009）。AWAP 数据产品中，包括长时间序列月尺度水平衡数据集（"Run 26j"，1900～2010 年），空间分辨率为 0.05°。该数据集被广泛应用于澳大利亚流域水资源管理研究中，本研究基于该数据集得到墨累-达令流域 1900～2010 年年尺度水平衡数据。

墨累-达令流域总初级生产力数据来源于蒙大拿大学地表动态数值模拟团队（Numerical Terradynamic Simulation Group，NTSG）提供的月尺度总初级生产力数据（http：//www.ntsg.umt.edu/data）。美国宇航局提供基于中分辨率成像光谱仪（Moderate Resolution Imaging Spectroradiometer，MODIS）的 GPP 产品 "MOD17A2"（时间分辨率为 8 天，空间分辨率为 1km）。在 MODIS GPP 产品的基础上，NTSG 进一步合成得到月尺度空间分辨率 0.05°的 GPP 产品。本研究中，利用 NTSG 提供的月尺度 0.05°的 GPP 产品（2000～2010 年）来估算墨累-达令流域 1900～2010 年 GPP，进而模拟 3 种植被类型的年 GPP。

土地利用数据是区分不同植被类型年 ET 和 GPP 的关键。本研究采用全球环境历史数据库（History Database of the Global Environment，HYDE）所提供的土地利用数据集 "HYDE 3.1" 来估算 3 种植被类型的 ET 和 GPP 数据。HYDE 3.1 提供自全新世以来长时间序列（10 000 BC to AD 2000）的全球人口和人类活动区土地利用（包括农田和草地）数据 （Goldewijk et al.，2011）。从 1900～2000 年，该数据集每 10 年提供一套人口及农田、草地面积的数据，2005 年单独一套数据，数据空间分辨率为 5′。由于人口和土地利用数据逐年波动较小，因此可以通过空间重采样及逐年线性插值的方法，得到 1900～2010 年年尺度 0.05°的人口和三种植被类型面积比例的数据。其中，农田和草地等人类活动以外的地区，均作为自然植被覆盖区。

此外，研究中所采用的流域调水数据（1923～2010 年）、入海径流数据（1900～2010 年）、流域水利工程蓄水量数据（1900～2002 年）等，均来自于墨累-达令流域管理局。社会经济数据，如流域水账户数据（2008～2010 年）和农业用水数据（2002～2010 年），则是来自于澳大利亚统计局（ABS，2014a，b）。

2. 墨累-达令流域社会水文学水平衡估算方法

基于式（22-2）～式（22-5），可以估算墨累-达令流域社会水文学水平衡，主要是区分流域社会系统和生态系统的蒸发量，包括直接来自于降水的蒸发和径流转化的蒸发。其中，基于 AWAP 产品得到的年尺度 0.05°蒸发数据，为直接来自于降水的蒸发。基于插值得到的 3 种植被类型年尺度土地利用面积比数据，可以将直接来自于降水的蒸发分成三部分。首先，对于流域每一个 0.05°格网，假设蒸发比与土地利用类型比成正比，则格网总蒸发数据可以按照植被类型分成三部分。然后，将所有格网 3 种植被类型的年蒸发数据分别加和，可以得到流域年尺度每种植被类型的总蒸发数据。由此，分别计算得到 1900～2010 年农田、草地和自然植被直接来自于降水的蒸发。

径流转化的蒸发指的是社会系统从径流取水蒸发和生态系统环境流蒸发。流域径流取水主要用于农田和草地灌溉，以及居民生活和工业用水。居民生活和工业用水假定与人口成正比，根据澳大利亚统计局水账户数据，比例系数分别为 0.078 和 0.153（ABS，2014a）。根据澳大利亚统计局农业用水数据，农田和草地的灌溉用水比例约为 4∶1

（ABS，2014b）。因此，生活和工业用水之外的径流取水量，按照 4：1 的比例作为农田和草地的灌溉用水。从流域总径流中，除去径流取水和径流入海量，分别得到生态系统环境流蒸发。

由此，可以得到墨累-达令流域 1900～2010 年社会系统和生态系统蒸发。其中，农田和草地蒸发总和为社会系统蒸发，自然植被蒸发为生态系统蒸发。由于墨累-达令流域地下水取水和自然植被地下水蒸发相对较小，因此没有考虑。而地下水和土壤水变化数据，与传统水平衡一致。

3. 墨累-达令流域社会水文学水平衡变化对流域社会-生态系统影响评估

在墨累-达令流域，社会和生态系统之间水资源分配主要影响流域自然植被、农田、草地、居民生活及工业用水。由于流域居民生活及工业用水小于流域总用水量的 1%，社会和生态系统之间水资源分配主要影响流域自然植被、农田和草地。本研究通过分析社会水文学水平衡变化对流域社会系统和生态系统总初级生产力（Gross Primary Productivity，GPP）的影响，进而评估社会和生态系统之间水资源配置的影响。其中，流域总初级生产力可以通过水分利用效率（Water Use Efficiency，WUE）进行模拟。

在陆地生态系统尺度上，水分利用效率（WUE）定义为植被总初级生产力 GPP 与蒸散发量 ET 的比值。基于区域尺度总初级生产力和蒸发之间的线性关系，可以用水分利用效率来模拟流域年尺度总初级生产力。研究表明，生态系统的年 GPP 与 ET 之间具有显著的线性正相关关系，在同一植被类型内年总 GPP 和 ET 的比值趋于一个稳定的数值，即 WUE（Beer et al.，2007）。因此，借助水分利用效率的桥梁作用，可以通过年蒸散发量的分布估算大区域上总初级生产力的分布。然而，也有不少研究表明，GPP 与 ET 之间并不是完全的线性相关关系（Zhou et al.，2014；Zhou et al.，2015）。基于线性模型模拟的流域 GPP 存在一定误差。为了提高流域年 GPP 的模拟效果，本研究假定生态系统 WUE 与单位面积 ET 呈负相关关系。除了可利用的水资源，生态系统 GPP 也受到辐射、温度、影响等因素限制，因此，WUE 随着 ET 增加呈现边际递减效应。这样，可以采用过原点的二次方程来建立 GPP 与 ET 之间的关系，表达如下：

$$WUE_t = a \times ET_t + b \tag{22-6}$$

$$GPP_t = WUE_t \times ET_t = a \times ET_t^2 + b \times ET_t \tag{22-7}$$

式中，ET_t 和 GPP_t 分别表示流域平均单位面积蒸发量（mm/a）和总初级生产力[g C/(m²·a)]；WUE_t 为相对应的水分利用效率，a 和 b 为拟合参数。基于流域 2000～2010 年的 MODIS GPP 数据和对应年份的 ET 数据，可以率定得到参数 a 和 b（$R^2=0.99$），如式（22-8）所示：

$$GPP_t = -9.9455 \times 10^{-4} ET_t^2 + 1.8718 ET_t \tag{22-8}$$

基于式（22-8）所建立的流域 GPP-ET 关系，可以估算 1900～2010 年的流域年总 GPP，进而模拟不同植被类型年 GPP 的变化。对于农田、草地和自然植被 3 种植被类型，分别采用不同的参数建立该植被类型的 GPP-ET 关系。将模拟的 3 种植被类型总

GPP 与流域年总 GPP 对比，采用最小化均方根误差的优化方法，来率定参数。目标函数如下：

$$F = \min \sqrt{\frac{\sum\limits_{n=1900}^{2010} \left(\mathrm{GPP}_{tn} - \sum\limits_{i=1}^{3} \mathrm{GPP}_{in}\right)^2}{111}} \qquad (22\text{-}9)$$

其中，

$$\mathrm{WUE}_{in} = a_i \cdot \frac{\mathrm{ET}_{in}}{\mathrm{AR}_{in}} + b_i \qquad (22\text{-}10)$$

$$\mathrm{GPP}_{in} = \mathrm{WUE}_{in} \times \mathrm{ET}_{in} = a_i \times \frac{\mathrm{ET}_{in}^2}{\mathrm{AR}_{in}} + b_i \times \mathrm{ET}_{in} \qquad (22\text{-}11)$$

式中，i 表示植被类型，分别为农田（$i=1$），草地（$i=2$）和自然植被（$i=3$）；n 表示年份（1900~2010 年）。AR_{in} 为植被类型 i 第 n 年所占的面积比；ET_{in} 为植物类型 i 第 n 年蒸发量（mm）；$\dfrac{\mathrm{ET}_{in}}{\mathrm{AR}_{in}}$ 为植被类型 i 第 n 年平均单位面积蒸发量（mm/a）。式（22-6）和式（22-7）中，不区分植被类型，面积比为 1，因此被省略。基于 1900~2010 年流域不同植被类型的蒸散发和流域总初级生产力估算数据，可以率定参数 a_i 和 b_i。其中，模拟得到的农田和草地的 GPP 总和为社会系统总初级生产力，自然植被的 GPP 为生态系统总初级生产力。最后，通过将该优化方法与 MODIS GPP 得到的 3 种植被类型 GPP 数据（2000~2010 年）进行对比，来验证该优化方法的有效性。其中，基于 MODIS GPP 数据估算 3 种植被类型 GPP 的方法与区分 3 种植被类型直接来自于降水的蒸发方法相同。

22.3.3　基于社会水文学的墨累-达令流域人水关系分析

1. 墨累-达令流域社会水文学水平衡演变历史

墨累-达令流域 1900~2010 年传统水平衡和社会水文学水平衡各要素变化历史如图 24-2 所示。流域传统水平衡结果表明，流域约 95% 的降水都通过蒸发的形式消耗。在干旱年份，如联邦干旱时期（1885~1902 年）、第二次世界大战干旱时期（1937~1945 年）、千年干旱时期（1997~2009 年）等，流域年蒸发量几乎等于甚至超过年降水量，导致流域地表径流和土壤蓄水量显著减少 [图 22-2（a）]。流域传统水平衡主要反映流域降水通过蒸发和径流等方式消耗的年际变化特征，而社会水文学水平衡能更好地反映水资源在社会系统和生态系统的分配变化情况。从图 22-2（b）中可以看出，在 20 世纪初期，生态系统蒸发大于社会系统蒸发，但两者差距逐渐缩小，从 20 世纪 50 年代后期起，社会系统蒸发开始超过生态系统蒸发。墨累-达令流域社会水文学水平衡可以有效地揭示流域 100 多年社会系统和生态系统之间水资源分配的协同演变历史。

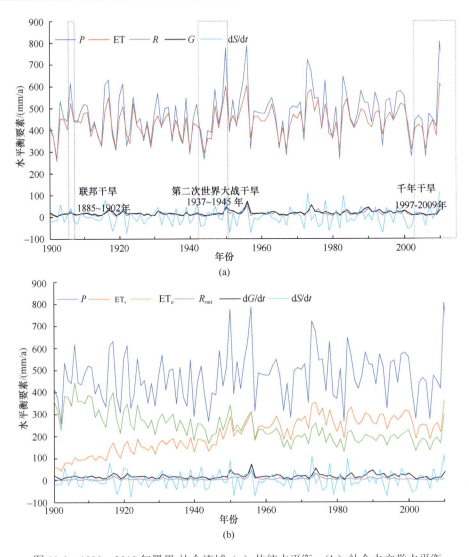

图 22-2　1900～2010 年墨累-达令流域（a）传统水平衡，（b）社会水文学水平衡

Fig. 22-2　Water balance element changes in the MDB from 1900 to 2010 in the conventional water balance
（a）and in the socio-hydrological water balance（b）

　　图 22-3（a）和 22-3（c）为流域 1900～2010 年不同植被类型蒸发量及其所占比例的变化历史。其中，农田蒸发量年际变化相对较小，而草地和自然植被蒸发量年际变化较为显著。由于墨累-达令流域位于半干旱地区，约 95% 的降水直接通过蒸发消耗，而流域灌溉面积仅占总面积的 2%，因此，3 种植被类型的蒸发比与土地利用面积比例高度相关。在 1900 年，流域土地利用类型以自然植被为主，自然植被蒸发比高达 0.86，而农田和草地蒸发比仅分别为 0.02 和 0.12。流域农牧业的发展导致自然植被比例逐渐减少，到 1975 年，自然植被蒸发比减少到 0.4，并一直维持这个水平。随着农业，尤其是灌溉农业的不断扩张，农田蒸发比例稳定增加。20 世纪前期，草地面积迅速增长，70 年代中期之后，部分草地被开发变为农田，比例有所减少。在 20 世纪 50 年代，墨累-

达令流域社会系统和生态系统比例基本持平，到了 20 世纪后期，两者稳定在 3∶2 的水平。21 世纪初，通过实施政府主导的可持续调水政策，逐步满足流域生态用水需求，流域生态系统蒸发比例略有上升。

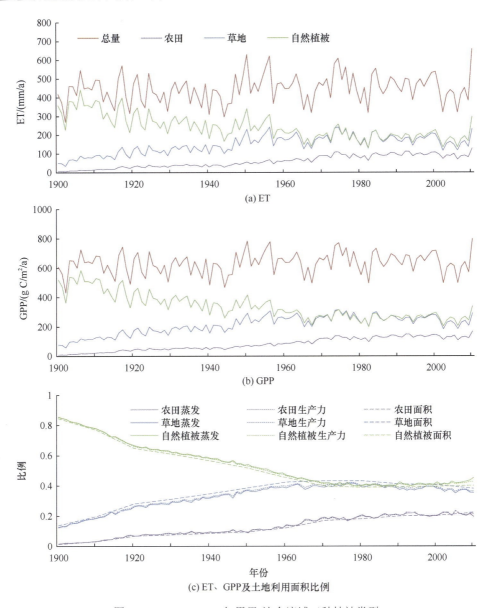

图 22-3　1900～2010 年墨累-达令流域三种植被类型

Fig. 22-3　Time series of（a）ET，（b）GPP and（c）ratios of ET，GPP and land area for croplands, grasslands and native vegetation areas in the MDB from 1900 to 2010

2. 墨累-达令流域社会水文学水平衡变化对流域社会-生态系统的影响

基于优化方法建立的 1900～2010 年 3 种植被类型 GPP 模拟方法如表 22-1 所示。通过与 2000～2010 年 MODIS GPP 数据估算的 3 种植被类型 GPP 数据对比，发现该优化方法模拟 GPP 效果较好（图 22-4）。墨累-达令流域总 GPP 模拟精度较高，R^2 为 0.97，RMSE 为 13.99 g C/（m²·a），仅为年平均 GPP 的 2%。对于农田、草地和自然植被，R^2 分别为 0.96、0.95 和 0.94，RMSE 分别为对应植被类型年平均 GPP 的 6%、11% 和 7%。以上结果表明该优化方法可以有效地模拟不同植被类型的年 GPP，并将其作为评估社会与生态系统之间水资源分配对流域社会及生态系统影响的指标。

表 22-1　基于优化方法的墨累-达令流域总初级生产力（GPP）模拟

Table 22-1　The results and accuracy of GPP in the MDB obtained with the optimization method

植被类型	GPP-ET 方程	R^2	RMSE/ [g C/ （m²·a）]
农田	$GPP_1 = -9.1027 \times 10^{-4} \dfrac{ET_1^2}{AR_1} + 1.8423ET_1$	0.96	8.16
草地	$GPP_2 = -10.5274 \times 10^{-4} \dfrac{ET_2^2}{AR_2} + 1.8951ET_2$	0.95	23.88
自然植被	$GPP_3 = -9.7125 \times 10^{-4} \dfrac{ET_3^2}{AR_3} + 1.8620ET_3$	0.94	19.55
综合	$GPP_{total} = GPP_1 + GPP_2 + GPP_3$	0.97	13.99

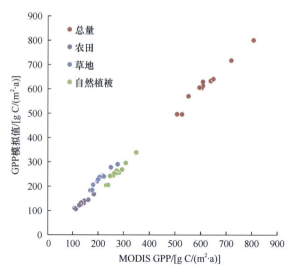

图 22-4　基于优化方法的墨累-达令流域总初级生产力（GPP）模拟值与 MODIS GPP 对比

Fig. 22-4　Comparison between the estimated and observed GPPs for croplands，grasslands and native vegetation areas in the whole MDB

由于 3 种植被类型年 GPP 变化受到水资源分配的直接影响，1900～2010 年，农田，草地和自然植被的 GPP 比例与对应植被类型的蒸发比及土地利用比例变化一致[图 22-3（c）]。20 世纪，社会系统农田和草地的 GPP 比例持续增加，导致维持生态系统功能的自然植被 GPP 比例显著降低。1900 年，农田和草地年 GPP 仅分别为 10.5 g C/（m²·a）和 78.0 g C/（m²·a），到 1978 年，两者分别增长到 133 g C/（m²·a）和 298 g C/（m²·a）。1900～1978 年，社会系统 GPP 比例从不足 0.2 上升到 0.6，反之，生态系统 GPP 比例降低了 50%。在 20 世纪后期，社会系统和生态系统 GPP 比例维持在 0.6 和 0.4，与蒸发比类似。直到 21 世纪初，随着自然植被环境流量增加，生态系统 GPP 比例才有所回升，2010 年达到 0.45。上述分析表明，墨累-达令流域社会和生态系统之间水资源分配的变化，会直接影响系统生产力的变化。流域社会和生态系统直接水资源配置及其所导致的结果，揭示出流域水土资源管理对流域生产力的影响。

3. 基于社会水文学水平衡的墨累-达令流域百年人水关系演变历史

随着墨累-达令流域土地利用方式、社会-生态系统水资源配置及总初级生产力的变化，流域人类活动与生态环境的关系也在不断变化。从社会水文学水平衡的角度分析，墨累-达令流域社会-生态系统的协同演化历史可以大致分为 4 个阶段（图 22-5）。

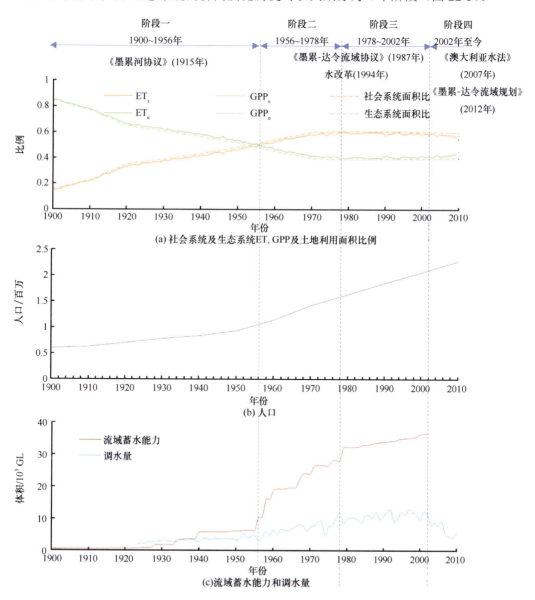

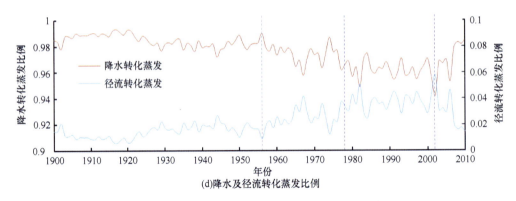

(d)降水及径流转化蒸发比例

图 22-5　墨累-达令流域演化历史阶段划分及各阶段

Fig. 22-5　Time series of（a）the ratios of ET，GPP and land area for the societal and ecological systems；
（b）population；（c）reservoir storage capacity（red line）and water diversion（blue line）；and（d）the ratios
of ET from precipitation（red line）and water diversion（blue line）in the MDB from 1900 to 2010

1）第一阶段（1900～1956 年）：流域社会系统水土资源扩张期

澳大利亚土著人已经在墨累-达令流域生活了 50000 多年，在这漫长的历史时期，流域人口稀少，社会系统用水较少。欧洲移民定居之后，流域社会经济开始发展，社会系统用水量开始增加。19 世纪 80 年代，人们首次从墨累河取水进行农田灌溉，开启了墨累-达令流域灌溉农业的大门。

20 世纪上半期，墨累-达令流域农田面积扩张，粮食产量增加，人口持续增长，标志着流域社会系统的快速发展。从 1900～1956 年，流域社会系统面积比从 0.15 迅速增长到 0.52，而生态系统面积比降低了近一半。1956 年，社会系统用水首次超过生态系统用水，同年，社会系统总初级生产力也超过生态系统。社会系统用水增加主要来源于流域内人口和农业的扩张，以及堤坝和灌溉设施的建设。因此，1956 年可以认为是社会系统水土资源利用首次超过生态系统的关键一年。

2）第二阶段（1956～1978 年）：流域社会系统水土资源最大化

这一阶段，流域内农业继续扩张，尤其是灌溉农业，依靠增加径流取水而不断发展。1956 年后，流域内灌溉设施的大量兴建，农业及相关工业快速发展，人口增长加快。到 1978 年，随着堤坝、堰、灌渠等一批水利工程的建设，流域蓄水能力达到 28233GL。其中，流域建设了近 450 座大型水坝和无数小农场水坝，其蓄水能力几乎为年径流量的 3 倍，流域人均蓄水面积达到世界前列（Wei et al.，2011）。

1978 年，流域社会系统蒸发比和总初级生产力比例达到峰值。由于该阶段水库大坝等水利设施的大量兴建和灌溉农业的快速发展，社会系统用水量急剧扩张。然而，流域环境问题日益突出，如蓝藻暴发、土地盐碱化、下游河道径流减少乃至干涸、地下水位下降，湿地及河岸林退化等。到该阶段后期，流域水资源变得越发稀少，严重制约了社会和生态系统的发展，人类用水和生态环境需水之间的竞争日益激化。

3）第三阶段（1978～2002 年）：流域社会系统径流取水最大化

为了维持流域社会系统蒸发和总初级生产力，流域径流取水量持续增加。然而，1997～2009 年，流域出现了自欧洲移民定居以来最严重的干旱——"千年干旱"（Murphy and Timbal，2008）。流域内河道大量干涸，大量湿地和河泛平原环境严重恶化，如 Murrumbidgee 流域中游和 Lowbidgee 湿地（Connor et al.，2013）。到 2002 年，流域社会系统径流取水比例达到峰值，以维持干旱时期社会系统的正常运转，但生态系统环境恶化日趋严重。

4）第四阶段（2002 年至今）：流域社会-生态系统水土资源再平衡

2002 年之后，流域农田面积略有下降，社会系统径流取水减少，社会系统蒸发和总初级生产力比例也首次降低。为了逐步恢复流域生态环境，澳大利亚政府采取购买环境流和提高灌溉用水效率等措施，在不损害社会系统发展的前提下，满足生态环境用水需求。政府承诺，2010 年后，实现向生态环境还水 2750 GL/a 的目标，逐步实现流域可持续性调水限制（Overton et al.，2015）。社会系统内部，通过水市场交易及升级灌溉设施和灌溉技术等，提升社会系统用水效率，实现社会系统和生态系统水资源配置的可持续发展。

22.4　对墨累-达令流域管理的启示

在墨累-达令流域漫长的演化过程中，水资源管理的政策不断调整，极大地影响了流域社会-生态耦合系统的发展。从 1915 年《墨累河协议》签署到 1987《墨累-达令流域协议》，流域水资源管理的重心一直停留在水资源在流域各州间的分配，以满足其社会经济发展的目标。1956 年，流域社会系统水土资源的分配首次超过生态系统，然而，这并未引起流域管理者的重视。1978 年，社会系统水土资源及生产力达到最大化，并导致了严重的生态环境问题。流域管理者慢慢意识到，有必要通过水资源管理的手段，解决流域盐碱化及水质恶化等问题。"千年干旱"的发生，进一步加剧了社会系统与生态系统之间水资源利用的矛盾。2002 年，社会系统径流取水达到峰值，生态环境极度恶化。到 2007 年，流域管理者终于清醒地认识到生态环境用水的重要性，修订《澳大利亚水法》，设立联邦环境水持有人管理部门（the Commonwealth Environmental Water Holder），保护和恢复墨累-达令流域的环境资产。2012 年，《墨累-达令流域规划》生效，成为流域社会-生态系统水土资源再平衡的里程碑。墨累-达令流域社会水文学水平衡分析，能有效揭示出流域社会系统和生态系统协同演化的历程，以及流域水土资源管理历史中的经验教训。

1900～2010 年，由于流域墨累-达令流域社会系统和生态系统水土资源分配的改变，导致两大系统水平衡及生产力的极大变化。与水资源密切相关的系统生产力，无疑是流域水土资源开发和分配的直接结果。因此，系统生产力可以作为流域水土资源管理的目标。其中，对流域社会系统生产力提升的片面追求，导致社会系统取水达到最大化，而生态系统环境严重退化。图 22-6 建立了 1900~2010 年墨累-达令流域社会/生态系统蒸发和生产力分别与流域社会系统面积比例以及社会系统取水量的关系。基于流域管理的实际需求,可以确定流域两大系统蒸发量和生产力的发展目标,由此可以初步确定流域社会系统面积比例以及社会系统取水量的合理范围,从而实现流域水土资源的有效管理。

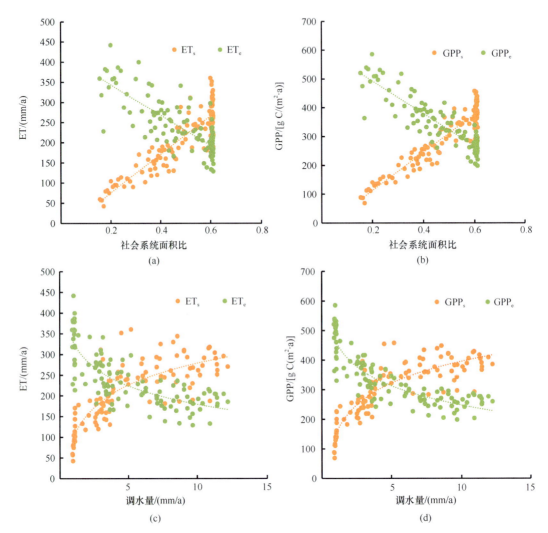

图 22-6   墨累-达令流域 1900~2010 年社会与生态系统(a)ET 与社会系统面积;(b)GPP 与社会系统面积;(c)ET 与调水量;(d)GPP 与调水量之间的关系

Fig. 22-6   Relationships between(a)ET and societal system area ratio,(b)GPP and societal system ratio,(c)ET and surface water diversion,(d)GPP and surface water diversion in the MDB from 1900 to 2010

在过去 100 多年中,墨累-达令流域水土资源的被动式管理,对流域社会-生态系统产生了巨大的负面影响。社会水文学的研究,通过不断调整流域水土资源的分配,达到流域社会系统和生态系统可持续发展的目标。在未来的几十年,流域社会系统和生态系统之间水土资源的合理分配是流域管理者面临的首要挑战。基于对流域社会-生态系统水土资源分配和生产力发展历史演变过程的清醒认识,流域管理者必须明确流域社会系统和生态系统发展的目标，积极采取预防性的管理方案，指导流域水土资源和生产力的综合性管理，实现流域的可持续发展。

22.5　结　　语

本研究将社会水文学水平衡框架应用于分析墨累-达令流域社会-生态耦合系统的协同演化历史，分析了流域 1900～2010 年社会系统和生态系统之间土地资源、水资源的分配变化过程，及其所导致的两大系统生产力变化。墨累-达令流域的研究案例表明，社会水文学的研究能简单有效地揭示出社会-生态系统水平衡及生产力的动态变化过程，并结合流域水土资源管理和社会发展的历史，分析流域社会-生态系统演化的原因，从而指导未来的流域管理实践，实现水资源的可持续利用和人水关系的和谐发展。

参 考 文 献

何英. 2010. 干旱区典型流域水资源优化配置研究. 乌鲁木齐: 新疆农业大学博士学位论文.

李新攀. 2012. 石羊河流域水资源优化配置研究. 兰州: 兰州理工大学硕士学位论文.

刘长荣, 付强, 赵洋. 2010. 水量平衡法对扎龙湿地生态需水量的研究. 黑龙江水利科技, 02: 21～23.

马莉. 2011. 疏勒河流域水资源优化配置研究. 兰州: 兰州大学硕士学位论文.

汤万龙. 2007. 基于 ET 的水资源管理模式研究. 北京: 北京工业大学硕士学位论文.

王霞. 2006. 流域水资源优化配置理论与应用研究. 南京: 河海大学硕士学位论文.

姚俊强. 2015. 干旱内陆河流域水资源供需平衡与管理. 乌鲁木齐: 新疆大学博士学位论文.

张淑兰. 2011. 土地利用和气候变化对流域水文过程影响的定量评价. 北京: 中国林业科学研究院博士学位论文.

Australian Bureau of Statistics(ABS). 2014a. Water use on Australian farms(2002–2010). http://www.abs.gov.au/, 2014-5-6.

Australian Bureau of Statistics(ABS). 2014b. Water account, Australia(2008–2010). http://www.abs.gov.au/2014-12-24.

Beer C, Reichstein M, Ciais P, et al. 2007. Mean annual GPP of Europe derived from its water balance. Geophysical Research Letters, 34(5).

Connell D. 2015. Water Markets and the Murray-Darling Basin Plan. http://www.biwako.shigav.ac.jp/eml/Ronso/403/Connell.pdf.

Connor J D, Franklin B, Loch A, et al., 2013. Trading water to improve environmental flow outcomes. Water Resources Research, 49(7): 4265～4276.

Goldewijk K K, Beusen A, van Drecht G, et al. 2011. The HYDE 3.1 spatially explicit database of human-induced global land-use change over the past 12, 000 years. Global Ecology and Biogeography, 20(1): 73～86.

Murphy B F, Timbal B. 2008. A review of recent climate variability and climate change in southeastern Australia. Int J Climatol, 28(7): 859～879.

Murray-Darling Basin Authority(MDBA). 2010. Guide to the proposed Basin Plan: overview, Canberra. http://www.mdba.gov.au/sites/default/files/archived/Guide_to_the_Basin_Plan_Volume_1_web.pdf.2015-8-25.

Overton I, Pollino C A, Grigg N J, et al. 2015. The ecological elements method for adjusting the Murray–Darling Basin plan sustainable diversion limit.http://www.mdba.gov.au/sites/default/files/pubs/CSIRO-Summary-of-the-scoring-method.pdf.

Pittock J, Connell D. 2010. Australia demonstrates the planet's future: water and climate in the Murray–Darling Basin. Water Resources Development, 26(4): 561~578.

Raupach M R, Briggs P R, Haverd V, et al. 2009. Australian water availability project(AWAP): CSIRO marine and atmospheric research component: final report for phase 3, CAWCR Technical Report No. 013. http: //www.cawcr.gov.au/publications/technicalreports/CTR_013.pdf. 2015-8-25.

Wei Y, Langford J, Willett I R, et al. 2011. Is irrigated agriculture in the Murray Darling Basin well prepared to deal with reductions in water availability. Global Environmental Change, 21(3): 906~916.

Zhou S, Yu B, Huang Y, et al. 2015. Daily underlying water use efficiency for AmeriFlux sites. Journal of Geophysical Research: Biogeosciences, 120(5): 887~902.

Zhou S, Yu B, Huang Y, et al. 2014. The effect of vapor pressure deficit on water use efficiency at the subdaily time scale. Geophysical Research Letters, 41(14): 5005~5013.

第 23 章 墨累-达令流域社会-水文-生态政策协同演化[*]

本章概要：社会价值作为被普遍认为能导致人类决策和行为变化的一个重要因素，尚未在目前的水资源管理中受到足够的重视。本研究旨在揭示以经济发展为主和以环境可持续发展为主的两种水资源社会价值在百年时间尺度中的演变。以《悉尼先驱晨报》作为主要数据源，首先应用内容分析法描述澳大利亚水的社会价值在支持经济发展和支持环境保护这两个价值之间的历史演变，之后应用社会变迁理论来解释水的社会价值的演化规律，最后依据共进化理论分析水社会价值与水社会生态系统中其他系统之间相互作用的关系。研究结果表明，水社会价值变迁模式符合 S 形函数，社会价值变迁经过 3 个阶段：预发展阶段（1962 年之前），起飞阶段（1963～1980 年），以及加速阶段（1981～2011年）。社会价值的变化并同"千年干旱"这一自然灾害共同作用触发了环境可持续发展相关政策的推行。

Abstract：Societal values are generally seen as leading to changes in human decisions and behavior, but have not been addressed adequately in current water management, which is blind to changes in the social drivers for, or societal responses to, management decisions. This paper describes the evolution of the societal value of water resources in Australia over a period of 169 years. These values were classified into two groups: those supporting economic development versus those supporting environmental sustainability. The *Sydney Morning Herald* newspaper was used as the main data source to track the changes in the societal value of water resources. Content analysis was used to create a description of the evolution of these societal values. Mathematical regression analysis, in combination of transition theory, was used to determine the stages of transition of the societal value, and the co-evolved social-ecological framework was used to explain how the evolution of societal values interacted with water management policies and practices, and droughts. Key findings included that the transition of the societal value of water resources fitted the sigmoid curve—a conceptual S curve for the transition of social systems. Also, the transition of the societal value of water resources in Australia went through three stages: ①pre-development(1900s～1962),

---

  * 本章改编自：Wei Jing、Wei Yongping 等发表在 *Global Environmental Change* 期刊论文（DOI：10.1016/j.gloenvcha.2016.12.005）。

when the societal value of water resources was dominated by economic development；②take-off(1963~1980), when the societal value of water resources reflected the increasing awareness of the environment due to the outbreak of pollution events；③acceleration(1981~2011), when the environment-oriented societal value of water resources combined with the Millennium Drought to trigger a package of policy initiatives and management practices focused on sustainable water resource use. The approach developed in this study provides a roadmap for the development of new disciplines across social and natural science.

23.1　研　究　背　景

过去的两世纪人类活动对于全球自然环境的影响程度以及速度已经造成了可观测的不可逆转的影响（Crutzen and Steffen，2003）。人类已经进入了一个新纪元——人类世，即人类成为构成地球系统变化的主要驱动力（Vitousek et al.，1997；Crutzen，2002；Steffen et al.，2007；Rockström et al.，2009；Vörösmarty et al.，2010；Zalasiewicz et al.，2010；Poff et al.，2012）。因此，科学家和政策制定者面临的一项艰巨任务就是理解人类活动与自然环境之间的互馈方式，从而引导社会走向可持续发展（Crutzen，2002）。水资源作为与人类生活息息相关的基础自然资源，是人类世这一新纪元中人类面临的关键挑战（Maass，1962；Falkenmark and Rockström，2004；Sivapalan et al.，2014）。人类对水资源的利用和对景观的改造从不同时空尺度影响了水循环的过程（Falkenmark and Lannerstad，2005；Rockström et al.，2009；Vörösmarty et al.，2010；Carpenter et al.，2011）。由人类活动导致的淡水资源紧缺的压力，也迫使我们重新思考并且彻底转变现有的水资源管理模式，从而应对当下以及未来的水资源需求（Gleick，2003；Pahl-Wostl et al.，2008；Sivapalan et al.，2014）。

在有关环境问题的研究中，社会价值这一概念时常被提及。社会价值，作为一个地区绝大部分人群共享的价值观、理念以及态度，代表了该地区的核心社会行为（Dietz et al.，2005）。社会价值的改变通常可以导致决策改变，从而最终改变行为（Beddoe et al.，2009）。社会科学家认为只有改变环境问题的社会价值，才能最终导向相关行为的改变，最终实现可持续的资源管理政策（Dietz et al.，2005）。然而，社会价值这一关键因素，尚未在目前的水资源管理的研究中受到足够的重视。20世纪以来，水流域管理大多由工程师和水文学家主导，它是基于水文稳定的假设下实现经济效益的最大化（Brouwer and Hofkes，2008；Savenije and Van der Zaag，2008）。主要通过数学模型、集成经济模型与水文模型，应用经济规律中的供需平衡来配置和管理水资源（Rosegrant et al.，2000；Cai et al.，2003；Brouwer and Hofkes，2008）。这些水文和经济模型的时间跨度通常以天、月、季节或者年为尺度单位（Dudley，1972；Andreu et al.，1996；Rosegrant et al.，2000；Cai et al.，2003；Brouwer and Hofkes，2008）。近期的水文学科发展重点已经开始转向管理相对较慢的生态变量（如淡水湖泊富营养化、植被恢复等）。社会价值这一通常横跨几十年甚至几百年时间尺度的因素，在绝大多数情况下，是整个社会系统变化速率的基本决定因素（Hedley，2000）。目前水流域管理尚未将社会价值这一重要因素纳入研究，从而缺乏对社会价值及其与水自然环境的互动机制的理解（Rammel et al.，2007）。严重危及了我们促进社会生态可持续发展的长期目标。

多个环境社会学科——如环境或生态人类学、环境史和环境社会学，都将社会-生态系统互馈包括人水耦合系统纳入研究重点（Worster，1985；Braun，2000；Castree and Braun，2001；Liu et al.，2007；Ostrom，2007）。然而传统社会科学研究的核心是描述性的，着重于提供人类对于环境的思考以及价值的分析（Geels，2010）。例如，多位学者强调了在水资源管理中，将社会文化因素纳入考量的重要性，并指出，社会和水文系统在绝大多数情况下不可分割（Sivapalan et al.，2012；Baldassarre et al.，2013）。然而，多数的研究只是提供了一个"粗略描述"，缺乏定量研究，仅基于定性分析给予建议。因此没有在流域管理中得到切实的应用。

基于以上背景，本章旨在发展定量描述水资源社会价值演变的方法。本章将水资源的社会价值分为两类：支持经济发展为主导的和以环境保护为主导的。研究对象为澳大利亚水流域管理系统。具体回答 3 个问题：以经济发展为主和以环境可持续发展为主的两种水资源的社会价值在过去 169 年的时间尺度上如何演变的？社会价值演变的变迁模式是什么？社会价值在什么情况下发生了变迁？导致社会价值的变迁因素是什么？通过回答以上的研究问题，本章旨在揭示社会价值这个水流域系统的慢变量的变迁模式，及其与经济和自然环境系统的相互作用关系。研究成果将为把社会价值这一重要因素纳入水资源管理系统以减少和限制"快"变量对于管理决策的影响提供依据。这对于水资源管理的可持续发展至关重要。

23.2　研　究　方　法

23.2.1　使用内容分析法描述社会价值演变

人类生活在一个"语义的环境中"，一个"从人类出现就围绕在我们身边富含文字与图像的语义环境"（Danielson and Lasorsa，1997）。新闻媒体是历史的第一记录者；新闻媒体既影响又反映了当时的公众意见（Howland et al.，2006）。在传播媒介中，报纸具有信息量大、传递及时快捷、时效长及影响力强等综合优势，是当今公众获取信息的第一信息源，因而报纸通常作为最常用的数据源来揭示社会价值的改变（Roznowski，2003；Hale，2010；Hurlimann and Dolnicar，2012）。报纸内容分析法是信息传播研究的基本方法之一。作为一种对传播信息内容进行系统、客观和量化描述的研究方法，内容分析法已广泛应用到各科学领域中对相关内容进行检索分析（Mazur and Lee，1993；Bengston et al.，1999；Joshi et al.，2011；Altaweel and Bone，2012）。本章中，我们运用了内容分析法来描述澳大利亚水社会价值在支持经济发展和支持环境保护这两个价值之间的历史演变。具体通过 5 个步骤来实现：报纸选择、确定时长范围、抽样、数据收集和内容编码。

　　《悉尼先驱晨报》是澳大利亚出版时间最长的报纸之一,具有覆盖面广、读者群体广泛的特点,因而选作研究对象。研究时间范围的选择从《悉尼先驱晨报》电子存档的最早日期1843~2011年,横跨了169年。这跨越了一个多世纪的时间范围覆盖了水循环变化、水资源管理政策改革以及澳大利亚流域的发展和退化。为了创建一个可管理的数据库,我们基于过往研究结果的基础上制定了抽样方法,即从每年的报纸中抽样选择了4个新闻周作为研究对象,这4个新闻周包括两个构造周和两个连续周。构造周是在总体中从不同的星期里随机抽取星期一至星期日的样本,并把这些样本构成"一个周"(构造周)。在数据收集阶段,"水"作为关键词在3个新闻数据库中进行数据检索。这三个数据库包含了《悉尼先驱晨报》在本章的研究时间范围内的所有文章。其中Trove包含了1843~1954年的数据,悉尼先驱晨报数据库包含了1955~1986年的数据,以及Factiva包含了1987~2011年的数据。

　　为将报纸文章中非结构化的数据提取出来,我们制定了内容提取表格来提取报纸对于水问题报道的内容,其中包括了12大内容主题以及文章的语气分类等,详见表23-1。其中,文章的语气分为"经济发展"或"环境可持续发展"两个导向。文章主题根据澳大利亚水资源文献(Powell,1991;Smith,1998;Pigram,2007)以及近期有关报纸水问题报道的研究(Altaweel and Bone,2012;Hurlimann and Dolnicar,2012;Wei et al.,2015)分为12类。

表23-1　报纸内容提取表
Table 23-1　Coding variables of the newspaper

项目	描述
日期	年、月、日
文章主题	包括十二大主题 城市用水:文章主要报道解决城市用水需求,包括住宅供水、污水处理、城市雨水管理,以及用水计量等方面内容; 工业用水:矿产业用水及其他工业用水; 农业用水:包括灌溉等; 水环境:河流健康、环境退化、环境流等相关主题; 蓄水和河道整治:蓄水、河道整治、河道治理等; 水政策改革和综合管理:水价、水交易、水权、政策改革/倡议、综合水管理; 水质与健康:水质、水体污染; 替代水资源:水回收和再利用、雨水收集、城市径流、海水淡化; 自然灾害:干旱、洪水、气候变化、森林大火; 景观用水:与水相关的景观用水及其管理; 水源探索:只出现在欧洲移民定居的早期阶段,如寻找水源、探索自流井水源、河流视察等; 漕运:早期河道用于水运等相关报道
语气	文章分为两个语气:"经济发展"或"环境可持续发展"。经济发展主导的文章包含了有关蓄水工程、灌溉用水等问题;环境可持续发展为主导的文章包含了有关生态系统退化、水资源过度开发等问题

　　本章选择使用人工读取报纸信息的方式。报纸的信息内容,尤其是文章的语气通常并不都是直白的描述,往往隐含在文章当中,因而人工读取能够更准确地判定文章的语气。为实现一致性和可靠性,在读取文章的初始阶段,两位读取者随机选择了50篇文章,并采用Krippendorff的alpha值来计算两位读取者之间的可靠度。根据计算,50篇随机抽取的样品可靠度如下:文章语气($\alpha=0.88$),文章主题($\alpha=0.85$),远高于一般推荐的可靠度0.8。

23.2.2　变　迁　理　论

在读取报纸信息之后，应用变迁理论来解释社会价值的演化规律。社会变迁理论是理解社会进化和将社会导向可持续发展的最相关理论之一（Tabara，2008）。变迁是在社会不同领域共同发展的结果，从一个动态阶段到另一个阶段系统变化的过程。例如，Rotmans（2005）提出的，成功的变迁经过 4 个不同的阶段（图 23-1）：动态平衡不会明显改变的前期开发阶段；系统状态开始转变的起飞阶段；系统在社会文化、经济、生态和制度变化的相互作用与累积下发生的可见的结构变化，并且变化速度较快的加速阶段和社会变革的速度下降，并达到新的动态平衡的稳定阶段。值得注意的是，变迁在任何阶段都可能失败，或可能反弹或停滞。当不确定性和混乱的风险太高，系统甚至可能崩溃。

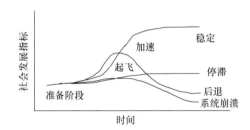

图 23-1　社会变迁的阶段（Rotmans et al.，2001；Rotmans，2005）

Fig. 23-1　Stages and possible pathways of transitions

为研究水的社会价值的变迁，我们将从内容分析法中得到的数据进行回归分析。具体来说，首先将支持经济发展的文章百分比在时间轴的变化做回归分析，再重复对支持环境可持续发展曲线进行回归分析，从而得到最佳拟合的水社会价值变迁曲线。通过对诸多回归模型的尝试，包括指数、对数线性和 S 形函数，我们选择最高的 R^2 来确认最佳拟合曲线。随后通过对最佳拟合曲线的一阶和二阶导数来确定社会价值的变迁阶段。一阶导数用来描述社会价值的变化，二阶导数用来描述社会价值的变化率。在前期开发阶段，社会价值仅略有变化。在起飞阶段，社会价值加速变化。在加速阶段，社会价值不断变化，变化的速率持续增加，但加速率降低。在稳定阶段，社会价值达到新的平衡。

23.2.3　基于共进化理论理解社会价值演变格局

基于社会价值的变迁，应用共进化理论分析社会价值和水社会生态系统中其他系统之间的相互作用关系。在水社会生态系统中，水文条件、社会价值、管理政策等的进化同时发生，相互影响。通过分析气候条件、政策、流域蓄水和调水能力等驱动力的变化及其对社会价值的交互影响，了解共进化系统间交互作用关系。其中，澳大利亚气象局发布的墨累-达令流域 1900～2014 年的降水量变化用作水文变化及干旱的指标；澳大利亚统计局（ABS 2005）以及可持续发展部门（Dsewpc，2013）发布的蓄水能力、调水能力、环境用水数据分别用作衡量水管理的指标。自 1900 年以来的主要水政策被用以确定这些政策在支持经济发展和实现环境可持续发展的程度。最后，根据社会水价值变迁的阶段对以上的因素进行分析，来定性分析水的社会价值与其他系统之间的共进化过程。

23.3　结　果

数据收集阶段共收集 40133 篇原始文章。经过人工筛选过程，共有 3487 篇文章用于进一步的读取分析。其中，3016 篇文章为支持经济发展为主题，420 篇文章为支持环境可持续发展为主题，剩余 51 篇没有明显的语气倾向。如图 23-2 中所示，支持经济发展的文章在整个研究阶段内浮动幅度较大，总体来说，支持经济发展的文章呈下降趋势。支持环境可持续发展的文章的比例在初始阶段较低，直到 20 世纪 60 年代开始增长并于 90 年代超越支持经济发展的文章成为主要社会价值。

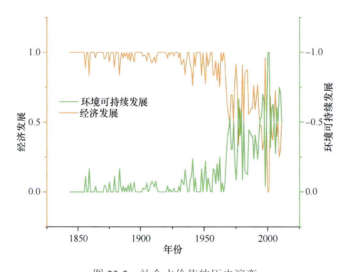

图 23-2　社会水价值的历史演变

红色为支持经济变化曲线，绿色为支持环境可持续发展曲线

Fig. 23-2　Evolution of the societal value of water resources for economic development versus environmental sustainability in Australia since European settlement. The Y-axis shows the ratio of societal value for environmental sustainability to the societal value for economic development

23.3.1　水社会价值的变迁模式

对不同年份社会价值进行回归分析，结果表明社会价值变迁模式符合 S 形函数，R^2 为 0.72。经济发展曲线（Ec）和环境可持续发展曲线（En）的拟合曲线公示如下：

$$Ec = 0.345 + (0.987 - 0.345)/\{1 + \exp[(t-1981)/13.9]\} \qquad (23-1)$$

$$En = 0.655 + (0.013 - 0.655)/\{1 + \exp[(t-1981)/13.9]\} \qquad (23-2)$$

在拟合曲线的基础上，进一步对上述公式进行 一阶和二阶导数分析来划分社会价值变化的阶段和转折点。由于经济曲线和环境曲线为一一对应关系，本节仅用环境曲线来作详细说明。

综合图 23-3 中一阶与二阶导数的值，水的社会价值变迁的阶段划分为，1843～1962 年为前期阶段，此阶段社会价值变化尚不明显；1963～1980 年为起飞阶段，这一阶段中社会价值开始有显著的变化，变化速率不断增加直至最高；1981～2011 年为加速阶段，这一阶段中，社会价值继续增加，变化率较之前开始变缓（表 23-2）。

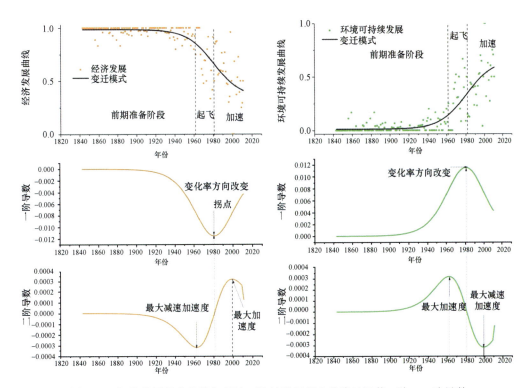

图 23-3　经济发展拟合曲线与环境可持续发展拟合曲线以及其一阶、二阶导数

Fig 23-3　Major turning points and development stages of societal values of water in Australia

表 23-2　水的社会价值变迁的阶段

Table 23-2　Major development stages of societal values on water

前期开发阶段	起飞阶段	加速阶段
1843～1962 年	1963～1980 年	1981～2011 年

23.3.2　水社会价值的历史演变

澳大利亚经济发展的水社会价值的历史演变以及环境可持续发展的主题的演化历史如图 23-4 与图 23-5 所示。前期发展阶段（1843～1962 年）被进一步划分为第一阶段 1843～1899 年和第二阶段 1900～1962 年。原因为自 1900 年以来联邦政府成立，各级政府推出多项管理政策，水文等部门所记录的历史数据也多由 1900 年开始。为达成数据间时间的统一性，仅 1900 年后的水社会价值数据会进一步作协同进化的分析。

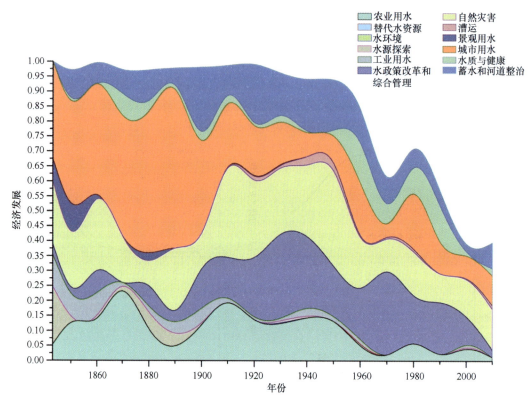

图 23-4　经济发展的水社会价值的历史演变

Fig 23-4　Economic development themes in newspaper articles，and how they have changed over time

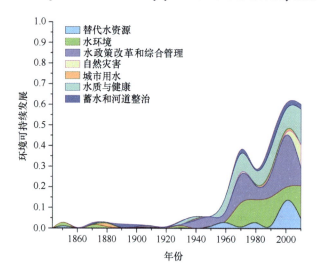

图 23-5　环境可持续发展的水社会价值的历史演变

Fig 23-5　Environmental sustainability themes in newspaper articles，and how they have changed over time

　　总体而言，支持经济发展的社会价值主要由"城市用水"、"自然灾害"和"水政策改革和综合管理"这三个主题组成。环境可持续发展的社会价值主要涉及的主题则为"水政策改革和综合管理""水环境",以及"水质与健康"。两种社会价值主要主题的组成及演化详细如下。

1. 第一阶段：1843～1899 年

第一阶段的社会价值以经济发展为绝对主导,欧洲移民者定居之后,流域社会经济开始发展,人们对水的需求主要来自于满足日常居住需求和农业灌溉用水。这一阶段主要涉及的主题为"城市用水"、"自然灾害"和"农业用水"。其中"城市用水"占绝大比例,并在 19 世纪末达到峰值(约占总文章数的 53%)。这一时期以"农业用水"为主题的文章以推动农业发展为主,少量文章报道了天气条件对农业的影响。早期移民阶段的"水源探索"和初期河流作为水运交通的"漕运"为这一时期特有的两个主题。40年代,金矿的发现导致了大批淘金工人从世界各地涌向澳大利亚,以淘金为主的"工业用水"在 1840 年占据了约 10%的文章报道,随着"淘金热"的降温,"工业用水"的相关报道也在 1910 年骤降至 1%的篇幅。

2. 第二阶段：1900～1962 年

第二阶段的社会价值仍由经济发展为主导,经济发展为主的文章占到文章总数的84%。主要主题为"城市用水""自然灾害""水政策改革和综合管理""蓄水和河道整治",以及"农业用水"。20 世纪初期,用水的重点主要在大都市区,以满足日益增长的居民用水需求,"城市供水和污水处理局""公共工程部""悉尼市政厅",以及"立法院"也都积极参与有关供水和污水系统的方案制定与实施。同期,"农业用水"在 1910 年占据了高达 20%的报道篇幅,各级政府开始推行农业的扩张。

"农业用水"和"城市用水"的双重需求导致了在接下来的几十年内大批的堤坝和灌溉设施的建设。同时也导致了支持此建设的相关政策报道,"水政策改革和综合管理"这一主题报道突飞猛进的增长,并在 1928 年达到了 28%的报道数量。大批量的堤坝建设和河道整治也促使这一相关主题的报道在 20 世纪初达到了 21%的报道总量,直至1940 年,在第二次世界大战影响导致的联邦税务改革的影响下,联邦政府开始出资建设更大的蓄水工程,如"雪山计划",将这类主题的报道量在 40 年代保持在 17%。与此同时,"自然灾害"的报道也是这一时期的一重要主题。1910 年"自然灾害"的报道达到文章总量的 30%,随后在 1960 年降低至 17%。经济发展主题下的"自然灾害"的报道通常与其造成的影响与经济损失相关。环境可持续发展主题下的"自然灾害"的报道则是与环保意识的增长相关。

这一阶段,经济发展扩张的同时,开始上升的是环境可持续发展的水的社会价值。环境可持续发展为主题的文章数量相对较少,直至 20 世纪 60 年代开始上升,三个主要主题 "替代水源","水政策改革和综合管理","水质和健康"分别占据 3%、5% 和 7%的报道数量。其中"替代水源"早在 1856 年便开始提及,1912 年,悉尼市政府曾考虑将海水作为替代水源来取代街道清洗用水和冲厕用水,而后考虑到海水对水管的腐蚀而搁浅。这一时期的"水政策改革和综合管理"主要关注限制用水和节水激励上,尽管由经济发展导致的环境退化问题开始显露,关注河流健康等新闻报道仍较少。

3. 第三阶段：1963～1980 年

这一阶段见证了以环境可持续发展为主导的社会价值由 20 世纪 60 年代的 16%的报道量，飞速增加至 70 年代 38%的报道份额，直至 80 年代回落到 29%。同一时期，经济发展的社会价值主要关心的主题为"水政策改革和综合管理""自然灾害""城市用水""水质和健康"，与前一阶段大规模基础设施和河道整治工程的增长有所不同，这一时期"蓄水和河道整治"主题呈大幅度下降，至 80 年代仅占 8%的总报道量。

前一阶段水库大坝等水设施的大量兴建和灌溉农业的快速发展，导致了流域环境问题越发突出。水环境问题方面的报道自 20 世纪 60 年代开始较为频繁，至 70～80 年代达到了 11%的报道份额。报道的环境问题主要围绕工业污水和居民污水导致的河流污染，以及由此引发的环境意识的提升，如报道所示"世界各地都认识到了保护水、土壤和森林等自然资源的重要性。新南威尔士州政府正在策划一个全面保护这些资源的办法"（1970 July 20th Page 73）。水质引发的健康方面的担忧在经济发展为主导的社会价值和环境可持续发展的社会价值下都有所体现。以经济发展为主导的主题中，水质问题，特别是有关水氟化问题的争议从 1954 年开始成为报道的焦点，持续到 60 年代占据了 11%的报道量。以环境可持续发展为主题的报道中，水质问题多集中在对水体污染的担忧。

4. 第四阶段：1981～2011 年

这一阶段可以认为是环境可持续发展首次超越经济发展成为主导社会价值的关键阶段。环境可持续发展主题的报道占有率从 20 世纪 80 年代的 29%上升至 90 年代的 43%，直至 2000 年之后，上升至 60%成为主导社会价值。环境可持续发展的主题主要包括"水环境""水质和健康""替代水源"。环境可持续发展主题中，"水政策改革和综合管理"类的报道在这一阶段不断增加，并在 2000 年达到峰值——总体 25%的报道量，这从侧面反映了由上一阶段的环境恶化促使了相关政策和管理的制定和运行。例如，1987 年自然资源部部长宣布出台保护新南威尔士州内陆湿地的计划；1994 年开展的环境运动将澳大利亚环境保护带入一个新时代；和最为著名的《墨累-达令流域计划》，使得报纸成为利益相关者的辩论场。"替代水源"的寻找，在第一阶段的基础上，持续成为报道热点，并于 2000 年达到了 13%的报道量。2007 年，环境部长宣布投入 1000 万澳元的研究基金于人工降雨项目，以此作为缓解澳大利亚水资源短缺的措施。除此之外，"替代水源"的报道也涉及了水循环再利用、海水淡化、屋顶集水等方法。尽管有关自然灾害的报道往往与经济发展相关联，频繁多发的自然灾害也同时激发了整个社会反思对自然资源的管理方式。例如，面临澳大利亚历史上最严重的"千年干旱"，澳大利亚总理 John Howard 呼吁澳大利亚将永远不会再返回过去那个盲目用水的时代。

23.3.3　水社会价值与水管理政策及水文生态之间的协同演化

水社会价值与降水量、蓄水量、调水能力、环境用水，以及水管理政策在 1900～2011

年的协同演化关系如图 23-6 所示。

1. 前期阶段（1900~1960 年）：社会价值以经济发展为主导

欧洲移民定居以来，征服河流，绿化沙漠，扩张土地生产力的梦想成为澳大利亚人最根深蒂固的文化 （Cathcart，2010）。早期的社会价值以满足城市用水为主导，直至 19 世纪后叶，欧洲殖民才开始从墨累-达令河取水进行农田灌溉，开启了墨累-达令河灌溉农业的大门。尽管，对灌溉用水的需求不断增长，相关的管理政策也相应出台，但切实的进展相对缓慢。1897/1898 年，联邦政府通过立法明确水是公共资源，由州政府调整和分配水权。1900 年，澳大利亚发生了史上最严重的自然灾害之一的"联邦干旱"（1895~1902 年），严重的水资源矛盾迫使墨累-达令流域中各州政府于 1902 年科罗瓦非政府组织会议上达成了综合开发流域的可操作性协议的意向，最终成立了墨累河委员会负责分水协议的执行。在分水协议的基础上，流域水资源得到了较好的开发和利用，1910~1940 年，大量的水坝建设和水利工程开始实施，并于"第二次世界大战干旱"扩

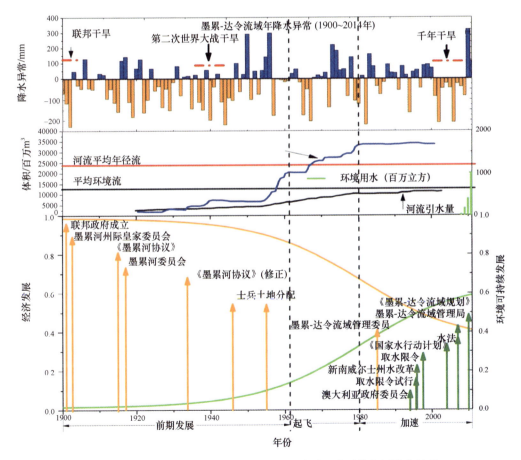

图 23-6　社会价值、降水量、蓄水量、调水量、水政策协同演化关系
调水量、蓄水量、河流年平均径流量在左坐标轴绘制，环境调水量绘制在右坐标轴
Fig. 23-6　Co-evolution of rainfall，policy/management practice and societal value on water resources in Australia since 1900

大至国家级的水利工程项目。于 1950～1959 年建设的堤坝工程需水量超越了过去 100 年内建造的堤坝工程的总蓄水量。此期间的经济数据也反映了农业部门的主导地位。20 世纪上叶，农业占澳大利亚生产总值的 35%和出口总值的 70%～80%（Productivity Commission，2005）。同期，对经济发展的需求也带动了其他产业，尤其是采矿业的大规模发展。总体来说，这一时期的社会价值以经济发展为绝对主导。农业的扩张，国家经济发展的需求，并同联邦干旱的发生促使了政府出台分水协议等相关政策以及水利基础设施的投资。相比之下，环境可持续发展的社会价值在此阶段相对较弱。

2. 起飞阶段（1963～1980 年）：由环境问题引发的环境可持续发展社会价值的增长

这一时期日益凸显的环境问题促使了可持续发展的社会价值的剧增。由工业污染导致的河道污染，以及农业活动导致的土壤侵蚀，促使联邦政府设立专项机构来应对全国范围内的污染问题，并出台控制河流污染的澳大利亚净水法案。环境可持续发展的社会价值在这一阶段的巨大涨幅得益于前一时期大规模农业、工业活动扩张带来的负面环境影响，日益增长的公众环保意识限制了大型水利工程项目的进一步扩张，至 1980 年年底，灌溉农业的扩张基本停止。然而，巨幅增长的环境意识在这一阶段尚未促使环境保护为主的政策出台。

3. 加速阶段（1981～2011 年）：日益增长的环境可持续发展社会价值与"千年干旱"共同引发水资源可持续发展的政策的产生

对环境用水需求的意识在这一阶段得到重视。1980 年，政府意识到将水作为一种战略资源，水资源短缺则为改革水资源管理提供了绝佳的战略机遇。21 世纪初期，水资源的社会价值开始转向对自然的尊重与保护上，如此的转变也引发了公众对人-水关系走向可持续发展方向的更远大愿景（Alexandra and Riddington，2007）。民众对于环境问题的关注，在"绿党"的游说下不断增强。这也导致了 1990 年之后一系列缓解问题的相关政策法规的出台。这些措施全面涵盖了基础设施、政策改革，以及经济措施等领域。在政策和经济领域，政府自 1986 年责令限制墨累-达令流域取水许可证的颁放，即便如此，取水许可证的已持有者的灌溉用水需求仍持续增长（Connell and Grafton，2011）。1993 年，墨累-达令流域管理委员会提出取水限令标准，并于 1997 年正式落实（Connell and Grafton，2011）。1994 年，联邦政府水资源管理委员会推出了《水资源改革框架协议》，推行管理体制改革，完善水资源管理体系。在 1997/1998～2009/2010 年"千年干旱"期间，联邦政府进一步于 2007 年颁布的《澳大利亚水法》中设立了环境水持有人，以及首次明确环境是合法用水户（McKay，2005），保护和恢复墨累-达令流域的环境资产。此法案要求各州政府将墨累-达令流域的水管理权重新移交给联邦政府以方便实施流域范围内的政策改革，并将墨累-达令流域委员会的职能移交给墨累-达令流域管理局，并制定了《墨累-达令流域规划》，实现水生态环境修复的目标。自该《规划》试运行以来，归还的环境水量已从 2013 年的 13GL 上升至 2014 年度的 1449GL（Dsewpc，2013）。这一阶段是墨累-达令流域水政策改革的重要时期。环境可持续发展政策推出是由社会价值的转变、生态环境的变化，以及自然灾害（"千年干旱”）的发生的交互作用产生的。

23.4　对澳大利亚水资源管理的启示

本研究确定了澳大利亚水社会价值变迁的 3 个阶段：前期阶段（1962 年之前）、起飞阶段（1963~1980 年），以及加速阶段（1981~2011 年）。社会价值由经济发展转向环境可持续发展是一个很漫长的过程，时间跨度超过 100 年。社会价值的变迁是最初由经济发展导致的环境负作用引起，在外在自然灾害的进一步刺激下，最终导致政府水资源管理政策的改变。本研究的两个启示为，一个启示是应提早进行环境可持续发展的社会价值的培养，进而促使相关环境政策的早日出台，最终减少墨累-达令流域生态环境不可逆转的影响。另一个启示为自然灾害如干旱事件可以看作是影响环境可持续发展的社会价值的重要契机。

本研究结果还证实社会价值变迁是一个非线性的过程，并且符合“S”形曲线。澳大利亚水社会价值的变迁尚未达到“稳定阶段”，此结果与黑河流域人水关系的纵向研究相一致（Lu et al.，2015）。根据变迁理论，环境可持续发展曲线可能趋向稳定，反弹甚至是崩溃，如图 23-7 中所示。在没有水资源缺乏的外力作用下，经济发展可能再次成为社会价值的主导，因而维护与进一步加强环境可持续发展的社会价值以实现可持续水资源管理仍是一项长期的任务与目标。

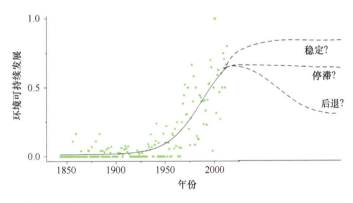

图 23-7　澳大利亚环境可持续发展的社会价值的发展趋势预测

Fig.23-7　Possible stages of transition of the societal value of environmental sustainability in Australia in near future

23.5　结　　语

本研究旨在揭示澳大利亚水的社会价值在经济发展与环境可持续发展两个方向的历史演化。《悉尼先驱晨报》作为研究对象来揭示水的社会价值自 1843~2011 年的演化。本研究综合定性与定量分析，将社会价值这一“无形的”难以量化的变量量化并揭示其变迁模式。这种定性与定量相结合的方式是测量社会价值的一个新里程碑，为今后跨社会科学和自然科学的新学科的发展奠定了基础。

参 考 文 献

Alexandra J, Riddington C. 2007. Redreaming the rural landscape. Futures, 324.

Altaweel M, Bone C. 2012. Applying content analysis for investigating the reporting of water issues. Computers, Environment and Urban Systems 36: 599~613.

Andreu J, Capilla L, Sanchís E. 1996. AQUATOOL, A generalized decision-support system for water-resources planning and operational management. Journal of Hydrology, 177: 269~291.

Baldassarre G D, Kooy M, Kemerink L, et al. 2013. Towards understanding the dynamic behaviour of floodplains as human-water systems. Hydrology and Earth System Sciences, 17: 3235~3244.

Beddoe R, Costanza R, Farley J, et al. 2009. Overcoming systemic roadblocks to sustainability: The evolutionary redesign of worldviews, institutions, and technologies. Proceedings of the National Academy of Sciences, 106: 2483~2489.

Bengston D N, Fan D P, Celarier D N. 1999. A new approach to monitoring the social environment for natural resource management and policy: The case of US national forest benefits and values. Journal of Environmental Management, 56: 181~193.

Braun B. 2000. Producing vertical territory: Geology and governmentality in late Victorian Canada. Cultural geographies, 7: 7~46.

Brouwer R, Hofkes M. 2008. Integrated hydro-economic modelling: Approaches, key issues and future research directions. Ecological Economics, 66: 16~22.

Cai X, Mckinney D C, Lasdon L S. 2003. Integrated hydrologic-agronomic-economic model for river basin management. Journal of Water Resources Planning and Management, 129: 4~17.

Carpenter S R, Stanley E H, Vander M J, Zanden. 2011. State of the world's freshwater ecosystems: Physical, chemical, and biological changes. Annual review of Environment and Resources, 36: 75~99.

Castree N, Braun B. 2001. Social Nature: Theory, Practice, and Politics. Malden, MA: Blackwell Publishers Oxford.

Cathcart M. 2010. The Water Dreamers: The Remarkable History of Our Dry Continent. Melbourne Text Publishing.

Connell D. 2011. Water reform and the federal system in the Murray-Darling Basin. Water Resources Management, 25: 3993~4003.

Connell D, Grafton R Q. 2011. Water reform in the Murray‐Darling Basin. Water Resources Research: 47.

Crutzen P J, Steffen W. 2003. How long have we been in the Anthropocene era? Climatic Change, 61: 251~257.

Crutzen P J. 2002. Geology of mankind. Nature, 415: 23~23.

Danielson W A. Lasorsa D L. 1997. Perceptions of social change: 100 years of front-page content in The New York Times and The Los Angeles Times. Text Analysis for the Social Sciences, Methods for Drawing Statistical Inferences from Texts and Transcripts. Mahwah, NJ: Lawrence Erlbaum Associates Inc.

Dietz T, Fitzgerald A, Shwom R. 2005. Environmental values. Annu. Rev. Environ. Resour, 30: 335~372.

Douglas Evans W, Ulasevich A. 2005. News media tracking of tobacco control: A review of sampling methodologies. Journal of Health Communication, 10: 403~417.

Dsewpc. 2013. Department of Sustainability, Enviornment, Water, Population and Communities Annual Report 2012-2013. http://www. environment. gov.au/system/files/resources/63db-8a54-bfcb-4iqe-9364-esfe21a356e/files/dsewpac-auncal-report-12-13new. pdf.[2015-10-26].

Dudley N J. 1972. Irrigation planning: 4. Optimal interseasonal water allocation. Water Resources Research, 8: 586~594.

Falkenmark M, Lannerstad M. 2005. Consumptive water use to feed humanity-curing a blind spot. Hydrology and Earth System Sciences Discussions, 9: 15~28.

Falkenmark M, Rockström J. 2004. Balancing water for humans and nature: the new approach in ecohydrology: London: Sterling, VA: Earthscan Publishing.

Geels F W. 2010. Ontologies, socio-technical transitions(to sustainability), and the multi-level perspective. Research Policy, 39: 495~510.

Geels F. 2005. Co-evolution of technology and society: The transition in water supply and personal hygiene in the Netherlands(1850–1930)-A case study in multi-level perspective. Technology in Society, 27: 363~397.

Gleick P H. 2003. Global freshwater resources: soft-path solutions for the 21st century. Science, 302: 1524~1528.

Hale B W. 2010. Using newspaper coverage analysis to evaluate public perception of management in river-floodplain systems. Environmental Management, 45: 1155~1163.

Hedley R A. 2000. Convergence in natural, social, and technical systems: A critique. Current Science-Bangalore, 79: 592~601.

Hester J B, Dougall E. 2007. The efficiency of constructed week sampling for content analysis of online news. Journalism & Mass Communication Quarterly, 84: 811~824.

Howland D, Becker M L, Prelli L J. 2006. Merging content analysis and the policy sciences: A system to discern policy-specific trends from news media reports. Policy Sciences, 39: 205~231.

Hurlimann A, Dolnicar S. 2012. Newspaper coverage of water issues in Australia. Warer Research, 46: 6497~6507.

Joshi A D, Patel D A, Holdford D A. 2011. Media coverage of off-label promotion: A content analysis of US newspapers. Research in Social and Administrative Pharmacy, 7: 257~271.

Kallis G, Norgaard R B. 2010. Coevolutionary ecological economics. Ecological Economics, 69: 690~699.

Lacy S, Riffe D, Stoddard S, et al. 2001. Sample size for newspaper content analysis in multi-year studies. Journalism & Mass Communication Quarterly, 78: 836~845.

Liu J, Dietz T, Carpenter S R, et al. 2007. Complexity of coupled human and natural systems. Science, 1513.

Lu Z, Wei Y, Xiao H, et al. 2015. Evolution of the human–water relationships in the Heihe River basin in the past 2000 years. Hydrology and Earth System Sciences, 19: 2261~2273.

Maass A. 1962. Design of Water-resource System, New Techniques for Relating Economic Objectives, Engineering Analysis, and Governmental Planning. Cambridge: Harvard University Press.

Mazur A, Lee J. 1993. Sounding the global alarm: Environmental issues in the US national news. Social Studies of Science, 23: 681~720.

Mckay J. 2005. Water institutional reforms in Australia. Water Policy, 7: 35.

Neuendorf. 2002. The Content Analysis Guidebook. Thousand Oaks, California: Sage Publications.

Nwc. 2011. The National Water Initiative-securing Australia's water future: 2011 assessment. In: National Water Commission. Canberra: National Water Commission.

Ostrom E. 2007. A general framework for analyzing sustainability of.　Proc. R. Soc. London Ser. B.

Pahl-Wostl C, Tabara D, Bouwen R, et al. 2008. The importance of social learning and culture for sustainable water management. Ecological Economics, 64: 484~495.

Pataki D E, Boone C G, Hogue T S, et al. 2011. Socio-ecohydrology and the urban water challenge. Ecohydrology, 4: 341.

Pigram J. 2007. Australia's Water Resources: From Use to Management. Collingwood. Vic: CSIRO. Publishing.

Poff N L, Olden J D, Strayer D L. 2012. Climate change and freshwater fauna extinction risk. In: Saving a Million Species. Berlin: Springer: 309-336.

Powell J M. 1991. Plains of Promise, Rivers of Destiny: Water Management and The Development of Queensland 1824~1990. Brisbane Boolarong Publications.

Rammel C, Stagl S, Wilfing H. 2007. Managing complex adaptive systems——A co-evolutionary perspective on natural resource management. Ecological Economics, 63: 9～21.

Riffe D, Aust C F, Lacy S R. 1993. The effectiveness of random, consecutive day and constructed week sampling in newspaper content analysis. Journalism & Mass Communication Quarterly, 70: 133～139.

Riffe D, Lacy D, Fico F G. 2006. Analyzing Media Messages: Using Quantitative Content Analysis in Research. New Jersey: Lawrence Erlbaum.

Rockström J, Steffen W L, Noone K, et al. 2009. Planetary boundaries: Exploring the safe operating space for humanity. Ecology & Society, 14: 1-13.

Rosegrant M W, Ringler C, Mckinney D C, et al. 2000. Integrated economic-hydrologic water modeling at the basin scale: The Maipo River basin. Agricultural Economics, 24: 33～46.

Rotmans J. 2005. Societal Innovation: between dream and reality lies complexity. ERIM Inaugural Address Series Research in Management.

Rotmans J, Kemp R, VanAsselt. 2001. More evolution than revolution: transition management in public policy. Foresight 3:15-31.

Roznowski J L. 2003. A content analysis of mass media stories surrounding the consumer privacy issue 1990 —2001. Journal of Interactive Marketing(John Wiley & Sons), 17: 52～69.

Savenije H H G, Van P Der Zaag. 2008. Integrated water resources management: Concepts and issues. Physics and Chemistry of the Earth, Parts A/B/C, 33: 290～297.

Sivapalan M, Konar M, Srinivasan V, et al. 2014. Socio‐hydrology: Use‐inspired water sustainability science for the Anthropocene. Earth's Future, 2: 225～230.

Sivapalan M, Savenije H H, Blöschl G. 2012. Socio‐hydrology: A new science of people and water. Hydrological Processes, 26: 1270～1276.

Smith D. 1998. Water in Australia: Resources and Management. Melbourne British Academy and Oxford University Press.

Steffen W, Crutzen P J, Mcneill J R. 2007. The Anthropocene: Are humans now overwhelming the great forces of nature. AMBIO: A Journal of the Human Environment, 36: 614～621.

Stempel G H. 1952. Sample size for classifiying subject matter in Dailies. Journalism Quarterly, 29: 333～334.

Tabara J D and Ilhan A. 2008. Culture as trigger for sustainability transition in the water demain: the case of the Spanish Water policy and the Ebro river basin. Regional Environmental change, 8: 59-71.

Vitousek P M, Aber J D, Howarth R W. 1997. Human alteration of the global nitrogen cycle: Sources and consequences. Ecological applications, 7: 737～750.

Vörösmarty C J, Mcintyre P B, Gessner M O, et al. 2010. Global threats to human water security and river biodiversity. Nature, 467: 555～561.

Wei J, Wei Y, Western A, et al. 2015. Evolution of newspaper coverage of water issues in Australia during 1843–2011. Ambio, 44: 319～331.

Worster D. 1985. Rivers of Empire: Water, Aridity, and the Growth of the American West. New York: Pantheon Books.

Zalasiewicz J, Williams M, Steffen W, et al. 2010. The new world of the Anthropocene 1. Environmental Science & Technology, 44: 2228～2231.

第四部分　结　　语

第 24 章　社会水文学发展展望

本章概要： 本书用四篇 24 章的篇幅提出了狭义社会水文学和广义社会水文学理论，发展了社会水文学对社会系统数据定量化的数据挖掘方法，以中国西北黑河流域与澳大利亚东南墨累-达令流域为实例，研究了流域社会生态不同子系统的演变及其协同进化机理。流域作为一个半封闭的社会生态共进化的系统，由水文系统、生态系统和人类社会系统组成，因此将来发展社会水文学需要一个集成牛顿定律、达尔文进化论以及历史唯物主义和辩证唯物主义的新的哲学基础。

Abstract: This book, including four sections of twenty-four chapters, proposes the special and generalized theoretical frameworks of socio-hydrology, develops the methods for quantifying the factors of societal systems in socio-hydrology and unravels the mechanism of co-evolution of socio-ecological system at catchments in which the Heihe River in China and the Murray-Darling Basin in Australia are taken as case studies. As the catchment is a semi-closed co-evolved socio-ecological system comprising of the hydrological system, societal system and ecological system, a new philosophic system integrating Newtonism, Darwinism and Historical and Dialectic Materialism is needed for the development of socio-hydrology in future.

本书用四篇 24 章的篇幅定义了社会水文学的内涵与外延，提出了狭义社会水文学和广义社会水文学理论，发展了社会水文学对社会系统数据定量化的数据挖掘方法——内容分析法与计算机文本挖掘技术，以及历史气象水文数据的重建方法，最后以中国西北黑河流域与澳大利亚东南墨累-达令流域为实例，以不同的时间尺度（当前、过去 10 年、过去 15 年、过去 50 年、过去 100 年以及过去 2000 年），从水文化、水管理制度与机构、水政策、水相关技术、水资源压力、水经济系统与生态系统权衡、人水关系变迁，以及社会-水文-生态-政策协同演化的角度，研究了流域社会生态不同子系统的演变及其协同进化，力图揭示人水耦合系统及其协同进化的动态机制。

然而，社会水文学是一门最近几年兴起的新型交叉学科，无论在理论研究还是实证研究方面还没有成熟。本章从科学方法论的角度对社会水文学的发展进行展望。

24.1　需要新的哲学基础

流域作为一个半封闭的社会生态系统，代表一个完整的水循环管理单元。它是由水文系统、生态系统和人类社会系统组成。哲学从远古时代开始就对我们人类自身以及我们存在的自然环境有重要的思考，形成了对不同系统的认知体系。水文系统由牛顿定律质量守恒为代表理论体系来解释，其特征为简洁性、普适性与可预测性；流域生态系统的解释遵循达尔文进化论，其特征为选择与进化、自组织行为以及偶然性；许多哲学流派解释人类社会系统，最具代表性的为历史唯物主义与辩证唯物主义，其特征为相对性（从历史角度看，从比较的角度看）与具体性（因不同情况而异）。千百年来，我们对流域的认知从这三个相互独立的哲学体系发展而来。

然而，当人类对其所处自然环境的影响不仅仅是利用和反映，流域演化成为一个社会生态共进化的系统时，对水文系统、生态系统和人类社会系统的认知还分别用这三个哲学体系来指导就不再适用。这也是过去几十年世界范围流域生态退化的主要原因。我们对自然的认知落后于我们对自然的实践。因此，需要发展新的哲学体系来指导人类与其存在环境的耦合与互动。

24.2 未来研究方向

当人类需要在这个变迁的时代对我们与我们存在环境的关系进行深刻反思的同时，对社会水文学的发展，提出如下具体研究方向。

24.2.1 继续完善社会水文学社会要素的定量研究，为发展过程社会水文学提供基础

长久以来，相比纯水文过程的变化，融入人类管理决策的社会水文过程的变化更为复杂，这是社会水文学研究的一个主要方向——过程社会水文学。而其中社会参数的遴选和定量化是关键步骤，本书以大量篇幅讨论了这一领域。虽然本书提出的狭义社会水文学和广义社会水文学力图回答，如何反映社会要素对水文和生态的影响，反之，它们又如何对水文和生态变化做出响应？但要真正理解直接影响社会与水文过程间的相互作用和互馈机制还有很长的路要走。

24.2.2 充分利用现有不同地区流域案例，发展比较社会水文学的研究

社会水文学是社会科学和自然科学之间的交叉学科，社会科学研究的基本方法之一就是比较，通过比较各个流域的响应过程，可以识别和了解不同区域流域之间的异同点。在社会水文学中，这意味着涵盖不同社会经济梯度、气候梯度和水资源梯度的人水相互作用的比较分析，可以将不同时空尺度上的任何差异与过程进行比较。例如，本书对澳大利亚东南的墨累-达令流域和中国西北的黑河流域进行了深入的比较分析。还可以加入其他有类似水资源短缺问题、均处在干旱半干旱地区、以发展灌溉农业为主的中国西

北其他内陆河流域、美国科罗拉多河流域以及欧洲埃布罗河流域,为开展比较社会水文学提供极佳案例。

24.2.3　加强历史资料分析和水文重建,
促进历史社会水文学的研究

社会水文学研究人水关系的长期互反馈机制,因此历史分析是社会水文学中的一种重要方法。通过对社会和自然事件发生的机制以及它们之间的相互作用进行系统分析,重建过去水文生态社会协同演化的社会水文过程。多数情况下精确的历史数据无法获取,就需要在相关的"灰色"文献和其他考古发现的文献挖掘信息。本书利用三章的篇幅介绍了社会要素挖掘的内容分析法和历史气象水文要素的重建方法。可以预见,社会水文学的未来研究更加依赖于从历史数据中挖掘新信息。

24.2.4　引入非线性动力学理论,深入刻画人水耦合系统的复杂
反馈机制,提高社会水文学的普适化数学表述

在传统水文学中,时空尺度的反馈非常重要。但是由于人类活动的非线性反馈特性,社会水文系统变化就更为特别,使其预测成为一个挑战。非线性系统的一个重要特征是由快过程与慢过程相互作用形成复杂的动力学,而这些相互作用可能超越关键阈值或者临界点。因此有必要引入非线性动力学原理刻画和表达人水耦合系统的复杂反馈机制,来提高社会水文学的普适化数学表达。这样有助于适时调整社会水文系统,使其适应不断变化的环境,并仍然维持在关键阈值内。由于社会水文学反映长时间尺度的人水耦合机制,因此预测系统动力学的可能轨迹对水资源可持续发展更具吸引力。

24.3　结　　语

随着科学技术的不断进步和全球一体化的日趋加强,水问题的影响将更剧烈更广泛,包括社会稳定、经济发展和生态安全等。水文科学研究已从单维水文过程向包括生态和社会的多维过程耦合发展。发展社会水文学,弥补传统水文学以及生态水文学的不足,使其成为解决人水矛盾问题的新途径。

附　　录

　　为了便于读者就书中感兴趣的内容与相关作者进一步交流，共同研究推进社会水文学这门理解人水关系的新学科的发展，下表列出了本书各位作者目前的联系方式：

姓名	职称	工作单位	邮件地址
尉永平	副教授 （澳大利亚杰青）	澳大利亚昆士兰大学地球与环境科学学院	yongping.wei@uq.edu.au
张志强	研究员	中国科学院成都文献情报中心	zhangzq@clas.ac.cn
熊永兰	副研究员	中国科学院西北生态环境资源研究院（筹）	xiongyl@llas.ac.cn
唐　霞	助理研究员	中国科学院西北生态环境资源研究院（筹）	tangxia@llas.ac.cn
陆志翔	助理研究员	中国科学院西北生态环境资源研究院（筹）	lzhxiang168@163.com
王雪梅	副教授	西南大学	w20141103@swu.edu.cn
赵海莉	副教授	西北师范大学	zhl.grase@163.com
周　沙	博士研究生	清华大学	shazhou09@126.com
魏　婧	博士研究生	澳大利亚墨尔本大学	weijing826@gmail.com
张宸嘉	硕士研究生	澳大利亚弗林德斯大学、中国科学院成都山地灾害与环境研究所	teddycj1990@163.com
吴双蕾	博士研究生	澳大利亚昆士兰大学	wenniewu423@gmail.com
叶凤雅	硕士	世界自然基金会（WWF）	fyye@wwfchina.org

附　图

图 1　黑河流域上游大野口水库-1（张志强摄影）

图 2　黑河流域上游大野口水库-2（张志强摄影）

图 3　黑河流域上游大野口水库上部山区

图 4　黑河流域上游大野口水库下部山区

图 5　黑河流域中游临泽内陆河流域监测站-1（张志强摄影）

图 6　黑河流域中游临泽内陆河流域监测站-2（张志强摄影）

图 7　黑河流域中游临泽内陆河流域监测站-3（张志强摄影）

图 8　黑河流域中游张掖黑河大桥（张志强摄影）

图 9　黑河流域中游张掖神沙窝（张志强摄影）

图 10　黑河流域中游张掖湿地国家公园-1（张志强摄影）

图 11　黑河流域中游张掖湿地国家公园-2（张志强摄影）

图 12　黑河流域中游张掖湿地国家公园-3（张志强摄影）